Vereinbarungen

betreffs der

Untersuchung und Beurteilung

von

Nahrungs- und Genussmitteln

sowie Gebrauchsgegenständen.

Vereinbarungen

betreffs der

Untersuchung und Beurteilung

von

Nahrungs- und Genussmitteln

sowie Gebrauchsgegenständen.

Herausgegeben im Auftrage der

Freien Vereinigung bayerischer Vertreter der angewandten Chemie

von

Dr. Albert Hilger

Professor der angewandten Chemie und Pharmacie der Universität Erlangen,
z. Z. Vorsitzender des Ausschusses.

Mit 8 in den Text gedruckten Holzschnitten.

Berlin.

Verlag von Julius Springer.

1885.

ISBN-13: 978-3-642-98572-0   e-ISBN-13: 978-3-642-99387-9
DOI: 10.1007/978-3-642-99387-9

Softcover reprint of the hardcover 1st edition 1885

Sr. Excellenz

Herrn Freiherrn v. Feilitzsch

kgl. bayr. Staatsminister des Innern

in aufrichtiger Verehrung

gewidmet

vom

Herausgeber.

Am 25. und 26. Mai 1883 fand in München eine Versammlung bayerischer Vertreter der angewandten Chemie statt, zu welcher die Herren Dr. R. Kayser, Nürnberg, sowie Dr. E. List die Anregung gaben. In einer Einladung vom 11. Mai 1883, welche von den Genannten verfasst wurde, wurde der hohen Bedeutung eines gemeinsamen Vorgehens zum Zwecke der Einführung einheitlicher Untersuchungs- und Beurteilungsmethoden auf dem Gebiete der Nahrungs- und Genussmittel, sowie Gebrauchsgegenstände überhaupt gedacht und der Wunsch ausgesprochen, es mögen alle wahren Interessenten dieser bedeutungsvollen Frage sich zu gemeinsamen Vorgehen vereinigen. Diese zahlreich besuchte Versammlung beschloss, unter Vorsitz von Dr. E. List und Dr. R. Kayser, zunächst folgende Resolutionen:

1. Die Errichtung und zweckmässige Organisation von öffentlichen Untersuchungsanstalten, Vermehrung der bereits bestehenden sowohl als auch Neubildung von Staatsanstalten für die Kreise des Königsreiches ist im Interesse einer erfolgreichen Handhabung des Reichsgesetzes vom 14. Mai 1879 ein dringendes Erfordernis.

2. Die Einführung einheitlicher Untersuchungsmethoden bei der Prüfung von Nahrungs- und Genussmitteln, sowie Gebrauchsgegenständen, nicht minder einheitliche Beurteilung der erhaltenen Prüfungsresultate ist vor allem anzustreben.

Die Versammlung beschloss ferner, zur möglichsten Förderung der durch vorstehende Resolutionen gesteckten Ziele eine Vereinigung bayerischer Chemiker mit einem geschäftsführenden Ausschusse zu bilden, welch letzterem das Recht der Cooptation zusteht.

Zum geschäftsführenden Ausschusse wurden gewählt: Professor Dr. A. Hilger, Erlangen; Dr. R. Kayser, Nürnberg; Dr. E. List, Würzburg.

In derselben Versammlung wurden Referenten aufgestellt, um für die einzelnen Gebiete der Lebensmittel und Gebrauchsgegenstände Untersuchungs- und Beurteilungsmethoden auszuarbeiten, welche in einer späteren Versammlung besprochen und festgestellt werden sollen.

Diese Referenten waren:

Für Milch	Dr. H. Vogel, Memmingen. Professer Dr. Soxhlet, München,
Für Bier	Direktor L. Aubry, München, Dr. E. Prior, Nürnberg, Professor Dr. Holzner, Weihenstephan.
Für Wein	Dr. E. List, Würzburg, Dr. R. Kayser, Nürnberg.
Für Trinkwasser	Professor Dr. A. Hilger, Erlangen, Dr. Emmerich, Privatdozent, München.
Für Mehl und Brod	Professor Dr. Hilger, Reallehrer Höchtlen, Dinkelsbühl.
Für Fette, speciell Butter und Butterschmalz	Dr. R. Sendtner, München. Dr. Dietzell, Augsburg.
Für Thee	Professor Dr. A. Hilger.
Für Kaffee und Cacaofabrikate	Dr. Wein, München, Professor Dr. A. Hilger.
Für Gewürze	Professor Dr. A. Hilger.
Für Gebrauchsgegenstände, speciell Farben und mit solchen versehene Gegenstände	Dr. E. Prior, Dr. R. Kayser.

Die zweite Versammlung am 28. bis 30. September 1883 in München, unter Vorsitz von Dr. A. Hilger, ist als die konstituirende für die „freie Vereinigung bayerischer Vertreter der angewandten Chemie", der bis jetzt 90 Mitglieder angehören, zu betrachten. In derselben gelangten die Vereinbarungen betreffs der Untersuchung und Beurteilung von Nahrungs- und Genussmitteln, sowie Gebrauchsgegenständen nach eingehender Besprechung zur Annahme, welche in Nachstehendem, mit entsprechender Motivierung von Seiten der Herrn Referenten versehen, zur Veröffentlichung gelangen.

An dieser Versammlung nahmen Teil:

Als Vertreter der Kgl. bayerischen Staatsregierung die Herren:

Kgl. Ministerialrat Kahr, München,

Kgl. Obermedicinalrat Dr. L. v. Kerschensteiner, München.

Als Mitglieder die Herren:

Geheimer Rath Prof. Dr. v. Pettenkofer, München,

Direktor L. Aubry, München,
Dr. F. W. Dafert, München,
Dr. Emmerich, München,
Dr. Halenke, Speier,
Th. Henkel, München,
Hessert, Kgl. Reallehrer, Speier,
Prof. Dr. A. Hilger, Erlangen,
Höchtlen, Kgl. Reallehrer, Dinkelsbühl,
Prof. Dr. Holzner, Weihenstephan,
M. Krandauer, Weihenstephan,
Dr. R. Kayser, Nürnberg,
W. Leybold, München.
Dr. E. List, Würzburg,
Dr. E. Prior, Nürnberg,
Dr. Schuster, München,
Dr. R. Sendtner, München,
Prof. Dr. Soxhlet, München,
Prof. Dr. Stölzel, München,
Dr. H. Vogel, Memmingen,
Dr. E. Wein, München.

Mit der Herausgabe der Vereinbarungen nebst Motiven beauftragt, glaube ich betonen zu sollen, dass bei den einzelnen Gegenständen die Motivierung je nach Bedeutung und Wichtigkeit stets auf Grund der bis dahin gewonnenen Erfahrungen mehr oder weniger ausführlich behandelt ist. Die Motivierung beabsichtigt durchaus nicht, eine vollständige Kritik der bis jetzt gewonnenen Erfahrungen und Untersuchungsmethoden zu geben, ebensowenig eine vollständige Anleitung in Form eines Lehr- oder Handbuches zu schaffen, sondern hat vor allem die Aufgabe, die Berechtigung der getroffenen Vereinbarungen den Sachverständigen gegenüber festzustellen. Der letztere wird die Bedeutung der hier niedergelegten Arbeit in richtiger Weise zu würdigen wissen und dieselbe als die Grundlage für weitere Ausbildung des Gebietes der Nahrungsmittelchemie, nicht minder des Gesamtgebietes der angewandten Chemie betrachten.

Mögen daher unsere Fachkreise diesem Unternehmen ihre Aufmerksamkeit zuwenden!

Erlangen, im September 1885.

Dr. A. Hilger.

Inhaltsverzeichnis.

Milch.

I. Methoden der Untersuchung.

a) Die chemische Untersuchung besteht in der Bestimmung:

1. des specifischen Gewichtes mit Normal-Aräometern von wenigstens 8 mm Abstand der Einzelgrade;

2. der Trockensubstanz. Diese Bestimmung wird durch Eindampfen eines gewogenen Milchquantums von circa 10 g mit geglühtem Sande ausgeführt. Getrocknet wird bei 100° C. bis zur Gewichtskonstanz;

3. des Fettes. Dasselbe wird am bequemsten und sichersten nach dem aräometrischen Verfahren von Soxhlet bestimmt. Die gewichtsanalytische Bestimmung erfolgt stets aus dem mit Sand oder Gips eingetrockneten Rückstande in einem kontinuierlich wirkenden Extraktionsapparate. Es ist so lange zu extrahiren, bis mindestens nach einer Stunde Gewichtskonstanz des Fettkölbchens eintritt.

Anmerkung. Geronnene Milch darf nicht untersucht werden.

b) Die sogenannte abgekürzte Untersuchungsmethode ist nur in seltenen Fällen selbständig zu verwenden.

Sie findet Verwendung:

α) bei der polizeilichen Milchkontrolle, wo sie aber immer durch die exakte Methode des Chemikers in gerichtlichen Fällen zu ergänzen ist;

β) bei der Milchprüfung in Käsereien.

Als Instrumente kommen zur Verwendung:

1. Quevenne's Laktodensimeter, welches amtlich geprüft ist. Die Prüfung der Milch soll möglichst nahe der Normaltemperatur stattfinden.

2. Genaue Thermometer nach Celsius.

3. Feser's Laktoskop. Der Gebrauch desselben ist an Milchsorten zu erlernen, deren Fettgehalt genau bekannt ist.

II. Methoden der Beurteilung.

1. Wenngleich bei eklatanten Fälschungen nicht notwendig, so muss doch im Principe an der Stallprobe, als dem sichersten Massstabe zur gerechten Beurteilung einer Milch festgehalten werden. Entbehrt kann sie nur bei der Milch des Milchhändlers werden. Bei Oekonomen ist sie um so notwendiger, je kleiner der Bestand an Kühen ist.

2. Die äussersten Grenzzahlen für Milch hat der Chemiker für die betreffenden lokalen Verhältnisse zu ermitteln.

3. Was den Umfang der Fälschung, resp. die Höhe des Wasserzusatzes betrifft, so gilt es als Regel, dass diese Frage sich nur ungefähr beantworten lässt, wenn eine Stallprobe vorliegt. Eine Angabe im Sinne der Quevenne-Müller'schen Wage von Seiten der Polizei hat keinen Wert.

III. Methoden der administrativen Ausführung.

1. Es soll streng darauf gehalten werden, dass die Milchkannen dahin gekennzeichnet sind, ob sie ganze oder abgerahmte Milch enthalten.

2. Wird die Kontrolle mit gerichtlicher Verfolgung der Fälscher betrieben, so wird die Milch entweder gleich oder nach der polizeilichen Vorprobe vom Chemiker geprüft.

3. Zur gerechten Beurteilung muss die Stallprobe mehr als dies bisher geschehen ist, hereingezogen werden; die vermeintlichen Schwierigkeiten derselben fallen weg, wenn zwischen Milchhändlern und Oekonomen unterschieden wird.

Motive zu den Vereinbarungen.

Einleitung.

Von allen Lebensmitteln, ich nehme selbst den Wein nicht aus, unterliegt keines so vielfach der Fälschung, als wie die Milch: in der Stadt wie auf dem Lande.

Indolenz des Publikums, mangelhafte Untersuchungsmethoden und noch schlechtere Kontrolleinrichtungen, wenn überhaupt solche bestanden, sind oder waren bislang die Hauptursachen, welche dieses Übel grossgezogen haben.

Private, namentlich aber städtische Behörden raffen sich schwer zu einem energischen Vorgehen gegen die Fälschungen auf, zumal die Bedenken häufig am Kostenpunkt und sonstigen lokalen Verhältnissen hängen bleiben.

Mit Recht wurde schon mehrfach in Zahlen der Schaden berechnet, welcher durch die Milchfälschung allein in grossen Städten entsteht. Ich verweise in der Richtung auf Feser, poliz. Kontrole d. Marktmilch, 1878; Christian Müller, Anleitung z. Prfg. d. Kuhmilch, 1872; Hausburg, Verfälschung der Nahrungsmittel, 1877; Vieth, Milchprüfungsmethoden, 1879.

Dort ist nur von grossen Städten die Rede und man spricht deswegen häufig auch nur von einem Bedürfnisse der Milchkontrolle in grossen Kommunen. Die folgende Rechnung wird aber das gleiche Bedürfnis für kleinere Städte nachweisen. Ich nehme eine mittlere Stadt in Schwaben, wo nach meinen eigenen privaten jahrelangen Beobachtungen sicher 50% der Milch gefälscht, d. h. entweder entrahmt, oder gewässert oder beides zugleich werden. Der Einfachheit halber nehme ich bloss Wässerung und zwar rund mit 10% an, d. h. wenn die 8400 Einwohner täglich 3000 l Milch konsumieren, so sind darunter 150 l Wasser, welche täglich mit 150×14 pf. $= 21$ Mk. bezahlt werden. Pro Jahr zahlt also diese relativ kleine Gemeinde 7560 Mk. für Wasser — gewiss eine Summe, die nur geeignet ist, die Verderblichkeit solcher Indolenz zu beleuchten. Schliesst man von

1*

der Stadt hinüber auf den Staat, so sind es geradezu Millionen, welche von den Konsumenten für Wasser verloren werden.

Es sind also nicht blos rechtliche und sanitäre Rücksichten, welche den Staat oder die einzelnen Polizeibehörden zur energischen Milchkontrolle zwingen sollten, sondern ebenso nationalökonomische, welche gegenüber den jährlichen Verlusten die Ausgaben für würdig ausgestattete Untersuchungsämter als notwendig erscheinen lassen.

Als weitere Ursachen des bestehenden Übels habe ich die mangelhaften Methoden und die noch schlechtere Kontrolleinrichtung bezeichnet, welche mit Fug und Recht den Verwaltungsbehörden das Vertrauen zu uns nicht aufkommen liessen. Aber gottlob, in dieser Richtung können wir jetzt behaupten, dass die Wissenschaft auf der Höhe der Zeit steht, wenigstens soweit es sich um Prüfung der Milch handelt. Dafür leugnen wir nicht, dass es Einzelnen früher gelungen war, ihre eignen oder fremde Methoden als exakte anzupreisen, während sie nur approximative Werte ergeben. Wir leugnen auch nicht, dass eben deswegen grobe Verstösse begangen wurden — ja es sind sogar ungerechte Verurteilungen dadurch zustande gekommen. Hiemit ist es aber gründlich anders geworden, seitdem man angefangen hat, in der Milchprüfung zwischen Vorprüfung und exakter Prüfung zu unterscheiden und sich über die verschiedenen Ziele derselben klar geworden ist.

Ich möchte deshalb das mir übertragene Referat zu den Vereinbarungen über Milchprüfung dazu benutzen, auf breitester Grundlage mit den vergangenen Irrtümern und Ungenauigkeiten abzuschliessen und mit einem Marksteine den heutigen Stand der Milchchemie zu fixieren. Ich widme deshalb das

I. Kapitel: **dem gegenwärtigen Stande der Milchprüfungsmethoden überhaupt.**

Diese meist kritische Zusammenstellung erstreckt sich bis auf die Publikationen der jüngsten Zeit. Nur eine konnte wegen ihres Umfanges nicht mehr eingehend berücksichtigt werden: Das Werk von M. G. Quesneville: Neue Methoden zur Bestimmung der Bestandteile der Milch; übersetzt von Griessmayer, Neuburg 1885. Es sind aber ohnedies weniger die eigentlichen Prüfungsmethoden darin wichtig als vielmehr das bunte Durcheinander von wahren und falschen Gesichtspunkten, welche der Quesnevilleschen Beurteilungsmethode unterlegt sind. Ich will seinen Charakteristiken durchaus nicht absprechen, dass sie eine Reihe ganz neuer Gesichtspunkte im Sinne meiner auf Seite 72 gemachten Wünsche uns eröffnen — aber es bedarf jahrelanger Prüfung, bis wir imstande sind, Spreu und Weizen darin zu sondern. Jeden Kollegen aber, der sich prüfend mit diesem immerhin interessanten Werke beschäftigt, möchte ich an dieser Stelle bitten, seine Erfahrungen in Fachblättern mitzuteilen.

Daran schliesst sich von selbst das

II. Kapitel: Unsere Vereinbarungen über Milchuntersuchung mit den Motiven

in Bezug

    a) auf die Methoden der Untersuchung,
    b) auf die Methoden der Beurteilung,
    c) auf die Methoden der administrativen Ausführung.

Weil nun gerade bei der administrativen Durchführung der polizeilichen Kontrolle der oben angedeutete dritte Grund für den geringen Erfolg der bisherigen Kontrolle da und dort zu suchen ist und weil anderseits eine Versammlung von Chemikern allein hier ohne die Verwaltungsbeamten nicht imstande ist, wirklich durchgreifende Beschlüsse zu erzielen, so haben wir uns in der September-Versammlung 1883 mit einigen wenigen Andeutungen begnügt, während ich den Auftrag erhielt, meine Vorschläge in dieser Richtung dem bayr. Staatsministerium des Innern in ausführlicher Motivierung zu unterbreiten. Diese Vorschläge sind von mir eingereicht und wie ich erfahren habe, auch anderen Milchchemikern zur Begutachtung unterbreitet worden.

Ich übergebe dieselben in dem

III. Kapitel als Vorschläge zu einer Organisation der Milchkontrolle

der Öffentlichkeit, mit dem Wunsche, dass an denselben eine fruchtbare Kritik geübt werde, fruchtbar, damit wir endlich zu einer staatlich organisierten Kontrolle des öffentlichen Milchhandels kommen.

Freilich ist dadurch, dass das III. Kapitel zeitlich vor dem I. und II. Kapitel entstehen musste, der einheitliche Guss des Ganzen etwas stark verwischt, indem ich zum Teil gezwungen wurde, einige, namentlich durch die später erfolgte preuss. Ministerialverfügung vom 28. Jan. 1884 veranlasste Bemerkungen in das II. Kapitel aufzunehmen, welche besser ins III. gehörten. Umgekehrt mussten in dem Bericht für das bayr. Staatsministerium über Grenzzahlen und Stallprobe Sachen aufgenommen werden, welche besser ins II. Kapitel gehören würden.

Ich bitte also bei der Beurteilung des Ganzen hierauf Rücksicht zu nehmen und hoffe, dass diesem von mir selbst am meisten gefühlten Übelstande thunlichst abgeholfen sein soll durch fortwährenden Hinweis auf jene Seiten, wo Einschlägiges besprochen ist.

Memmingen, Ostern 1885.

Dr. Hans Vogel.

I. Kapitel.

Gegenwärtiger Stand der Untersuchungsmethoden überhaupt.

Bei den Untersuchungsmethoden für Milch muss von vornherein zwischen den Zielen der wissenschaftlichen physiologischen Chemie und denen der praktischen Lebensmittelchemie unterschieden werden; doch nicht etwa in dem Sinne, dass nur die Physiologie exakte Methoden beanspruchte und die Lebensmittelchemie sich mit approximativen Werten begnügen könne. Solche Zeiten und Ansichten hat es allerdings schon gegeben.

Für unsere Zwecke können wir aber hier die Unterschiede dahin zusammenfassen, dass sich der Lebensmittelchemiker in den meisten Fällen mit der exakten Bestimmung des spec. Gewichtes, des Fettes und der Trockensubstanz begnügen kann, während die Physiologie noch nach der Menge Asche und ihrer Bestandteile, nach Milchzucker, Proteinsubstanzen etc. zu forschen hat.

Eine Einigkeit besteht unter den Lebensmittelchemikern allerdings insofern noch nicht, als einige sich mit dem spec. Gewichte und Fett allein begnügen wollen, während andere sogar zur Trockensubstanz noch die Asche hereinziehen wollen. Selbst der Milchzucker wurde schon — doch vergeblich — für die Lebensmittelchemie requiriert. Allerdings mag es auch hier vorkommen, dass zur Beurteilung einer kranken Milch derartige Faktoren in den Kreis der Untersuchungen gezogen werden müssen — es sollen zum Schluss dieser Literaturübersicht auch hierüber die neueren Arbeiten genannt werden — aber in dem Falle treibt der praktische Chemiker eben keine Lebensmittelchemie mehr im engeren Sinne des Wortes.

Weil nun zum Teil die Untersuchungsmethoden der Physiologie grundlegend für die der Lebensmittelchemie geworden sind, so ist es geboten, dieselben kurz hier anzudeuten.

1. *Allgemeine Methoden von Haidlen und v. Baumhauer, modif. von Medicus.*

Haidlen (Annal. Chem. Pharm. 54. 273) empfahl 10 ccm (!) Milch mit einer genau gewogenen Menge von 1—2 g reinem trockenen Gyps zu mengen und im Luftbade oder über Schwefelsäure im Vacuum zu trocknen. Ein schnelleres Trocknen gelingt nach von Baumhauer (Journ. f. prakt. Chem. 84. 145) wenn man das abgemessene (!) Milchvolumen auf Filter bringt, welche mit reinem geglühten Sande gefüllt und mit diesem gewogen sind und dann bei etwa 70⁰ C. im Luftstrom — auch Wasserstoffstrom wurde empfohlen[1] — trocknet. Medicus (Gerichtl. chem. Prüfungen pag. 3—5) wägt in einem Bechergläschen stehend, einen Trichter mit nicht zu grossem, enganliegenden Filter, giebt dann in das Filter reines Quarzpulver bis zu $^2/_3$ der Filterhöhe und trocknet wieder bis zum konstanten Gewicht. Auf das bis auf 70⁰ C. erwärmte Filter lässt man 2 ccm (!) Milch, deren spec. Gewicht bekannt ist, auffliessen und trocknet schliesslich bei 105⁰ C. bis zum konstanten Gewicht. Dann hängt man zur Fettbestimmung den Trichter in den Extraktionsapparat von Medicus und extrahiert mit Äther. Ähnlich extrahiert man nachher mit Alkohol um den Gehalt an Milchzucker und löslichen Salzen zu finden. Der Rest besteht aus Kasein, Albumin und den unlöslichen Salzen. Durch vorsichtiges Einäschern dieses Rückstandes kann der Gehalt an unlöslichen Salzen bestimmt werden und aus der Differenz ergiebt sich dann die Menge Kasein und Albumin.

2. *Allgemeine Methode von Hoppe-Seyler* (Handb. d. phys. chem. Analys. 5. Aufl. 486).

Nach derselben bestimmt man in einem Teile der 1 : 20 verdünnten Milch Kasein, Albumin und Milchzucker, in einem anderen das Fett (cfr. S. 43) und in einem dritten Trockensubstanz, lösliche und unlösliche Salze. Zum Eintrocknen wird kein Sand verwendet. Die zur Untersuchung gelangenden Milchmengen werden nicht gewogen, sondern gemessen. Gerber (Fresenius, Ztschft. f. an. Ch. 1877. 16. 251) hat an dieser Methode einige Modifikationen angebracht, doch hat er später diese Methode verlassen und mit Radenhausen die Methode von Ritthausen zur allgemeinen Annahme empfohlen.

3. *Allgemeine Methode von Ritthausen, modif. von Gerber-Radenhausen.*

Ritthausen (Fresenius, Ztschft. f. an. Ch. 1878. 17. 241) gründet sein Verfahren auf die Fällbarkeit der Eiweisskörper mit Kupferoxyd. Das Filtrat aus dem Niederschlage, der aber immer etwas zu hohe Zahlen ergeben muss, weil auch basisches Kupfersulfat mitgefällt wird, das sein Wasser erst über 125⁰ C. verliert, dient zur Bestimmung des Milchzuckers

---

[1] Nach König, Menschl. Nahrungsmittel, II. Aufl. II. S. 239 soll G. Kühn die Liebig'sche Ente und den Wasserstoffstrom empfohlen haben, „da beim Eintrocknen der Milch an der Luft leicht Zersetzungen eintreten".

nach der Fehling schen Methode. Der Kupferniederschlag wird mit Äther extrahiert, um das Fett zu gewinnen, der entfettete Rückstand über Schwefelsäure, hierauf bei 125⁰ getrocknet und verbrannt. Aus dem Gewichtsverlust ergiebt sich die Menge der Eiweisssubstanzen.

Kennt man nun auf irgend eine Weise noch den Gehalt von Trockensubstanz, so darf die nach Abzug der Zahlen für Proteinstoffe, Fett und Zucker bleibende Differenz als Asche in Rechnung gebracht werden.

Gerber bezeichnet in seinem Werke: Analyse d. versch. Milcharten etc. pag. 21—26 die Methode von Hoppe-Seyler als ungenügend, die von Ritthausen als sehr zuverlässig und höchst elegant. In sehr ausführlicher Weise ist nun hier eine Abänderung der Entfettung des Kupferniederschlages beschrieben, ausserdem aber eine Methode der Trockensubstanzbestimmung im Zusammenhang damit angegeben, welche wegen ihrer Wichtigkeit gleich hier erwähnt werden soll.

10 ccm Milch werden in einer mit Uhrglas bedeckten vorher gewogenen Platinschale abgewogen, dann mit einigen Tropfen Essigsäure oder Alkohol absolutus koaguliert und im Luftbade oder über dem Wasserbade vorerst nur soweit abgedampft, dass das Coagulum noch nass genug bleibt, um überall an den Wandungen bestmöglichst verteilt zu werden. Dann trocknet man zwischen 100—110⁰ C. bis zu konstantem Gewichte. Über die Verwendung dieser Methode in der prakt. Milchuntersuchung vergleiche noch unter Trockenrückstand Seite 15 u. 18.

4. *Allgemeine Methode von Adam.*

Diese Methode wurde von Radenhausen (Corresp. Bl. d. Ver. an. Chem. 1880. 117) unter Abbildung des zur Verwendung kommenden Apparates den deutschen Chemikern bekannt gemacht. Sie bezweckt Fett, Milchzucker und Kasein in einer Probe zu bestimmen; sie ist bei uns gewiss nicht in Verwendung gekommen und kann daher kurz übergangen werden.

Ebenso interessieren uns nicht weiter die Methoden von Brunner (Pflügers Archiv f. Phys. VII. 442) und von Tollmatscheff (Hoppe-Seylers med. chem. Untersuchungen, Seite 273), weil sie speciell für Frauenmilch bestimmt sind.

5. *Allgemeine Methode von Lehmann.*

Diese Methode (Fresenius, Ztschft. f. an. Ch. 1878. 17. 383) hat sich alsbald nach der Publikation als unbrauchbar bewiesen. Es sollte auf die Porosität von Thonplatten ein Verfahren der Kasein- und Fettbestimmung gegründet werden.

Nach diesen allgemeinen Methoden seien noch einige Methoden der Milchprüfung hier im Voraus besprochen, welche sich unter den späteren Rubriken nicht unterbringen lassen.

A. Jörgenssen (Landw. Jahrb. 1883, Bd. II, Pharm. Ctrhll. 1884. 110) hat den Vorschlag gemacht, die Milch auf Wasserzusatz mit dem Refractometer von Abbe zu prüfen. Ein Zusatz von 10 % erniedrigt den Index der normalen Milch derart, dass er noch unter der niedrigsten Grenze liegt, welche reine Milch überhaupt zeigt. Jörgensen gibt aber selbst zu, dass der Index beim Aufbewahren der Milch sich ändere.

Mehr Anklang hat die Idee von Fuchs gefunden (Vierteljahrsschr. f. öffentl. Gesundheitspflege 1880. 253), der als der Erste angeregt hat, den Wasserzusatz dadurch direkt nachzuweisen, dass man das Milchserum nach der Destillation auf Salpetersäure prüft, „welche in den wenigsten Wässern fehlt und in der reinen Milch niemals vorkommt". Seine Methode war weniger glücklich gewählt. Er verwandelt die Salpetersäure in salpetrige Säure und weist diese mit Jodkalium und Schwefelsäure nach.

Uffelmann (Vierteljahrsschr. f. öffentl. Gesundheitspflege 1883. 663 bis 671) hat den Gedanken von Fuchs noch weiter ausgearbeitet und prüft mit einem sehr umständlichen Verfahren auf Salpetersäure, salpetrige Säure und Ammoniak. Beide Methoden sind genau genug für Interessenten beschrieben im Repert. f. an. Chemie 1881. 190 und 1883. 311. Ich verweise also der Kürze halber hier nur darauf mit dem Bemerken, dass Soxhlet auf der letzten Molkereiausstellung in München diesem Nachweise von Wasser resp. Salpetersäure ein neues Gewand gegeben hat, das wenigstens den Vorzug grosser Einfachheit und einer Empfindlichkeit gegeben hat, welche meiner Ansicht nach für den praktischen Gebrauch sogar zu weit geht, wie ich übrigens noch ausführen werde.

Da Prof. Soxhlet die Methode noch nicht publiziert hat, so kann ich hier nur anführen, was mir durch die öffentliche Ausstellung in München und den Vater derselben selbst bekannt geworden ist. Milch wird mit einer absolut salpetersäurefreien Lösung von Chlorcalcium koaguliert. Man prüft nun entweder das Serum oder das Destillat desselben in der Weise, dass man auf eine Lösung von Diphenylamin in conc. Schwefelsäure vorsichtig das Serum aufschichtet, ähnlich wie bei der Probe mit Ferrosulfat auf $N_2 O_5$.

Es ist nun in der That erstaunlich, welche enorm geringe Mengen Salpeter- resp. salpetriger Säure damit noch erkannt werden können. Ich habe aber mehrfach Versuche gemacht mit einem recht schlechten Wasser und habe gefunden, dass es genügt ein Milchgeschirr damit auszuschwenken, so wie es Ökonomen machen, ohne dem völligen Auslaufen eine besondere Aufmerksamkeit zu widmen, um in einer darauf gegossenen Milch noch Spuren von Salpetersäure nachzuweisen; während ich umgekehrt von unserer städtischen Wasserleitung mit vorzüglichem Wasser 10 % der Milch zusetzen muss, um eine eben solche Reaktion zu bekommen. Mit anderen Worten: einem schlechten Wasser gegenüber ist diese Soxhlet'sche Probe zu empfindlich und einem wirklich guten Wasser gegenüber macht sie die chemische Untersuchung doch noch lange nicht überflüssig, sondern manchmal erst recht notwendig. Ausserdem müssen wir noch bedenken, dass es eine Reihe von Stoffen gibt, welche mit

Diphenylamin ebenfalls blaue Farbenreaktionen geben. Herr Prof. Soxhlet hat dies mir gegenüber zwar bezweifelt, aber ich begnüge mich hier mit dem Hinweise, dass ausser Chlorsäure auch Eisenoxydsalze, Wasserstoffsüperoxyd, Baryumsuperoxyd blaue Färbungen geben sollen und betone dabei namentlich das Wasserstoffsuperoxyd, über dessen Bildung und spurenweises Auftreten bei chemischen Prozessen, Destillationen etc. wir immer noch zu wenig unterrichtet sind.

Wir kennen dann überhaupt noch zu wenig das Verhalten des schwefelsauren Diphenylamins gegenüber organischen Stoffen. Ihl hat erst kürzlich mit Kohlehydraten bei Gegenwart von Alkohol ganz merkwürdige Farbenreaktionen entdeckt, welche, wenngleich bei Milch kein Alkohol mit hereinspielt, uns mit der Anwendung des Diphenylamins im Sinne Soxhlets bei Milch oder Eggers bei Wein, sehr vorsichtig machen müssen[1]).

Nach diesen Erörterungen sollen nun der Reihe nach diejenigen Methoden besprochen werden, welche für die praktische Milchuntersuchung des Lebensmittelchemikers von besonderer Bedeutung sind:

a) spec. Gewicht,
b) Trockenrückstand,
c) Fett und im Anhange
d) Asche, Proteinstoffe etc., ferner Zusätze von Soda, Borax u s. w.

a) Specifisches Gewicht.

Die dunkle Ahnung, dass man Milch mit einer Senkwage auf ihre Reinheit prüfen könne, ist wohl so alt als die Senkwage selbst.

Eine exakte Vorstellung über die bestimmenden Einflüsse der einzelnen Milchbestandteile, ferner über die der Temperatur, muss den Fabrikanten solcher Milchwagen im anfang aber gänzlich gefehlt haben. Einen Einfluss der Temperatur hat man zwar meist erkannt aber dadurch paralysieren wollen, dass man die erhaltenen Grade der Wage und des Thermometers addierte und dann eine Normalsumme aufstellte, wenn man es nicht vorzog diese Summe noch mit zwei zu dividieren und mit einem Normalquotienten an die Beurteilung der Milch heranzutreten.

Die Grade der Milchwagen waren meist willkürlich oder lehnten sich an die Aräometer von Beck u. A. an. Auch der neuerdings von Weitz (wo?) in Vorschlag gebrachte „Korrektur Milchprober" ist ein Aräometer mit willkürlich entworfener Skala.

Dass solche Instrumente heute noch in den verschiedensten Abarten namentlich unter den Käsern existieren können ist freilich sehr zu bedauern. Ich wäre leicht in der Lage, aus dem Algaü und dem benach-

---

[1]) Vergleiche den eben erschienenen Aufsatz von Hager, Pharm. Ctrhlle. 1885, 279 über Nachweis von Chlor mit Diphenylamin.

barten Württemberg ein Dutzend Varietäten zusammenzustellen. Wenn es nun in der That diesen Leuten manchmal gelingt, damit auf eine Fälschung trotz des fehlerhaften Principes aufmerksam zu werden, so kommt dies nur daher, weil die Temperatur, mit welcher die Milchsorten zum Käser gebracht werden, fast immer dieselbe ist, resp. nur innerhalb sehr enger Grenzen schwankt.

Das Verdienst, der empirischen Milchwage eine wissenschaftliche Unterlage gegeben zu haben, gehört Quevenne; auf dessen Schultern stehend hat dann Christ. Müller das System der Milchkontrolle noch weiter in der bekannten Form ausgebaut.

Diese Quevenne-Müller'sche Milchwage, welche bei 15° C. direkt das spec. Gewicht der Milch angibt, bei andern Temperaturen aber eine entsprechende Korrektur nach Tabellen (Seite 115—119) gestattet, hat noch die weitere Einrichtung, dass rechts und links von der Skala Notizen gegeben sind über die Beschaffenheit der geprüften Milch. Mit diesen Zahlen ist leider in der Hand von Unverständigen auch schon Missbrauch getrieben worden, insofern als sie dieselben kritiklos dem Richter überantworteten, der dann beim Strafausmass sich genau danach richtete, ob $^1/_{10}$ oder $^2/_{10}$ Wasser in der beanstandeten Milch vorlagen.

Für Käser und Polizeiorgane mag nun diese kleine Wage genügen; für die exakte Bestimmung des spec. Gewichtes ist sie bei dem geringen Abstande der Grade (3 mm) ungenügend. Fast gleichzeitig tauchten nun verbesserte Instrumente auf bei Greiner in München, veranlasst durch Prof. Soxhlet daselbst und bei Fuess in Berlin, veranlasst durch das Reichsgesundheitsamt. Die einzelnen Grade stehen hier soweit ab, (8 bis 10 mm) dass sie gestatten, auch noch die 4. Dezimalstelle des spec. Gewichtes zu bestimmen. Dafür umfasst ihre Skala nur die Zahlen 1,039—1,025, indem andere Zahlenwerte bei Milch nicht leicht vorkommen.

Die Zerbrechlichkeit dieser Instrumente veranlasste Prof. Recknagel eine dauerhaftere Milchwage, natürlich auch auf dem spec. Gewichte fussend zu konstruieren. Ein solches besteht aus Hartgummi mit metallenem Gewichte und metallener Skala. Vermöge des unmittelbaren Anliegens der Flüssigkeit, durch einen sehr einfachen Handgriff zu erzielen, ist ein Ablesungsfehler durch Parallaxe ausgeschlossen. Ich habe ein solches Instrument in der Hand gehabt und kann dasselbe für Polizeibehörden und Käsereien nur empfehlen. Dasselbe kann mit einer eigenen Tabelle — es sind selbstverständlich andere Korrekturen nötig — vom Mechaniker Harlacher in Kaiserslautern um 12 oder 18 M., je nach Ausrüstung bezogen werden. Prof. Recknagel hat durch Zugabe einer weitern Tabelle auch ein Verfahren angegeben, den Gehalt an Butterfett in der Milch ungefähr zu bestimmen, wenn das spec. Gewicht der abgerahmten Milch ebenfalls noch bestimmt wird.

Quesnevilles Methode zur exakten spec. Gewichtsbestimmung siehe in dessen Werk. Im übrigen verweise ich hierüber auf meineEinleitung pag. 4.

Das spec. Gewicht der Milch kann natürlich ebensogut wie durch ein Aräometer auch durch ein Pyknometer oder mit der Mohr-Westphalschen Wage bestimmt werden.

Hehner (Forschungen auf d. Geb. d. Viehhalt. 14. Heft S. 254) empfiehlt gegenüber den gewöhnlichen Piknometern die Anwendung der Sprengelschen Röhre. Sie biete den Vorteil, dass man die ausserordentlich kleinen Luftbläschen, welche in der Milch sehr lange suspendiert bleiben, in den Kapillaren der Sprengelschen Röhre leicht bemerke und unschwer entfernen kann. — Ich habe mir, um denselben Fehler auszuschliessen bei Greiner-München das Reischauer'sche Piknometer dahin abändern lassen, dass das eigentliche Gefäss allmälig konisch in die Röhre übergeht, so dass Luft bläschen auf der schiefen Ebene emporsteigen können, während sie sich bei der alten kuppelförmigen Aufsetzung des Rohres hier fangen mussten und erziele damit jetzt sehr exakte Zahlen.

Über Veränderungen des spec. Gewichtes und über das Verhältnis von Trockensubstanz zum spec. Gewichte vergleiche unter Beurteilung von Milch Seite 65—67 u. 72 u. 85.

Die Korrektionstabelle siehe Seite 116—119.

b) Trockenrückstand.

Hier kann ich der Kürze halber gleich auf die „allgemeinen" Methoden zurückgreifen, unter welchen uns hier namentlich die Art der Trockenrückstandbestimmung von Haidlen, Kühn[1]) und Gerber-Radenhausen wichtig sind. Freilich sind sie unter der Hand der einzelnen Analytiker oft so verändert worden, dass es schwer hält, sie präcis zu beschreiben. Demnach glaube ich diese 3 Methoden dahin charakterisieren zu können, dass man unter Haidlen's Methode jene Trockensubstanzbestimmung versteht, wobei Milch mit irgend einem festen Körper eingedampft wird, während die Kühn'sche Methode die Luft beim Eintrocknen ausschliesst und Wasserstoff und die Liebig'sche Ente anwendet. Die Gerber'sche Methode fusst namentlich auf der vor dem Eindampfen durch Zusatz von Essigsäure oder Alkohol erzielten Koagulierung der Proteinstoffe.

Was die bei der Haidlen'schen Methode angewendeten festen Stoffe betrifft, so muss hier noch näher darauf eingegangen werden. Gyps wird in folgender Weise angewendet: Reiner gebrannter Gyps wird mit viel Wasser angerührt, auf dem Filter gesammelt, bei 105—110° (nicht höher) getrocknet und fein gerieben. Auf 1—3 g Gyps kommen etwa 15—20 ccm Milch. Wicke empfahl dann den schwefelsauren Baryt, wegen der Unsicherheit des Wassergehaltes von Gyps. Trommer empfahl gepul-

---

[1]) So will ich der Kürze halber die Methode mit der Wasserstoffdurchleitung bezeichnen, obwohl ich nicht genau weiss, von wem sie für Milch angeregt wurde. Nach König soll es G. Kühn gewesen sein. Cfr. S. 7.

verten Marmor, Kreussler Strontiumsulfat, Christenn Glaspulver, Otto und Brunner reinen geglühten Quarzsand, Janke Seesand und Bering Magnesiumoxyd (Correspbl. d. Ver. an. Ch. 1879. II. 27). Hager empfiehlt scharf ausgetrocknetes China-Clay oder weissen Bolus, hat aber nach seinen Angaben damit keine sichere Resultate erhalten und schlägt deshalb auch noch Filtrierpapiere vor. Schrodt (Chem. Zeitg.1884. 70) will mit Gyps bei Magermilch bessere Resultate erzielen als mit Sand.

Meistens, aber nicht immer, wird das Umrühren während des Eindampfens empfohlen.

Merkwürdig ist, dass die ältern Autoren — leider aber auch noch jüngere Chemiker — die zu verwendende Milch abmessen und nicht abwägen. Dieses Abmessen hat allerdings gewisse Vorteile: Zeitgewinn und Vermeidung von Verdunstung; aber noch viel grössere Nachteile: nämlich eine bedeutende Ungenauigkeit. Es sollte doch jedem Chemiker klar sein, dass von einer fetten Milch mit dem spec. Gew. 1,033 ein anderes Quantum Milch in der 10 ccm Pipette hängen bleibt, als von einer entrahmten und gewässerten Milch von dem nämlichen spec. Gewichte. Dieser Fehler kann nur dann ignoriert werden, wenn es sich um ein Quantum von 200 ccm handelt wie bei Fettbestimmung nach Soxhlet, aber nicht bei 10 ccm oder noch weniger! Die von Dietzsch beanstandeten Zahlen, welche z. B. Thörne im Repert. an. Chem. 1884. 100 für reine Milch beim Vergleiche verschiedener Methoden gefunden haben will, dürften vielleicht grossenteils darauf zurückzuführen sein, dass hier die Milch nur gemessen und nicht gewogen wurde. Auch Schmidt-Mühlheim hat bei seinen vergleichenden Untersuchungen (siehe unten Seite 15) 10 cmm Milch verwendet und damit den Wert derselben wesentlich beeinträchtigt.

Ich habe schon vor 3 Jahren (Fresenius Ztschr. f. an. Ch. 1881. 20. 295) darauf aufmerksam gemacht, dass die Milch nicht nur nicht abgemessen, sondern geradezu im verschlossenen Gefässe gewogen werden muss. An einem Regentage haben 11,462 g Milch in meinem offenen Schiffchen (s. u.) beim Liegen an der Luft in den ersten fünf Minuten 0,017 g also fast 2 dg verloren. Wenn ich annehme, dass ein Chemiker der Kontrolle halber gleich in zwei Gefässe je 10 g Milch einfüllt, um sie nacheinander abzuwägen, so wird bei dem 2. Gefässe, bis dessen Inhalt exakt gewogen ist, weil sicher 5 Minuten verfliessen, ein Wägefehler von fast 2 dg gegen die erste Probe gemacht, d. h. bei der Berechnung der Prozente muss eine Differenz von 0,2% erhalten werden. Das ist eine Fehlerquelle, die nicht vernachlässigt werden darf, um so mehr als sie leicht umgangen werden kann. In jüngster Zeit Pharm. Ctrhll. 1885. 34 macht auch Wolff auf die Notwendigkeit des Abwägens in geschlossenen Gefässen wieder aufmerksam.

Über die Form der Gefässe konnte ich keine bestimmte Vorschriften bei den ältern Autoren finden. Die einen nehmen Porzellantiegel, -schalen,

oder Gefässe aus Platin[1]), in neuester Zeit wurden ausser der Liebig'schen
Ente auch noch die Hoffmeister'schen Schälchen empfohlen. Ich verstehe recht wohl den grossen Vorteil, den sie beim spätern Pulverisieren
behufs Fettbestimmung bieten können. Mir ist es nämlich nicht klar, wie
man aus einer Platinschale z. B. den mit Gyps oder Sand völlig eingetrockneten Rückstand zur späteren Fettbestimmung ohne alle Verluste an
Material und Zeit herausbringen soll. Dies kann aber bequem mit dem
Inhalte des Hoffmeister'schen Schälchen geschehen, weil es mit demselben zerstossen wird. Aber ich bin auch anderseits mit Dietzsch (Chem.
Ztg. 1884. 323) der Ansicht, dass dies für die Dauer zu teuer ist, ausserdem kann man aber, und dies möchte ich besonders gegen Janke betonen, den Inhalt des Hoffmeister'schen Schälchens beim Eintrocknen
zur feinen Verteilung, die ich für sehr wesentlich halte, nicht
umrühren.

Ich glaube nun den Anforderungen an ein exaktes Abwägen und an
eine ebenso exakte Trockenrückstandbestimmung mit dem folgenden
Apparate genügen zu können, der von mir schon 1880 im Dingler'schen

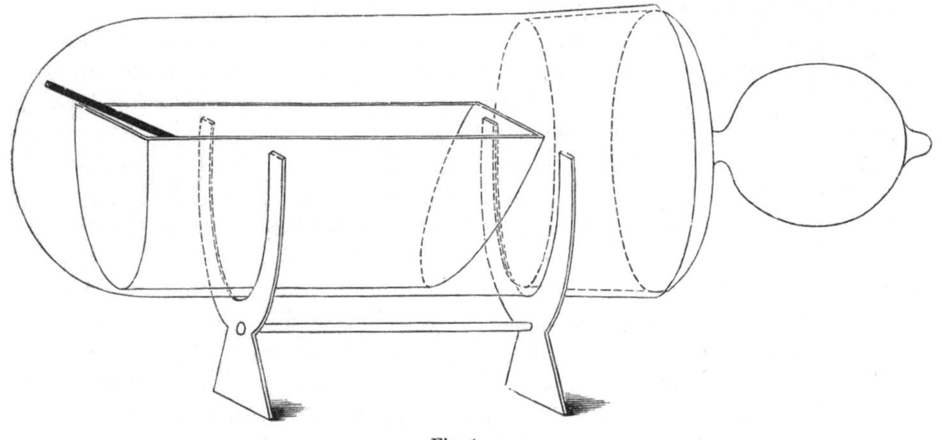

Fig. 1.

Journal 237, 59 beschrieben und in der Brochüre: Vogel, Über Milch-
untersuchungen und Milchkontrolle (Würzburg; Stuber) auch abgebildet wurde.

Der Apparat von Greiner in München hergestellt, hat unterdessen
bei verschiedenen Lebensmitteluntersuchungsämtern in Deutschland und

---

[1]) Eine bedeutende Zukunft dürften überhaupt bei Extraktbestimmungen
die Nickelschalen haben. Ich habe bei Ehrhardt & Metzger in Darmstadt
Nickelsrhalen genau von derselben Grösse machen lassen wie sie für Wein vor-
schrieben sind; sie bewähren sich sehr gut und kosten à 1,2 M.!

der Schweiz Eingang gefunden, und bietet den Vorteil, **dass der erhaltene Trockenrückstand ohne weitere Zubereitung** zur Fettextraktion im Soxhlet'schen Apparate fertig ist.

Figur 1 zeigt denselben in natürlicher Grösse wie er auf die Wage gestellt wird. In dem luftdicht schliessenden Wägerohr liegt das verzinnte Schiffchen[1]) mit Sand und einem kleinen Glasstabe tariert und wird nun mit circa 10 g Milch gefüllt. Nach dem Wägen wird das Schiffchen auf einem Zinkblech mit entsprechendem Ausschnitt auf ein flott kochendes Wasserbad gesetzt. Wichtig ist, dass namentlich zum Schlusse der noch feuchte Rückstand mit dem Glasstabe so lange umgerührt wird, bis alles sandig scharf knirscht. Nun kommt noch das völlige Austrocknen im Luftbade bei 100° C. bis Gewichtskonstanz eintritt. Ich bin gewohnt gleichzeitig 2 solcher Schiffchen der Kontrolle halber in Arbeit zu nehmen und kann konstatieren, dass ich jedesmal sehr exakte Übereinstimmung erzielt habe. Über die weitere Verwendung des Rückstandes zur gewichtsanalytischen Fettbestimmung siehe S. 25—26.

Im folgenden seien nun jene Arbeiten aufgeführt, welche eine Kritik der bestehenden Methoden oder selbst neue Methoden bieten.

Janke (Repert. anal. Chem. 1882. 33) prüft in zahlreichen Versuchen, ob es besser sei, mit oder ohne Sand die Milch einzudampfen. Von 50 Bestimmungen mit Seesand[2]) lieferten 25 etwas zu hohe und 25 etwas zu niedere Zahlen gegenüber dem Verfahren ohne Zugabe von Sand. Da ich nicht wohl annehmen kann, dass der Sand während des Eindampfens im Hoffmeister'schen Schälchen umgerührt worden ist, so kann ich den Versuchen keinen massgebenden Wert zusprechen; zumal ich nicht einsehe, warum gerade das Eindampfen ohne jede Zugabe als Normalverfahren zum Vergleich herangezogen wird, da ich eben diese Methode am wenigsten als frei von Einwürfen bezeichnen kann.

Schmidt - Mühlheim hat die Haidlen'sche, Kühn'sche und Gerber'sche Methode untereinander verglichen. (Pflüger's Arch. f. Phys. Bd. 31, Heft 1 u. 2, Chem. Zeitg. 1883, 587.) Die Milch wurde leider nur abgemessen. Schmidt hält das Trocknen der Milch im Wasserstoffstrom für das einwurffreieste Verfahren. Die Haidlen'sche Methode (10 ccm mit Seesand im Hoffmeister'schen Schälchen erst auf dem Wasserbade dann im Wassertrockenschranke bei circa 100° C.(!) getrocknet) verdiene wegen ihrer Einfachheit und hinreichend genauen Resultate allgemeine Beachtung. Ihre Werte liegen regelmässig um 0,05—0,1 % höher als beim Kühn'schen Verfahren. (Meiner Ansicht ist diese

---

[1]) Auch hier dürften Nickelschiffchen aus einem Stücke gepresst sich sehr bewähren.

[2]) Janke verwirft wie Knop den Gyps, „weil er schon bei 100° C. Wasser verliert, sich schwer mit Äther erschöpfen lässt (?) und weil er mit dem Kasein eine chemische Verbindung eingeht."

Differenz verschuldet durch das Unterlassen des Umrührens und der Anwendung eines Wassertrockenschrankes, wo die Temperatur von 100° C. nicht erreicht wird. V.) Das Gerber'sche Verfahren liefere keine bessern Resultate und erscheine umständlicher. .

Schmöger (Arch. f. ges. Physiol. Bd. 31, Heft 7 u. 8, Pharmac. Centrhll. 1883. 479) erhielt mit der Haidlen'schen Methode bei Anwendung von 10 g Milch untereinander Differenzen, die sich fast immer nur auf die 2. Dezimale erstrecken. Mit der Methode von Gerber erhielt er dieselben Resultate; es dauert aber hier länger bis ein konstantes Gewicht erzielt wird. Vor der Haidlen'schen hat sie nichts voraus, zumal man mit der letzteren auch bequem die Fettbestimmung verbinden kann. Man muss bei der H.'schen Methode nur beachten, dass die Milch auf dem Wasserbade gehörig verdampft ist, ehe man sie in den Trockenschrank bringt. Das Wasserstoffverfahren ergab etwas geringere Zahlen als die beiden andern Methoden.

Hehner (Fresen. Ztschrft. f. an. Ch. 1883. 602) äussert sich über die Trockensubstanzbestimmung gelegentlich einer Besprechung des in England besonders betonten Gehaltes der Milch an fettfreier Trockensubstanz. Er hält den von den englischen Analytikern angenommenen Minimalwert „9 %/ Nichtfett" für etwas zu hoch. (Cfr. Vogel, Fresen. Ztschrft. an. Ch. 1881. 295. Ich habe mich l. c. ähnlich schon vor 4 Jahren geäussert.) Dem entgegen macht Hehner aufmerksam, dass dieser Minimalwert nur dann verlangt werden dürfe, wenn nach der Konventionalmethode der englischen Analytiker bei Bestimmung des Trockenrückstandes 5 g Milch $2^1/_2$—3 Stunden lang auf offenem Wasserbade getrocknet und der Rückstand 3—6 mal nach einander mit kochendem Äther erschöpft werde. Aus den von Hehner mitgeteilten Analysen geht hervor, dass Milchrückstände auf offenem Wasserbade schneller trocknen, wie im geschlossenen Wasserbade. Durch Trocknen bei 110° C. erhält man nicht so konstante Zahlen, auch sind dieselben etwas niedriger. Hehner schlägt vor 5 g Milch im Platinschiffchen (aus Vieth Forschungen auf d. Geb. d. Viehhaltg. 14. Heft 258) 6—7 Stunden bei 100° C. zu trocknen, um dann den Rückstand samt Schiffchen direkt in den Soxhlet'schen Extraktionsapparat zu bringen, dort mit absol. Äther auszuziehen das feste Nichtfett wieder bis zum konstanten Gewichte zu trocknen und schliesslich einzuäschern — alles natürlich mit Rücksicht auf die letzte Operation ohne Sand. — Vieth gibt in den Forschungen auf d. Geb. d. Viehhaltg. 1883. S. 260 an, dass er 5 g Milch in eine flache Platinschale gibt und dieselbe ohne jeden Zusatz eintrocknet, und zwar 3 Stunden auf dem Dampfbade und 3 Stunden in einem auf 95—100° C. erhitzten Luftbade.

· Im Somerset House Laboratory — dem englischen Staatslaboratorium für Nahrungsmitteluntersuchungen — werden nach J. Bell (Fresenius Ztschrft. 1884. 250 u. Repert. an. Chem. 1883. 271) zur Bestimmung der

Trockensubstanz 5 g Milch in einer Platinschale mit ebenem Boden auf dem Wasserbade zum Trocknen verdunstet (ungefähr 3 Stunden) und das Austrocknen im Wassertrockenschränkchen bis zum konstanten Gewicht fortgesetzt. Wendet man die vorgeschriebene Platinschale mit ebenem Boden an, so ist ein Zusatz von Sand zur Milch vor dem Verdunsten überflüssig. Der Trockenrückstand bleibt in Gestalt einer dünnen Haut zurück. Durch Verbrennen dieses Rückstandes erhält man die Asche. Zur Bestimmnng des Nichtfettes und des Fettes selbst werden eigens 10 g Milch in einer mit Glasstab versehenen Platinschale von 76,2 mm Durchmesser und 25,4 mm Tiefe auf dem Wasserbade eingedampft. Man verdunstet unter gutem Umrühren bis zur Trockne. Der Rückstand soll weder zu feucht noch zu trocken sein, da in jedem von beiden Fällen das Fett nicht gut extrahiert wird. (Warum dann keinen Sand? V.) Ist der Rückstand zu trocken, so kann er wieder mit Wasser oder Alkohol befeuchtet werden. Über die nähern Vorschriften der Fettbestimmung vergl. Seite 28 und über Veränderungen der Trockensubstanz in der sauren Milch vergl. Seite 71—72. Die betreffende Abhandlung von J. Bell, welche unter dem Titel „Milchanalyse zu gerichtl. Zwecken" im Analyst 1883. 141 erschienen ist, soll, das sei hier nebenbei erwähnt, nach dem Referenten des Repertoriums vom spec. Gewichte und der grossen Bedeutung desselben bei der Beurteilung von Milch keine Silbe erwähnen!

Mit Bell's Angaben stimmen ziemlich die von Sharples (Fresen. Zeitschr. f. anal. Ch. 1884. 250), welcher schon seit 1874 die Trockensubstanzbestimmung in der Weise mit der des Fettes verbindet, dass er 5 g Milch in einer Platinschale mit völlig ebenem Boden von 65 mm Durchmesser und 15 mm Höhe $1^1/_2$ Stunden auf dem Wasserbade verdunstet, sodann bei 105º C. 15 Minuten trocknet und wägt. Der Rückstand wird mit Petroleumbenzin dann extrahiert. (Siehe Fett Seite 29.) Nach der Extraktion äschert man ein und wiegt die Asche. Alles Rühren der Milch, bevor sie trocken ist, muss sorgfältig vermieden werden. (Warum? V.) Das Verfahren von Sharples soll in „Amerika" (!) vielfach von Lebensmittelchemikern befolgt werden.

Johnston (Fresenius Ztschrft. f. anal. Chem. 1884. 250, Pharm. Ctrlhll. 1881. 381) dampft auch nur 5 g ein, aber im Platinschiffchen und extrahiert nicht mit Benzin, sondern direkt im Extraktionsapparat. Cfr. Seite 29.

Quesneville's Werk: Neue Methoden zur Best. der Bestandteile der Milch bringt auch bemerkenswerte Notizen über Bestimmung der Trockensubstanz. Seite 70 behauptet er, dass man das Extraktgewicht von 10 ccm (!) erst für konstant halten kann nach einer Abdampfung von 12—18 Stunden im Wasserbad, dessen Wasser im fortwährenden Sieden erhalten wird. Wird die Wägung vor dieser Zeit vorgenommen so erhält man bei extraktreicher Milch leicht um 5 g per Liter, also 0,5% zuviel. (??)

Ausserdem muss man in Platin- und nicht in Porzellanschalen arbeiten, und die erstern müssen flachen Boden haben.

Von deutschen Milchautoritäten erwähne ich zunächst, dass Dietzsch (Die wichtigsten Nahrungsmittel 1884. Seite 21 und Chem. Ztg. 1884. 323) gegenüber der Gerber'schen Methode, die 4 Stunden Zeit beansprucht und in den eingetrockneten Albuminaten hartnäckig etwas Wasser zurückhalten kann, einer Art Haidlen'schen Methode den Vorzug gibt. 20 g vorher gut gemischter Milch werden in einem genau tarierten flachen eisernen Schälchen mit 30 g staubfreiem frisch geglühtem Quarzsand, Seesand oder grobem Glaspulver mittelst eines tarierten Porzellanspatels vermischt und auf dem Wasserbade unter fortwährendem Umrühren verdampft und im Luftbade bei 95—100° C. eingetrocknet bis bei wiederholten Wägungen keine Gewichtsabnahme mehr zu bemerken ist. Wichtig ist, dass die zuletzt entstehenden kleinen Sandklümpchen zerrieben werden, da sie sonst Feuchtigkeit zurückhalten.

Die Anwendung von Hoffmeister'schen Schälchen widerrät er nur deswegen, weil sie zu teuer sind, aber merkwürdiger Weise nicht deshalb, weil sie das von ihm selbst so empfohlene Umrühren nicht gestatten.

Ambühl gibt über Trockensubstanzbestimmung in seiner „Anleitung zur Milchprüfung 1883" gar keine Methode, weil er sich da mit Fettbestimmung mit dem Lactobutyrometer begnügt. Dagegen äussert er sich in der Chem. Ztg. 1884 Seite 360 über dieses Thema wie folgt. „Ich lasse mich in keine spezielle Kritik all der vielen Vorschläge ein, sondern führe nur an, was in meinem Laboratorium nach Durchprüfung aller Neuerungen als das Einfachste und Beste sich bewährt hat. Eindampfen von 5 ccm abgewogener Milch in kleiner Platinschale von 25 ccm Inhalt auf dem Wasserbade, sodann Austrocknen im Luftkasten bei 95—97° C.(!) zu konstantem Gewichte, d. h. bis eine folgende Wägung nach weitern 2 Stunden Trocknen weniger als 2,5 mg (0,05 % der angewandten Milch) Abnahme ergibt. Die Resultate sind innerhalb 0,1 % übereinstimmend. Ich vermeide jeden Zusatz von Sand oder Gyps, weil ich diesen Rückstand noch zur Aschenbestimmung verwende. Bei so kleiner Menge ist ein vollständiges Austrocknen sehr wohl zu erreichen. (?)

Hager gibt in seinem Supplementband zur Pharmac. Praxis, Seite 650 zwei Wege zur Trockensubstanzbestimmung, nämlich im Blechgefäss und im Fliesspapiergefäss. Der letztern Methode räumt er den Vorzug ein. Das messingene Blechpfännchen mit ebenen Boden (5 cm Durchmesser, 3 mm Randhöhe) nimmt 2—3 g Milch auf. Das Eintrocknen geschieht über dem Cylinder einer Petroleumlampe unter Hin- und Herbewegung. Die Eintrocknung ist in 5—8 Minuten fertig. Die Fehlerquellen dieser Annäherungsmethode brauchen wohl nicht besonders betont zu werden.

Das Papiergefäss besteht aus Fliess- oder Filtrierpapier. Ein 16 cm langer und 12 cm breiter Papierstreifen wird in seiner Länge in der Mitte gebrochen, zusammengelegt, so dass der Doppelstreifen eine Breite von

6 cm hat. Man wickelt ihn nun um ein cylinderisches Glasgefäss von 2,5—3 cm Durchmesser, so dass die gebrochene Kante nach oben, der offene Rand nach unten liegt. Dieser Teil wird nun 2—3 mal eingeschlagen und man erhält einen kleinen Becher aus Filtrierpapier. Derselbe wird an einem heissen Orte (!) ausgetrocknet, sein Gewicht bestimmt. Dann werden 2 g der Milch tropfend eingewogen und nun der Becher auf einer Blechscheibe an einem 60—100° C. warmen Orte (!) gestellt. Die Milch wird sofort von dem dicken, in Falten liegenden Boden aufgesaugt. Fünf Versuche von ein und derselben Milch ergeben auffallend genaue Resultate.

Man kann die Milch auch mit ihrem halben Gewichte (China-Clay) oder weissem Bolus eintrockuen; es müssen aber dann die Erden vorher scharf ausgetrocknet und auch bis 150° C. erhitzt sein, ehe sie mit der Milch gemischt werden. Ein im Wasserbade getrocknetes China-Clay enthielt immer noch Wasser, so dass der Milchtrockenrückstand nie das richtige Mass ergab.

Diesen Hagerschen Vorschlägen gegenüber möchte ich nun bemerken, dass davon wohl nur das Eintrocknen auf dem Papierbecher eine ernstere Beachtung als „neu" verdient. Jedenfalls müsste das Austrocknen des Papieres vor der Füllung und nach der Milchzugabe unter besser kontrolierten Temperaturverhältnissen geschehen. Einen wirklichen Vorteil bietet dieses Verfahren aber nicht, man müsste denn die leichte Entfettung und bequeme (?) Aschenbestimmung als solche betrachten.

Eine gewisse Aehnlichkeit mit Hagers Papierbecher hat der Vorschlag von Marpmann (Arch. d. Pharm. 1881. 16. 34, Repert. an. Chem. 1881. 248) eine Chlorcalcium-Röhre mit Watte zu füllen, nach dem Wiegen mit 20—30 Tropfen Milch zu tränken und nun durch eine glühende Röhre Luft über dieselbe zu saugen. In 10—15 Minuten ist der Rückstand wasserfrei. Bei welcher Temperatur hier das Eintrocknen eigentlich vor sich geht, scheint dem Autor gleichgiltig zu sein. Den Rückstand entfettet er dann in derselben Chlorcalciumröhre (cfr. Fett, Seite 30).

Alex. Müller (Fresenius, Ztschft. an. Chem. 1881. 129) gibt ein umständliches Verfahren, um in Milch einzelne Bestandteile quantitativ zu bestimmen. Schon der Umstand allein, dass der Apparat 24 Stunden stehen bleiben muss, um kräftig und wiederholt durchschüttelt zu werden, ist genügend, die völlige Unbrauchbarkeit darzuthun. „Bei Berechnung des Trockenrückstandes hat man einfach den Trockeninhalt des Bechers (bestehend aus Butterfett und einer ziemlich konstanten geringen Menge Milchzucker und Alkalisalz) und des Digestionsfläschchens (sämtliches Protein, fast sämtlichen Milchzucker, die Mineralbestandteile und einen kleinen Teil Fett enthaltend) zu addieren" (!)

Da die Ziele, welche mit Bestimmung der Trockensubstanz erreicht werden sollen, mit approximativen Zahlen durchaus nicht gefördert werden, weil sie immer viel zu viel Zeit beansprucht, um z. B. für die Polizei direkt verwendbar zu sein, so ist von vornherein jede Methode zu verwerfen, welche mit so grossen Fehlerquellen behaftet ist, dass ein sonst vielleicht unbedeutender Wägefehler zu einer Differenz von 0,5 % oder noch mehr anwachsen kann. Ich schicke dies voraus, um mir weitere Kritik zu ersparen gegenüber den folgenden Methoden, welche mit 0,5 und 1 g Milch arbeiten.

Am meisten begegnet man in der Richtung dem Vorschlage von Schultze (Milchztg. 1875. 14) 0,4—0,5 g Milch in einer Platinschale abzuwiegen und diese dann über einer ganz kleinen Gasflamme hin- u. herzubewegen, bis alles Wasser verdunstet ist und der Rückstand sich gelb färbt. Es hat in der Lebensmittelkontrolle schon eine Zeit gegeben, wo man solche Vorschläge für ernst nahm und in Lehrbüchern empfahl!

Bering (Corresp. Bl. d. Ver. an. Chem. 1879. 27) tariert einen Platintiegel mit ungefähr 0,1 g Magnesiumoxyd, gibt 1—2 g Milch dazu und erwärmt den gewogenen Tiegel nun mit einer kleinen Gasflamme, 40 cm vom Tiegel entfernt. Nach 2—3 Stunden ist völlige Austrocknung erreicht. „Das eigentliche Knistern, sowie die sich bildenden Risse lassen schon einigermassen (sic!) das Ende der Austrocknung erkennen.“

Kaiser (Fresenius, Ztschft. anal. Chem. 1883. 605) bestimmt die Trockensubstanz, indem er auf einer 0,1 mg angebenden Wage 1 ccm Milch genau abwägt, mit 2 ccm Alcoh. absol. vermischt, in einem besonders konstruierten Apparate mit Spiritusbad erwärmt, nach etwa $^3/_4$ Stunden etwa nochmals mit 2 ccm Alcoh. abs. versetzt und nunmehr bei 76° C. (Siedepunkt des Alkohols in St. Gallen) trocknet, was ungefähr $1^1/_4$ Std. in Anspruch nimmt. Um dem Rückstande die letzten Spuren von Wasser zu entziehen, wird derselbe mit circa $^1/_3$ ccm wasserfreien Äthers übergossen, nochmals getrocknet, im Exsikkator erkalten gelassen und gewogen. Der Rückstand wird dann zur Fettbestimmung verwendet (S. 30.).

B. Ohm kam auf den Vorschlag (Arch. d. Pharm.?) aus dem Zeitpunkt der Erstarrung von Milch und gebranntem Gyps einen Schluss auf den Wassergehalt derselben zu ziehen.

Ebensowenig wird der Apparat von Geissler, Lactometer genannt, (Fresenius, Ztschft. f. an. Chem. 1879. 489) und verbessert von Petri-Münke (l. c. 1880. 224) praktische Anwendung gefunden haben, weil er viel zu teuer und zu zerbrechlich ist. Von seiner Beschreibung glaube ich deshalb unter Hinweis auf die Literaturquellen absehen zu dürfen.

Ein anderes Lactometer, ebenfalls mit der Tendenz die festen Bestandteile der Milch zu ermitteln, rührt von Pile (Americ. Journ. of Pharm. 13, 244 u. 278 und Repert. an. Ch. 1884. 12) her. Lässt man den Rahm einer Milch in die Höhe steigen, so wird ein geringer Teil Fett in der Milch zurückbleiben, und zwar ist das Verhältniss des zurückgebliebenen Fettes zu den festen Milchbestandteilen ein konstantes, so dass man aus dem, spec. Gewichte der abgerahmten Milch auf den Rückstand schliessen kann. Näher kann auf den Inhalt der Arbeit, die eine Tabelle zum direkten Ablesen des Rückstandes enthält, nicht eingegangen werden; nur sei zur

Beleuchtung hervorgehoben, dass der Tabelle die Annahme zu Grunde gelegt ist, dass reine abgerahmte Milch als normales specifisches Gewicht 1,032 und einen Gehalt an festen Stoffen von 14% enthält (!) Zum Zwecke dieser Ermittelungen hat Pile ein Lactometer konstruiert, das nun aber in deutschen Zeitschriften nirgends näher beschrieben war.

Noch viel weniger besteht heute noch eine Veranlassung auf die halimetrische Probe von Fuchs-Reichelt einzugehen oder auf die zum Teil wenigstens hieher gehörigen Methoden von Sacc (Hager gibt im Suppl. Bd. zur pharm. Praxis, Seite 647 ein ähnliches Verfahren), Volpe oder Zenneck. Interessenten verweise ich betreff dieser Methoden auf das Werkchen von Vieth: Milchprüfungsmethoden 1879 und von d. Becke, Milchprüfungsmethoden 1882.

Ich kann das Kapitel Trockensubstanz nicht schliessen, ohne noch einer Methode Erwähnung zu thun, welche es unternehmen will, auf rechnerischem Wege zur Trockensubstanz zu gelangen, wenn spec. Gewicht und Fettgehalt gegeben sind, oder umgekehrt zum Fettgehalt, wenn spec. Gewicht und Trockensubstanz bekannt sind. Alles Wissenswerte hierüber ist im 14. Hefte der Forschungen auf dem Gebiete der Viehhaltungen, zusammengestellt in einem Aufsatze von Vieth in London „Über Beziehungen zwischendem spec. Gewichte und dem Trockensubstanz und Fettgehalt der Milch, Seite 247—263", so dass ich mich hier ganz kurz fassen kann.

Behrend und Morgen (Journ. f. Landwirthschaft 1879, 249) gelangten zu folgender Formel:

$$S_2 = \frac{s\,(v - a)}{v - \dfrac{as}{s_1}}$$

Darin bedeutet $S_2 =$ sp. Gew. der fettfreien Milch, $s =$ sp. Gew. der natürlichen Milch mit dem Fettgehalte a und Volumen v. $s_1 =$ sp. Gew. des Butterfettes (0,94). Wenn man nun den dem spec. Gewichte entsprechenden Milchfettgehalt in einer bes. Tabelle aufsucht und den Fettgehalt der Milch addiert, so erhält man die Trockensubstanz der ursprünglichen Milch.

A. Mayer und F. Clausnitzer (Forschungen auf d. Geb. d. Vhltg. 1879. 7. Heft. 303) geben folgende Formel:

$$x = t \cdot 0{,}789 - \frac{s - 1}{0{,}00475},$$

worin $x =$ proz. Fettgehalt der Milch, $s =$ spec. Gewicht derselben, $t =$ proz. Trockensubstanz.

Während nun die erste Formel viel zu niedrige Resultate gibt, sind bei der 2. Formel oft eine recht gute Übereinstimmung aber auch oft bedeutende Abweichungen, namentlich bei fettarmen Milchen, zu konstatieren.

Hehner gibt (Analyst 1882, 129. Vieth l. c. 252, Pharm. Ctrhll. 1883, 110) die Gleichung

$$S = \frac{G + T.f}{s + f}.$$

Dabei bedeutet: G = spec. Gew. d. Milch, S = fettfreie Trockensubstanz, s = diejenige Zahl, um welche je 1 % fettfreie Trockensubstanz das spec. Gewicht über 1,000 erhöht, T = Trockensubstanz und f = diejenige Zahl, um welche je 1 % Fett das spec. Gewicht herabdrückt. Danach hat Hehner eine Tabelle konstruiert, um aus dem spec. Gewichte und dem Gesamtrückstande das Nichtfett der Trockensubstanz abzulesen.

Fleischmann und Morgen (Journ. f. Landw. 1882. Bd. 30. 293) geben folgende 2 Formeln, worin t = proz. Trockensubstanz, a = proz. Fettgehalt und S = spec. Gewicht der Milch ist.

$$\text{I.} \qquad t = a \,.\, 1{,}173 + 2{,}71 \left(100 - \frac{100}{s} \right)$$

$$\text{II.} \qquad a = t \,.\, 0{,}852 - 2{,}31 \left(100 - \frac{100}{s} \right).$$

Vieth (l. c. 260) gibt eine Übersicht von Kontrollzahlen, indem er in 26 Analysen Fettgehalt und spec. Gewicht und zugleich die Trockensubstanz gewichtsanalytisch exakt bestimmt und nach den verschiedenen Formeln die Trockensubstanz rechnerisch feststellt.

Er erhielt bei

	Behrend u. Morgen.	Clausnitzer.	Fleischmann.	Hehner.
als grösste Differenzen {	— 0,5	+ 0,1	— 0,2	+ 0,3
	+ 0,4	+ 0,9	+ 0,2	+ 0,9
Durchschnittliche Differenz	— 0,1	+ 0,49	+ 0,01	+ 0,62.

Darnach würde die Fleischmann'sche Formel die übrigen weitaus an Zuverlässigkeit übertreffen.

Ich bin weit entfernt, jetzt schon dieselbe als Ersatz für die gewichtsanalytische Ermittelung der Trockensubstanz zu empfehlen — aber eines möchte ich raten, die Formel von Fleischmann zur Kontrolle der eignen Analyse zu verwenden.

c) Fett.

Die Fettbestimmung in der Milch hat gegenüber der Trockensubstanz insofern eine erhöhte Bedeutung, als sie bei einer Entrahmung bessere Aufschlüsse gibt. Weil nämlich, wenn gleichzeitig gewässert worden ist, das sonst so zuverlässige spec. Gewicht unter Umständen imstiche lassen kann, so muss die Fettbestimmung auch schon bei der polizeilichen Vorprobe zur Verwendung gelangen, was bei der Trockensubstanz gewiss nicht notwendig ist.

Wir müssen uns deshalb hier auch eingehender mit solchen Methoden beschäftigen, von welchen wir weniger absolut richtige Zahlen aber dafür eine expeditive Förderung der Marktkontrolle erlangen können. Es läge deshalb nahe bei der Betrachtung der verschiedenen Untersuchungsmethoden dieselben in zwei Gruppen zu teilen: exakte, wie sie den Zwecken des Chemikers zu dienen haben und approximative, mit denen sich die Vorprobe der Polizei und des Käsers begnügen muss.

Dennoch glaube ich von dieser naheliegenden Unterscheidung absehen zu müssen, weil es mir zweckdienlicher scheint, hier weniger den Erfolg der Methode als vielmehr ihr Princip als grundlegend ins Auge zu fassen. Deshalb unterscheide ich gegenüber der bisher üblichen planlosen Aufzählung der Methoden.

α) Extraktion des Fettes aus eingedampfter Milch.

β) Extraktion des Fettes aus der flüssigen Milch.

γ) Fettbestimmung nach optischen Methoden.

α) Extraktion des Fettes aus der **eingedampften** Milch.

Die frühern Fettbestimmungsmethoden, selbst die von Berzelius waren noch so primitiver Natur, dass wir hier wohl nicht darauf einzugehen brauchen. Payen scheint der ersten einer gewesen zu sein, welche Milch eindampften, um dann mit Alkohol und Äther die Butter zu extrahieren.

Als Extraktionsmittel wird heute grösstenteils nur Äther, in seltenen Fällen Benzin angewendet. Chloroform erinnere ich mich nicht je empfohlen gelesen zu haben. Dagegen habe ich einmal Schwefelkohlenstoff empfohlen gefunden. Vielmehr Uneinigkeit herrscht aber in der Frage, ob extrahiert werden soll aus der für sich allein oder mit anderen festen Körpern eingedampften Milch. Ich glaube aber behaupten zu können, dass sich die Mehrzahl der eigentlichen „Milchchemiker" der Extraktion von mit Sand event. Gyps eingedampfter Milch zugewendet hat. Wer weiss, wie schwer es z. B. bei Magermilch hält, selbst wenn sie mit Sand eingedampft worden ist, die letzten Fettmengen völlig herauszubringen, der wird sich sagen müssen, dass die für sich allein vertrocknete Milch noch ungleich mehr Schwierigkeiten bieten muss, weil zu viel Fett mechanisch eingeschlossen ist von den Proteinstoffen, die der Äther nur schwer durchdringen kann. Sind es daher bei dem von mir vorgeschlagenen Verfahren (S. 14 und 15) mit dem Schiffchen schon Rücksichten auf eine völlige Austrocknung, die mich bestimmen, zu verlangen, dass namentlich zum Schlusse der Sand und das darauf eintrocknende Coagulum bis zum scharfen Knirschen mit dem Glasstab gerührt und fein verteilt wird, so zwingt mich dazu noch vielmehr die Rücksichtnahme auf eine leichte Entfettung, die ich mir ohnedem nicht denken kann.

Mit diesen allgemeinen Worten wollte ich gleich eine Kritik für jene Methoden vorausgeschickt haben, die ich unten aufzuzählen habe und welche teilweise jeden Zusatz oder gar jedes Umrühren verbieten.

Des weiteren nun noch einige allgemeine Notizen über die Extraktionsapparate. Eine direkte Extraktion ohne Anwendung eines Apparates, durch einfaches Aufgiessen von Äther etc. dürfte sich nicht zur Einführung empfehlen. Wer mit Äther schon mehrfach gearbeitet hat, weiss, welche Fehlerquellen da nur beim Abgiessen drohen. Zum Glück ist aber in Extraktionsapparaten schon so Erhebliches geleistet worden, dass es schon deshalb Niemand mehr einfallen sollte, ohne solche zu arbeiten. Nur einzelne engl. Chemiker gefallen sich darin, jeden Extraktionsapparat zu ignorieren. Auch Fodor wendet (Archiv f. Hygiene 1884. II. 439) eine sehr primitive Entfettung an, indem er den Trockenrückstand, in einem Kölbchen ohne Zusatz erhalten, einfach am Rückflusskühler mit Äther und Alkohol 2—3mal extrahiert und filtriert. Im Büchlein: Von der Becke, Milchprüfungsmethoden 1882, sind die Extraktionsapparate fast vollzählig aufgeführt und noch dazu abgebildet, dass ich mich hier mit der Aufführung von Namen begnügen kann. 1) Drechsel, Journ. f. prakt. Chemie 1877, 350. 2) N. Gerber, Fresenius' Zeitschr. f. anal. Chemie 1877, 251. 3) N. Gerber, Forschungen auf d. Geb. d. Viehhaltg. 1879, 301. 4) Medicus, Fresenius' Zeitschr. f. anal. Chemie 1880, 163. 5) Schulze, l. c. 1874, 174. 6) Tollens, l. c. 1878, 320. 7) Vohls Oleometer, Dingl. pol. Journ. Bd. 200 S. 236 u. 410. 8) Zulkowski l. c. Bd. 208 S. 298, 9) Soxhlet, Ob der vor einem Jahre aufgetauchte Vorschlag, diesen Apparat oben an den Rückflusskühler und unten an das Kölbchen anzuschleifen, praktisch ist, dürfte namentlich für das Kölbchen sehr zu bezweifeln sein, l. c. Bd. 232 S. 461. 10) Clausnitzer, Fresenius' Zeitschr. f. anal. Chem. 1881, 81 (fehlt bei v. d. Becke). 11) Gantter, Chemiker-Ztg. 1880, 372. 12) Thorn, l. c. 1881 S. 398.

Diese Angaben v. d. Becke's wären noch zu vervollständigen durch folgende Namen, welche ich unter meinen Notizen über Extraktionsapparate finde: 13) R. Hoffmann, Zeitschr. f. anal. Chem. 1867, 368. 14) Storch, Zeitschr. f. anal. Chem. 1868, 68. 15) Wagner, l. c. 1870, 354. 16) Simon l. c. 1873, 179. 17) Maly, Ann. d. Chem. Bd. 175. 81. 18) Wolfbauer, Versuchsstat. 1878, 42. 19) Tollens alter Extraktionsapparat, Journ. f. Landw. Bd. 22, 254. 20) Schwarz, Fresenius' Zeitschr. 1884, 368. 21) Kreussler, Chem.-Ztg. 1884, 1322. 22) Hager, Pharm. Prax. Suppl. S. 653. 23) Wollny, Fresenius Zeitschr. 1885, 50.

Der vollkommenste unter den aufgeführten Apparaten dürfte zweifellos der Soxhlet'sche Apparat sein. Ein Hauptvorteil desselben ist, dass hier der ganze Trockenrückstand zeitweilig unter Äther kommt, während bei einer grossen Anzahl der andern Apparate der durchsickernde Äther sich eine Strasse macht, ohne die andern Partien gleichmässig zu durchtränken.

Die umstehende Zeichnung (Fig. 2) wird eine weitere Beschreibung überflüssig machen. Über die Anwendung desselben mögen folgende Angaben nach Soxhlet genügen.

„10 ccm Milch, genau abgewogen, werden in einer etwa 100 ccm fassenden Porzellanschale mit 20 g gebranntem Gyps (feinster Modellgyps) innig gemischt und die entstandene feuchte Masse auf dem Wasserbade genügend ausgetrocknet. Eine Trockensubstanzbestimmung kann selbstverständlich damit nicht gemacht werden; es wird vielmehr der Rückstand pulverisiert (!) und zur Extraktion verwendet, indem man ihn in eine cylindrische Hülse von Filtrierpapier bringt, welche folgendermassen hergestellt wird: Man rollt um einen cylindrischen Holzkern, dessen Durchmesser 4 mm geringer als die Weite des Extraktionscylinders ist, ein Stück Filtrierpapier zweimal herum, lässt über die ebene Basis des Holzcylinders ein dem Durchmesser desselben entsprechendes Stück der gebildeten Rolle hervorstehen, biegt dieses beim Schliessen des Packetes um und ebnet den gebildeten Boden der Hülse durch kräftiges Aufdrücken. Der Äther filtriert durch eine solche Papierhülse so klar, wie durch ein gewöhnliches Filter. Nach dem Einfüllen der Gypsmasse legt man etwas Baumwolle in die Hülse oben auf, um ein Herausschleudern des Pulvers durch die einfallenden Äthertropfen zu verhindern. Der obere Rand der Hülse muss wenigstens 3 mm unter dem höchsten Punkt der Heber-Krümmung liegen, sonst

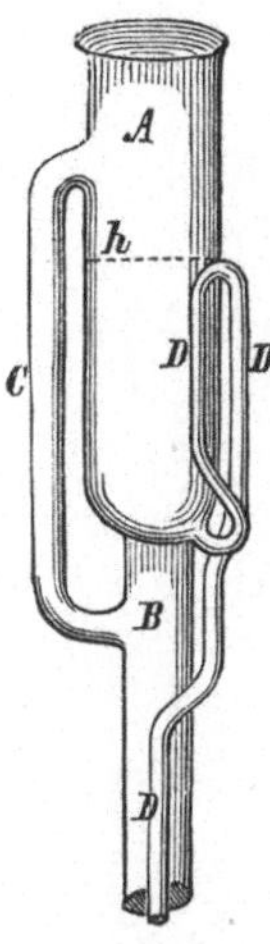

Fig. 2.

hält der Filterrand Fett zurück. Ferner ist zu beachten, dass die Hülse nicht mit Baumwolle vollgefüllt werde, und dass der aus dem Rückflusskühler fliessende Äther immer in die Hülse eintropfe. Man verbindet schliesslich das tarierte weithalsige Kölbchen, etwa 100 ccm fassend mit dem Apparat, nachdem man in dasselbe etwa 25 ccm wasserfreien Äther und in den Extraktions - Cylinder soviel von demselben eingegossen hat, dass er durch den Heber überfliesst, und stellt das Kölbchen in Wasser, dessen Temperatur auf 65⁰—75⁰ erhalten wird.

Der Apparat arbeitet nach dem Princip der regelrechten Auswaschung und verkürzt die bei Anwendung anderer kontinuierlich wirkender Extraktionsapparate viele Stunden betragende Extraktionsdauer auf ½ Stunde (?), wenn das erwärmende Wasser 70⁰ oder etwas darüber hat; während dieser Zeit wird durch die intermittierende Wirkung des Hebers die Substanz 12—14 mal mit siedend warmen Äther regelrecht ausgewaschen".

Mein Bestreben ging nun dahin, ein Verfahren zu finden, das gleichzeitig gestatten würde, die Trockensubstanzbestimmung mit der Fettbestimmung zu verbinden, vor allem aber das bei Soxhlet nötige Pulverisieren des fertigen Trockenrückstandes zu umgehen, weil es, vom Zeitverlust abgesehen, leicht zu Substanzverlust führen kann.

Ich glaube mit dem oben (Seite 14—15) schon beschriebenen Eintrocknen der Milch mit Sand unter Umrühren, bis der fein verteilte Sand wieder deutlich knirscht, und darauf folgendem Austrocknen im Trockenkasten bei 100⁰ C. einen Weg gefunden zu haben, der direkt zur Fettbestimmung führt. Ich hülle nämlich mein Schiffchen mit Inhalt so in Filtrierpapier, dass einmal das schiefe Ende des Schiffchens später im Extraktionsapparat nach unten zu liegen kommt, damit nie Äther in demselben zurückbleiben kann und lasse vom Filtrierpapier an dieser Stelle soviel vorstehen, dass der Rand zu einem gut abschliessenden Boden dieser Papierhülse umgeschlagen werden kann.

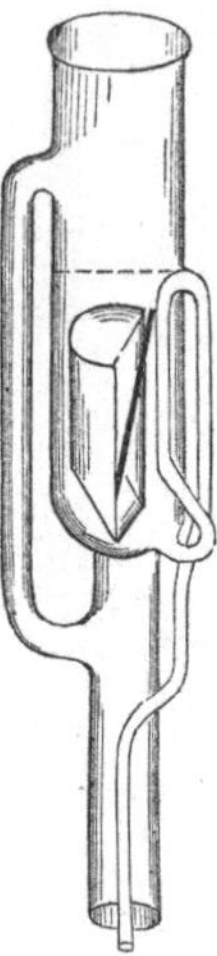

Fig. 3.

Die von mir angewendeten Schiffchen aus verzinntem Eisenbleche können leicht von jedem Spängler so hergestellt werden, dass sie mit der Hülse noch bequem in den Soxhletschen Extraktionsapparat passen. Natürlich ist darauf zu sehen, dass sie und die Papierhülse mit ihrem oberen Rande 2—3 mm unter dem höchsten Punkte der Heberkrümmung liegen. Greiner in München hält den Apparat vorrätig. Figur 3 zeigt das Schiffchen mit Glasstab aber ohne Filtrierhülse in dem Extraktionsapparat.

Die eigentliche Extraktion geht genau in derselben Weise wie bei Soxhlet mit dem Gypspulver vor sich. Es ist aber bei Magermilch namentlich darauf zu sehen, dass die Extraktion nicht zu früh beendet wird. Hier sind 3—5 Stunden angezeigt. Sehr wichtig ist, dass man bei Magermilch mehr Sand, etwa 35 g auf vielleicht 10 g Milch anwendet. Soxhlet gibt an „so lange bis ein neu darunter gesetztes Kölbchen keine Gewichtsvermehrung mehr zeigt". Für gewöhnliche Marktmilch reichen dazu meinen Erfahrungen nach 3, für centrifug. Mager-milch 3—5 Stunden vollständig.

Ist die Extraktion zu ende, so stehen nun bei meinem Verfahren zwei Wege offen, zum Fettgehalte der Milch zu gelangen.

1. Man verjagt aus dem zuvor gewogenen Kölbchen wie bei Soxhlet den Äther, trocknet dasselbe im Trockenkasten bei 100⁰ C. und bezeichnet die Gewichtszunahme desselben als Fett. Bestimmt man auf diese Weise das Fett, dann ist es aber unbedingt notwendig, dass nur rektificierter wasserfreier Äther verwendet wird, weil es sehr schwer hält das Wasser aus dem Fette völlig wegzubringen. Ich brauche hier nur noch darauf kurz hinzuweisen, dass ausser Fett noch geringe Menge unbekannter Stoffe (Manetti und Musso, Fresenius Ztschr. f. an. Ch. 1877. 397) extrahiert werden — nach Schmöger geht bei saurer Milch auch Milchsäure über (Journ. f. Landw. 1881. 132) — jedoch sind nach Ritthausen diese Mengen so gering, dass sie das Resultat der Fettbestimmung nicht wesentlich alterieren (Fresenius Ztschr. f. an. Ch. 1878. 246).

2. Rollt man nach der Entfettung und Herausnahme das Filtrierpapier sorgfältig auseinander, lässt noch rasch den zurückgebliebenen Äther verdunsten, so ist es ein leichtes, den entfetteten Rückstand, so-

weit er aus dem Schiffchen herausgefallen ist, in das Schiffchen bis auf die letzte Spur zurückzubringen. Gibt man nunmehr das Schiffchen wieder zurück in den Trockenschrank mit 100⁰ C., bis Gewichtskonstanz eintritt, so kann man hier aus der Gewichtsabnahme des Schiffchens ebenfalls das Fett berechnen.

Sehr zu empfehlen ist, beide Methoden anzuwenden, weil man damit eine sehr bequeme Kontrolle der Fettbestimmung üben kann. Ich mache jedoch ausdrücklich darauf aufmerksam, dass es bei exakter Prüfung nötig ist, die zum ersten Male mit Äther in Berührung kommenden Pfröpfe und das Filtrierpapier zuvor mit Äther zu behandeln; bei späterer Verwendung ist dies dann nicht mehr nötig.

Die Vorteile dieses Verfahrens, das seit seiner Publikation schon mehrfach acceptiert worden ist, liegen auf der Hand. Es gestattet 1. exaktes Abwägen ohne Verdunstungsfehler, 2. kann Trockensubstanz und Fett mit demselben Material exakt bestimmt werden, 3. vermeidet es die Gefahr von Verlust beim Pulverisieren, weil der Rückstand ohne jede weitere Vorbereitung zur Extraktion fertig ist, 4. erspart es Zeit durch Wegfallen mehrerer Abwägungen, 5. kann das Fett zur Kontrolle zweimal gefunden werden. Betreffs der Einwände von Dietzsch Rep. f. an. Ch. 1884. 354 vergleiche unten Seite 29.

Schliesse ich nun daran wie bei der Trockensubstanz eine litterarische Übersicht von andern Vorschlägen zur Fettbestimmung mit Extraktion aus der eingetrockneten Milch, so habe ich zunächst die Angaben derjenigen Chemiker abzufertigen, welche schon bei Bestimmung der Trockensubstanz Erwähnung fanden.

Janke (vergl. Trockensubst. S. 15) hat vergleichende Studien gemacht zwischen der Fettextraktion aus der Trockensubstanz ohne Sand und mit Sand. Im ersten Falle zerstösst er das Hofmeister'sche Schälchen, zerreibt noch und bringt den Rückstand in eine Filtrierpapierhülse und damit in den Soxhletschen Apparat. Beim Austrocknen mit Seesand wird das Schälchen in einem Porzellanmörser vorsichtig zerstossen und fein gepulvert, das Pulver mit völlig trocknem und nicht zu fein gepulvertem Marmor innig gemischt und in einer am untern Ende spitz ausgezogenen und hier mit einem festen Baumwollpfropfen von entfetteter Baumwolle versehenen, 1,8 cm weiten und 60 cm langen Glasröhre (warum nicht im Soxhletschen Apparat?) mit Äther entfettet. Zur Extraktion genügen 80 g Äther. Aus der ätherischen Fettlösung wird das bei 100⁰ C. zurückbleibende Fett erhalten und gewogen. Die Resultate der beiden Methoden stimmen auffallend gut überein, und weichen auch gegen das gleichzeitig hereingezogene aräometrische Verfahren von Soxhlet wenig ab.

Hehner empfiehlt (conf. Trockensubstanz S. 16) zunächst die Extraktion im Soxhletschen Apparat, macht aber zugleich darauf aufmerksam, dass damit 0,2 ⁰/₀ Fett mehr erhalten werden, als bei der in

England gebräuchlichen 3—6 maligen Behandlung der Trockensubstanz mit kochendem Äther. Auch die Behandlung des Trockenrückstandes mit einer Temperatur von 110° C. kann für dasselbe Material 0,6—0,7 % weniger Nichtfett ergeben als bei Befolgung der ursprünglischen Wanklyn'schen Methode. Hehner schlägt nun vor, 5 g Milch 6—7 Stunden bei 100° C. zu trocknen und zwar in einem Platinschiffchen, den Rückstand zwei Stunden im Soxhletschen Extraktionsapparat mit absolutem Äther auszuziehen, das feste Nichtfett wieder bis zum konstanten Gewicht zu trocknen und schliesslich dasselbe einzuäschern. Diese Hehnersche Methode unterscheidet sich nur wenig von der meinigen. Ich nehme statt 5 g 10 g Milch und verwende Sand in einem Schiffchen aus verzinntem Eisenblech, wozu sich jedenfalls auch billig Nickelschiffchen verwenden lassen; Hehner dagegen das Platinschiffchen ohne Sand, um nachher auch noch die Asche bestimmen zu können. Dagegen schiebt auch er den Trocken-Rückstand direkt in den Soxhlet'schen Extraktionsapparat und bestimmt das Fett auch aus der Gewichtsabnahme desselben.

Vieth (Forsch. auf d. Geb. d. Viehhaltg. 1883. 260) nimmt zur Fettbestimmung nicht den Trockenrückstand, sondern trocknet eigens 10 g mit Gyps ein, wie Soxhlet.

J. Bell (vgl. Trockensubstanz S. 16—17) verwendet ebenfalls zur Bestimmung von Fett eine neue Menge Milch und verdunstet 10 g Milch in einer Platinschale mit Glasstab (die Schale hat 76,2 mm Durchmesser und 25,4 mm Tiefe) auf dem Wasserbade. Man verdunstet unter gutem Umrühren zur Trockne. Der Rückstand soll weder zu feucht noch zu trocken sein, da in beiden Fällen das Fett nicht gut extrahiert wird. Ist der Rückstand zu trocken, so kann er sorgfältig mit sehr wenig Wasser oder Alkohol wieder befeuchtet werden. Der trockene Rückstand wird wiederholt mit Äther extrahiert (also ohne Soxhletschen Extraktionsapparat!) wobei derselbe mit dem Glasstabe möglichst gepulvert(?) wird. Bei den drei letzten Extraktionen wird warmer Äther verwendet. Die ätherische Lösung wird jedesmal durch ein kleines Filter (meist über 98,9 mm im Durchmesser) gegossen. Um die letzten Spuren Fett vom Filter zu entfernen, wird der oberste Teil desselben abgeschnitten und in kleinen Stückchen auf dem intakt gelassenen untern Teil des Filters mit Äther nachgewaschen. Die ätherischen Auszüge werden verdunstet und der Rückstand im Wasserbade 2, und im Wassertrockenschränkchen wieder 2 Stunden bis zum konstanten Gewicht getrocknet. Diese Bestimmung falle genauer aus als die des Gesamttrockenrückstandes der Milch, doch sollten Fett und trocknes Nichtfett stets 2 mal bestimmt werden(!)

Über Beurteilung von Fettzahlen bei saurer Milch, vgl. Seite 71—72; hier sei nur erwähnt, dass Bell eine Vermehrung des Fettgehaltes bei der Säuerung von Milch auf Kosten der Eiweisssubstanzen nicht beobachtet hat. Die etwa mehr zu erhaltenden 0,05 % Fett aus saurer Milch erklärt er durch Verminderung des Nichtfettes bei der Gährung, weil Milchzucker in Äther lösliche Milchsäure aber auch zum Teil in CO_2 und C_2H_5OH übergeführt worden ist.

Sharples (vgl. Trockensubstanz Seite 17) verwendet zur Fettbestimmung seinen Trockenrückstand. Die Schale wird mit Petroleumbenzin gefüllt und unter einer Glasglocke eine halbe Stunde stehen gelassen. Darauf giesst man den Petroleumäther ab, und wiederholt die Extraktion zweimal. Dann wird die Schale bei 105^0 C. getrocknet und gewogen. Der Rückstand wird eingeäschert. „Die mitgeteilten Analysen zeigen recht gute Übereinstimmung" sagt der Referent der Freseniusschen Zeitschrift, gibt uns aber nicht an, ob Sharples seine Methode mit andern verglichen hat, oder aber nur mit demselben Material von Milch zwei Kontrollanalysen gemacht hat. Eine solche Angabe hat nicht mehr wert als die Versicherung eines englischen Regierungschemikers (Pharm. Ctrlhalle 1881. 381), dass dieses Verfahren „recht annähernde" Zahlen gäbe, sobald man nur den Petroleumäther lange auf dem Trockenrückstande stehen lasse.

Die von Fodor gewählte Extraktion des Trockenrückstandes (Arch. f. Hyg. II. 1884. 439) ist schon oben Seite 24 erwähnt.

Johnston (vergl. Trockensubstz. S. 17) scheint wie Hehner und ich in einem Schiffchen den Trockenrückstand zu bereiten und denselben ebenfalls in den Soxhletschen Extraktionsapparat direkt einzuführen. Er schlägt vor, den Rückstand über Nacht unter Äther im Extraktionsapparate stehen zu lassen. Ich habe bei ähnlichen Versuchen gefunden, dass genau dasselbe Resultat erzielt wird, wenn man nicht $\frac{1}{2}$ Stunde wie Soxhlet ursprünglich angegeben, sondern 3—5 Stunden flott extrahiert.

Dietzsch behauptet in seinem Werke: Die wichtigsten Nahrungsmittel etc. 1884, Seite 16 und 47, dass die Entfettung des Ritthausenschen Kupferniederschlages immer einen Verlust am Niederschlage ergibt, mag man dabei eine Entfettungsmethode anwenden, welche man will. Er selbst bestimmt das Milchfett mit Lactobutyrometer.

Zum Soxhletschen Extraktionsapparat äussert sich Dietzsch dahin, dass der Inhalt der Patrone bald so fest zusammenballt, namentlich bei der Mischung mit Sand oder Gyps, dass der Äther ihn nicht mehr durchdringen kann, sondern nur mehr an den Wandungen der Patrone herabrinnt und selbst nach stundenlanger Extraktion nicht alles Butterfett auswäscht. Dietzsch schlägt deshalb vor (Bemerk. z. d. Vereinb. bayr. Chem. Rep. an. Ch. 1884. 354), die Extraktion zu unterbrechen, die Patrone herauszunehmen, den Inhalt zu trocknen, dann zu zerreiben, abermals zu destillieren und dies so oft zu wiederholen, bis die letzte Portion Äther in einem kleinen Porzellantiegel verdunstet, keine Fetttröpfchen mehr zurücklassen. Ich möchte nun Herrn Kollegen Dietzsch auf diese Einwürfe entgegnen, dass das von ihm besprochene mangelhafte Extrahieren infolge des Zusammenballens sicher nicht eintritt, wenn man schon beim Eintrocknen der Milch dieselbe fleissig verrührt und namentlich zum Schlusse für eine sandig knirschende Beschaffenheit des Trockenrückstandes sorgt. Ich habe veranlasst durch Fleischmanns Publikationen schon vor $^3/_4$ Jahren Versuche mit Marktmilch (3,52% Fett) gemacht und 2, 3 und 5 Stunden extrahiert und in den 3 Fällen eine solche Übereinstimmung gefunden, dass ich erstaunt war, eine solche Einrede von Dietzsch hören zu müssen. Von einem Zusammenbacken des Rückstandes konnte ich in den vielen Extraktionsversuchen, die ich überhaupt schon ausgeführt habe, niemals etwas merken. Um aber doch der schwerwiegenden Stimme von Dietzsch Rechnung zu tragen, habe ich eine Milch nach meiner alten Weise 3 Stunden extrahiert, und nach Dietzsch die gleiche Probe nach Umlauf derselben Zeit 2 mal unterbrochen, den trocken gewordenen Rückstand zu zerreiben versucht, obwohl nichts zu zerreiben war, wieder extrahiert: aber weder nach der ersten Unterbrechung noch nach der zweiten mehr Fett extrahieren können als ich nach 3 Stunden fortgetetzter Extraktion zuvor erhalten habe. Für kondensierte Milch, welche Dietzsch als Beispiel anführt, mögen wegen des Zuckergehaltes derselben die Verhältnisse andere sein; hier möchte ich überhaupt bezweifeln, ob das durch Extraktion erhaltene „Fett" wirklich nur Fett enthält.

Ambühl (Chem. Ztg. 1884. 360, cfr. Seite 18) empfiehlt den „einfachen, billigen, wenig zerbrechlichen und vorzügliche Dienste leistenden" Gerberschen Extracteur. 5 ccm Milch werden auf Quarzsand gebracht, 2 Stunden getrocknet und 1 Stunde extrahiert. Das Milchfett wird bei 110° C. getrocknet und gewogen. In seinem Werkchen „Anleit. z. Milchprüfung 1883" empfiehlt er das Lactobutyrometer.

Hager (Pharm. Praxis. Spbd. 651 vrgl. S. 18) verbindet die Fettbestimmung in einer Jod-Weingeistfällung mit der des Kaseins; es sei deshalb nur auf dieses Werk verwiesen, weil diese Methoden in den Rahmen unserer Milchprüfungsmethoden nicht passen.

Marpmann (vergl. Trockensubstanz S. 19) entfettet den auf dem Baumwollpfropfen erhaltenen Trockenrückstand im Chlorcalciumrohr direkt, indem er Benzin verwendet. Das Arrangement dazu ist recht nett, doch ohne Wiedergabe der Zeichnung etwas schwer verständlich. Ich verweise deshalb auf d. Repert. f. anal. Chem. 1881. 248.

Al. Müller (vergl. Trockensubstanz Seite 19) hat vorzugsweise zum Zwecke der Fettbestimmung sein Verfahren ausgearbeitet. Es ist aber so umständlich zu beschreiben, so zeitraubend und so ungenau, dass ich mich nicht entschliessen kann, dasselbe hier eingehender zu beschreiben und ich verweise deshalb auf Fresenius' Zeitschrift f. anal. Ch. 1881. 129.

Kaiser (vergl. Trockensubstanz, Seite 20) extrahiert den Fettgehalt des Rückstandes aus 1 g (!) Milch durch succesive Behandlung desselben mit 1 ccm zuerst der zwischen 85—95° C., sodann der zwischen 75—85° C. und dann der bis 75° C. übergehenden Destillationsanteile käuflichen Petroleumäthers. Bei den ersten beiden Benzinsorten kann wegen ihrer schwereren Flüchtigkeit die Extraktion durch Erhitzen bis zum Sieden wesentlich unterstützt werden. Schliesslich wird noch 1 ccm wasserfreien Äthers angewendet, der entfettete Rückstand $^3/_4$ Stunden im ausführlich beschriebenen Spiritusbad getrocknet und gewogen. Der Rückstand kann dann noch eingeäschert werden. Im übrigen sei auf die Festschrift zu Ehren d. 25 jähr. Bestehens der Kantonsschule St. Gallen 1882 verwiesen.

Der Name Kaiser bietet mir gleichzeitig Gelegenheit hier einzuschalten, dass die bei Trockensubstanz gegebenen Formeln zur rechnerischen Bestimmung derselben vice versa auch für Fettgehalt verwendet werden können. Beachtung verdient davon nur die Formel II von Fleischmann. Eine solche Formel zu finden scheint nun schon vor Jahren auch das Bemühen des oben genannten Kaiser gewesen zu sein, wie aus dem Buche von Vieth: Milchprüfungsmethoden 1879, Seite 22, hervorgeht. Die Sache scheint aber auf sehr schwachen und sehr vielen Füssen zu stehen, so dass hier wieder der Verweis auf jene Stelle für allenfallsige Interessenten genügen mag.

Die Idee Lehmanns mit porösen Thonplatten (Fresenius' Ztschft. f. an. Ch. 1878. 383) den Fettgehalt bestimmen zu wollen, ist schon unter den „allgemeinen Methoden" gewürdigt worden (vergl. Seite 8).

Ich habe nun nur noch aus der neuesten Zeit über hier einschlägige Fettbestimmungsmethoden zu referieren.

Abraham (Repert. an. Chem. 1884. 109) gibt gelegentlich einer Arbeit über „Schätzung des Ölgehaltes verschiedener Substanzen" (Analyst, Febr. 1884. 20) auch für Milch ein Fettbestimmungsverfahren an. 50 ccm (!) werden mit etwa 10 g gepulvertem Glas oder Gyps verdampft, der Rückstand gepulvert und in eine Röhre gethan, dann 100 ccm Äther zugefügt, die Röhre geschlossen und während einigen Stunden hin und wieder geschüttelt. Dann werden 25 ccm herausgenommen, verdampft, gewogen u. zu dem Gewicht $^1/_9$ desselben addiert, um den Unterschied des spec. Gewichtes des Äthers und der Butter auszugleichen. Kontrollanalysen sind nicht angegeben.

Um so mehr Beachtung verdient eine Arbeit von Fleischmann, einer der ersten Kapazitäten auf dem Gebiete der Milch, über welche Morgen in der Chemiker-Zeitung 1884. 70 referiert hat; sie ist von so fundamentaler Bedeutung, dass ich diesen Artikel ausführlicher hier wiedergeben muss. Ich bemerke nur, dass ich denselben, obwohl er in fortwährender Beziehung zum aräometr. Verfahren von Soxhlet steht, hier schon einschalte, weil er nochmals meine Behauptung begründen soll, dass zur Fettbestimmung Zusätze von Sand oder Gyps notwendig sind, ja wir werden hier noch eingehender belehrt dahin, dass es bei centrifugierter Magermilch mit 0,2—0,4 % Fett sogar besser ist, Gyps für Sand genommen wird.

Dieses Referat lautet:

„Die Auswahl des Materials zum Eintrocknen geschah bisher ganz nach Belieben, der Eine wählte Sand, der Andere Gyps etc. Dass die Beschaffenheit des Materials auf das Resultat der Fettbestimmung einen Einfluss ausüben könnte, war bisher unbekannt, und doch ist dieses, wenigstens bei der Magermilch, wie neuere Untersuchungen von Professor Fleischmann gezeigt haben, ganz entschieden der Fall. Es zeigte sich, dass die Bestimmungen mit dem Soxhletschen aräometrischen Apparate durchgängig ein um 0,15 bis 0,20% höheres Resultat ergaben, als die Bestimmung auf gewichtsanalytischem Wege, welche durch Eintrocknen der Magermilch mit Seesand und ca. 3 stündiges Extrahieren der eingetrockneten Masse mit Äther im Soxhletschen Extraktionsapparate ausgeführt wurde. Es lag die Vermutung nahe, dass die Differenz in einer Fehlerquelle der gewichtsanalytischen Methode begründet sein könnte. Zur Entscheidung dieser Frage hat Prof. Fleischmann eingehende Untersuchungen ausgeführt. Durch Versuche wurde nun gefunden, dass bei sehr fettarmer Milch die Fettextraktion unter Anwendung von Seesand nur unvollständig gelingt, denn während bei ganzer Milch nach 3 stündiger Extraktion die Gewichtsanalyse nur 0,005 % Fett weniger ergab als die aräometrische Methode, zeigte es sich, dass bei teilweise entrahmter Milch die Differenz zu Ungunsten der Gewichtsanalyse selbst bei 6,2 stündiger Extraktion schon 0,012 % und bei Centrifugenmagermilch sogar bei 7,4 stündiger Extraktion im Mittel von mehreren Versuchen 0,145 % betrug. Fleischmann erklärt dieses dadurch, dass die beim Eintrocknen von Magermilch mit Sand, bei Anwendung von so viel Sand, als gerade zum Aufsaugen der Milch erforderlich ist, um die Sandkörner sich bildenden Krusten von Trockensubstanz zu dick werden und dadurch eine vollständige Extraktion der an sich schon geringen Fettmengen unmöglich machen. Um die Richtigkeit dieser Annahme zu entscheiden, wurden weitere Versuche ausgeführt, bei welchen doppelt so viel Sand angewendet wurde, als zum Aufsaugen der Milch erforderlich gewesen wäre. In der That bestätigen diese Resultate diese Vermutung, denn es ergab nun die Gewichtsanalyse im Mittel von 3 Versuchen und bei nur 4 stündiger Dauer der Extraktion nur 0,089 % weniger als die aräometrische Methode. Aus diesen Versuchen geht hervor, dass zunächst beim Eindicken von Magermilch das Verhältnis zwischen der Milchmenge und dem zum Eindicken verwendeten Materiale durchaus nicht gleichgültig ist, dass man vielmehr um so richtigere Resultate, d. h. um so mehr Fett erhält, je mehr Sand man im Verhältnisse zur Milch anwendet. Fleischmann versuchte nun, ob durch Ersatz des Sandes durch Gyps bessere Resultate zu erhalten wären. Es wurden vergleichende Versuche mit Sand und Gyps ausgeführt, bei welchen man so viel des betreffenden Materials verwendete, als zum Aufsaugen der angewandten Menge Magermilch gerade erforderlich war. Die Extraktionsdauer betrug bei allen Versuchen 3 Stunden. Im Mittel von 6 Versuchen zeigte es sich, dass die gewichtsanalytische Bestimmung mit Sand 0,153 % weniger ergab als die aräometrische Bestimmung, während man bei Anwendung von Gyps 0,012 % mehr als bei der aräometrischen Bestimmung erhielt. Weitere 47 Bestimmungen, bei welchen man auf 10 g Magermilch 35 g Gyps, d. h. etwa 75 % mehr als nötig war, um das betreffende Quantum von Magermilch vollständig aufzusaugen, anwendete, zeigten bei einer Extraktionsdauer von 3 Stunden durchweg befriedigende Resultate, denn es bewegte sich die Differenz zwischen der so ausgeführten gewichtsanalytischen Bestimmung und der aräometrischen Methode innerhalb weniger hundertstel Prozente; im Mittel von allen 47 Bestimmungen ergab die Gewichtsanalyse mit Gyps 0,00085 % weniger als die aräometrische Mothode.

Die Resultate, zu denen Fleischmann gelangte finden eine Bestätigung durch Versuche von Dr. Schrodt, deren Resultate ebenfalls in dem Berichte der Versuchsstation Raden aufgeführt sind. Für fettarme Magermilch betrug nach 3 Stunden langer Extraktion mit Sand die Differenz 0,111, mit Gyps 0,058 %.

Aus den vorstehenden Versuchen ergibt sich, dass man bei ganzer Milch unter Anwendung von Sand zum Eintrocknen und bei 3 Stunden langer Extraktion zu vollkommen genauen Resultaten gelangt, dass dagegen für die Fettbestimmung in Magermilch sowohl die Beschaffenheit, als auch die Menge des zum Eintrocknen verwendeten Materials von erheblichem Einflusse auf das Resultat ist. Je mehr Material man zum Eintrocknen verwendet, je besser mithin die Magermilch verteilt wird, um so genauer fallen in einer bestimmten Zeit die Resultate aus. Es empfiehlt sich, für Magermilch nicht Sand, sondern Gyps und zwar eine grössere Menge, als zum Aufsaugen erforderlich ist, zu verwenden und mindestens 3 Stunden lang zu extrahieren. Die aräometrische Fettbestimmungsmethode nach Soxhlet hat sich nach den Versuchen, über welche wir berichtet haben, auch für Magermilch ebenso bewährt, wie für ganze Milch".

Mit obigen Angaben von Fleischmann, Morgen u. Schrodt stimmen auch die von Schmöger überein (Fresen. Zeitschr. 1885, 131). Derselbe empfiehlt zur Fettbestimmung von Magermilch unter 2 % Fett Gyps statt Seesand. Ähnlich wie Gyps wirken präcipitierte Kieselsäure und kohlensaurer Kalk. Übrigens muss auch Gyps und Filtrierpapier (und Korke! Vogel) zuvor mit Äther extrahiert werden. Schmöger erhielt aus 20 g reinem geglühten Gyps etwa 5 mg, aus 20 g Seesand 2 mg Extrakt.

β) Extraktion des Fettes aus der flüssigen Milch.

Adam hat ein allgem. Verfahren (Correspbl. d. Ver. anal. Chem. 1880, 117) ausgearbeitet, welches neben andern Bestandteilen das Fett aus der flüssigen Milch bestimmt, doch ist dasselbe bei uns so unbekannt geblieben, dass ich wieder nur darauf verweisen kann.

Dagegen hat das Verfahren von Marchand (Instruction sur l'emploi du lacto-butyromètre, Paris 1856 und 1878) viel Verbreitung, Beachtung und manche Verbesserung erfahren. Es beruht auf der Thatsache, dass das Fett der Milch, wenn man dieselbe mit Äther schüttelt, vom Äther aufgelöst wird, sich aber bis auf einen Bruchteil wieder abscheidet, wenn man der ätherischen Lösung Weingeist zusetzt. Ich glaube nun hier von der Beschreibung des ursprünglichen Lactobutyrometers absehen zu können. Verbessert ist es worden zuerst von Salleron und in dieser Form ist es meist auch abgebildet. Im übrigen verweise ich wegen der Details auf Vieth, Milchprüfungsmethoden 1879 S. 77—83 oder auf v. d. Becke, Milchprüfungsmethoden 1882 S. 66—74, wo auch die in der Litteratur zu findenden Kontrollanalysen ältesten und jüngsten Datums zusammengestellt sind.

Wesentliche Änderungen haben in der neueren Zeit folgende Autoren daran vorgenommen: Esbach (Correspbl. d. Ver. anal. Chem. 1880, 119), Tollens-Schmidt (Fresenius' Zeitschr. f. anal. Chem. 1880, 373) und Wagner nach Andeutungen von Ambühl, Anleitung zur Milchprüfung 1883 S. 18.

Das Esbachsche Instrument scheint nun, obwohl es von Radenhausen (l. c.) genau beschrieben wurde, keine Verbreitung gefunden zu haben, auch über das Wagnersche Lactobutyrometer habe ich keine weitern Angaben gefunden, als dass die Glasröhre oben zu einer eiförmigen Erweiterung ausgeblasen ist, welche den Zweck hat, ein vollständiges Mischen der Flüssigkeiten zu ermöglichen. Die Röhre selbst trägt keine Einteilung, aber die gleiche Metallhülse wie das Instrument in der Verbesserung Marchand-Salleron.

Eine grosse Verbreitung dagegen hat der Apparat von Tollens und Schmidt gefunden, so dass hier wenigstens in kurzen Zügen dessen Anwendung erklärt werden muss. Das ursprüngliche Verfahren von Marchand besteht darin, dass in eine 40 ccm fassende Glasröhre 10 ccm Milch, 1 Tropfen Natronlauge und 10 ccm Äther von 65° Tralles gegossen werden, worauf man schüttelt, bis zum Nullstrich Alkohol von 86 bis 90 % zusetzt, wieder schüttelt und das Rohr in Wasser von 40° C. stellt, worauf sich an der Oberfläche eine Ätherfettschichte absetzt. Wird deren Volumen in ccm mit 0,233 multipliciert, und dem Produkte 0,126 hinzuaddiert, (weil diese Menge konstant unausgeschieden bleibt), so erhält man den Buttergehalt von 10 ccm in Grammen. Tollens und Schmidt haben nun folgende Modifikationen angebracht:

1. haben sie den Zusatz von Natronlauge fortgelassen,

2. nicht Alkohol von 80 % sondern solchen von 91—93 % angewendet,

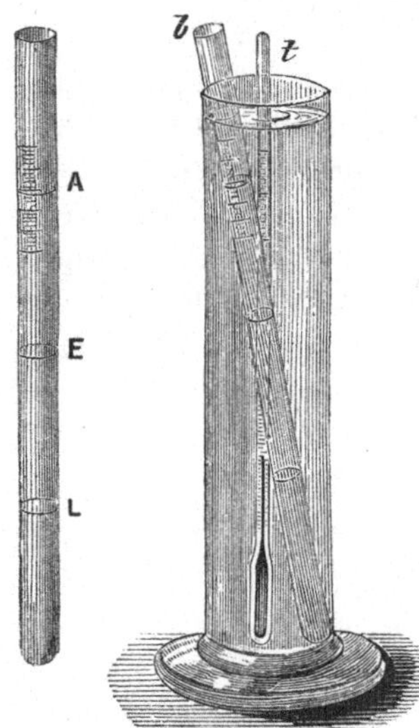

Fig. 4.

3. die Flüssigkeiten nicht im Lactobutyrometer sondern in Pipetten abgemessen, dagegen die Teilung Sallerons direkt auf dem Glasrohr angebracht,

4. nach dem Erwärmen auf 40° das Instrument in Wasser von 20° C. gebracht,

5. andere Formeln zur Berechnung angewendet und daraus eine Tabelle berechnet, aus welcher die den abgeschiedenen Zehntelcubikcentimeter Ätherfettlösung entsprechenden Volumprozente an Butterfett abgelesen werden können. Die Tabelle selbst siehe am Schlusse Seite 120.

Tollens und Schmidt haben bei vergleichenden Fettbestimmungen auf gewichtsanalytischem Wege bei 41 Analysen normaler Milch nur einmal eine 0,2 % überschreitende Differenz gefunden, geben aber selbst namentlich gegen Einwürfe Skalweits zu, dass es sich nicht empfehle, damit Milch von weniger als 2,9 % Fett exakt untersuchen zu wollen. Da ich die Originalabhandlung von Tollens und Schmidt im Journal f. Landwirtschaft 1878, 361 nicht besitze, so kann ich nicht entscheiden, ob dieselben für die wegfallende Natronlauge gar nichts anwendeten, wie aus manchen Referaten hervorzugehen scheint, oder ob sie nicht doch statt derselben 3—5 Tropfen einer 30 %igen Essigsäure empfehlen, wie dieses für die Methode Tollens-Schmidt häufig sich vorgeschrieben findet. Jedenfalls ist zum Gelingen der Fettbestimmung Hauptbedingung, dass nach der Zugabe des Alkohols so lange geschüttelt wird, bis keine Klümpchen von gefälltem Kasein mehr zu sehen sind, vielmehr alles sich zu kleinen Flöckchen verteilt hat.

Die Methode nimmt ungefähr 1—1½ Stunden Zeit in anspruch. Warm empfohlen wird das Lactobutyrometer am meisten von schweizerischen Milchchemikern. Ambühl und Gerber empfehlen es direkt zur Milchkontrolle und namentlich hat Dietzsch die Methode Marchand-Salleron durch sein Lehrbuch weit verbreitet, freilich mit einer kleinen Abänderung, indem er im Gegensatz zu Tollens und Schmidt wieder Zusatz von 1—2 Tropfen verdünnter Natronlauge bei neutraler Reaktion oder 3 bis 4 Tropfen bei saurer Reaktion der Milch empfiehlt. Der Weingeist soll 89 bis höchstens 90° Tralles haben. Endlich stellt Dietzsch das Lactobutyrometer nach dem Schütteln auf eine Viertelstunde (!) in ein Wasser von 38° C. Die Operation ist beendet, wenn beim Klopfen keine Fetttröpfchen mehr aufsteigen, die ätherische Fettlösung ganz klar und die Flüssigkeitssäule bis zum untersten Strich wasserhell geworden. Über den Vorschlag von Tollens und Schmidt das Lactobutyrometer schliesslich in Wasser von 25° C. zu stellen, weil ein Teil des von der wärmern Alkoholschichte zurückgehaltenen Fettes erst da aufsteigen kann, sagt Dietzsch: „Dies ist richtig; da aber anderseits das Volumen der Fettlösung bei der Temperatur von 20° C. auch eine kleine Contraktion erleidet, so hebt sich nach meinen Erfahrungen beides gegenseitig auf und das Einstellen in kälteres Wasser ist deshalb nicht nötig, schadet aber auch nichts". Der ursprünglich angewendete Blechcylinder, in welchem sich das Wasser zum Einstellen des Lactobutyrometers befindet, mit seiner Erwärmungsmethode durch Anzünden von Spiritus ist wohl jetzt von allen Seiten verlassen. Dietzsch schiebt demselben die meiste Schuld an den bisherigen ungenauen Resultaten zu und empfiehlt für häufige und umfangreiche Milchproben mit diesem Instrumente ein von ihm konstruiertes einfaches Wasserbad. (Sein Lehrbuch S. 13.)

Wichtig ist, dass auch Dietzsch das Lactobutyrometer nur bei ganzer Milch für brauchbar erklärt und namentlich Vorsicht empfiehlt,

3*

dass man ja genau justierte Instrumente anwende. Ähnlich äussert sich Gerber in seiner „chemisch-phys. Analyse der versch. Milcharten" 1880.

Aus der Zahl jener Chemiker, welche das Verfahren von Tollens-Schmidt genauer kontrolliert haben, sei hier zunächst Schmöger aufgeführt (Journ. f. Landw. 1881, Heft 1). 125 mit diesem Apparate und gleichzeitig gewichtsanalytisch geprüfte Fettbestimmungen lassen das Instrument zur raschen annähernd richtigen Fettbestimmung sehr empfehlen. Schmöger hält für die zweckmässigste Concentration des Alkohols 92 bis 91,5 %. Das Ablesen bei 20° sei sehr zu empfehlen. Schmöger gibt wie Dietzsch zu den 10 ccm Milch, die natürlich wie Alkohol und Äther stets mit Pipetten abzumessen sind, 3 Tropfen 15 %iger Natronlauge. Schmöger erhielt für das Lactobutyrometer in der Regel um 0,2, in einzelnen Fällen um 0,4 Gewichtsprozente zu niedrige Zahlen und schlägt vor die mittels des Lactobutyrometers gefundenen sogenannten Volumprozente um 0,1 % zu erhöhen und als Gewichtsprozente anzusprechen. Dadurch werde dann eigentlich eine Erhöhung der Schmidt-Tollensschen Tabellenwerte um 0,2 % vorgenommen.

Egger (Ztschrft. f. Biologie 1881, Rep. f. an. Ch. 1881. 348) hat nun zur gleichzeitigen Kontrolle des eben bekannt gewordenen äräometr. Verfahrens nach Soxhlet und des Lactobutyrometers eine Reihe von Bestimmungen ausgeführt und kommt zu dem uns hier allein interressierenden Schlusse, dass der Vorschlag von Schmöger nicht anzunehmen wäre, weil bei seinen Versuchen die um 0,1 % zu niedrigen Zahlen des Lactobutyrometers dann gegen die gewichtsanalytische Bestimmung um 0,1 % zu hoch würden. Erwähnt sei, dass Egger genau nach den Vorschriften von Tollens-Schmidt gearbeitet hat.

Ein neueres Urteil über das Lactobutyrometer stammt von Peter, (Chem. Ztg. 1884. 828) welcher seine Beobachtungen an 20 Praktikanten der verschiedensten Vorbildung mitteilt, welche unter seiner Leitung mit dem Lactobutyrometer und Feserschen Lactoskop Fettbestimmungen auszuführen hatten. Danach werden die Resultate des Lactobutyrometers durch individuelle Anlage und Geschicklichkeit, wie solche auch im gewissen Grade für die aräometrische Methode erforderlich ist, nicht beeinflusst, auch wird bei weitem nicht so viel Einübung beansprucht, als solche bei Ausführung der optischen Methoden nötig ist. „Das Lactobutyrometer ist also ein für die Praxis sehr zu empfehlendes Instrument und die Genauigkeit der Resultate völlig befriedigend."

Ein interessantes Urteil über das Lactobutyrometer stammt schliesslich von Liebermann: (Fresenius Ztschrft. 1884. 484): Nachdem er eine Reihe von gut gelungenen Bestimmungen aufführt, sagt er: „Leider gibt es aber Milchsorten, wie ich vermute von älteren Kühen, bei denen die Methode im Stiche lässt. Man erhält leicht um die Hälfte zu niedrige Resultate oder gleich gar keine. Die letztern Fälle sind übrigens die minder bösen, da man weiss wie man daran ist. Man ist bei dieser

Methode nie sicher, auch dann nicht, wenn man alle Bestimmungen zweimal macht, weil man dasselbe fehlerhafte Resultat 3—4 mal nacheinander erhalten kann. Die Fehlerquelle liegt eben nicht in der Manipulation des Chemikers, sondern oft in der Eigentümlichkeit der Milch. Auch die Modifikation von Dietzsch hilft diesem Übelstande nicht ab, obwohl sie manche Vorteile bietet".

Fleischmann (Stand d. Prüf. v. Kuhmilch. Vortrag 1885) sagt Seite 19, dass man gute Resultate bei Milch von 3—3,5 % Fett erhalte. Sobald der Fettgehalt über 3,5 % hinausgeht, erhält man Fehler bis 1 % steigend.

.Ich komme nun zu jener Methode, welche von Soxhlet erfunden als aräometrische rasch bekannt geworden ist. Publiziert wurde dieselbe in der Ztschrft. d. landw. Ver. in Bayern, sowohl mit ihrem ersten Teil, als auch mit jenem der die Bestimmung von Magermilch behandelt.

Dieselbe gründet sich auf folgendes Princip: Schüttelt man eine bestimmte Menge Milch mit Kalilauge und einer bestimmten Menge Äther, so nimmt der Äther alles Fett aus der Milch auf, es bildet sich eine Ätherfettlösung, deren spec. Gewicht im Verhältnis zu der aufgenommenen Menge Milch steht[1]). Hat man dieses Verhältnis empirisch festgestellt, so lässt sich im gegebenen Falle aus dem spec. Gewicht der Ätherfettlösung auf deren Gehalt an Fett schliessen.

Zur Ausführung der Methode sind erforderlich:

1. Der Apparat für die Ausführung der Dichtebestimmung mit den beigegebenen drei Messröhren zum Abmessen von Milch, Kalilauge und Äther und mehrere Schüttelflaschen.

2. Kalilauge vom spec. Gewicht 1,26—1,27.

3. Wasserhaltiger (wassergesättigter) Äther.

4. Gewöhnlicher Äther.

5. Ein Gefäss von mindestens 4 l Inhalt mit Wasser, welches man auf die Temperatur von 17—18⁰ C. zu bringen hat. Für die gleichzeitige Ausführung mehrerer Versuche muss das Gefäss entsprechend grösser sein. Bei warmer Zimmertemperatur nimmt man 17⁰, bei kühler 18⁰ C. als Anfangstemperatur.

Ausführung des Verfahrens: Von der gründlich gemischten Milch, welche man auf 17½⁰ C. (17—18⁰) abgekühlt resp. erwärmt hat, misst man 200 ccm ab, indem man die grosse Pipette bis zur Marke vollsaugt; man lässt den Inhalt der Messröhre in eine der Schüttelflaschen von 300 ccm Inhalt auslaufen und entleert die Messröhre schliesslich durch Einblasen.

Auf gleiche Weise misst man 10 ccm Kalilauge mit der kleinen Pipette ab, fügt diese der Milch zu, schüttelt gut durch und setzt nun 60 ccm wasserhaltigen Äther zu, welchen man in der entsprechenden Messröhre

---

[1]) Natürlich unter der Voraussetzung, dass das Milchfett stets dasselbe spec. Gewicht besitzt, was angenommen werden kann.

abgemessen hat. Der Äther soll beim Einmessen eine Temperatur von
16,5—18,5⁰ C. haben (17,5⁰ C. normal). Nachdem die Flasche gut mittelst
eines Korkes oder Gummistöpsels verschlossen wurde, schüttelt man dieselbe ½ Minute heftig durch, setzt sie in das Gefäss mit Wasser von
17—18⁰ C. und schüttelt die Flasche ¼ Stunde lang von ½ zu ½ Minute
ganz leicht durch, indem man jedesmal 3—4 Stösse in senkrechter Richtung macht. Nach weiterem ¼ stün-
digem ruhigen Stehen hat sich im
oberen verjüngten Teile der Flasche
eine klare Schicht angesammelt. Die
Ansammlung und Klärung dieser
Schicht wird beschleunigt, wenn man
in der letzten Zeit dem Inhalt der
Flasche eine schwach drehende Bewe-
gung verleiht. Es ist gleichgültig, ob
sich die ganze Fettlösung an der Oberfläche angesammelt hat oder nur ein
Teil, wenn dieser nur genügend gross
ist, um die Senkspindel zum Schwimmen zu bringen. Die Lösung muss
vollkommen klar sein. Bei sehr fettreicher Milch (4½—5%) dauert die
Abscheidung länger als die angegebene
Zeit, manchmal aber ausnahmsweise
1—2 Stunden. In solchen Fällen, wie
überhaupt, wenn man ein genügend
grosses Wassergefäss hat, ist es zweckmässig, die wohlverschlossenen Flaschen horizontal zu legen.

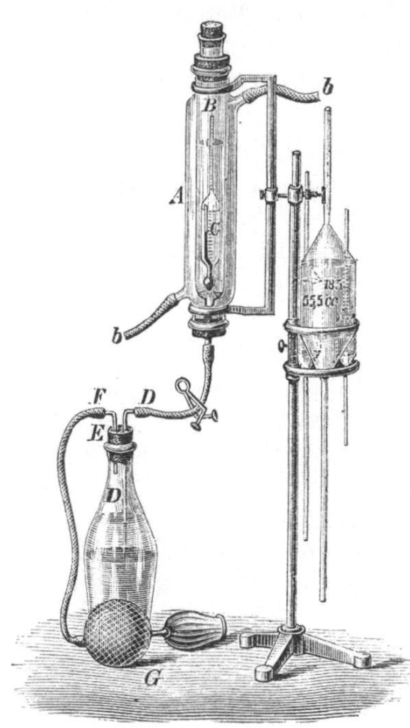

Fig. 5.

Der obenstehende Apparat ist wie folgt angeordnet:

Das Stativ trägt mittelst verstellbarer Muffe einen Halter für das
Kühlrohr A, an dessen Ablaufröhren sich kurze Kautschukschläuche befinden. Der Träger des Kühlrohrs ist um die wagerechte Achse drehbar,
so dass das genannte Rohr in horizontale Lage gebracht werden kann.
Centrisch in dem Kühlrohr befestigt ist ein Glasrohr B, welches um 2 mm
weiter ist als der Schwimmkörper des Aräometers, zu dessen Aufnahme
es bestimmt ist. Um ein Verschliessen des unteren Teiles durch das
Aräometer oder ein Festklemmen desselben zu verhindern, sind an dem
unteren Ende drei nach innen gerichtete Spitzen angebracht. Das obere
offene Ende ist mittelst eines Korkes zu verschliessen.

Das Aräometer C trägt auf der Skala des Stengels die Grade 66—43,
welche den spec. Gewichten 0,766—0,743 bei 17½⁰ C. entsprechen.

Im Schwimkörper des Aräometers befindet sich ein in ⅕ Grade
nach Celsius geteiltes Thermometer, welches noch ¹⁄₁₀⁰ abzulesen gestattet.

An die verengte Verlängerung des Rohres B, welche aus dem untern Ende des Kühlrohres A hervorragt, ist mittelst eines kurzen Kautschukschlauches ein knieförmig gebogenes Glasrohr D befestigt, welches durch die eine Bohrung eines konischen Korkstöpsels E geht; durch die andere Bohrung des letzteren geht gleichfalls ein Knierohr F mit kürzerem senkrechten Schenkel. Der Kautschukschlauch kann durch einen Quetschhahn zugeklemmt werden. Das Stativ trägt gleichzeitig die drei Messröhren für Milch, Lauge und Äther.

Behufs Gebrauches taucht man den Kautschukschlauch des untern seitlichen Ablaufrohres am Kühler in das Gefäss mit Wasser, saugt am oberen Schlauch, bis der Zwischenraum des Kühlers sich mit Wasser gefüllt hat, und verschliesst, indem man beide Schlauchenden durch ein Glasröhrchen vereinigt. Man entfernt nun den Stöpsel der Schüttelflasche, steckt an dessen Stelle den Kork E in die Mündung und schiebt das langschenklige Knierohr soweit herunter, dass das Ende bis nahe an die untere Grenze der Ätherfettschicht eintaucht, wie es durch die Zeichnung versinnlicht ist. Nachdem man den kleinen Gummiblasebalg an das kurze Knierohr F gesteckt und den Kork in der Röhre B gelüftet hat, öffnet man den Quetschhahn und drückt möglichst sanft die Kautschukkugel G; die klare Fettlösung steigt in das Aräometerrohr und hebt das Aräometer; wenn letzteres schwimmt, schliesst man den Quetschhahn und befestigt den Kork im Aräometerrohr, um Verdunstung des Äthers zu vermeiden. Man wartet 1—2 Minuten bis Temperaturausgleichung stattgefunden hat und liest den Stand der Skala ab, nicht ohne vorher die Spindel in die Mitte der Flüssigkeit gebracht zu haben, was durch Neigen des Knierohrs am beweglichen Halter und durch Drehen an der Schraube des Stativfusses sehr leicht gelingt. Da das spec. Gewicht durch höhere Temperatur verringert, durch niedrigere erhöht wird, so muss die Temperatur bei der Bestimmung des spec. Gewichtes der Ätherfettlösung berücksichtigt werden. Man liest deshalb kurz vor oder nach der Aräometerablesung die Temperatur der Flüssigkeit an dem Thermometer im Schwimmkörper auf $1/_{10}$° C. ab. War die Temperatur genau 17,5° C., so ist die Angabe des Aräometers ohne weiteres richtig, im andern Falle hat man das abgelesene spec. Gewicht auf die Temperatur von 17,5° C. zu reducieren; man zählt für jeden Grad C., den das Thermometer mehr steigt als 17,5° C. einen Grad zum abgelesenen Aräometerstand hinzu und zieht für jeden Grad C., den es weniger zeigt als 17,5° C. einen Grad von demselben ab. Aus dem für 17,5° C. gefundenen spec. Gewicht ergibt sich direkt der Fettgehalt in Gewichtsprozenten aus der Tabelle im Anhang. (Seite 121.)

Um nach Beendigung einer Untersuchung den Apparat für die folgende Bestimmung in Stand zu setzen, lichtet man den Kork der Schüttelflasche und lässt die Fettlösung in dieselbe zurückfliessen. Hierauf giesst man das Aräometerrohr B voll mit gewöhnlichem Äther und lässt auch diesen abfliessen. Treibt man mittelst des Blasebalgs einen kräftigen Luftstrom durch den ganzen Apparat, so erhält man denselben rasch rein und trocken.

Ursprünglich war diese aräometrische Fettbestimmungsmethode, die nach zahlreichen vergleichenden Untersuchungen mit der gewichtsanalytischen gut übereinstimmende Resultate liefert, nur für ganze oder Vollmilch brauchbar; bei Magermilch oder abgerahmter Milch von circa 1 % Fettgehalt bildet sich beim Schütteln mit der vorgeschriebenen Menge Kalilauge und Äther eine dicke gallertartige Masse, so dass sich nach tagelangem Stehen keine Spur einer Ätherfettschicht absetzt. Um auch für diese Fälle die Methode anwenden zu können, bedient sich Fr. Soxhlet einer geringen Menge Seifenlösung.

Von einer Seifenlösung, am besten stearinsaurem Kalium — dasselbe wird bereitet, indem man 15 g von der Masse einer Stearinkerze mit 25 ccm Alkohol und 10 ccm der für die Ausführung der Bestimmung vorräthigen Kalilauge von 1,27 spec. Gewicht einige Minuten im Wasserbade erhitzt, bis alles klar gelöst ist und auf 100 ccm auffüllt — setzt man der in der Schüttelflasche eingemessenen Milch 0,4—0,5 ccm = 20—25 Tropfen zu, schüttelt gut durch und verfährt sonst genau wie für ganze Milch vorgeschrieben ist.

Es ist natürlich bei Magermilch ein besonderes Aräometer für niedrige spec. Gewichte erforderlich. Die Korrekturen für Temperatur über oder unter 17,5° C. sind gleich wie bei der ganzen Milch.

Das spec. Gewicht des aus fettfreier Milch abgeschiedenen Äthers wurde dem gleichgesetzt, welches gefunden wurde als Wasser, wasserhaltiger Äther und Kalilauge genau so wie die entsprechende Mischung mit Milch behandelt wurde. Das spec. Gewicht solchen Äthers ist geringer als das des wassergesättigten Äthers, weil die verdünnte Lauge dem Äther merkwürdigerweise Wasser entzieht.

Für die Ablesungen des prozentischen Fettgehaltes aus dem spec. Gewicht ist eine besondere Tabelle entworfen: Seite 122.

Dieser Beschreibung möchte ich nur noch folgende Bemerkungen beifügen:

Mir ist wiederholt das Aräometer an den feinen Zapfen des innern Cylinders hängen geblieben; einmal hatte es sich so verklemmt, dass es beim Herausnehmen brach. Ich liess mir nun statt der feinen Zapfen innen einfach zum Aufsitzen des Aräometers 3 Buckel hinmachen und habe seit der Zeit nicht den geringsten Anstand mehr gehabt. Ich möchte Jedem, der den Apparat neu kauft — er ist nur bei Greiner in München zu haben — raten, sich Cylinder mit „Buckeln" statt Zapfen zu bestellen.

Von sehr bedeutendem Einflusse auf das Gelingen ist namentlich das Schütteln. Wer ungenaue Resultate oder gar keine erhalten hat, hat immer hieran gefehlt. Weitaus in den meisten Fällen wird nämlich zu stark geschüttelt, so dass sich eine so starke Emulsion bildet, dass der Äther sich nicht mehr völlig abscheiden kann. Ich gebrauche mit sehr gutem Erfolge folgende Methode. Nach Zusatz der Kalilauge wird 3 bis

4 Minuten kräftig geschüttelt. Nach 1—2 Minuten Stehen kommt der Äther dazu und nun wird wieder 1 Minute geschüttelt. Die folgenden 15 Minuten werden im ganzen etwa 30 ganz schwache Stösse ausgeführt, so dass also ungefähr alle halbe Minute ein einziger solcher Stoss kommt. Werden diese Stösse zu stark gemacht, dann riskiert man meist ein schlechtes Ausscheiden und das ist die Achillesferse des aräometr. Verfahrens, wenigstens soweit es ganze Milch betrifft. Bei Magermilch ist der Zusatz von Seife wie ihn Soxhlet empfohlen, sehr wirksam — aber auch hier darf das Schütteln nicht forciert werden. Schmöger (Fresenius Ztschrft. 1885. 131) setzt der Magermilch oder süssen Buttermilch 10 g SO_4K_2 zu, wenn sie älter ist und die Scheidung erschwert wird. Um den Zusatz zu korrigieren, entwirft er dann für Magermilch eine neue Tabelle, auf welche übrigens hier nur verwiesen werden kann.

Die Methode hat bei den zahlreichen Kontrollversuchen die damit angestellt wurden nur einen einzigen Gegner gefunden in der Person des preussischen Stabsarztes Dr. Preusse, welcher sich im Reichsgesundheitsamte resp. in dessen Mitteilungen Bd. I. 378 auf grund von ihm gemachter Versuche sehr ungünstig darüber ausgesprochen hat. Soxhlet wies aber (Ztschrft. d. landw. Vereins in Bayern 1881. 700) dem Herrn Stabsarzt nach, dass er es nicht verstehe, mit dem aräometrischen Apparate umzugehen, überhaupt die nötigen Kenntnisse entbehre, um in Milchfragen (cfr. Sodazusatz S. 54) mitzureden. Um so günstigere Resultate ergaben aber die Versuche anderer Chemiker, welche hier kurz zusammengestellt sein sollen.

Die Soxhletsche aräometrische Methode stimmte mit der gewichtsanalytischen nach

Egger-München, Zeitschr. f. Biol. 1881	auf Hundertstel Proz.
Kellner-Hohenheim, Milchztg. 1881, 18	- 0,02—0,06.
Schrodt-Kiel, Milchztg. 1881, 17	fast absolut.
Friedländer-Proskau, Landwirt. 1881, 17	auf Hundertstel Proz.
Meissel-Wien, Wien. landw. Ztg. 1881, 42	- 0,05.
Fleischmann-Raden, Ber. d. Vers.-St. Raden 1880	0,01—0,07.
Hofmeister-Insterburg	auf Hundertstel Proz.
Dietzell-Augsburg	0,03—0,06.
Moser-Wien	0,05.
Schreiner-Triesdorf	0,02—0,03.
Janke-Bremen	auf Hundertstel Proz.
Gerver-Möckern	Mittel 0,01.
Angström-Alnarp	auf Hundertstel Proz.

Schmöger (Fresenius' Zeitschr. 1885, 131) will die Zahlen der Soxhletschen Tabelle für ganze Milch um 0,1 % erhöht wissen (cfr. Lactobutyrometer, wo ebenfalls von Schmöger ein solcher Vorschlag gemacht worden, von andern Chemikern aber widerlegt worden ist).

Auch Dietzsch, der anfangs (Repert. f. anal. Chem. 1881, 33) eine etwas reservierte Haltung noch beobachtete, namentlich den hohen Preis und die Zerbrechlichkeit tadelte, ist jetzt von der Brauchbarkeit desselben so überzeugt, dass er in einem Artikel der Chemiker-Zeitung 1884, 324 uns dahin belehrt: „Die aräometrische Probe ist der gewichtsanalytischen Methode vollkommen ebenbürtig und gibt dieselben genauen Resultate für alle 3 Sorten: ganze, halbabgerahmte und Magermilch".

Wenn wir nun sehen, dass dieses Verfahren von anfang solche günstige Aufnahme, namentlich in Bezug auf die Bestimmung von Fett in der ganzen Milch gefunden hat, so ist ausser obigem Zeugnis von Dietzsch namentlich noch das von Fleischmann-Morgen (S. 31—33) von besonderer Bedeutung geworden, weil es uns das beweist, was ich schon vor 1½ Jahren behauptete, dass wir aufhören müssen mit unsern alten Methoden die neue Soxhletsche zu kontrollieren, dass wir vielmehr gezwungen sind, das aräometrische Verfahren als **das beste** der Fettbestimmung, **geradezu als Normalverfahren,** für gewöhnliche Milch zu acceptieren.

Fleischmann hat uns weiter an dem Beispiele der Magermilch (l. c.) bewiesen, dass unser altes Extraktionsverfahren in Bezug auf seine Genauigkeit von subtilen Nebenumständen abhängig ist, von denen wir bislang keine Ahnung hatten.

Gegenüber der Thatsache, dass mir von Rezensenten meiner vorigjährigen Brochüre, „Über Milchuntersuchung und Milchkontrolle, Würzburg 1883" vorgeworfen worden, sie könnten nicht begreifen, wie ich die Soxhletsche Methode selbst gegenüber meinen eigenen Vorschlägen inbezug auf gewichtsanalytische Fettbestimmung so sehr bevorzugen könnte, dass ich sie als Normalverfahren hinstellte, glaube ich nun ausser dem obigen glänzenden Beweise durch Fleischmann noch folgende Argumente anführen zu sollen.

1. Die vermeintlichen Abweichungen der aräometrischen Probe gegen die gewichtsanalytische waren so gering, dass sie dadurch allein schon unser Vertrauen erwecken musste. Die Arbeiten Fleischmanns aber beweisen jetzt nachgrade, dass die Ursache dieser Differenzen dem gewichtsanalytischen Verfahren zuzuschreiben ist.

2. Bei der gewichtsanalytischen Methode kommen nur 10 g, bei der aräometrischen dagegen 200 ccm, also fast das 20mal grössere Quantum von Milch zur Untersuchung. Das sonst von mir gerügte Abmessen der Milch ist hier wegen des grossen Milchquantums einwurfsfrei. (Vergl. Seite 13.)

3. Bei der aräometrischen Methode wird das Fett der flüssigen Milch durch Äther entzogen, wodurch die Ungleichheiten einer Extraktion aus eingedampfter Milch, die noch dazu schwieriger ist, vermieden werden.

4. Die aräometrische Methode arbeitet relativ schnell und ohne Verlust. Die von Liebermann in seinem Lehrbuche für Lebensmitteluntersuchun-

gen (Stuttgart 1883) gemachten Vorwürfe mit der „Auflösung von Kautschuk durch den Äther" sind für den, der mit der aräometrischen Methode wirklich gearbeitet hat, keine Widerlegung wert und wurden von Liebermann selbst in der letzten Zeit desavouiert, indem er für seine eigene Praxis seine gleich zu beschreibende Methode aufgegeben und die Soxhletsche acceptiert hat. Fresenius, Zeitschr. 1884, 485.

Ich habe nun noch einiger andern Autoren Erwähnung zu thun, welche ebenfalls bemüht waren, die Fettbestimmung auf die Extraktion der flüssigen Milch zu gründen. Hier können nun gleich nebeneinander, weil unter sich verwandt, betrachtet werden die Methoden von Hoppe-Seyler (Handb. d. physiol. chem. Analyse 1883 S. 493), Liebermann (Fresenius' Zeitschr. f. anal. Chem. 1883, 383) und Wolff (Pharm. Ctrhll. 1883, 435).

Hoppe-Seyler hat seine frühere Methode, durch die Soxhletsche angeregt, modifiziert und fügt zu 20 ccm Milch 1 ccm Kalilauge von 1,27 spec. Gew. Dann schüttelt man selbe mit 80 ccm wassorgesättigtem Äther und lässt sie stehen. Von der klar gewordenen Ätherfettlösung giesst man dann schnell in einen Messcylinder (ungefähr 60 ccm lassen sich meist leicht völlig abgiessen) liest das Volumen ab, giesst es in ein gewogenes Becherglas, spült den Cylinder mit reinem Äther nach, verdunstet; trocknet und wägt den Rückstand. Aus dem Gewichte der abgegossenen Ätherlösung berechnet man dann den Fettgehalt von 80 ccm Äther = dem von 20 ccm Milch. Die Milchlaugenmischung nimmt nur sehr geringes Äthervolumen auf, so dass eine Korrektion unnötig ist.

Diese Methode von Hoppe-Seyler hat eine recht praktische Abänderung durch Henkel, Assistent bei Soxhlet erfahren. Der Apparat war auf der Molkereiausstellung in München, Oktober 1884, zu sehen, wurde aber bis jetzt leider noch nicht publiziert. Der Hauptvorteil der Methode besteht darin, dass, wie bei Soxhlet die Ätherlösung unmittelbar in den Cylinder, hier in eine 50 ccm Pipette gepumpt wird, welche über ihrer Marke noch einen Kropf trägt, so dass man, wenn derselbe ebenfalls gefüllt ist, nach Losmachung der Schläuche noch Ätherlösung genug zur Verfügung hat, um ohne Verlust genau auf 50 ccm in der Pipette einzustellen. Dieser Kunstgriff lässt sich ebenso gut auf die Methode Liebermann resp. Wolff übertragen und dürfte überhaupt mannigfache Verwendung verdienen und finden.

Die Arbeit Liebermanns hier wiederzugeben hält sehr schwer, weil sie mit einer Anzahl von Spitzfindigkeiten belastet ist, welche auf Umwegen das zu erreichen sucht, was mit einfachern Hilfsmitteln schneller zu erlangen ist. Man bringt in einen etwa 26 cm hohen, 3—3,5 cm weiten, gut verschliessbaren Glascylinder 50 ccm der gut gemischten Milch, fügt 5 ccm Kalilauge von 1,2 spec. Gew. und 50 ccm wasserhaltigen Äther zu; schüttelt 1—2 Min. tüchtig durch, bis die Milch eine gelbliche homogene Flüssigkeit geworden ist und alle weissen Krümel verschwunden sind,

lässt 10—15 Min. absetzen, hebt von der ätherischen Butterfettlösung
20 ccm ab, bringt sie in ein Kölbchen mit glattgeschliffenem Rande,
dessen Inhalt (circa 50 ccm) genau mit Hilfe von Pipette und Bürette,
die ein Ablesen oder Schätzen von $\frac{1}{100}$ ccm (!) gestattet, festgestellt worden ist, lässt den Äther im Wasserbade verdunsten, trocknet bei 100 bis
105° C. 15 Min. lang, lässt erkalten und bestimmt die zur Füllung des
Kölbchens nunmehr nötige Menge Wasser. Die Differenz gegenüber der
Wassermenge bei der Volumbestimmung des leeren Kölbchens ergibt das
Volumen des Fettes aus 20 ccm der Ätherlösung oder mit 5 multipliziert
die Volumprozente Fett in der Milch. Besondere Vorsicht und Übung verlangen die Bestimmungen des Rauminhalts des Kölbchens, da ein Tropfen
Wasser zu viel oder zu wenig das Resultat wesentlich beeinflusst — und
ich muss gegenüber Liebermann behaupten, dass es nicht so leicht ist,
den Übergang aus der concaven Form in die convexe, so sicher festzustellen, dass man jedesmal für das Kölbchen die gleiche Wassermenge
verbraucht. Und damit steht und fällt die Methode! Zur Umrechnung
der Volumprozente in Gewichtsprozente wird die Temperatur des Wassers
im Kölbchen bestimmt, und die Volumprozente dann mit dem der Temperatur
entsprechenden spec. Gewichte der Butter multipliziert. Liebermann hat
zur Abkürzung gleich eine Tabelle für 15—30° ausgerechnet. Die Differenzen in den spec. Gewichten verschiedener Buttersorten seien nach den
Untersuchungen von J. Bell, Soxhlet, Estcourt, Königs viel zu gering,
um das Resultat zu beeinflussen. (??)

Fragen wir uns nun, was mit einer so umständlichen Methode, von
ihrer schwachen Unterlage der Volumbestimmung gänzlich abgesehen, erreicht werden soll, so gibt uns Liebermann an, dass sie nicht auf eine
Wage angewiesen ist und deshalb für die Marktkontrolle geeignet sei.
Mir scheint, dass Herr L. darüber selbst nicht klar geworden ist, denn
Polizeidienern, denen man kaum beibringt mit Aräometer und Lactoskop
fehlerfrei umzugehen, wird er wohl selbst die Handhabung seiner Methode
nicht zumuten — es bleiben nur noch die Chemiker — ohne Wage! und
die sollen erst recht die Hand von einer Milchuntersuchung lassen.

Wolff, l. c., der diese Methode prüfte, ging dann auch von der
volumetrischen Bestimmung des Fettes mit dem Kölbchen gleich ab —
aber was bleibt dann noch für Liebermann eigenartiges gegenüber
Hoppe-Seyler übrig? — und verdunstet einfach das Fett in dem tarierten Kölbchen. Wolff weist nun an der Hand von vergleichenden Untersuchungen nach, dass es irrig ist, anzunehmen, dass von einer Mischung
z. B. gleicher Volumina milch- und wasserhaltigem Äther ein aliquoter
Volumteil des letztern nach der Trennung auch noch einem gleichen Volumen Milch entsprechen soll. Dieser Verringerung des Äthervolumens
muss unbedingt Rechnung getragen werden, wie dies z. B. von Soxhlet
bei seinem aräometrischen Verfahren recht wohl gewürdigt worden ist.
Wolff schlägt nun folgendes Verfahren vor und dasselbe sei auch hiemit

der allgemeinen Beachtung warm empfohlen, obwohl noch Kontrollanalysen abgewartet werden müssen, ehe es zur Annahme gelangen kann. 50 ccm Milch, 3 ccm Kalilauge und 54 ccm wasserhaltiger Äther werden geschüttelt bei einer Temperatur von 17—18° C. Dann werden 20 ccm Ätherfettlösung abpipettiert und in einem tarierten Kölbchen verdunstet und gewogen. Die dann berechneten Volumprozente müssen nun natürlich des Vergleiches mit der gewichtsanalytischen Methode wegen in Gewichtsprozente umgerechnet werden.

Liebermann hat nun nach der Publikation von Wolff in Fresenius' Zeitschr. 1884, 476 eine Antwort folgen lassen, welche einem geregelten Rückzuge zu vergleichen, folgende Angaben enthält. 1) Wolffs Annahme, dass die 50 ccm Äther nachher ein geringeres Volumen einnehmen, will er durch Versuch widerlegt haben. 2) Sein eignes Verfahren habe er jetzt abgeändert und es sei folgendermassen auszuführen: 50 ccm Milch werden mit 50 (soll wohl heissen 5) ccm Kalilauge von 1,27 spec. Gew. (früher 1,2) gut durchgeschüttelt und etwa 5 Minuten stehen gelassen (früher war davon gar nicht die Rede). Hierauf versetzt man mit 50 ccm wasserhaltigem Äther und schüttelt 10 Sekunden lang nicht zu stark (früher „tüchtig" 1—2 Minuten). Etwa 20 Minuten lang gibt man wie bei Soxhlets Verfahren jede halbe Minute 1—2 leichte vertikale Stösse. Das wie sonst erhaltene Fett wird bei 110 eine halbe Stunde getrocknet (früher 15 Minuten bei 100—105° C.). Die Messpipetten sind jetzt zweckmässig abgeändert, früher mussten die Kölbchen 50 ccm fassen, jetzt genügen auch 45 ccm. 3) Die Liebermannsche Methode kann ihr Autor selbst nicht bei seiner eigenen Praxis verwenden, weil es nicht angeht, solche Quantitäten Äther bei einer Reihe von Versuchen zu verdunsten. 4) Liebermann findet jetzt die Soxhletsche Methode als vorzüglich arbeitend[1]).

Wolff hat nun gegenüber diesen Angaben zu seiner Verteidigung (Pharm. Centrlhll. 1885. 29) einen leichten Standpunkt, indem er nachweist, dass die Volumverminderung stattfindet und dass man nach der neuen Liebermannschen Methode absolut nicht arbeiten kann, weil einfach ein Schütteln von 10 Sekunden völlig ungenügend ist. Betreffs des Kalilauge-Zusatzes hat Wolff gefunden, dass bei Anwendung von 5 ccm statt 2,5 ccm (spec. Gew. 1,27) die Trennung der Flüssigkeitsschichten viel besser stattfindet. Geissler (Pharm. Ctrhll. 1885. 43) bestätigt die guten

---

[1]) Bei der Korrektur kommt mir eben ein neuer Aufsatz Liebermanns unter die Hand (Pharm. Ctrhlle. 1885 vom 4. Juni Seite 253), worin dieser neuerdings an der Methode etwas bemängelt, was Soxhlet übrigens recht wohl erwogen und schon besprochen hat, dass nämlich der wasserhaltige Äther ein anderes spec. Gewicht hat, als nachdem er mit Wasser oder Kalilauge wie bei der Milchprobe geschüttelt worden ist. Ich bin leider hier nicht mehr imstande, näher auf diesen Punkt einzugehen.

und sichern Resultate, welche man mit der Wolffschen Methode erhält. Auch Geissler sagt, dass vom Schütteln aller Erfolg bei diesen Methoden abhänge. Es kann zu stark und zu wenig geschüttelt werden. Sehr wesentlich sei, dass die Temperatur nicht unter 18° C. sei, am besten sei 18—25° C. Er arbeitet mit 50 ccm Milch von 18° C., 3 ccm Kalilauge, 1,145 und 54 ccm wasserhaltigem Äther, schüttelt ¼ Minute kräftig und stellt dann 5—10 Minuten zur Seite. Dann schüttelt man nochmals mit einigen kräftigen Armschlägen. Zeigen sich jetzt in dem Gemische kleine Luftblasen, die zur Oberfläche aufsteigend grösser werden und setzt sich an dieser ein leichter Schaum an, so hat man genug geschüttelt. So lange der Schaum fehlt, ist noch nicht alles Fett in den Äther übergegangen und man muss das Schütteln wiederholen. Je fettärmer die Milch, desto länger bleibt der Schaum aus.

Die Scheidung vollzieht sich um so schwieriger, je mehr man schütteln musste. Nach ¼ Stunde kann man, wenn sie nicht vorwärts zu kommen scheint, die Flasche in Wasser von 25—30° C. eintauchen. Sollte dies noch nicht helfen, so stelle man sie 12 Stunden bei Seite. Die Scheidung kann nach Geissler auch rascher erhalten werden, wenn man mit Salzsäure ansäuert, dann sofort wieder mit Kalilauge übersättigt. Geissler rät aber selbst, im letzten Falle die Analyse nochmal zu machen.

Ich habe jetzt nur noch eines Vorschlages zu erwähnen, der erst in der allerneuesten Zeit aufgetaucht ist: von Schwarz (Fresenius' Zeitschr. f. an. Ch. 1884. 368). Derselbe beschreibt einen sinnreich konstruierten Extraktionsapparat, der namentlich für flüssige Körper angewendet werden kann. Wolny hat denselben noch weiter verbessert, allerdings in komplizierter Weise (Fresenius' Zeitschr. 1885. 50). Schwarz empfiehlt denselben auch für Milch und gibt an, dass er gegenüber der gewichtsanalytischen Methode nur eine Differenz von 0,037 % gefunden habe und sagt: „Ich glaube, dass es kaum eine bequemere Fettbestimmungsmethode für die Milch geben kann." Jedenfalls ist dieser Vorschlag der Prüfung wert.

γ) Fettbestimmung nach optischen Methoden.

Die Idee aus der Durchsichtigkeit der Milch auf ihre Qualität zu schliessen, ist schon alt; sie ist aber auch bewährt; nur hat man den Fehler begangen, von der „Durchsichtigkeit" auf den „Fettgehalt" direkt zu schliessen und hat dann sich sogar bemüht, diese optischen Milchprüfungsmethoden wegen ihrer Handlichkeit gleich zu forensen Zwecken zu verwenden.

Halten wir aber an dem Satze fest, dem namentlich Vieth (Forsch. auf d. Geb. d. Viehhalt. 1880. 350) eine festere Form gegeben hat, dass die Angaben aller optischen Instrumente nicht nur durch die Fettkügelchen sondern auch durch das reine Milchserum beeinflusst werden, indem dasselbe selbst schon weisslich getrübt ist und betonen wir ausserdem, dass die besten optischen Verfahren in Bezug auf ihre Fettangaben immer nur approximative Werte ergeben, dann ist es ein leichtes, den richtigen Standpunkt für diese Instrumente zu finden.

In Bezug auf die älteren Methoden verweise ich hier Interessenten auf Vieth, Milchprüfungsmethoden 1879 und führe dieselben nur dem Namen nach hier auf:

I) Donnés Laktoskop (Compt. rend. 1843). II) A. Vogels Milchprobe (Dingl. pol. Journ. 156, 44 und 167, 62. Polyt. Notizbl. 1863. 43.   Pharm. Ctrhlle 1868. 248.   Casselmann, Dingl. Journ. 168, 226.   Mitteil. f. d. Gewerbever. Nassau, 17. 25.   Fresenius' Zeitschr. f. an. Ch. 2. 447.   Erdmann, Arch. d. Ph. 132. 220.   Bichlmayer, Zeitschr. f. Biologie 1. 216). III) Feser-Vogelsche Milchprobe (Feser, Poliz. Milchkontrolle d. Marktmilch Leipzig 1878).   IV) Hoppe-Seylers Modifikation an A. Vogels Milchprobe (Arch. f. path. Anatomie 27. 394).   V) Seydlitz, prismatisches Lactoskop (?) ist einfach von Vieth ohne Quellenangabe beschrieben). VI) Reischauers Lactoskop (Schweiz. landwirt. Ztg. 1874. 452).

Von neueren Instrumenten sind zu nennen:

1) Fesers Lactoskop (Feser, poliz. Controle d. Marktmilch 1878. 75). 2) Heusners Milchspiegel (Nied. Corr. Bl. 6. 75).   3) Hagers Schaumethode (Pharm. Prax. Bd. II. 327).   4) Apparat von Gebr. Mittelstrass (Biederm. Ctrlbl. für agr. Chem. 1880. 756).   5) Heerens Pioskop. (Rep. an. Chem. 1881. 247).   6) Leeds Lactometer (chem. Zeit. 1884. 419).

Das Fesersche Lactoskop. hat besonders in der verbesserten Form, wie es die umstehende Zeichnung (Figur 6) gibt, viel Verbreitung gefunden.   Die Verbesserung besteht darin, dass der Zapfen eingeschliffen ist, zur Reinigung also jedesmal bequem herausgenommen werden kann, was früher unmöglich war. In den unteren Teil des Glascylinders bringt man vermittels einer beigegebenen Pipette[1]) 4 ccm vorher gut gemischter Milch.   Nun setzt man so lange Wasser in kleinen Mengen unter jedesmaligem Umschütteln zu, bis die dunkelen Striche an der Milchglasskala gerade so schwach sichtbar werden, dass sie alle einzeln gesehen werden können.   Der Stand der Flüssigkeit im oberen Teil des Glascylinders gibt auf der rechten Seite die Fettprozente der Milch und links die Menge des zugesetzten Wassers an.

Weil nun mit den doch nur approximativen Zahlen des Feserschen Instrumentes immerhin Missgriffe durch die Polizeiorgane oder Missverständnisse beim Publikum möglich sind, so hat Dietzsch (Lehrbuch Seite 20) das Instrument insofern vereinfacht, dass er die Graduierung ganz weglässt und an der Stelle, welche etwa 2,8—2,9% Fett entsprechen würde, allein eine Marke anbringt.   Wird dann bis zu dieser Marke

---

[1]) Ich habe eine Pipette einmal in den Händen von Polizeidienern gesehen mit völlig kugeliger Ausbauchung, in der sich fast jedesmal eine Luftblase fing, die aber von den Polizeidienern nicht weiter beachtet wurde (!)

Wasser zugefügt, so dürfen die Striche gar nicht sichtbar oder wenigstens nicht zählbar sein, wenn die Milch als gut gelten soll.

Der dadurch erreichte Vorteil für die Marktkontrolle springt in die Augen; denn abgesehen davon, dass das Instrument billiger ist, wird ja die Kontrolle noch wesentlich abgekürzt, weil man das bis zur Marke

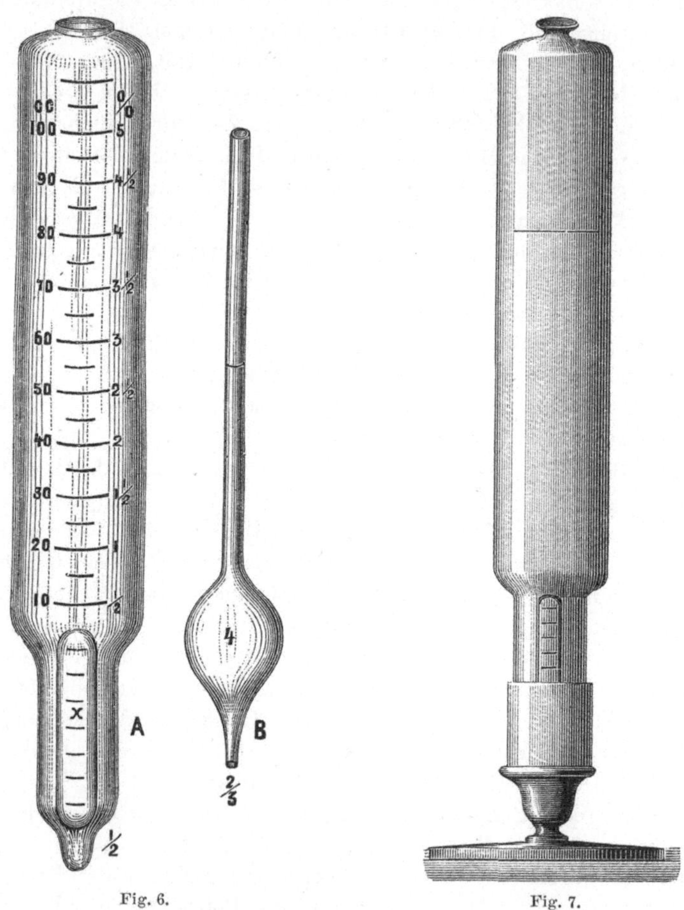

Fig. 6.　　　　　　　　　　Fig. 7.

nötige Wasser sofort durch eine Pipette ganz zugeben kann. (Vergleiche Figur 7.)

Für die Ausführung der Probe selbst möchte ich noch empfehlen, dass derjenige Chemiker, welcher die Polizeimannschaft in der Handhabung des Lactoskops unterrichtet, darauf sieht, dass nur solche Instrumente angekauft werden, bei welchen der Zapfen mit der Milchglasskala in jeder Stellung vom äusseren Glase gleich weit absteht. — Sehr zu beachten aber ist, dass die schwarzen Striche auf dem Zapfen nicht durch das ofte

Reinigen allmälig immer schwächer werden. Es könnten daraus die gröbsten Fehler entstehen!

Ausserdem darf nur bei auffallendem Lichte abgelesen werden.

Die Urteile der gesamten Litteratur über das Fesersche Lactoskop habe ich im Repert. f. anal. Chem. 1883, Seite 49—61 zusammengestellt in einer Arbeit, welche den Titel führt: „Ist das Fesersche Lactoskop zu forensischen Zwecken brauchbar"? Es würde die Aufführung derselben hier viel zu viel Raum beanspruchen. Es sei daraus nur konstatiert, dass Herr Prof. Feser selber in einer Milch, deren Fettgehalt ich genau gewichtsanalytisch zu 1,69% bestimmt hatte, den Fettgehalt = 3,25% angab, so dass also durch den Vater des Instrumentes selber ein Fehler mit + 1,5% gemacht wurde. Weiter sei daraus hervorgehoben, dass kein einziger Autor dasselbe zur forensen Verwendung geeignet hält, dass sogar viele dasselbe nicht einmal zur Marktkontrolle verwendet wissen wollen. Obwohl das Instrument jetzt von der Bildfläche öffentlicher Gerichtsverhandlungen als selbständiges Beweismittel verschwunden ist, möchte ich die in meinem eben citierten Aufsatze gesammelten Äusserungen von Milchchemikern noch durch neuere ergänzen. Fodor (Arch. f. Hyg. II. 1884. 439) sagt: Die mit dem Feserschen Lactoskop erhaltenen Fettprozente zeigen eine viel bedeutendere Abweichung vom Ergebuis der chemischen Analyse, als Feser, Gerber, Eugling und Klenze angegeben haben. Nach 70 Bestimmungen war der unterste Strich ausserdem ganz, die übrigen teilweise verwaschen.

Liebermann (Fresenius' Zeitschr. 1884. 483) sagt: Die optischen Methoden, unter denen die Fesersche noch die beste wäre, haben all ihren Credit verloren. L. liess dieselbe Milch in seinem Laboratorium von vier Chemikern untersuchen. Nicht 2 Ablesungen stimmten untereinander und es ergab sich eine Differenz von 1,5%.

Sehr übel wurde das Lactoskop im Reichsgesundheitsamt „trotz Fesers warmer Empfehlung" behandelt, indem man das Instrument dort nicht einmal zur Vorprüfung der Polizei anvertrauen will.

Weil sich Feser mir gegenüber einmal in öffentlichen Gerichtsverhandlungen darauf berufen hat, dass Fleischmann für sein Lactoskop sei, mag aus der eben erschienenen Brochüre desselben: Stand d. Prüfungen von Kuhmilch 1885 ein Passus (Seite 19) hier angeführt werden: „Wenn es auch möglich ist, falls man die nötige Übung besitzt und Gelegenheit hätte das Lactoskop an Milchproben von genau bekanntem Fettgehalte zu erlernen, so ist es doch nicht zulässig, ein entscheidendes Urteil bei der Milchprüfung allein auf die mit diesem Instrumente gewonnenen Zahlen zu gründen. Für die Vorprüfung, sowie für viele Zwecke der Milchuntersuchung in Käsereien vermag das Fesersche Instrument in geübter Hand vorzügliche Dienste zu leisten."

Der Milchspiegel von Heussner ist völlig unbrauchbar. Er ist merkwürdiger Weise in sehr vielen Lehrbüchern abgedruckt und empfohlen, aber wirklich nicht die Druckerschwärze noch weniger aber sein Geld (6 M.!) wert. Ich habe ihn unter dem Stossseufzer „Varus! gib mir meine Legionen wieder" meiner Sammlung von Milchraritäten einverleibt.

Hagers Schaumethode leistet Besseres, hat aber keine Verbreitung gefunden, weil der dazu gehörige Apparat nur 25 Pf. kostet. Man giesst 11 ccm Milch in ein Litergefäss, verdünnt mit Wasser bis zur Marke und füllt dann mit der Mischung ein Glasschälchen mit flachem Boden 1 cm hoch an und stellt es auf ein Zeitungsblatt resp. auf ein Wort mit fetter Fracturschrift. Bei guter Milch kann man das Wort nicht lesen.

Der optische Milchprüfer von Mittelstrass leistet noch mehr als das Fesersche Lactoskop. Es liegen darüber Urteile vor von Jenssen (Biedermanns Ctrbl. f. agr. Ch. 1880. 756), Fleischmann, Vieth und Sachtleben (Milchzeitung 1881. 549), Märker und Peter (Ph. Ctrlhalle 1881. 6). Der Apparat beruht darauf, die Dicke einer Milchschichte durch Ausziehen eines Rohres soweit zu vermehren, bis das Licht einer Kerze oder ein beleuchtetes Gittersystem dem Auge verschwindet. Da dem Apparate eine ausführliche Gebrauchsanweisung beigegeben wird, kann ich auf weitere Beschreibung verzichten. Interessenten verweise ich auf eine Abbildung in v. d. Becke: Milchprüfungsmethoden, Seite 49. Für polizeiliche Kontrolle hat die Methode nur den einen Nachteil, dass man auf einen dunkeln Raum angewiesen ist.

Heerens Pioskop wird hier ebenfalls nur der Vollkommenheit wegen aufgeführt. Es liefert keine besseren Resultate als der Heussnersche Milchspiegel und hat nur den Vorteil, dass es billiger ist.

Leeds Lactometer (Amerikan. Patent vom 24. Februar 1884) besteht aus einem cylindr. Glasgefässe, in dessen Innern sich ein Konus aus nicht durchsichtigem Materiale befindet. Der Konusmantel ist in regelmässigen Zwischenräumen mit Kreislinien versehen. Urteile liegen hierüber noch nicht vor.

Anhang zur Fettbestimmung.

Ich kann die Fettbestimmungsmethoden nicht schliessen, ohne noch der Rahmmesser oder Cremometer Erwähnung zu thun. Sie sind als empirische Methoden schon sehr alt, und unsere Käser kommen z. B. auf eine Fälschung zumeist in der Weise, dass sie den Entgang von Rahm merken. Am meisten Verbreitung hat das alte Cremometer von Chevalier gefunden. Weniger Anklang fanden der Krockersche Apparat und der von Weigelt konstruierte Rahmmesser und Lefeldts Centrifugal-Milchprober (Näheres: Vieth, Milchprüfungsmethoden 32—39). Es war besonders Christ. Müller, der die Milchwage und das Cremometer kombinierte, und den beiden Instrumenten eine Bedeutung gab, welche sie aber einbüssten, seitdem man anfing, sie zur selbständigen Beurteilung von Milch zu verwenden, um damit Milch vor Gericht als gefälscht zu bezeichnen.   Man arbeitete eine förmliche Tabelle aus zur Beurteilung der Milch mit diesen Instrumenten und vergass im Eifer, dass es eben doch von einer Menge zufälliger Erscheinungen abhängt, wie viel Rahm abgeschieden wird.

Chr. Müller selbst soll nach einer Korrespondenz in d. Pharm. Ctrlh. 1885. 74 sich dahin ausgesprochen haben, dass die Cremometerprobe den heutigen Anforderungen nicht mehr genüge, und er ist doch der Vater derselben!

Ich hätte freilich gedacht, dass für uns die Zeit herum sein sollte, uns noch mit der Frage des Wertes oder Unwertes der Cremometer zu beschäftigen, soweit sie die öffentliche Milchkontrolle betreffen — aber der in jeder Hinsicht merkwürdige Erlass der preussischen Ministerialverfügung vom 28. Januar 1884 hat mich leider belehrt, dass in manchen Kreisen noch jede Einsicht fehlt, dass die öffentliche Kontrolle der Milch, soweit es sich um die polizeiliche **Vorprüfung** handelt, das Chevalliersche Cremometer schon einfach deswegen nicht brauchen kann, weil es zuviel Zeit beansprucht. Angenommen, dass alle Indizien der Vorprobe für eine Fälschung sprechen, wo soll dann nach 24 Stunden, wenn vielleicht die Milch schon geronnen ist, die exakte chemische Untersuchung ihr Material zum definitiven Entscheid hernehmen? Fast scheint es, dass man eben dort die chemische Untersuchung in den meisten Fällen für überflüssig hält; sicher aber ist, dass man dort kein Verständnis für eine solche Kontrolle hat, wenn man dem Chemiker für die der Polizei „zweifelhaften Fälle" zumutet, er soll nach Ablauf von 24 und mehr Stunden eventuell auch die Rahmmenge nochmals bestimmen. Hätte man das Lactoskop von Feser trotz seiner Mängel für die Vorprobe acceptiert, so wäre man über die scheinbaren Schwierigkeiten so gut weggekommen, wie die Vereinbarungen bayr. Chemiker.

Ich hiesse es leeres Stroh dreschen, wollte ich nochmals die viel grössern Fehlerquellen des Cremometers gegenüber dem Lactoskop hervorheben — ich begnüge mich hier, auf eine sehr gute Zusammenstellung in Vieths Milchprüfungsmethoden Seite 24—33 zu verweisen, welche die Unmöglichkeit beweist, das Cremometer heute noch zu halten und führe hier nur die Gründe an, welche Gerber kürzlich (Chem. Ztg. 1885. 67) zusammengestellt hat, um zu beweisen, dass jedes Cremometer falsche Resultate geben muss.

1) rahmt die Milch unter gleichen Bedingungen nicht immer gleich auf, 2) je konsistenter eine Milch ist, desto weniger leicht rahmt sie auf, 3) man erhält je nach Temperatur und Form der Gefässe sehr verschiedene Aufrahmungen, 4) gerinnt die Milch oft, bevor die Aufrahmung vollendet ist, 5) ist die Art des Transportes der Milch von grossem Einflusse, ebenso ob die Milch direkt nach dem Melken oder erst nach längerem Transporte zum Aufrahmen hingestellt wird, 6) der unter gleichen Bedingungen gebildete Rahm zeigt ungleichen Fettgehalt, 7) je nach der Probeentnahme

wird das Resultat verschieden sein, 8) eben so nach der Anzahl und Grösse der Fettkügelchen, 9) eine alkalisch reagierende Milch scheidet mehr Rahm aus als eine saure, 10) je nach dem Einflusse der Temperatur auf die vordern oder hintern Milchschichten des Cremometers kommt es vor, dass die eine oder andere höher steigt, was leicht zu irrtümlichen Ablesungen führen kann.

In Vieths Prüfungsmethoden finden sich auch merkwürdige Fälle von abnorm hohen Rahmabscheidungen verzeichnet, wie sie bei pathologischen Milchen vorkommen können. Mir ist es begegnet, dass ein Molkereikonsulent es als nicht denkbar bezeichnet hat, dass eine Milch 18 Volumprozente Rahm lieferte, während in der Milchzeitung vom Jahre 1877 Fälle erzählt werden, wo solche bis 50 % „Rahm" geschoben haben. Auch Chr. Müller in Bern kennt solche Fälle, wo 20—30 % Rahm angezeigt wurden. Ebenso teilt Martiny in seinem Buche „Die Milch" ähnliche Fälle mit. In der neuern Zeit erinnere ich mich, dass Janke (Repert. f. an. Chem. 1882, 40) einen Fall mit 24 % Rahm und Schröder-Frauenfeld (Pharm. Ctrlhll. 1884. 317) einen solchen mit 20 % Rahm mitteilte. Ebenso rätselhaft erscheinen unter Umständen jene Fälle, wo trotz eines hohen Fettgehaltes gar kein Rahm abgeschieden wird, wie ich sie selbst schon an Milch mit 3,5 % Fett erlebt habe. Vergleiche hierüber übrigens auch das Buch von Dietzsch im Kapitel Milchfehler S. 28—35.

Mein persönlicher Standpunkt gegenüber dem Cremometer ist der: wird mir Milch von einem Konsumenten gebracht mit dem Auftrage, sie auf Wasserzusatz oder Entrahmung zu untersuchen, so begnüge ich mich mit den Angaben des spec. Gewichtes, der Trockensubstanz und des Fettes. Wird mir aber von einem Käser oder Milchproduzenten selbst Milch gebracht mit der Anfrage, warum sich z. B. die Milch nicht verbuttern liesse u. s. w. dann stelle ich eine Probe im Cremometer auf, weil sich innerhalb 12 oder 24 Stunden hier oft merkwürdige Erscheinungen zeigen.

Die bisherige Cremometerform wird von Gawalowsky verbessert (Fresenius Zschrft. f. an. Chem. 1884. 249) indem er konische, nach Art der Erlenmeyerschen Kölbchen geformte Flaschen empfiehlt, die einen 3 cm breiten und 30 cm hohen Hals tragen. Der Hals trägt zugleich die Skala. Um die Rahmschichte sicher unterscheiden zu können, färbt G. die Milch mit einigen Körnchen von wasserlöslichen Anilinblau, lässt sie 24 Stunden im kühlen Keller stehen und liest bei 15° C. ab.

Die Hagersche Fliesspapier- und Schreibpapierprobe (Pharm. Prax. Spbd. 649) zur Erkennung von halb und ganz entrahmter Milch mag hier am besten genannt werden.

Endlich mag hier noch eingereiht werden das Gewichtslactometer von Chludinsky (Landw. Jahrbuch XI. 835, Chem. Ztg. 1882. 1413). Es umfasst diese Methode 3 Operationen. 1) Bestimmung des spec. Gew. der ganzen Milch. 2) Bestimmung der Volumprozente des in 36—48(!) Stunden abgesetzten Rahms. 3) Bestimmung des spec. Gew. des Milchserums(!), wohl hier identisch mit unserer entrahmten Milch. Diese 3 Operationen nimmt Verfasser in einem Glasgefässe vor, das 1 l Milch fasst. Oben ist dieses Glasgefäss mit einer 0,1 ccm Einteilung versehen, unten ist ein Glashahn. Durch Wägung von 1 l Milch bei 18° C. wird das specifische Gewicht gefunden. Ist dasselbe kleiner als 1,028, so ist Wasser, ist es grösser als 1,031, so ist Salz (?) zugefügt. Zur Ermittelung des spec. Gewichtes des „Milchserums" werden durch Öffnen des Hahns genau 500 ccm ausfliessen gelassen und das Gefäss wieder gewogen. Da das spec. Gewicht des „Milchserums" 1,032—1,036. beträgt, so ist der Gewichtsverlust bei normaler Milch 516—518 g. Bei Zumischung von Salz wird derselbe höher, bei Zusatz von Wasser geringer sein.

Quesneville [siehe Einleitung pag. 4] sucht in seinem Buche die Rahmbestimmung durch ein neues Verdrängungscremometer wieder zu Ansehen zu bringen. Wenn die Methode wirklich die raschen Resultate liefert, wie er angiebt, so wäre das Instrument allerdings der Beachtung wert[1]). Zur exakten Fettbestimmung aber wird er dasselbe trotz seiner Tabellen nicht wohl bringen.

d) Asche; Soda, Conservierungsmittel, Proteinstoffe.

Auf die hier einschlägigen Bestimmungen wird nur ausnahmsweise Rücksicht zu nehmen sein, wenn z. B. Verdacht besteht, dass Conservirungsmittel verwendet wurden, oder wenn es sich um pathologische Milch handelt.

Die Asche bei Eindampfen von 10—20 g Milch und vorsichtigem Verkohlen genügend weiss durch Glühen zu erhalten, ist nicht schwer. In einem Porzellantiegel oder Platintiegel lässt sich die Operation leicht durchführen. Beim Wägen ist Rücksicht zu nehmen auf die hygroskopische Beschaffenheit der Asche. Ich verwende hier, wie bei allen Aschenbestimmungen des Laboratoriums, mein schon bei der Trockensubstanz abgebildetes Wägeglas, nur im aufrechten Zustande, in dem es durch eine recht leichte Messingfassung gehalten wird. Die gewöhnlichen Platintiegel haben darin bequem Platz. Die mir von der Firma Greiner in München gelieferten Wägegläser schliessen so dicht, dass ich damit jedes Anziehen von Feuchtigkeit vermeiden kann. Mit dem Platintiegel und Gestell wiegen sie ca. 60 g (Figur 8).

Hehner und Johnston (vgl. Trockensubstanz und Fett) verwenden zur Aschenbestimmung direkt den entfetteten Inhalt ihres Platinschiffchens.

Al. Müller (Fresenius Ztschr. f. an. Chem. 1881. 129) versetzt zur Aschenbestimmung 6 ccm Milch mit 1,5 ccm normaler Salpetersäure

---

[1]) Gerber hat sich hierüber erst kürzlich Chem. Zeitg. 1885. 782 günstig ausgesprochen, das Verfahren aber doch selbst modifiziert. Ich bin leider während der „Korrektur" nicht mehr imstande, näher darauf einzugehen. V.

(81 mg N_2O_5) und dampft dann nach kurzem Stehen auf offenem Feuer in einem kleinen Porzellantiegel ein, röstet und brennt die Asche dann über einer schwachen Gasflamme weiss unter schwachem Drehen und Wenden des Tiegels.

Jede Milchasche reagiert alkalisch und beträgt ungefähr 0,6—0,8 % meist 0,7—0,75 %. Nur bei Krankheiten ändert sich der Aschengehalt merklich. Eine recht interessante Arbeit von Schrodt und Hansen über Zusammensetzung der Aschen von Kuhmilch kann hier leider nur erwähnt werden. Landw. Versuchst. 1884. 55.

Sodazusatz zur Milch wird nach Angaben des preussischen Stabsarztes Preusse (conf. aräometr. Probe von Soxhlet Seite 41) an der alkalischen Reaktion der Asche erkannt. Soxhlet sagt in seiner Entgegnung folgendes: „Wie gezeigt wurde, würde die Art und Weise, wie der Sachverständige des Kais. Gesundheitsamtes den Sodazusatz nachweisen zu können glaubt, dazu führen, dass alle Milchproduzenten und Milchverkäufer als Nahrungsmittelfälscher behandelt werden könnten. Mit dem Ausspruche desselben Sachverständigen, die niedrigste Aschenmenge beträgt 0,4, die höchste 0,89 % und höhere Zahlen liessen auf einen Zusatz von Mineralbe-

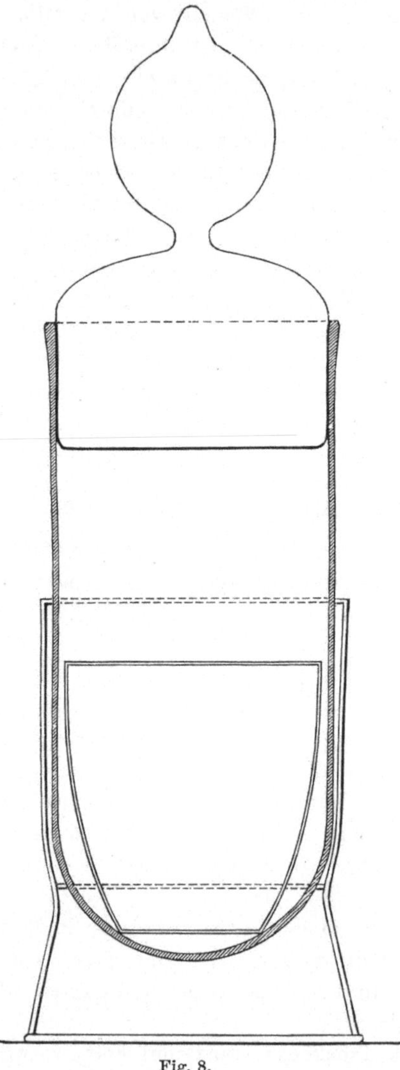

Fig. 8.

standteilen schliessen, ist gar nichts gesagt. Ein Zusatz von 4 g krystallisierter oder 1,5 g wasserfreier Soda zu 1 l Milch verleiht derselben schon einen widerwärtigen Seifengeschmack, der von dem Consumenten sofort wahrgenommen würde. Die grösste Menge Soda, welche der Milch zugesetzt werden kann, beträgt nicht mehr als 2,7 g krystall. oder 1 g wasserfreie Soda pro 1 l Milch. Durch diesen Zusatz wird aber der Aschengehalt der Milch nur um 0,1 % erhöht, woraus nichts gefolgert werden kann. Auf meine Veranlassung hat Scheibe im hiesigen Laboratorium eine Methode ausgearbeitet, welche nicht nur den sichern Nachweis von auch geringern Mengen als 1 g per Liter — bis 0,25 g — gestattet, sondern auch die zugesetzte Menge quantitativ annähernd zu bestimmen gestattet. Das Verfahren beruht darauf, dass die Milchasche nicht mehr als 1,5—2 % Kohlensäure, das kohlensaure Natron aber 41,2 % davon enthält."

Bachmeyer empfiehlt (Fresenius Ztschr. f. an. Chem. 1882. 549) „weil das Verfahren nach Soxhlet etwas umständlich ist" Tannin als Reagens auf Sodazusatz. Die zu untersuchende Milch wird abgerahmt(!) und je 15 ccm derselben in flachen Gefässen ausgebreitet. Zur ersten Probe setzt man 3 ccm, zur zweiten 5 ccm und zur dritten 10 ccm „mässig concentrierte" (!!) Tanninlösung und lässt die Probe ruhig 8—12 Stunden an einem kühlen Orte stehen. Hierbei sei bemerkt, dass die Proben auch nach dem Tanninzusatz noch schwach alkalisch oder neutral reagieren müssen; sollte das nicht sein, so müsste einer neuen Probe weniger Tanninlösung zugegeben werden. Ein Sodagehalt von 0,3 g pro Liter soll eine tiefschmutzig blaugrüne Farbe erzeugen. Dagegen zeigt reine Milch höchstens ein fahles Grau. Die Schärfe der Reaktion hängt ab von der Concentration der Milch und deren Sodagehalt im Verhältnis zum Tannin. Ein grösserer Überschuss von Tannin vermag die Reaktion bedeutend zu beeinträchtigen (und dennoch sieht sich der Herr Autor nicht veranlasst, uns über seine Tanninlösung mehr zu sagen als „mässig concentriert"!).

Herr Prof. Soxhlet hat mir gegenüber mündlich diese Methode als völlig wertlos bezeichnet. Ich selbst habe mich nicht veranlasst gesehen, dieselbe zu prüfen, weil ich von vornherein alle sogenannten Methoden perhorresziere, in welchen die Reagentien, wenn auf deren Concentration etwas ankommt, nicht deutlich beschrieben sind. Ebenso äussert sich abfällig darüber ein Referent der pharm. Centralhalle 1883. 469. Ich möchte den hier geltend gemachten Einwänden noch einen weitern beifügen. Die Leute nehmen nämlich in Wirklichkeit nicht Soda sondern doppeltkohlensaures Natrium, wenigstens soweit meine Erfahrungen reichen. Dieser Zusatz wird nur nach Soxhlet-Scheibe zu erkennen sein, aber nicht nach Bachmeyer.

Hager (Pharm. Prax. Spbd. 650) empfiehlt eine empirische Probe auf Soda oder Boraxgehalt. Man mischt 1 ccm Jodtinctur (1 : 10) mit 9 ccm eines 90 %igen Weingeistes und gibt dieses Gemisch zu 10 ccm Milch. Bei Abwesenheit jener beiden Salze erfolgt sofort eine flockige Kaseinausscheidung, nicht aber, wenn das eine oder andere Salz (in grösseren Mengen!) in der Milch gegenwärtig ist.

Hosäus empfiehlt nach Dietzsch (Lehrbuch S. 23) zur Erkennung von Soda oder Borax 10 ccm Milch mit 0,1 g Weinsteinsäure zu kochen. Gerinnt die Milch nicht, so ist eins der beiden Salze darin!(?)

Eine neue Methode verdanke ich einer freundlichen brieflichen Mitteilung des Herrn Prof. E. Schmidt in Halle. Dieselbe bietet den Vorteil auch auf Natrium bicarbonicum Rücksicht zu nehmen. „10 ccm der zu prüfenden Milch werden mit 10 ccm Alkohol und mit einigen Tropfen Rosolsäurelösung (1 : 100) gemischt. Reine Milch nimmt hierdurch nur eine bräunlich gelbe Farbe an, wogegen $NaHCO_3$ oder Na_2CO_3 enthaltende Milch mehr oder minder rosarot gefärbt erscheint. Ein Zusatz von 0,1 % $NaHCO_3$ lässt sich durch diese Reaktion namentlich dann noch mit grosser Schärfe erkennen, wenn gleichzeitig die nämliche Probe zum Vergleich mit normaler Milch ausgeführt wird. Phenolphtaleinlösung ist zu diesen Zwecken nicht verwendbar.“ Ich kann diese Methode wirklich empfehlen.

Interessant für diese Frage ist auch eine Arbeit von Vieth in dem eben erschienenen 15. Hefte der Forschungen auf d. Geb. d. Viehhaltg. S. 328 bis 332. Bringt man Lösung und ungelösten Rückstand der Milchasche auf ein Filter, taucht in das Filtrat rotes Lackmuspapier, so färbt sich dasselbe mehr oder weniger stark, selten nur undeutlich, blau. Wäscht man dann die ungelösten Salze auf dem Filter mit viel Wasser und bringt sie schliesslich im feuchten Zustande auf rotes Lackmuspapier, so tritt auch in diesem Falle Blaufärbung ein. Diese Reaktion hat nach 1 Stunde den Charakter einer stark alkalischen Reaktion auf dem unterdessen trocken gewordenen Lackmuspapier. In der gleichen Zeit ist auch der mit dem Filtrat geprüfte Lackmusstreifen trocken geworden: die mehr oder wenig starke Bläuung ist aber hier mit Ausnahme einer Veränderung des Farbentones verschwunden.

Enthält aber 1 l Milch nur 1 g dopp. kohlens. Natron, so bringt die filtrierte Lösung der löslichen Salze der Asche nicht nur eine starke sondern dauernde Blaufärbung des roten Lackmuspapieres. Natürlich muss die Luft während des Trocknens frei von Ammoniakdämpfen sein. Auch diese Angabe kann ich bestätigen und nur empfehlen, sie auch auf andere Aschen zu übertragen.

Borax und Borsäure sind in der Neuzeit viel gebrauchte Konservierungsmittel. Von Interesse ist hier vielleicht die Notiz, wonach der Besitzer der Centralmolkereianstalt in Berlin vom dortigen Landgerichte I freigesprochen wurde, obwohl er 0,6 g borsäurehaltiges Konservierungsmittel pro 1 l verwendet hatte. Über den Nachweis dieser Zusätze hat Meissel ein neues und sehr empfindliches Verfahren ausgearbeitet, welches noch 0,001 % Borsäure erkennen lässt, während mit frühern Methoden Mengen unter 0,03 % nicht zu erkennen sind. Insbesondere kann die Flammenreaktion leicht zu Täuschungen führen, weil auch die Chloride und Phosphate der Milchasche bei der Prüfung mit Schwefelsäure und Alkohol eine grüne allerdings anders nüancierte Färbung der Flammenränder bewirken. Nach Meissl (Fresenius Ztschr. f. an. Chem. 1882. 531) werden 100 ccm Milch mit Kalkmilch alkalisch gemacht, eingedampft und verascht. Kalk ist den Alkalien weitaus vorzuziehen, weil die Veraschung wesentlich leichter vor sich geht. Die Asche löst man in möglichst wenig conc. Salzsäure filtriert von der Kohle ab und dampft das Filtrat zur Trockne ein, um die überschüssige Salzsäure völlig zu verjagen. Hierauf befeuchtet man mit wenig stark verdünnter Salzsäure, durchtränkt den Krystallbrei mit Curcumatinctur (bereitet nach Fresenius qual. Anal. 14. Aufl. 90) und trocknet auf dem Wasserbade ein. Bei Gegenwart der geringsten Spur Borsäure erscheint der trockene Rückstand deutlich zinnober- bis kirschrot. Conc. Salzsäure gibt mit Curcumatinctur zwar auch eine kirschrote Farbe, die aber auf Wasserzusatz sofort verschwindet, oder beim Eintrocknen in braun übergeht. Die Borsäurefärbung dagegen tritt erst beim Eintrocknen auf und wird nachher nur durch viel oder kochendes Wasser aufgehoben. Im Übrigen kann die mit Curcuma geprüfte Asche immer noch zur Flammenreaktion verwendet werden. Die quantitative Bestimmung der Borsäure gelingt nur, wenn die zugesetzte Menge sehr gross ist.

Auch für Benzoesäure hat Meissl ein Nachweisverfahren (l. c.) angegeben, obwohl dieselbe den Milchproduzenten wenig zugänglich und vor allem zu teuer sein dürfte. 250—500 ccm Milch werden mit einigen Tropfen Kalk- oder Barytwasser alkalisch gemacht, auf $\frac{1}{4}$ eingedampft, mit Gypspulver zu einem Brei angerührt und endlich auf dem Wasserbade zur Trockne verdampft. (Bei kondensierter Milch versetzt man 100—150 g direkt mit Gyps und einigen Tropfen Barytwasser.) Der Gyps kann ebenso gut durch Bimsteinpulver oder Sand ersetzt werden. Die trockne Masse wird dann fein gepulvert, mit verd. Schwefelsäure befeuchtet und 3—4 mal mit etwa dem doppelten Volumen der Masse eines 50% igen Alkohols kalt ausgeschüttelt. Der Alkohol löst so die Benzoesäure noch leicht, dagegen nichts vom Fett oder doch nur Spuren. Die sauer reagierenden alkoholischen Ausschüttelungen, welche ausser der Benzoesäure noch Milchzucker und Salze enthalten, werden vereinigt, mit Barytwasser neutralisiert und auf ein kleines Volumen eingedampft. Dieser Rückstand wird wieder mit verd. Schwefelsäure angesäuert und endlich mit wenig Äther ausgeschüttelt. Der Äther hinterlässt beim Verdunsten die Benzoesäure höchstens mit Spuren Fett und Aschenbestandteilen verunreinigt. Die Benzoesäure-Reaktion mit neutralem Eisenchlorid gelingt am besten, wenn man die in Wasser gelöste Säure zuvor mit einigen Tropfen essigsauren Natrons versetzt. Zur quantitativen Bestimmung trocknet man bei 60^0 oder im Exsikkator, wägt, vertreibt im Wasserbade durch Sublimation die Benzoesäure, indem man das Schälchen mit einem Uhrglas bedekt, um die charakteristische Flimmererscheinung zu sehen, und wägt den Rückstand zurück. Die Differenz ist Benzoesäure.

Für Salicylsäure sind eine Menge Methoden beschrieben worden, die alle auch unter Umständen bei Milch verwendet werden können, nur müssten sie wegen des Fettgehaltes derselben entsprechend modifiziert werden.

Eine Methode von Remont (Pharm. Ctrlhalle 1883, 78) mag hier näher angegeben werden, weil sie zur quantitativen Bestimmung auf colorimetrischem Wege verwendet werden kann. 20 ccm Milch werden mit 2—3 Tropfen Schwefelsäure angesäuert, mit 20 ccm bis zur teilweisen Emulsion geschüttelt, 10 ccm der ätherischen Beifügung in einem Reagensglase verdunstet, den Rückstand mit 10 ccm eines 40% Weingeistes behandelt, 5 ccm des Filtrates mit 2—3 Tropfen Eisenchlorid versezt und die Farbenintensität mit der aus einen 0,1—0,2 g salicylsaures Natron pro 1 Liter enthaltenden Flüssigkeit verglichen.

Auch das Verfahren von Girard mag noch als eigenartig erwähnt werden (Fresenius, Zeitschrift f. an. Chem. 1883. 277): 100 ccm Milch und 100 ccm Wasser von 60° C. werden mit 8 Tropfen Essigsäure und 8 Tropfen salpeters. Quecksilberoxyd gefüllt, geschüttelt und filtriert. Das Filtrat wird mit 50 ccm Äther ausgeschüttelt, welcher die Salicylsäure aufnimmt. Nach dem Verdunsten der ätherischen Lösung kann derselbe mit Eisenchlorid nachgewiesen werden.

Wasserstoffsuperoxyd wird von Busse in Verbindung mit etwas Salz- u. Schwefelsäure und 2% Borax unter dem Namen Wasserstoffsäure zur Konservierung von Milch empfohlen. Nach Schrodt (Rep. an. Chem. 1884. 26) ist darin das Wasserstoffsuperoxyd der wirksamste Bestandteil. Die Säuerung kann aber nur um 14 Stunden zurückgehalten werden. Über Beurteilung von Konservierungsmitteln in Milch vergl. Seite 76.

Auf die andern Konservierungsmethoden mit Überhitzen etc. von Scherff, Dietzell etc. hier einzugehen, verbietet der Rahmen meines Themas; obwohl hier eine Reihe von sehr schönen Untersuchungen über Veränderungen der konservierten Milch anzuführen wären.

Ich verweise hier nur auf einige der neueren Arbeiten Fleischmann, Chem. Ztg. 1883. 1080. Baginsky, Rep. an. Chem. 1883. 285. Jessen, Rep. an. Ch. 1883. 286. Jakobi, Vierteljahrschft. f. ö. Gpfl. 1882. Biedert, Berl. klin. Wochenschr. 1882. Nr. 5. Loew, Ber. d. deutsch. ch. Ges. 1882.

Von betrügerischen Zusätzen muss hier noch Mehl und Glykose erwähnt werden, obwohl dieselben gewiss sehr selten zur Verwendung kommen.

Einfacher Zusatz einiger Tropfen Jod zu Milch, um den Nachweis von Mehl zu erbringen, genügt nicht, obwohl es in vielen Lehrbüchern empfohlen wird. Hager und nicht Puchot wie man 1878 in Zeitschriften las, hat das Verdienst, zuerst darauf aufmerksam gemacht zu haben (Hager, Untersuchungen 1871. Bd. II. S. 423), dass die Milch die Eigentümlichkeit hat, eine gewisse Menge freies Jod, welches ihr in Lösung zugesetzt wird, zu binden und zu entfärben. Erst nachdem die Milch mit Jod gesättigt ist, reicht ein weiterer Zusatz von Jod, um die Blaufärbung von Stärkmehlkörnern zu bewirken. Zu 10 ccm Milch sollen 12—13 ccm einer Hundertstelnormaljodlösung verwendet werden.

Eine mikroskopische Untersuchung der Milch auf Stärkmehl liesse sich gut erst nach der Entfettung der Milch mit Äther durchführen.

Haselstein (Jacobsen, Chem. techn. Repert. 1883. 249) koaguliert die Milch mit einigen Tropfen Essig durch Kochen, filtriert und prüft das Milchserum nach dem Erkalten. Hier soll dann zur Blaufärbung ein Tropfen genügen.

Glykose wurde (Rep. an. Chem. 1883. 347) von Krechel in Paris nachgewiesen in einer Milch, welche wegen ihrer Süssigkeit bes. beliebt war. K. berechnet, dass beim Preise von 24 Pf. pro Liter Milch sich dieser Zusatz mit 6 Pf. pro Liter rentiere, weil zu 35 g verwendeten Glykose-syrup $= 3$ Pf. ein Wasserzusatz von 300 g zu 1000 ccm Milch gemacht wurde. Im übrigen dürfte sich bei uns doch kaum ein solcher Zusatz empfehlen, weil die Milchpreise um die Hälfte fast niedriger sind ($12-14$ Pf.).

Bei der Untersuchung von krankhafter Milch wird vor allem die mikroskopische Technik mit ihren neuen Fortschritten der Färbung von Bakterien auch bald bei der Beurteilung von Milch zur Geltung kommen. Über einschlägige Methoden verweise ich auf die Arbeiten von Hüppe und im allgemeinen auf seine „Methoden der Bakterienforschung", ferner auf Friedländer, Mikroskop. Technik. 2. Aufl. Berlin 1884, worin die Kochsche und die neue vielleicht noch bessere Gramsche Methode genau beschrieben sind.

Die bisherigen Leistungen mit dem Nachweise von Pilzfäden, Blut oder Eiterzellen, Colastrumkörper waren wenig fruchtbar. Noch viel weniger Bedeutung hat der Vorschlag von Boussinghault gehabt, aus der Zahl und Grösse der Fettkügelchen die Milch beurteilen zu wollen.

Ich denke aber, dass uns jetzt das Mikroskop[1]) rasch vorwärts hilft, dieses noch so dunkle Gebiet der Pathologie der Milch zu erhellen. Denn gestehen wir es offen — chemisch können wir bis jetzt noch sehr wenig erkennen — und ich glaube, dass auch die nächste Zukunft uns noch wenig gute Aussichten bietet.

Den besten Anhaltspunkt bietet uns noch der Gehalt an Protein-stoffen. (Der Milchzucker soll hier, weil noch weniger brauchbar, ganz ausser Acht bleiben.)

Meist wendet man zu ihrer Bestimmung die Methode von Hoppe-Seyler (Handbuch d. physiol. u. pathol. chem. Anal. 1883, Seite 486) an. 20 ccm gewogener auf 400 ccm verdünnter Milch werden mit Essigsäure unter Durchleiten von CO_2 gefällt, das Kasein dann mit dem Fett auf einem gewogenen Filter gesammelt. Nach der Entfettung bleibt das Kasein

---

[1]) Ich verweise hier nur auf folgende neuere Arbeiten. Hüppe über blaue und fadenziehende Milch. Chem. Zeit. 1882, 829 l. c. 1883, 394 und 1884, 238. Rep. anal. Chem. 1883, 110. Zersetzung der Milch durch Organismen, Rep. anal. Chem. 1884, 118. Über Perlsucht, Hager, Pharm. Praxis, Spbd. 634. Internat. Ärzte-kongress, Kopenhagen 1884, Referent Bang.

zurück. Das Filtrat wird erwärmt und das dabei ausfallende Albumin als solches gewogen [1]).

Ambühl (Chem. Ztg. 1884. 364) sagt uns allerdings, dass bei krankhafter Milch im Gehalte an diesen Stoffen sich eine Veränderung zeige — aber er vermeidet es wohlweislich, uns mit Zahlenbelegen zu unterstützen.

Die bestehende Unsicherheit wird aber noch vermehrt durch die Konfusion, die z. Z. noch über die Natur der in der Milch vorliegenden Eiweissstoffe herrscht, und die auch dann nicht umgangen wird, wenn man die Methode von Ritthausen anwendet. (Fresenius, Zeitschrift f. an. Ch. 1878. 241.) 20 ccm Milch werden auf das 20 fache Volumen verdünnt, und dann mit 10 ccm einer Kupferlösung versetzt, welche im Liter 63,5 g Cu So$_4$ + 5 aq enthält. Man fügt dann sofort die gerade nötige Menge Kali- oder Natronlauge zu. Dieselbe ist so bereitet, dass 10 ccm derselben hinreichen, um 10 ccm obiger Kupferlösung zu zersetzen, also 14,2 g KOH oder 10,2 Na O H pro Liter. Die Lösung darf in keinem Falle alkalisch reagieren, sondern neutral oder schwach sauer, so dass in der Regel nur $^7/_{10}$ des berechneten Alkalis erforderlich sind. Der Niederschlag kann bald durch ein gewogenes Filter filtriert werden. Er enthält ausser den kupferhaltigen Eiweisskörpern noch das Fett der Milch, welches durch Äther gelöst wird. Der Rückstand wird dann über Schwefelsäure hierauf bei 125° C. getrocknet, gewogen und verbrannt. Aus dem Gewichtsverlust ergibt sich die Menge der Eiweisssubstanzen (vergl. allg. Methoden, Seite 7).

Auf ein von Hager empfohlenes Verfahren (Pharm. Ctrhll. 1881. 317), Bestimmung des Gehaltes an Kasein (Protein) und Fett durch Jod-Weingeistfällung, kann hier nur verwiesen werden, da es bislang von Milchchemikern noch nicht praktisch verwendet und erprobt wurde.

Ebenfalls seien nur kurz folgende Arbeiten erwähnt.

Gerber bespricht in der schweiz. Zeitschrift f. Pharm. 1880, Nr. 22 (Pharm. Ctrhll. 1880. 210) die Arbeiten von Danilewsky u. Radenhausen. Danach sollen über die Konstitution der Milch ganz neue Auffassungen zur Geltung kommen. Die Begriffe Kasein, Albumin und Lactoprotein existieren (!) nicht mehr und es habe folglich keinen Sinn, in Milchanalysen fernerhin von Kasein und Albumin zu sprechen.

Duclaux (Chem. Zeit. 1884. 346) bestreitet ebenfalls in einer Arbeit über Trennung der Eiweissstoffe die Angabe, dass das durch CO$_2$ Gefällte: Kasein und das im Filtrat durch Kochen Erhaltene: Albumin sei. Dass auch im Filtrat vom Albumin-Niederschlag noch durch Tannin fällbare Stoffe

---

[1]) Frenzel und Weyl publizierten (Zeitschr. f. Physiologie 1885. 246) eine Methode, welche die Kohlensäure Hoppe-Seylers mit Vorteil durch 0,1 % g Schwefelsäure ersetzen will. Sie arbeitet schneller und ebenso genau. Leider kann ich während der Korrektur diese Arbeit nicht eingehender berücksichtigen. V.

enthalten sind, wird von Pfeiffer (Fresenius, Zeitschr. f. ,an. Ch. 1883. 109) als neu behauptet, von Liebermann (l. c. 1883. 232) als eine von ihm schon 1875 publizierte Beobachtung requiriert. Übrigens hat E. Pfeiffer jüngst ein neues Verfahren publiziert, um die Eiweisskörper der Milch quantitativ zu bestimmen (Rep. an. Ch. 1885. 53). Es kann hier anf diese Arbeit nur verwiesen werden. Vergleiche hierüber noch J. Bell, Analyse der Nahrungsmittel, Bd. II. Seite 19.

Von einem weitern Eingehen muss aber abgesehen und auf physiologische Lehrbücher verwiesen werden, weil diese Arbeiten oder die von Schmidt über Peptone, Lecithin, Hypoxanthin, Cholesterin etc. für uns Chemiker zunächst noch keinen praktischen Wert für die Untersuchung der Milch als Lebensmittel besitzen.

Dagegen mag noch Interesse bieten die Frage, ob eine Milch frisch oder schon gesotten ist.

Schreiner hat 1877 gefunden, dass der eigentümliche Geruch der Milch von $S H_2$ herrühre, indem die Dämpfe der kochenden Milch Bleipapier bräunen. In aufgekochter Milch sei keine $S H_2$ mehr aufzuweisen. Derselbe gibt anch an, dass Milch vor dem Kochen 10—12% mehr von einer 0,1—0,2%igen Schwefelsäure bis zur Gerinnung brauche als nach dem Kochen.

Arnold hat (Rep. an. Chem. 1881. 226) angegeben, dass ungekochte Milch Guajaktinktur bläue, was gekochte nicht mehr thue. Er will diese Erscheinung im Zusammenhang mit einem Ozongehalte der Milch bringen.

Hager weist dann (Pharm. Ctrhlle. 1881. 381) nach, dass diese Reaktion schon 1842 im Archiv d. Pharm. von Schacht erwähnt wurde und dass diese Reaktion namentlich allen Pflanzenleim enthaltenden Auszügen ebenfalls zukomme.

Dietzsch bemerkt, dass gekochte Milch in Bezug auf ihre Durchsichtigkeit z. B. im Feserschen Lactoskop sich völlig verändert habe.

Fragen wir eine Hausfrau, so wird uns diese sagen, dass ihr die Beschaffenheit der Oberfläche der Milch und ihr Geschmack genügend Anhaltspunkte zur Beurteilung dieser Frage geben.

Rahm, Buttermilch und kondensierte Milch.

Obwohl ich der Ansicht bin, dass mit Rahm ein noch grösserer Schwindel getrieben wird, wie mit Milch, so kann ich mich doch nicht entschliessen, hier näher auf diese Kapitel einzugehen.

Einesteils fehlen uns noch genaue Arbeiten, vielleicht auch noch genaue Methoden, anderseits haben sich Chemiker dahin geäussert, Rahm unterliege als Luxusartikel nicht der Milchkontrolle.

Ich will deshalb hier nur die neueren Arbeiten kurz zusammenstellen und zuvor noch erwähnen, dass das spez. Gewicht mit dem Aräometer zu untersuchen ist. Über die „Grenzzahlen" für Rahm fehlen aber noch motivierte Angaben. Sie sind auch überall mit Vorsicht anzuwenden, weil die Art der Abrahmung nicht überall gleich — in Kreisen mit intensivem Molkereibetrieb eine ganz andere ist, als in andern Gegenden. Ebenso sind die Preise für Rahm dann verschieden.

Den Fettgehalt stellen einzelne Forderungen zu 30% fest. Um denselben bestimmen zu können, wird es sich empfehlen, den Rahm namentlich für das aräometrische Verfahren von Soxhlet ums 10fache zu verdünnen. Ich nehme 30 ccm Rahm, um dann 300 ccm zu erhalten. Diese Menge reicht für die aräometr. Bestimmung (200 ccm), und von dem Rest verwende ich 10 ccm zu einer Trockensubstanzbestimmung wie bei Milch, nur muss dann bei der Berechnung die Verdünnung wieder berücksichtigt werden.

Im übrigen vergleiche Vieth, Milchprüfungsmethoden, Seite 110, Rep. an. Ch. 1884. 186, u. Schnutz, Rep. an. Ch. 1882. 46, wo auch Analysen von Buttermilch mitgeteilt sind. Merkwürdigerweise findet man bei den spärlichen Rahmanalysen nie eine Angabe, ob sie süssem oder saurem Rahm entstammen.

Die neueste und sehr interessante Arbeit über Rahm und Rahmkontrolle siehe in Forschungen auf dem Gebiete der Viehhaltung, Heft 15, Seite 39, von Vieth.

Über kondensierte Milch kann ich mich noch kürzer fassen, weil sie nicht in das hier behandelte Gebiet einschlägt. Ich verweise daher nur auf Gerber, Analyse der Milcharten 63—66. Gerber, Fresenius, Zeitschr. f. an. Ch. 1880. 46. Gerber, Rep. an. Ch. 1882. 68. Dietzsch, Lehrbuch und Chem. Zeitung 1884. 1019 und König, Nahrungsmittel II. 271—273.

II. Kapitel.

Motive zu den Vereinbarungen über Milchuntersuchung etc.

Im Anschlusse an diese litterarische Übersicht folgen nun die Motive über die Seite 1 vorangestellten Vereinbarungen über Untersuchung der Milch.

I. Methoden der Untersuchung.

Ein grosser Teil vermeintlicher Schwierigkeiten bei der Milchkontrolle fällt sofort weg, wenn wir dafür sorgen, dass nicht mehr die approximative Vorprüfung der Polizei oder des Käsers mit ihren bekannten Mängeln verwechselt wird mit der exakten chemischen Untersuchung, ohne welche von nun an keine polizeiliche Beanstandung von Milch **vor Gericht** gezogen werden darf. Hierin waren alle Teilnehmer der Versammlung unter sich einig. Nur unter gewissen Umständen, die ich in den Methoden der administrativen Ausführung genau erörtern werde, kann der abgekürzten Methode in Käsereien ein selbständiger Wert zuerkannt werden.

Die abgekürzte Methode ist in ihrer alten Form durch die Fehler des Kremometers in Misskredit gebracht und in ihrer jetzigen Form ist sie wegen der Mängel des Laktoskops trotz der Anpreisungen Fesers vor Gericht unmöglich geworden. Deswegen aber das Fesersche Laktoskop ganz verbannen und dafür wieder das zeitraubende und ebenso unsichere Kremometer für die Marktkontrolle einsetzen zu wollen, heisst von zwei Übeln das grössere wählen. Leider ist dies aber in der preussischen Ministerialverfügung vom 28. Jan. d. J. geschehen. Dort wird in longum et latum die kremometrische Methode im Zusammenhang mit der spec. Gewichtsbestimmung der abgerahmten Milch im Sinne Müllers beschrieben und der Polizei empfohlen. Dagegen heisst es über die optischen Methode nur, dass sie sich, insofern ihre Anwendung durch Nichtsachverständige in Betracht kommt, nicht bewährt und gerechten Bedenken unterliege.

Wer dies liest, möchte daraus fast den Eindruck entnehmen, dass man damit das Fesersche Laktoskop nicht der Polizei, wohl aber der sachkundigen Hand des Chemikers anvertrauen will. Ich dächte es soll umgekehrt gehen: es soll heute keinen Chemiker mehr geben, der zur Beurteilung einer Milch eine optische Methode gebraucht; dieselbe soll nur der Polizei überlassen werden, aber da auch nur unter zwei Bedingungen. 1) Die Polizei erlernt die Handhabung des Instrumentes an der Hand von exakten Analysen des Chemikers und 2) die Polizei darf niemals eine von ihr mit solchen Hilfsmitteln beanstandete Milch dem Gerichte übergeben. — Um aber hier die Stimmung der Versammlung bayr. Chemiker gegenüber Kremometer etc. noch zu kennzeichnen, hebe ich nur noch hervor, dass ich bei meinen Thesen über die polizeiliche abgekürzte Methode folgende Sätze hatte: „1) Kremometer sind für polizeiliche Zwecke wertlos. 2) Das Wägen der nach 12 oder 24 Stunden abgerahmten Milch erfordert für die Zwecke einer polizeilichen Vorprobe zu viel Zeit“. Die Versammlung aber beschloss mit der kategorischen Feststellung, dass zur Vorprüfung **nur** Laktodensimeter mit Laktoskop verwendet werden sollen, über das Kremometer etc. als keiner weiteren Erörterung wert, wegzugehen.

Diese Müllersche Methode hatte nun früher ihre Berechtigung, solange man eine polizeiliche Prüfung allein schon für genügend erachtete, heute wäre sie geradezu ein Hemmschuh für eine flotte und sichere Abwicklung der Milchkontrolle. Hundert und hundertmal würde es sich ja ereignen, dass dann die Milch geronnen wäre, bis sie aus der polizeilichen Vorprüfung in die Hand des Chemikers zur exakten Untersuchung käme.

ad I. a) 1. Bestimmung des specifischen Gewichtes.

In dem Begriffe Normaraäometer liegt schon, dass das Instrument an wenigstens 3 Punkten verifiziert ist. Dies kann sich natürlich jeder Chemiker eventuell selbst durch eine pyknometrische Bestimmung besorgen und kann dies auch zeitweise wiederholen, um den von mir übrigens noch nie beobachteten Veränderungen der Aräometer auf die Spur zu kommen. Ob dazu die von Hehner (S. 12) so warm empfohlene Sprengelsche Röhre besondere Vorteile bietet, sei dahingestellt.

Ich bin mit der Form des Reischauerschen Instrumentes, wie sie mir Greiner in München abgeändert hat (S. 12), nunmehr sehr zufrieden, weil sich allenfalsige Luftbläschen sehr leicht entfernen lassen.

Selbstverständlich wird sich das spec. Gewicht der Milch auch mit der Mohr-Westphalschen Wage kontrollieren lassen.

Unter den von Dietzsch gemachten Bemerkungen zu den Vereinbarungen bayr. Chemiker, Rep. anal. Chem. 1884, 353, ist auch der Vorschlag: zu sagen, „Bestimmung des spec. Gewichtes mit Normalaräometern oder im Pyknometer bei 15⁰ C. Wir haben auf Anraten von Soxhlet einen solchen Zusatz, den auch mein Referat enthielt, absichtlich weggelassen, weil derjenige, der ein Normaläraometer hat, der Einfachheit halber immer dieses gebrauchen wird. Die Kontrolle mit dem Pyknometer ist ja damit nicht widerraten. Gegenüber dem zweiten Vorschlage von Dietzsch „5 mm Abstand statt unserer 8 mm für die Einzelgrade" möchte ich bei unserer Fassung verbleiben.

An dieser Stelle seien auch die neuern Untersuchungen über die Veränderung des spec. Gewichtes der Milch zusammengestellt.

Die Beobachtung dieser Thatsache ist schon alt und dennoch wurde sie mir im vorigen Jahre von einer Seite her abgeleugnet, von der ich diese Negierung nicht erwartet hatte.

Schon Vieth — die Arbeiten von Bouchardat (Du lait 1857 S. 7), von Fleischmann (Molkereiwesen 1880 S. 177), von Kirchner (Milchwirtschaft 1882 S. 122), will ich nur citieren — sagt in seinen „Milchprüfungsmethoden" (S. 17), nachdem er das Verlangen begründet hat, die Milch möglichst auf 15⁰ C. abzukühlen, weil bei höhern Temperaturen, besonders bei sehr fettreicher Milch Unsicherheiten bei der Korrektur entstehen: „Aber selbst, wenn man die frisch gemolkene Milch genau auf die Normaltemperatur von 15⁰ C. bringt, wird das sofort ermittelte spec. Gewicht gegen das nach Verlauf von einigen Stunden gefundene niedriger ausfallen. Es liegt nahe, diese Erscheinung auf ein Entweichen von Gasen, welche die frisch gemolkene Milch enthält oder auf ein Verdampfen von Wasser zurückzuführen, doch werden diese Gründe dadurch hinfällig, dass das spec. Gewicht von Milch, welche schon längere Zeit gestanden hat, wenn sie aufgekocht und schnell wieder abgekühlt wird, auch niedriger gefunden wird als vorher. Man ist deshalb gezwungen, anzunehmen, dass in der Milch nach dem Verlassen des Euters Verdichtungsvorgänge stattfinden und hat Dr. Schröder in Frauenfeld allerdings auf indirekte Weise gefunden, dass nur der Käsestoff die erwähnte Erscheinung hervorrufen könne."

Hoffmann-Regensburg (Rep. f. anal. Chem. 1881. 384) kommt ebenfalls zu dem Resultat, dass es unstatthaft ist, die Milch gleich nach dem Melken zu wägen. „In Folge der in der Milch enthaltenen Gase" wiege dieselbe 0,1—2,3 Grade, im Mittel 1,2 Grade weniger als nach 12stündigem Stehen.

Recknagel (Milchzeitung 1883. 419 und 437) stellt folgende Sätze auf. 1) In der Milch beginnt 2—3 Stunden nach dem Melken ein Verdichtungsprozess, welcher sich, falls die Temperatur nahezu auf 15⁰ C. erhalten wird, zwei Tage hindurch mit abnehmender Geschwindigkeit fortsetzt, 2) die Stärke der vollen Verdichtung beträgt 0,8—1,5 Grade. Sie ist um so grösser, je gehaltreicher die Milch ist. 3) Die Verdichtung der

Milch kann durch Abkühlen derselben unter 15⁰ C. beschleunigt werden. Man erhält sicher die volle Verdichtung, und somit das normale spec. Gewicht der Milch, wenn man dieselbe 6 Stunden lang auf einer Temperatur von 5⁰ C. oder darunter erhält. Wahrscheinlich genügt aber in den meisten Fällen eine geringere Zeit. 4) Milch welche nach dem Melken auf 15⁰ C. abgekühlt und annähernd auf dieser Temperatur erhalten wird, erfährt in 12 Stunden nunmehr eine Dichtigkeitszunahme von $\frac{1}{2}$ Grad Quevenne. — Bei der Untersuchung des Einflusses der Erwärmung der Milch auf ihre specif. Verdichtung zeigte es sich, dass sie beim Erwärmen von 15—20⁰ C. um 0,2 Grade, von 15—25⁰ C. um 0,4 Grade, von 15 bis 30⁰ C. um 0,7 Grade, noch mehr beim Erwärmen auf 50⁰ C. abnimmt. Zur Erklärung dieser Erscheinung kann als Grund weder die fortschreitende Säurebildung, noch eine allmählich vor sich gehende Lösung in ihren suspendiert vorhandenen Bestandteilen anerkannt werden. Dagegen fand Recknagel, dass die nach dem Melken vor sich gehende Verdichtung verursacht wird durch ein Quellen des Kaseins, welches durch das Sinken der Temperatur bedingt wird, da tiefe Temperaturen das Quellen beschleunigen und begünstigen, wie dies leicht an Leim und Kasein dargethan werden kann.

Neuerdings hat nun der schon von Vieth oben citierte Schröder in Frauenfeld (Pharm. Ctrlhll. 1884. 316) eine recht nette Arbeit über dasselbe Thema publiziert. Ich entnehme daraus zunächst die Beschreibung eines sinnreichen Apparates, der diesen Verdichtungsprozess direkt ad oculos demonstriert. „An einem langhalsigen Kolben mit genau schliessenden Kautschuk- oder Glaszapfen ist oben am Halse eine Glasröhre anzuschmelzen, die rechtwinklig nach unten gebogen und in eine Spitze ausgezogen wird. Dieser Apparat ist leicht mit der abgekühlten Milch zu füllen, so dass sich keine Luft darin befindet. Die Spitze der Röhre wird dann in Quecksilber getaucht. Um ganz sicher zu sein, dass auch keine Luft eindringe, wird auf den Zapfen etwas Milch gegossen, der Rand des Kolbenhalses muss daher etwas gross und nach oben gebogen sein. Ist nun das Volumen des Apparats bekannt und die Röhre darnach graduiert, so lässt sich die Kontraktion der Milch in ihren verschiedenen Stadien genau berechnen. Da die Milch auf die Temperatur des Zimmers, dessen Wärme konstant sein muss, abgekühlt ist, so kann die Kontraktion auf keine äussern Einflüsse oder Entweichen von Gasen zurückgeführt werden. Anfangs war ich auch der Meinung, dass nur das Kasein Schuld sei an dieser Kontraktion, ohne mir jedoch klar zu sein, wie dies möglich ist. Dass aber das Quellen des Kaseins dies bewirken soll, ist mir ganz unverständlich, da nach meinen Untersuchungen sogar fein suspendierte Körper denselben Einfluss auf das spec. Gewicht ausüben wie gelöste. Als Beispiel möchte ich nur das Fett in der Milch anführen. Dagegen bin ich in der letzten Zeit zu der Ansicht gelangt, dass es das Milchfett sei, welches die Kontraktion bedinge. Es ist ja bekannt, dass geschmolzenes

Fett während des Erstarrens sich kontrahiert; obwohl die Temperatur sich nicht erniedrigt, sondern erhöht. Und diese Kontraktion ist oft bedeutend. Für Stearinsäure führt z. B. Graham-Otto eine Differenz von mehr als 0,1 bei der gleichen Temperatur an. Wäre aber die Kontraktion für Butterfett während des Erstarrens nur 0,02, so würde dies bei 5 % Fett eine Differenz für die Milch von 1 Grad ausmachen. Das Fett befindet sich in der Milch in Kügelchen von 0,0005—0,006 mm Durchmesser. In solch kleinen Kügelchen geht aber, selbst wenn sich die Temperatur tief unter den Erstarrungspunkt abgekühlt hat, das Erstarren nur sehr langsam vor sich, wie man dies in der Natur mehrfach beobachten kann. Vielleicht sind auch die Fettkügelchen durch ihre Umhüllung vor dem raschen Austausch der Wärme geschützt, so dass erst nach längerer Zeit das richtige spec. Gewicht für die Milch bei der Normaltemperatur 15⁰ C. zu ermitteln wäre."

Aus dem Angeführten geht jedenfalls zweierlei hervor und dies möchte ich namentlich auch Chemikern gegenüber sehr betonen:

1. dass es sich empfiehlt, eine exakte spec. Gewichtsbestimmung der Milch nur bei 15⁰ C. auszuführen, denn trotz der Korrektionstafeln sind bei 20—25⁰ C. Fehler wegen der eintretenden Verdichtungserscheinungen unvermeidlich,

2. dass es sich empfiehlt, je nach Umständen das specifische Gewicht, was doch gewiss keine besondere Arbeit macht, nach Ablauf von 12 Stunden nochmals zu kontrollieren, vorausgesetzt, dass die Milch nicht geronnen ist.

Werden diese Umstände beachtet, dann wird es gewiss nicht gelingen, wegen dieser Thatsache der Veränderung des spec. Gewichtes dieses wertvolle Prüfungsmittel als „unzuverlässig" zu verdächtigen. Im übrigen wird in den meisten Fällen gerade der Chemiker die Milch nicht mehr im „kuhwarmen" Zustande erhalten.

ad. I. a) 2. Bestimmung der Trockensubstanz.

Ich habe schon früher, Seite 13—14 darauf aufmerksam gemacht, dass eine einwurfsfreie Trockensubstanzbestimmung nur dann gemacht wird,

1. wenn die Milch nicht abgemessen sondern abgewogen wird. Um jeden Verlust zu vermeiden empfehle ich, meine Schiffchen in den Wägeröhren abzuwiegen;

2. wenn die Milch mit einem festen Körper, am besten geglühtem Sand, abgedampft wird;

3. wenn der Trockenrückstand gerade vor dem eigentlichen Eintrocknen auf dem Wasserbad mit dem Glasstabe so lange umgerührt wird, bis der Rückstand feinpulverig ist und der Sand wieder deutlich knirscht.

Das völlige Austrocknen bis zur Gewichtskonstanz wurde auf 100⁰ C. fixiert. Es wurde aber ausdrücklich hervorgehoben, dass es etwa nicht genügt ein doppelwandiges Luftbad zu nehmen und darin Wasser kochen zu lassen. Wer sich die Mühe nimmt, in solchen Fällen mit dem Thermometer zu kontrollieren, der wird finden, dass die Temperatur wesentlich unter 100° C. ist. Für solche doppelwandige Luftbäder empfehle ich eine Mischung von Wasser und Glycerin. Mit den von mir konstruirten Thermostaten (Repert. f. an. Chem. 1883. 241—243) kann man die Temperatur, wenn im Innern die verlangten 100° C. erreicht sind, genau auf derselben Höhe erhalten und hat den Vorteil, dass dabei kein Wasser durch Verdunstung verloren geht, so dass man nie nachzufüllen hat.

Für einfachwandige Luftbäder ist der Thermostat von Soxhlet zu empfehlen.

Erwähnt mag auch hier werden, dass von einer Trockensubstanzbestimmung in einfachen Fälschungsfällen abgesehen werden kann, wenn die Zeit mangelt. Ich führe sie aber prinzipiell schon deswegen immer aus, weil es mir wiederholt vorgekommen ist, dass mir zur Untersuchung nur so wenig Milch zugesandt wurde, dass ich, wenn ich bei der Soxhletschen aräometrischen Probe mit dem falschen Aräometer gearbeitet habe, nicht mehr soviel Milch übrig hatte, um eine zweite Probe mit weitern 200 ccm machen zu können. Für solche Fälle ist dann der Trockenrückstand bequem zur gewichtsanalytischen Fettbestimmung ohne weiteres zu verwenden.

ad. I. a) 3. Bestimmung des Fettes.

Die Vereinbarungen stellen unter allen Fettbestimmungsmethoden als die bequemste und sicherste die aräometrische Probe nach Soxhlet voraus. Dieser Vorschlag ist mir als Referenten verargt worden, ebenso habe ich wahrgenommen, dass man ein gewisses Erstaunen in manchen Kreisen nicht unterdrücken konnte, dass dieser mein Vorschlag auch von den Vereinbarungen acceptiert worden ist. Ich habe meine Gründe schon S. 42 zur Genüge auseinandergesetzt und verweise nur auf die glänzende Rechtfertigung, welche die aräometrische Methode gegenüber der gewichtsanalytischen durch Fleischmanns Arbeiten über Magermilch erfahren hat. Dieselben berichtigen besser, als ich es unternehmen möchte, die schon mehrfach genannte preussische Ministerialverfügung, wo es heisst: „unter den verschiedenen Methoden der Fettbestimmung verdient in allen zweifelhaften Fällen der gewichtsanalytische Weg (welcher von den vielen!) den Vorzug. Jetzt steht im Gegenteil fest, dass wir durch die Exaktheit des Soxhletschen Verfahrens auf früher nicht vermutete Fehlerquellen des gewichtsanalytischen Verfahrens geführt wurden.

Zur gewichtsanalytischen Methode selbst übergehend, die natürlich da angewendet werden muss, wo man den etwas teuren Soxhletschen aräometrischen Apparat nicht besitzt, sei bemerkt, dass man nie zu wenig Sand oder Gyps verwenden soll. Am besten ist das Verhältnis von 30

Sand oder Gyps auf 10 Teile Milch, bei Magermilch 35 Teile auf 10 Teile Milch. Bei fetter Milch ist nach 3 Stunden gewiss genügend extrahiert und bei centrifugierter Magermilch nach 5 Stunden. Für letzteren freilich seltenen Fall muss natürlich nach den Arbeiten Fleischmanns Gyps verwendet werden, während bei normaler Milch Sand vollauf genügt, so dass Trockensubstanz und Fett in der von mir vorgeschlagenen Weise ganz exakt bestimmt werden können.

Die von Dietzsch zur Fettbestimmung gemachten Bemerkungen (Rep. an. Chem. 1884. 354) dürften durch das eben und auf Seite 29 u. 42 Gesagte erledigt sein.

Ähnlich wie bei dem spec. Gewichte ist es hier meine Pflicht, noch über das Kapitel „Änderungen der Milch im Gehalte an Trockensubstanz und Fett beim Sauerwerden derselben nähere Angaben zu bringen".

Die Vereinbarungen sagen in einer Anmerkung:

„Geronnene Milch darf nicht untersucht werden." Wenn man Milch von auswärts zur Untersuchung zugeschickt erhält, so kann es nur zu leicht vorkommen, namentlich wenn eine Milch durch die Hand eines Gendarmen an den Staatsanwalt und erst von hier an den Chemiker gelangt, dass selbe im geronnenen Zustande eintrifft. Die Mittel, welche uns dann zur Verfügung stehen, um noch Material zur Beurteilung der Fälschungsfrage zu bekommen, sind leider noch immer von etwas zweifelhaftem Werte.

Dass das spec. Gewicht der Milch als solches nicht mehr bestimmt werden kann, liegt auf der Hand. Es mehren sich aber immer mehr die Anzeichen, dass das spec. Gewicht des Milchserums recht brauchbare Zahlen liefert; in neuester Zeit wird die Bestimmung des spec. Gewichtes des Milchserums geradezu empfohlen.

Sambuc (Chem. Zeitg. 1884. 267) behauptet, dass das spec. Gewicht des Milchserums eine viel konstantere Zusammensetzung als das der Milch habe, in welcher die der Menge nach schwankenden Bestandteile Kasein und Butterfett enthalten sind. Man erhitzt die Milch auf 40—50° C. (Verdunstungsfehler?!) und versetzt sie dann mit 2 ccm (auf 150 ccm Milch) einer conc. alkohol. Weinsäurelösung vom spec. Gewichte 1,030 bis 1,032, welche mit Alkohol von 85° bereitet ist. Dann wird vom Feuer entfernt und mit einem Besen umgerührt. Die Milch wird filtriert durch feine Leinwand und nach dem Abkühlen auf wenigstens 20° C. mit Wage oder Piknometer gewogen. Das Serum ist zwar trüb, aber es gibt gegen das durch Papier filtrierte keinen Unterschied. Reines Milchserum hat nun nach Sambuc nicht unter 1,027, dagegen spreche 1,024 bis 1,025 für $^1/_{10}$, 1,021—1,022 für $^2/_{10}$ und 1,018—1,019 für $^3/_{10}$ Wasserzusatz.

Auch Dietzsch spricht sich in seinem Lehrbuche und in der Chem. Ztg. 1884. 323 sehr günstig für die spec. Gewichtsbestimmung im Milchserum aus. „Einen viel sichern Anhaltepunkt, als die Bestimmung des spec. Gewichts der Milch selbst, giebt die Bestimmung des spec. Gewichts des Milchserums. Wird die Milch durch einige Tropfen Essigsäure koaguliert und aufgekocht(!), dann vom Kasein und Albumin abfiltriert, so zeigt das fast wasserhelle Serum in ganzer Milch 1,027—1,029. Unter dieser Grenzzahl von 1,027 ist die Milch mit mehr oder weniger Wasser vermischt.

Ich bin nur bei diesem neuen Hilfsmittel etwas misstrauisch, weil ich noch keine Angaben über die Länge des Aufkochens finde, resp. befürchte, dass dasselbe recht verschieden gehandhabt wird. Auch mit der Anzahl der Tropfen Essigsäure fürchte ich eine Collision. Alles das lässt sich aber noch ganz präcis fassen, das Aufkochen z. B. in einer verkorkten Flasche vornehmen etc. Sehr vertrauenerweckend stellt sich Vieth zu der Beurteilung von Milch nach dem spec. Gewichte der Molken im 15. Hefte der Forschungen auf d. Geb. d. Viehhaltg. Seite 332. Er hat sogar eine Korrektionstabelle für das spec. Gewicht der Molken ausgearbeitet. Es genügt vielleicht, statt sie hier zu reproducieren, wenn ich erwähne, dass durchschnittlich für je 1^0 C. $\pm$ 0,32 Grade zu korrigieren sind. Auf Grund zahlreicher Versuche an guter Milch fand Vieth für die Molken ein spec. Gewicht $=$ 1,028—1,0302 und sagt, dass im allgemeinen einem spec. Gewicht der Milch von 1,033 und höher ein spec. Gewicht der Molken über 1,029 entspricht. Dem von Milch $=$ 1,032—1,033 entspricht ein solches von 1,0285—1,029. Von wenig gehaltreicher Milch mag das spec. Gewicht der Molken wohl auf 1,028—1,027, aber sicher nicht darunter fallen.

Selbst sehr gute Milch wird sich bei Zusatz von 15 % sicher verraten. Bei minderwertiger Milch kann man auch 10 % Wasser noch bestimmt nachweisen.

Um nun auch noch auf die Bemerkungen von Dietzsch (Rep. f. an. Chem. 1884. 355) einzugehen, so glaube ich, dass wenn heute die Versammlung bayrischer Chemiker wieder über diese Frage zu entscheiden hätte, meinen s. Z. gemachten Vorschlag, der geronnenen Milch doch auch noch eine gewisse Beachtung zu schenken, nicht mehr völlig ablehnen würde.

Ich selbst habe mir längere Zeit die Mühe gegeben mit Versuchen Trockensubstanz und Fett in saurer Milch noch zu bestimmen. Die in Flaschen geronnene Milch wurde in denselben gehörig geschüttelt, dann entleert und mit einem Sprudler aus der Küche gehörig durcheinander gemischt und nun eine Probe, rasch mit einem Löffel entnommen, im Schiffchen wie sonst getrocknet und extrahiert. Gegen die vorhergehende Bestimmung der reinen Milch ergab sich in der sauren als höchste Differenz — 0,14 %.

So wie also heute die Angelegenheit steht, haben wir allerdings noch keine exakten Mittel uns auch mit geronnener Milch zu einem sichern Urteil zu verhelfen, aber dennoch halte ich auch wie Dietzsch den Ausspruch der Vereinbarungen „Geronnene Milch darf nicht untersucht werden" als doch zu kategorisch ablehnend, denn ich könnte mir sehr wohl Fälle denken, wo den Zwecken der Kontrolle selbst mit einer spec. Gewichtsbestimmung des Serums oder einer gut durchgeführten Aschebestimmung gedient sein könnte, auf welch letztere ich hier namentlich noch aufmerksam machen möchte.

Was uns nun über die Veränderungen der Milch beim Sauerwerden bekannt ist, sei im folgenden kurz zusammengestellt.

Zunächst ist von Wynter Blyth (Fresenius Ztschr. f. anal. Chem. 1880, 366) die Behauptung zu notieren, dass bei längerer Aufbewahrung von Milch oder Käse aus der Eiweisssubstanz sich Fett bilde. In einem Falle war der Fettgehalt nach 18tägiger Aufbewahrung (wie und wo??) von 2,584 % auf 4,09 % gestiegen. In welcher Weise sich der Trockenrückstand gleichzeitig verändert hat, erfahren wir nicht.

Vieth hat schon 1882 in den Forschungen auf d. Geb. d. Viehhaltg. 1882, 191 darauf hingewiesen, dass sich der Trockensubstanzgehalt der Milch vermindert. Neuerdings tritt er diesem Thema wieder näher. (Fresenius Ztschr. f. an. Chem. 1883, 602.) In 2 Tagen konnte er bei einer Aufbewahrung bei 10—15° C. 0,3 %, bei 19—21° C. 0,78 % und in 4 Tagen 1,0 % resp. 1,92 % Verlust an Trockensubstanz konstatieren. Dieser Verlust kann nicht auf Rechnung des Zerfalles von Milchzucker in Milchsäure geschrieben werden, sondern es müssen noch weitere Zersetzungen vor sich gehen, und zwar solche, bei denen auch unter oder bei 100° flüchtige Verbindungen entstehen. Es ist hier in erster Linie an alkoholische Gährung, welche wiederum den Milchzucker betrifft, zu denken; ob auch die übrigen Bestandteile und inwieweit sie etwa an einer so schnellen Zersetzung teilnehmen, bedarf noch weitern Nachweises. Vieth hat ferner die Veränderungen des Fettgehaltes während des Kleinverkaufes untersucht. Auf diese Arbeit sei hier kurz verwiesen; sie beweist nur, wie notwendig Vorsicht bei der Entnahme von Milch ist. Aufgefallen ist mir dabei, dass so sehr die Zahlen bei einer „abnormen" Milch, welche z. B.

um

12 h 1,033 sp. Gew., 13,36 Trocksbst.,   3,90 % Fett, 9,46 fettfr. Trocksbst.
von oben entnommen nunmehr um

1 h 1,0245 sp. Gew., 20,96 Trocksbst.,   11,5 % Fett, 9,46 fettfr. Trocksbst.
dagegen von unten entnommen wieder zur selben Zeit um

1 h 1,034 sp. Gew., 12,40 Trocksbst.   2,9 % Fett 9,5   fettfr. Trocksbst.
zeigte, der Gehalt an „fettfreier Trockensubstanz" sich auffallend gleich verhielt. Überhaupt dürfte auch bei uns die Berücksichtigung von „fettfreier Trockensubstanz" eine allgemeinere werden, obwohl ich zugebe, dass die Arbeiten über dieses Thema noch nicht abgeschlossen sind.

Eine eingehende Arbeit über Veränderungen des Fettgehaltes und über Untersuchung sauer gewordener Milch hat J. Bell geliefert (Fresenius Ztschr. f. anal. Chem. 1884, 251, Repertor. f. anal. Chem. 1883, 271 und in seiner Analyse der Nahrungsmittel, Berlin 1885, Springer). Eine Vermehrung des Fettgehaltes bei der Säuerung von Milch auf Kosten der Eiweisssubstanzen hat J. Bell nicht beobachtet. Allerdings erhält man nicht selten aus saurer Milch 0,05 % Fett mehr; doch rührt dies einerseits von der Verminderung des Nichtfettes durch Gährung, anderseits davon her, dass der Rückstand neutralisierter saurer Milch sich feiner zerteilen, und daher besser extrahieren lässt. J. Bell neutralisiert nämlich bei der Trockensubstanz- und Fettbestimmung bei saurer Milch mit Zehntelnormallauge, weil sich saure Milch nicht ohne erheblichen Verlust durch Zersetzung trocknen lässt; zudem ist Milchsäure in Äther löslich. Über die rechnerische Seite dieser Bestimmungen muss ich mich mit einem Hinweise auf die oben citierten Referate begnügen. Ich hebe aus der Arbeit nur noch als merkwürdig die Behauptung J. Bells hervor, dass man keineswegs genau die fettfreie Trockensubstanz durch Subtraktion des Fettes vom Gesamttrockenrückstand finde, sondern nur auf dem von ihm beschriebenen umständlichen Verfahren.

Wie die indirekte Bestimmung der fettfreien Trockensubstanz oder des Nichtfettes, so hätte vielleicht auch der Vorschlag einen gewissen Wert, in die Chemie der Milch ein Verfahren einzuführen, das uns neuerdings für Wein und Bier ganz wertvolle Zahlenangaben liefert, ich meine die Verhältnisse der einzelnen Milchbestandteile untereinander, wie z. B. bei Wein das Verhältnis von Alkohol und Glycerin. Versuche hierüber sind bislang noch gar keine gemacht worden und doch hoffe ich mir für die Beurteilung sehr wichtige Anhaltspunkte gerade daraus noch zu gewinnen. Nur Krämer und Schulze haben ähnliche Ideen einmal mit dem Verhältnis von spez. Gewicht zu Trockensubstanz aber ohne greifbare Resultate verfolgt. Ich dächte aber, dass der Hebel eher an dem Verhältnis von Trockensubstanz oder Nichtfett zu Fett oder Asche anzusetzen wäre.

ad I. b) Abgekürzte Methode.

α u. β) Ich habe bereits eingangs erklärt, dass die Zeiten herum sind, wo man vor Gericht noch der abgekürzten Methode ein selbständiges Urteil zuerkennen kann. Die polizeiliche Vorprobe soll eine solche Selbständigkeit unter gar keinen Umständen beanspruchen können, und die des Käsers nur dann, wenn sie den im III. Kapitel: „Vorschläge zu einer Organisation d. Milchkontrolle" (Seite 95—115) genau detaillierten und begründeten Forderungen entspricht, dass nämlich mit der Milchwage eine Reihe von Tagen hindurch ein zu geringes spec. Gewicht in Gegenwart von Zeugen beobachtet und zum Schluss Stallprobe gemacht wird.

ad I. b) 1 u. 2. Quevennes Lactodensimeter als Milchwage zu fordern ist wohl selbstverständlich. Bei uns in Bayern ist bei Polizeibehörden

kein anderes Instrument in Gebrauch — wie aber in Berlin die Dörf-
felsche Milchwage eine Ausnahme machen darf, hat schon manche Äusserung von Befremdung hervorgerufen.

Angesichts der Thatsache, dass selbst von Quevennes Lactodensime-
tern ein wahrer Schund im Handel getroffen wird, muss aber auch auf der weitern Forderung von amtlich geprüften Instrumenten unbedingt bestanden
werden. Wenigstens darf die Polizei nicht mit andern Instrumenten arbeiten. Wer die Instrumente prüfen soll, wird durch die Vereinbarungen
nicht direkt ausgesprochen. Wir haben in Bayern eine eigene Behörde,
der die Verifizierung von solchen Milchwagen übertragen werden kann —
im übrigen kann und wird jeder Chemiker das kleine Instrument mit
seinem Normaläometer leicht vergleichen können, da er ja doch die
Unterweisung der Polizeimannschaft und ihre Kontrolle jedenfalls übernehmen muss. — Bei Käsern ist zunächst diese Forderung noch schwer
durchzuführen. Ich helfe mir bei Abgabe eines Gutachtens vor dem kgl.
Landgerichte Memmingen in solchen Fällen immer so, dass ich die angewandten Instrumente einfordere und ohne solche Vorlage jedes Gutachten
brevi manu verweigere.

Es scheint überflüssig und doch ist es meinen direkten Erfahrungen
nach notwendig, darauf zu bestehen, 1) dass die Milchwage erst ausge-
lassen werde, wenn sie bis zum 30. Grad in die Milch eingesunken ist und
2) dass sie jedesmal nach dem Gebrauche wieder völlig gereinigt wird.
Ich habe nämlich gesehen wie Käser — aber auch Polizeidiener die Wage
mit der anhängenden Milch benetzt einfach auf die Seite legen, bis die
nächste Milch zur Prüfung gelangt. Daran, dass die Wage durch die in-
zwischen vertrocknete Milch schwerer geworden ist, denken die Leute
nicht, wenn man sie nicht speziell darauf aufmerksam macht.

ad I. b) 3. Fesers Laktoskop — das Schmerzenskind der approximativen Milchprüfung — hat bei Aufstellung unserer Vereinbarungen einige
Schwierigkeit gemacht. Nicht als ob es auch nur einen einzigen Zweifel
gegeben hätte, ob wir nicht etwa, wie die schon mehrfach erwähnte pr.
Ministerialverfügung vom 28. Januar 1884, das Kremometer und die Wägung der abgerahmten Milch einführen sollten — nein, gewiss nicht!
Aber davon war die Rede, die Polizei nur mit Milchwage und Thermometer auszurüsten, und jede Fettprüfung wegfallen zu lassen. Der
kräftigen Unterstützung des Herrn Geheimrats v. Pettenkofer ist es zu
danken, dass mein Vorschlag das Fesersche Laktoskop zu dem Zwecke
zu verwenden, angenommen wurde. Ohne Fettbestimmung ist nämlich
jede polizeiliche Milchkontrolle ein Ding der Unmöglichkeit.
Die Milchhändler und Ökonomen haben aus den öffentlichen Gerichtsverhandlungen schon lange gelernt, dass man eine Milch nach dem Entrahmen
wieder so mit Wasser herrichten kann, dass mit der Wage allein nichts
nachweisbar ist. Haben wir nun keine Methode, mit der der Fettgehalt wenigstens annähernd festgestellt oder noch besser in der von

Dietzsch (Seite 48) vorgeschlagenen Art geprüft werden kann, dann ist die Fälschung nicht unterdrückt, sondern befördert. Seien wir herzlich zufrieden, wenn die Milchpantscher uns nicht bald hinter andere Schliche kommen und uns die optischen Proben auch noch bei der Polizei unmöglich machen, durch raffinierte Hilfsmittel die Undurchsichtigkeit der gefälschten Milch zu erhöhen! Es gäbe deren so manche und so einfache, dass das Thema „Auffindung einer expeditiven Methode der Fettbestimmung für die polizeiliche Vorprüfung" wahrhaftig eine Preisaufgabe wert wäre.

Lassen wir also vorderhand der Polizei das Fesersche Laktoskop, weil sie es eben noch nicht entbehren kann, aber hüten wir mit Sorgfalt unsere Gerichtssäle, dass dieses Instrument dort kein Unheil mehr anstiften kann — auch dann nicht, wenn es wie der Wolf im Schafspelz unter dem Deckmantel einer Stallprobe kommt.

Die Forderung unserer Vereinbarungen, dass der Gebrauch derselben an Milchsorten zu erlernen ist, deren Fettgehalt genau bekannt ist, wird Jedermann selbstverständlich finden. Und doch gibt es genug Leute, welche mit Laktoskop eine Milch beurteilen wollten und die mir auf meine Anfrage „wie haben Sie das Instrument handhaben gelernt?", einfach antworten mussten: aus einem Buche! Es soll also der Polizeimann direkt vom Chemiker (siehe administrative Organisation) unterrichtet werden in der Handhabung sämtlicher Apparate, ja es wird sich fortwährend im Laufe der Kontrolle neue Gelegenheit ergeben, den Polizeimann soweit auszubilden, dass er wirklich nicht leicht mehr Missgriffe mit dem Laktoskop macht.

II. Methoden der Beurteilung.

Auf dem Markte darf zum Verkaufe nur zugelassen werden: 1) Milch (darunter verstehe ich immer „ganze Milch"), 2) Magermilch, 3) Rahm, 4) Buttermilch. — „Sogenannte Halbmilch", ein Gemenge von abgerahmter Abend- und ganzer Morgenmilch muss principiell vom Milchverkehr ausgeschlossen sein. Denn damit wird der meiste Schwindel getrieben (S. 93). Fleischmann sagt in seinem Vortrage ganz richtig: „Erstlich kann man von einem solchen Gemenge nicht wie von der Magermilch sagen, dass es ein Produkt der gewöhnlichen Verarbeitungsweise der Milch wäre; zweitens liegt ein Bedürfnis, da wo Magermilch verkauft wird, für den Verkauf von solcher Halbmilch durchaus nicht vor und bleiben solche Gemenge immer deshalb verdächtig, weil ihnen bestimmt ausgesprochene kennzeichnende Merkmale abgehen".

Die öffentliche Kontrolle stellt nun an Milch folgende von Fleischmann präcisierte Forderungen (Vortrag Seite 10): sie sei

1. unverfälschte Milch, wie sie von der Kuh bei vollständigem Aus-

melken und nach gründlicher Durchmischung des Gemelkes erhalten wird;

2. Milch von gesunden Kühen;

3. reine Milch, frei von fremden Zusätzen, namentlich auch frei von allen Verunreinigungen und den Trägern gefährlicher Krankheiten;

4. süsse Milch, welche nach dem Ankaufe noch einige Zeit aufbewahrt werden kann und das Kochen verträgt;

5. Milch von der gewöhnlichen Beschaffenheit guter Milch und frei von ungewöhnlichen, ihre Verwendung als Nahrungsmittel und ihre Verarbeitung beeinträchtigenden Eigenschaften;

6. preiswürdige Milch mit demjenigen Gehalte der Trockensubstanz und Fett, den sie in der betreffenden Gegend gewöhnlich besitzt und bei zweckmässiger Fütterung besitzen kann.

Die Prüfung der Polizei erstreckt sich demnach bei Milch auf Bestimmung des spec. Gewichtes und Prüfung mit Laktoskop, am besten in der von Dietzch vereinfachten Form. Die chemische Untersuchung erstrekt sich vor allem auf exakte Bestimmung von spec. Gewicht, Fett und meist auch Trockensubstanz, im Verdachtsfalle auch noch auf andere Zusätze u. s. w.

Von der Magermilch ist unter allen Umständen zu verlangen, dass ihr Aussehen, Geruch und Geschmack normal, dass sie von gesunder Milch stammt, das Kochen verträgt und frei von Zusätzen, Wasser u. Konservierungsmitteln ist.

Die Prüfung der Magermilch seitens der Polizei erstreckt sich nur auf das spec. Gewicht, um Wasserzusatz eruieren. Für den Fettgehalt brauchen keine Vorprüfungen stattzufinden, da sich keine bindenden Vorschriften hierüber geben lassen. Es liegt ja in der Tendenz des Lieferanten von Magermilch dieses Nebenprodukt seines Betriebes so fettarm als nur möglich darzustellen. Auch die chemische Untersuchung hat sich zumeist auf spec. Gewicht zu beschränken. Um der Polizei zur Beurteilung von Magermilch Zahlen zu bieten, ist es aber erforderlich, die lokalen Verhältnisse gut zu studieren. Gewöhnlich wird das spec. Gewicht schwanken zwischen 1,0325 und 1,0365. In einzelnen Gegenden würden sich aber diese Zahlen noch etwas einschränken lassen. Unter Umständen wird es auch erforderlich sein, auch Fett und Trockensubstanz zu bestimmen event. auch auf Zusätze zu prüfen.

Für Rahm und Buttermilch hat sich zum Teil das Bedürfnis der Kontrolle noch zu wenig geltend gemacht, obwohl an manchen Orten mit Rahm arger Schwindel getrieben wird; anderseits ist es noch nach dem vorliegenden Materiale sehr schwierig, Anhaltspunkte zur richtigen Beurteilung zu gewinnen. Im allgemeinen kann man noch am besten mit Fleischmanns Forderungen übereinstimmen, dass der Rahm (süsser) einen Fettgehalt von 15—25% habe. Anderwärts wird 30% Fett verlangt!

Die nun folgenden Zeilen beschäftigen sich fast nur mit ganzer Milch und deren Untersuchung resp. Beurteilung, weil mutatis mutandis für Magermilch etc. dasselbe gilt.

Die bei der gewöhnlichen Untersuchung erhaltenen Zahlen geben uns nun zunächst Aufschluss über folgende Fragen:

1. Ist die Milch entrahmt worden?
2. Ist sie gewässert worden?
3. Ist sie vielleicht entrahmt und gewässert worden?

Von sonstigen Zusätzen verrät uns eine solche Prüfung wenigstens direkt nur wenig; höchstens könnte sich ein Zusatz von Mehl in der Bestimmung der Trockensubstanz verraten. Zum Glück sind alle andern Zusätze, von den Konservierungsmitteln abgesehen, so selten, dass wir sie nicht zu beachten brauchen, oder geradezu ins Reich der Fabeln verweisen können, wie z. B. die berühmte Geschichte mit dem Kalbshirn.

Sollte an uns ausdrücklich die Frage nach Zusatz von Konservierungsmitteln gestellt werden, so wird nach einer der vorn angegebenen Methoden untersucht. Die polizeiliche Marktkontrolle als solche wird sich aber mit dieser Angelegenheit niemals beschäftigen können.

Um gleich hier die Frage der Beurteilung von Konservierungsmitteln zu erledigen, so stelle ich mich denselben gegenüber auf denselben Standpunkt, wie Fleischmann in seinem mehrfach erwähnten Vortrage. Derselbe sagt Seite 11: „Aus der Erklärung, welche ich von verfälschter Milch gab, folgt, dass ich auch den Zusatz von Konservierungsmitteln zur Milch als Verfälschung aufgefasst wissen möchte. Erstens liegt ein Bedürfnis für die Anwendung solcher Stoffe (Natriumkarbonat, Borsäure, Salicylsäure u. s. w.) überhaupt durchaus nicht vor, indem es sehr wohl möglich ist, die Milch durch zweckmässige Behandlung, durch Reinlichkeit, durch rasches Abkühlen nach dem Melken, durch Pasteurisieren und durch Vorsicht bei der Versendung so lange süss zu erhalten, als dies gewünscht werden kann. (Will sie der Konsument noch länger konserviert haben, so steht es ja demselben immer noch frei, Zusätze zu machen. V.) Zweitens wäre die Zulassung von Konservierungsmitteln für die Praxis gleichbedeutend mit einer Herabminderung der Ansprüche an die Sorgfalt in der Milchbehandlung. Drittens ist noch lange nicht bewiesen, dass sich die in Betracht kommenden Stoffe völlig indifferent gegen die Verdauungswerkzeuge von Kindern im Säuglingsalter oder von Kranken verhalten. Viertens endlich liegt bei der Anwendung von Konservierungsmitteln auch insofern eine Täuschung des Käufers vor, als dadurch dessen Voraussetzung, der süsse Zustand der Milch lasse einen Schluss auf reinliche und zweckmässige Behandlung der Milch vor dem Verkaufe zu, vollständig hinfällig wird".

ad II. 1. Stallprobe.

Die Forderung der Stallprobe ist in neuerer Zeit immer mehr betont worden. Die massgebendsten Milchchemiker haben sich für ihre

Notwendigkeit ausgesprochen. Ich verweise nur auf das gemeinsame Postulat von Sell, W. Kirchner, Vieth, Soxhlet etc., wie ein solches schon im Jahre 1879 gestellt wurde.

Einig sind ebenso alle Forderungen darin, dass sie am besten schon 24 Stunden später, auf keinen Fall später als 3 Tage nachher vorzunehmen ist. Selbstverständlich ist auch auf die Melkzeit, ob abends oder morgens, namentlich bei 3maligem Melken Rücksicht zu nehmen.

Wenn trotzdem die Stallprobe in der Zwischenzeit sich noch sehr wenig eingebürgert hat, so muss das an administrativen Schwierigkeiten liegen, welche ich auch später ausführlich besprechen werde. Ich glaube nun zuversichtlich, dass diese vermeintlichen Schwierigkeiten in der allgemeinen Durchführung aufhören, wenn man meinem schon vor 2 Jahren gemachten Ratschlage folgt und endlich anfängt zu unterscheiden zwischen Milchhändlern und Ökonomen. Die Vereinbarungen zeigen, dass man diesen Vorschlag nun in Chemikerkreisen angenommen hat — es ist jetzt nur noch Sache der Verwaltungsbehörden, denselben praktisch bei der Milchkontrolle durchzuführen. Ich habe auch dazu Vorschläge schon gemacht und sind dieselben namentlich betr. der regelrechten Ausführung der Stallprobe bis ins Detail im III. Kap. auseinandergesetzt, so dass ich um Wiederholungen zu vermeiden, bes. auf Seite 105 u. 110 verweisen kann, wo das Thema Stallprobe ausführlich behandelt ist.

Ich habe aber leider bei Abfassung meiner Vorschläge im III. Kapitel die Äusserung des preussischen Ministeriums über Stallprobe noch nicht gekannt und muss deshalb an dieser Stelle darauf Bezug nehmen.

Sie verlangt Stallprobe spätestens innerhalb 3 Tage „in Gegenwart des mit der Kontrolle der Marktmilch beauftragten Beamten". Eine solche Einrichtung würde in grossen und kleinen Städten die Durchführung der Stallprobe nur erschweren und zum Teil unmöglich machen, weil die Polizei immerhin auch noch andere Geschäfte zu besorgen hat, als die Milchkontrolle. Assistenz des betr. Landbürgermeisters genügt (Seite 106), wenn er den Vorschriften, wie ich sie vorgeschlagen habe, genügt. Ich kenne aus meiner gerichtlichen Praxis von Fälschungsprozessen in Käsereien eine Reihe von Stallproben, wo solche Bürgermeister tadellos dieselbe überwacht haben.

Noch mehr muss ich in dem betr. Erlass das folgende Kapitel beanstanden, welches lautet:

„Der Entlastungsbeweis der Stallprobe muss als misslungen betrachtet werden, wenn 1) seit dem Melken der beanstandeten Probe nachweislich zu einer Fütterungsmethode übergegangen ist, welche notorisch eine Verschlechterung der Milch zur Folge hat etc."

Wenn dieser merkwürdige Satz als den thatsächlichen Verhältnissen entsprechend aufgefasst werden müsste, dann ist es besser, heute noch die Idee der Stallprobe zu begraben, weil damit jeder vernünftige Fälscher die beste Handhabe gewonnen hat, die Stallprobe, wenn sie gegen ihn

spricht und das thut sie in 1000 Fällen 999 mal, als völlig wertlos zu
bezeichnen. Er braucht nur den obigen Satz umzukehren und zu
sagen: „Wie ich gehört habe, dass meine Milch beanstandet wird, habe
ich sofort dem Futter die Schuld gegeben, habe gleich bei der nächsten
Mahlzeit weniger Treber, weniger Rüben, weniger Schlempe gegeben —
und siehe da, bei der Stallprobe war die Milch schon gut".

Wer den obigen unglückseligen Satz, dessen Folgen wohl bald wieder
bei Gericht zu Tage treten werden, geschrieben hat, der scheint die
Milchsekretion ähnlich wie die Harnausscheidung aufzufassen und vom
komplizierten Vorgange eines Zerfalls von Zellgewebe noch nie etwas gehört zu haben. Setzen wir bei einem Menschen Arbeitsleistung in
Parallele mit Milchproduktion der Kuh, so müsste nach der obigen
Anschauung ein bislang schlecht genährter Mensch, weil er seit einem
Tage gute Nahrung erhält, sofort seine Arbeitsleistung steigern können.
In Wirklichkeit werden wir zwar im Harn sehr bald den Unterschied der
schlechten und guten Ernährung wahrnehmen, in der Arbeitsleistung
dagegen erst in vielen Wochen oder Monaten.

Ich will der letzte sein, welcher den Einfluss der Fütterung leugnen
will; aber innerhalb der Stallprobenfrist macht sich so etwas
niemals geltend.

Der Milchkontrolle ist also mit solchen Äusserungen nichts genützt —
vielmehr recht geschadet worden und ich stehe nicht an zu erklären: hätte
ich vor unserer Versammlung eine Ahnung von dieser Äusserung gehabt,
dann hätte ich gebeten, zur Paralysierung dieses verhängnisvollen Satzes
einen energischen Protest in unsere Vereinbarungen aufzunehmen.

Im übrigen zwingt mich dieser Erlass, hier ein Kapitel einzuschalten,
das eine kurze Übersicht bieten soll über die bei Prozessen schon oft ven-
tilierten Fragen: Einfluss der Fütterung, Laktation, Brunst, Arbeitsleistung etc. auf den Charakter der Milch.

Ich schicke aber gleich voraus, dass uns hier ein exaktes Zahlenmaterial abgeht, weil nämlich sehr häufig, wo Stallproben eine schlechte
Milch als Folge andauernd schlechter Fütterung ergeben haben, die Angaben über die Art des Futters, die Menge desselben etc. fehlen. Es
wird gut sein in Zukunft solches Stallprobenmaterial, das ja äusserst
wertvoll ist, **stets genauer in den Ursachen zu studieren.**

Es ist sicher, dass Schlempen aller Art, aber ebenso Trebern, Rüben,
wenn sie in grösserer Menge anhaltend verfüttert werden, nicht nur
den Geschmack der Milch verderben, sondern eine wasserreiche und
fettarme Milch liefern. Besonders verdächtig ist die bei der Stärkefabrikation gewonnene Schlempe und die Melasseschlempe. König bezeichnet (Rep. an. Chem. 1881, 178) dieselben als abnormes Futter und
das letztere sogar als gefährlich. Günstiger beurteilt er die Getreide- und
Kartoffelschlempe aus den Spiritusfabriken, doch dürfe sie nur zu 50—60 l

(nach Dietzsch nur 20 l) pro Tag und Kopf bis zur Hälfte der im Futter erforderlichen Trockensubstanz verfüttert werden.

Ich halte dieselbe immer etwas für verdächtig, aber ebenso unter Umständen unsere Trebern aus den Bierbrauereien, wenn die Ökonomen einen grösseren Vorrat davon halten — weil hier Nachgährungen der schlimmsten Art unvermeidlich sind, indem die kleinen und oft auch die grossen Milchproduzenten es an Reinlichkeit und Vorsicht fehlen lassen. Vergleiche Munsell, welcher durch eine Reihe von Analysen beweist (Chem. Ztg. 1885, 107), dass Malztrebern für sich oder mit zu wenig anderem Futter Milch von schlechter Qualität liefert. [Ich erwähne nur nebenbei, dass der Senat des Staates New York, Branntweinschlempe zur Milchproduktion geradezu verbietet (Chem. Ztg. 1884, 916). Wie weit sich damit die betreffende Industrie einverstanden erklärt, weiss ich nicht.] Ebenso dürfen die Lieferanten der Chamer-Milchgesellschaft keine Biertrebern verfüttern (Dietzsch Lehrbuch 31) und kein eingemachtes Grünfutter[1]) Rep. an. Chem. 1884, 277. In dem sehr beherzigenswerten Artikel Milchfehler (Lehrbuch Seite 30—35) gibt uns Dietzsch auch die Gründe dafür an. Ebenso gibt Gerber (Milchprüfungsmeth. 34) hierüber interessante Angaben.

Ich bin nun weit entfernt, bei uns an ein Verbot von Schlempefütterung zu denken. Ich möchte nur, dass da, wo sogar die Stallprobe eine abnorme Milch ergeben hat, den Leuten ein gewisser Zwang auferlegt wird, sich in der Verfütterung solcher Stoffe soweit zu beschränken, bis eine bessere Milch von normaler Beschaffenheit erzielt wird. Allerdings kann dies nicht über Nacht besser werden, aber bei einer sorgfältigen Kontrolle, die auch eine verständige Schonung kennt, wird sich eine solche Besserung allmählich zwar, aber sicher einstellen. Ausserdem wird es sich in der Regel bestätigen, dass die angewendeten Trebern, Schlempe u. dgl. gleichzeitig mehr oder weniger verdorben waren. Ein redliches Zusammenwirken von Polizei und Chemiker kann bei Vermeidung von Übereilungen sehr viel gut machen, und es ist meine felsenfeste Überzeugung, dass dann auch die abnormen Zahlen bei Stallproben verschwinden werden. So lange es aber noch solche Zahlen gibt und geben muss, ist es ein Verdienst, solche Stallproben — aber nur regelrecht und unter Kontrolle ausgeführte — zu publizieren, wie dies z. B. List-Würzburg (Rep. an. Chem. 1881, 102) gethan hat.

Von besonderem Interesse ist noch, was Fleischmann über dieses Thema angibt: Vortrag pag. 8. „Durch Verabreichung sehr wasserhaltigen Futters oder dadurch, dass man die Tiere künstlich zu sehr reichlicher Wasseraufnahme anregt, ist man imstande, namentlich bei

---

[1]) Über Einfluss von eingesäuerter Diffusionspulpe, Andauard, Chem. Ztg. 1884, 1442.

milchreichen Tieren die Milchabsonderung nicht unerheblich zu steigern. Die hiebei erzielte Milch[1]) ist jedoch, wenn es gleichzeitig in den Rationen an den nötigen Mengen von Rauhfutter fehlt, fast immer, selbst bei reichlicher Zufuhr an Protein verhältnismässig dünn, d. h. arm an Trockensubstanz. Dass eine Verwässerung der Milch schon innerhalb des Tierkörpers stattfinden kann und aus unlautern Absichten da und dort angestrebt wird, ist bekannt."

„Bezüglich der Haltung bemerkt Fleischmann, dass die Verwendung der Milchkühe zu Arbeitsleistungen, wenn dieselbe mit Verständnis erfolgt, ungewöhnliche Erscheinungen an der Milch nicht hervorruft... Eine Überanstrengung kann dagegen sehr nachteilig wirken und veranlassen, dass die Milch nicht nur ganz aussergewöhnliche Eigenschaften annimmt, sondern auch in ihrer chemischen Zusammensetzung auffallende Änderungen erleidet, indem sich der Gehalt an Fett und Gesamttrockensubstanz stark vermindert und derjenige an Mineralsubstanz zunimmt".

„Während der Laktationsperiode verändert sich die Milch der Tiere in der Regel in ganz bestimmter Weise. Der Fettgehalt nimmt mit dem Voranschreiten der Laktationsperiode vielleicht absolut zu, vermindert sich jedoch im Verhältnis zur Gesamttrockensubstanz meistens um ein Geringes, eine Regel, die jedoch nicht ohne individuelle Ausnahme ist und auch durch die Fütterungsweise beeinflusst wird."

„Die Wiederkehr der Brunst, das ‚Rindern' der Kühe nimmt sehr verschiedenen Verlauf. Manchmal ist damit ein starkes Sinken der Milcherträge und eine vorübergehende Veränderung in der Beschaffenheit der Milch insofern verbunden, als der Gehalt an Trockensubstanz und Fett auffallend zurückgeht, das spec. Gewicht unter die gewöhnliche Grenze herabsinkt und die Milch sonstige ungewöhnliche Erscheinungen, z. B. Gerinnen beim Aufkochen unmittelbar nach dem Melken, aufweist. Die Möglichkeit eines solchen Vorkommens verdient bei der Milchprüfung, Beachtung!" (Darum Stallprobe!)

„Über den Einfluss des Alters ist nichts Genaues bekannt. Nur als wahrscheinlich kann man es aussprechen, dass mit dem Voranschreiten

---

[1]) In der Richtung mag folgender Fall interessieren, wo eine Kuh in Weitnau (Allgäu) bei 3maligem Melken im Tage 30—31 Liter Milch liefert. Die in Gegenwart von Zeugen am 3. April 1885 vorgenommene Stallprobe ergab

für die einzelne Kuh:　　1,0333 spec. Gew., 3,23 % Fett, 12,16 % Trockensubst.
für die übrigen 17 Kühe: 1,0337　-　　　-　3,43 % 　-　12,71 %　　-

Diese auffallende Güte der Milch gegen die der andern Kühe, welche nur 10—12 l im Durchschnitt liefern und trotzdem nicht viel bessere Milch produzieren, ist zu erklären mit der sehr guten Fütterung des betreffenden Ökonomen, welcher unter andern getrocknete Malztreber verfütterte und die betreffende Kuh namentlich, weil sie allein 3mal gemolken wurde, „rein nach Lust" fressen liess.

Vogel.

des Alters und dem Rückgang in der Milchergiebigkeit ähnliche Erscheinungen zur Geltung kommen, wie sie sich gegen das Ende der Laktationsperiode bemerklich machen."

Über den Einfluss sexueller Erregungen auf den Charakter der Milch fehlen uns am meisten zuverlässige genaue Angaben. Ausser den Werken von Fleischmann, Martiny, Kirchner ist zu vergleichen aus der neuesten Zeit eine Arbeit Schaffers (Rep. anal. Chem. 1884, 202), welche auch auf frühere Arbeiten von Dieulafait (1864), Arnold (1873), Schröder (1874) Bezug nimmt. Schaffer erzählt einen Fall, wo eine Kuh mit fortdauernder Brunst Milch produzierte mit 1,0383 spec. Gewicht, 14,78 Trockensubstanz und 3,8 % Fett. Diese Milch rahmte selbst nach mehrtägigem Stehen nicht auf — und war richtig wegen „Abrahmung" bestraft worden. Auch ich habe aus Beningen im vorigen Sommer eine pathologische Milch (eine bestimmte Krankheit konnte nicht eruiert werden, weil die Leute sich weigerten einen Tierarzt beizuziehen) in Händen gehabt, welche trotz normalem Gehalte an Fett absolut nicht aufrahmte. —

Bezüglich gesundheitsgefährlicher Milch können die Äusserungen des preuss. Ministeriums acceptiert werden. Dieselben lauten:

„Gesundheitsgefährlich ist die bittere, schleimige, blaue oder rote Milch, sowie die Milch von Kühen, die aus Maul- oder Klauenseuche, Perlsucht, Pocken, Gelbsucht, Rauschbrand, an Krankheiten des Euters, fauliger Gebärmutterentzündung, Ruhr, Pyämie, Septicämie, Vergiftungen, Milzbrand oder Tollwut leiden und überhaupt wegen Krankheiten mit Arznei behandelt werden."

(Dass bei solchen Fällen mehr der Tierarzt als der Chemiker mitzureden hat, ist wohl klar.)

„Gesundheitsgefährlich ist ferner die sogenannte Biestmilch (Colostrummilch) welche kurz vor oder nach dem Kalben gewonnen wird. Sowohl hinsichtlich der Menge als auch der Beschaffenheit der einzelnen Bestandteile zeigt sie der normalen Milch gegenüber erhebliche Abweichungen. Da sie namentlich bei Kindern leicht Verdauungsstörungen erzeugt, so ist ihr Verkauf in den ersten 3—5 Tagen nach dem Kalben unstatthaft".

Es sei von mir nur bemerkt, dass andere Verordnungen dieselben 8 Tage vom Verkehr ausschliessen. Der schon erwähnte Beschluss des Senats von New York verlangt fast unmögliches, wenn er dieselbe sogar schon 14 Tage vor dem Kalben(!) vom Markte und ebensolange nachher ferngehalten wissen will.

Schliesslich sei in diesem Absatze über die Stallprobe noch auf die Notwendigkeit des völligen Ausmelkens (Seite 112) hingewiesen und dabei die neue Arbeit von Schmidt-Mühlheim (Chem. Ztg. 1883, 491) als neue Bestätigung dieser Regel erwähnt. Nach Quesnevilles Brochüre muss in der Richtung in Frankreich arger Schwindel getrieben werden.

ad. II. 2. Grenzzahlen.

Auch die unseligen Grenzzahlen sind ausführlich im III. Kapitel Seite 100 besprochen. Da ich, wie schon oben und in der Einleitung gesagt wurde, diesen Teil schon im vorvorigen Winter zur Vorlage an das Ministerium des Innern ausgearbeitet hatte, so möchte ich auch hier als Nachtrag nur einige Bemerkungen einschieben, welche grossenteils durch die genannte preussische Ministerialverfügung vom 28. J. 1884 veranlasst wurden.

Diesem Erlass ist nämlich ein Anhang beigegeben, der, wie es scheint, die massgebende Richtung für die einzelnen Behörden, denen die Regelung der Milchkontrolle überlassen wird, bestimmen soll. Dort ist zwar zwischen einer Kontrolle der Polizei und einer „endgültigen" Kontrolle unterschieden — aber sie ist wohl von selbst unmöglich geworden, wenn die Polizei zuvor noch 24 Stunden mit der Milch herumexperimentiert, bis sie mit dem Kremometer glücklich soweit gekommen ist, sagen zu können: „Diese Milch soll beanstandet werden — der Chemiker soll sie nunmehr noch genau untersuchen".

Ich will nun den Passus C. „Endgültige Kontrolle" hier wörtlich zitieren, weil er uns zugleich über das Kapitel Grenzzahlen belehrt, welche in der Weise wie sie hier vorgeschlagen werden, bei uns eine Wässerung mit **20%** sanktionieren würden!

„Nachdem die specielle Untersuchung der Milch mit dem Nachweis der etwa zugefügten Konservierungsmittel oder der Zusätze von Mehl, Stärke(!) etc. zum Dickermachen der dünnen abgerahmten Milch eingeleitet(!)[1] worden ist, wird die direkte Ermittelung der Milchbestandteile die Hauptaufgabe sein, wenn(!) in zweifelhaften Fällen die indirekte Bestimmung des Wertes(!) der Milch nach dem specifischen Gewichte nicht ausreicht[2].

„Der mit der Kontrolle im Laboratorium vertraute Sachverständige hat zunächst die an der Verkaufsstelle vorgenommene Untersuchung der Milch zu wiederholen(?) daher namentlich das spec. Gewicht der Milch eventuell auch die Rahmmenge nochmals[3] zu bestimmen.

---

[1] Charakteristisch ist diese Auffassung von der „einleitenden" Behandlung der Milchuntersuchung, in Punkten, welche sehr eingehende Untersuchungen erfordern.

[2] Es schiene demnach, dass man „für gewöhnlich" sich mit der Bestimmung des spec. Gewichtes bei der chemischen Untersuchung begnügen darf. Wie werden dann kombinierte Fälschungen, bekanntlich die rentabelsten, entdeckt, wenn eine scheinbar normale Beschaffenheit durch die Bestimmung des spec. Gewichtes sich ergibt?

[3] Also zweimal die wertlose Kremometerprobe und dazu 2×24 Stunden Zeit!

„Nach vorhergegangener Feststellung der Reaktion der Milch[1]) handelt es sich vorzugsweise um die Bestimmung des Fettgehaltes und der Trockensubstanz nach Gewichtsprozenten.

„In der vollen ganzen Milch kommt das Butterfett zwar durchschnittlich zu 3,3% vor; bei den vielfachen(?) Schwankungen im Fettgehalte empfiehlt es sich jedoch, die unterste Grenze von 2,4% festzuhalten(!!!)

„Die halbabgerahmte Milch zeigt in der Regel um die Hälfte weniger Fett als die volle ganze Milch. Gelegentlich (!) liegt ihr Fettgehalt unter 1,5%. (Warum wird die Halbmilch nicht ganz vom Verkaufe ausgeschlossen? vergl. Seite 75? Vogel.)

„Bei ganz abgerahmter Milch, wo die Entrahmung durch Stehenlassen der Milch erfolgt ist, findet sich ein Fettgehalt von durchschnittlich 0,7% Fett vor, während bei der centrifugierten Magermilch nur 0,3% Fett zurückbleibt. (Solche centrifugierte Magermilch soll dann nach einer weiteren Angabe 1,032—1,037, im Mittel 1,0345 besitzen.)

„Unter den verschiedenen Methoden der Fettbestimmung verdient in allen zweifelhaften (!) Fällen der gewichtsanalytische Weg (welcher von den vielen?) den Vorzug.

„Die Trockensubstanz beträgt bei der vollen ganzen Milch durchschnittlich 12,25%, kann aber zwischen 11 (!) bis 14% schwanken. Aus gesundheitspolizeilichen Rücksichten (?) darf die in den Verkehr kommende Milch niemals[2]) weniger als 10,9% Trockenbestandteile enthalten.

„Bei der halbabgerahmten Milch gehen circa $1\frac{1}{2}$—2% je nach der Menge des Rahmverlustes ab.

„Bei der Magermilch beträgt die Trockensubstanz im Minimum häufig noch 9%.

„Es erscheint sehr wünschenswert, dass die mit der Kontrolle im Laboratorium betrauten Sachverständigen gleichzeitig die Verpflichtung übernehmen, die mit der polizeilichen Kontrolle der Marktmilch beauftragten Personen zu instruieren und die Untersuchungsweise auf ihre Zuverlässigkeit zu überwachen".

Difficile est, satiram non scribere! Hätte die betreffende Regierungsbehörde sich von Sachverständigen dahin belehren lassen, dass es allerdings im Deutschen Reiche Gegenden gibt, wo man den Viehstand

------

[1]) Nach 24 Stunden sehr überflüssig!

[2]) Eine Begründung dieses merkwürdigen Satzes fehlt leider. Danach wäre die Magermilch, welche gerade für ärmere Klassen, freilich nicht als Ersatz der Muttermilch, immer mehr Verbreitung finden sollte, aus gesundheitspolizeilichen Rücksichten zu verpönen?! Es soll wohl heissen, Milch unter 10,9% Trockensubstanz ist als gefälscht von der Polizei zu beanstanden. Im übrigen verweise ich über Nährwert von centrifugierter Magermilch auf eine Arbeit von Fjord (Chem. Ztg. 1884, 231), allenfalls auch F. Strohmer (Chem. Ztg. 1884, 1216).

unter so ungünstigen Verhältnissen füttert, meinetwegen auch wegen Rücksichtnahme auf einzelne Industriezweige füttern muss (?), dass eine Milch mit abnormem spec. Gewichte und abnormem Fettgehalt direkt von der Kuh produziert werden kann, so hätte dagegen Niemand etwas eingewendet. Aber diese Zahlen bleiben deswegen doch abnorm; solche Milch bleibt deshalb doch eine schlechte Milch, und zwar deshalb, weil man das Wasser der Kuh ins Maul hineingiesst, statt wie bei uns in die Milch.

Solche Zahlen dürfen aber nicht durch eine Ministerialverfüguug sanktioniert werden, weil solche unselige Grenzzahlen jetzt wieder schaden werden und uns schon viel mehr geschadet haben, als uns das ganze Nahrungsmittelgesetz bis jetzt genützt hat. In solchen Gegenden fällt der Regierung vielmehr eine ganz andere Aufgabe zu. Fürs erste hat sie ihre Verwaltungs-Organe dahin zu instruieren, dass die Stallprobe fleissig gehandhabt wird; dann besteht keinerlei Gefahr, dass eine von der Kuh schon schlecht gelieferte Milch verwechselt und bestraft werde, als eine vom Bauer gewässerte Milch. Fürs zweite hat sie aber alle Mittel anzuwenden, dass eine rationelle Viehfütterung Platz greife, damit von den Kühen wieder eine Milch produziert werden kann, welche den Anforderungen an eine gute Milch wirklich genügt. Der Ausschluss vom Verkaufe einer durch Schlempefütterung erhaltenen Milch, welche z. B. nur mit 2,5 % Fett von der Kuh geliefert wird, könnte mit gesundheitspolizeilichen Gründen ganz gut motiviert werden, freilich nicht direkt wegen des Fettmangels oder zu geringer Trockensubstanz, wie dies obige Ministerial-Verordnung sagt, sondern weil solche abnorm zusammengesetzte Milch in der That für zarte Naturen wie Kinder etc. schädlich werden kann. Wie weit dies auch mit jener Milch der Fall ist, welche von Kühen produziert, welche auf recht schlechter Weide sich den ganzen Tag befinden und welche in der That bei der Prüfung oft auffallend geringe Prozentzahlen an Fett und Trockensubstanz ergibt, ist bis jetzt von Ärzten noch nicht sicher konstatiert worden. Thatsache aber ist, dass solche Kühe bei einer normalen Stallfütterung alsbald wieder auch normale Milch produzieren.

Soviel also zur Würdigung jener Grenzzahlen, welche uns durch den preussischen Minist.-Erlass nahe gelegt wurden. Wir können dieselben nicht nur nicht acceptieren, sondern müssen geradezu davor warnen, dass damit Missbrauch vor Gericht getrieben wird. Dass es unter Umständen schlechte Milch von der schlecht gefütterten oder kranken Kuh geben kann, gibt wohl heute jeder praktische Chemiker zu, der sich in Ställen umgesehen hat; ich selbst stehe nicht an, dies vor Gericht zuzugeben — aber eben deswegen unbedingt Stallprobe und exakte Untersuchung, dann kann es nie Schwierigkeiten geben! — aber nie und nimmermehr dürfen solche abnorme Zahlen unter **officielle**

Grenzzahlen aufgenommen werden, **welche nur den Typus einer guten Milch repräsentieren dürfen.**

Mit dieser Kritik, die allerdings direkt veranlasst ist durch den Ministerialerlass vom 28. J. 1884, möchte ich aber auch den weiteren Standpunkt für die Beurteilung aller ähnlichen Auslassungen fixiert haben, mögen nun dieselben in Regierungsverordnungen oder Lehrbüchern enthalten oder in wissenschaftlichen Zeitschriften publiziert worden sein.

Es kann natürlich hier nicht Zweck dieses Buches sein, alle von mir in der Richtung gesammelten Notizen zu publizieren, nur auf eines möchte ich noch aufmerksam machen, wie Grenzzahlen oft zustande kommen. Ein Chemiker publiziert in seiner Zeitschrift seine Milchanalysen, die er in einem bestimmten Zeitraum mit guten und gefälschten Sorten gemacht hat. Den Schluss bildet nicht selten eine Zusammenstellung, welche etwa folgendermassen aussieht:

    I. Spec. Gewicht: Minimum 1,027, Maximum 1,034 %.
    II. Fett: -   2,4,   -   4,7 %.
    III. Trockensubstanz: -   10,2,   -   13,0 %.

Solche Zusammenstellungen haben nun gar keinen Wert, und sind sogar von Übel, wenn sie z. B. ein Richter in die Hand bekommt und diese Zahlen dann als das Resultat vieler Analysen auffasst und sich in die Vorstellung hineinlebt, das seien die Grenzwerte für Milch.

Es wäre dringend wünschenswert, wenn zu solchen Zusammenstellungen nur die Zahlen von **Stallproben**milch benützt würden — alle andern sind nur geeignet unter Umständen zu schaden. Wir leiden bei Milch an diesem Übel ebenso wie bei Wein, wo in Lehrbüchern durch Aufnahme irgend einer Weinanalyse, dessen Abstammung nicht exakt festgestellt ist, schon sehr viel Unheil gestiftet worden ist.

Ebenso notwendig wäre es gewesen, dass die Methode der Untersuchung angegeben worden wäre. Wie viel kuriose Zahlen findet man, wo vielleicht das spec. Gewicht mit einer kleinen Müllerschen Wage noch dazu vielleicht bei 20—25° C. bestimmt wurde und wo der Fettgehalt vielleicht mit dem Feserschen Laktoskop ermittelt wurde!

An dieser Stelle sei auch noch ein anderer weitverbreiteter Irrtum korrigiert über das gegenseitige Verhältnis der einzelnen Bestandteile der Milch. Fleischmann sagt hierüber pag. 7 seines Vortrages: „In erster Linie wird durch die Zusammensetzung des Futters die Milchmenge und in der Mich das gegenwärtige Verhältnis von Wasser und Trockensubstanz berührt, während sich das gegenseitige Verhältnis der einzelnen Bestandteile der Trockensubstanz nur verhältnismässig sehr wenig ändert. Hiemit im Zusammenhange steht die Wahrnehmung, dass fettreiche Milch trotz des Reichtums an diesem spec. leichtesten Bestandteile ein vermindertes spec. Gewicht **nicht** zeigt, weil die fettreiche Milch meistens auch reich an den übrigen festen Milchbestandteilen ist“.

Nehmen wir zur Illustration des Gesagten Milchregulative her, nach welchen Kollege Dietzsch sich so sehr sehnt und zwar, um Niemand zu nahe zu treten, das des ungarischen Ministeriums, veröffentlicht im Archiv f. Hygiene, Bd. II. 365. Dort heisst es sub 2: Milch von weniger als 1,030 und mehr als 1,034 spec. Gewicht, sowie die von bläulicher Farbe ist mittelst Lactoskop auf ihren Fettgehalt zu prüfen. (Damit kann gerade die rentabelste Fälschung mit halber Entrahmung und Wasserzusatz bis zum normalen spec. Gewichte am besten gedeihen. V.) Bei den auf diese Weise sich ergebenden 1, 2, 3 resp. 4 und 5 % Fett muss das spec. Gewicht mindestens 1,033, 1,032, 1,030 resp. 1,028 und 1,026 betragen. Ist das der Fall, ... so kann die Milch zum Verschleiss zugelassen werden.

Ich denke dieser Hinweis soll genügen, wie weit verbreitet diese von Fleischmann gerügte falsche Anschauung ist.

Unsere Vereinbarungen enthalten nun gar keine Grenzzahlen für die polizeiliche Kontrolle, weil wir uns auf den Standpunkt stellen, dass kein bayrischer Chemiker bei Ermittlung derselben für seine Gegend von solchen beeinflusst werden soll. Ich für meine Person wäre für die Umgegend Memmingens strenger als manch andrer Kollege und würde am liebsten jede ganze Milch bei der polizeilichen Kontrolle beanstanden lassen, die nicht zwischen 1,030—1,033 im spec. Gewichte liegt. Dennoch würde ich, wenn dort heute eine Milchkontrolle offiziell organisiert würde, für die erste Zeit der Polizei nur den Auftrag geben, Milch ausser den Grenzen 1,029—1,033 meinetwegen sogar 1,034 zu beanstanden, um aber in dem Masse als die Stallproben es lehren, die Grenze allmählich enger zu ziehen. Im übrigen verweise ich hier auf meine Vorschläge im III. Kapitel Seite 100 u. f.

Dort wird auch die Forderung aufgestellt zu finden sein, dass die Grenzzahlen der Polizei nicht von der Regierung, sondern vom Chemiker vorgeschrieben werden. Ein gelungener Fall, den ich im vorigen Herbste erfahren habe, mag diese Forderung als berechtigt erscheinen lassen und als Illustration dienen gegenüber der Anschauung von Dietzsch (Bemerkungen zu den Vereinbarungen, Rep. f. anal. Chem. 1884. 356), die Feststellung der Grenzzahlen nicht dem Chemiker, sondern den Behörden zu überlassen. In einer bayrischen Stadt sollte eine offizielle Regelung der Milchkontrolle vorgenommen werden. Auf Grund mehrjähriger Erfahrungen konnten der Regierung gleich bestimmte Grenzzahlen vorgeschlagen werden und zwar für ganze Milch das spec. Gewicht 1,029—1,034! Was geschah? Heute hat die betreffende Stadt folgende Verordnung von ihrer vorgesetzten Regierung: Die ganze Milch muss ein spec. Gewicht haben von 1,029—1,03 (!), so dass also eine Milch mit 1,036 damit durchaus nicht beanstandet werden kann[1]). Ebenso hat man dort, [auf wessen Vor-

---

[1]) Noch drolliger wird der Fall, wenn man die Zahl 1,03 rechnerisch auffasst, so dass dann bloss Milch mit 29—30⁰ gestattet wäre!

schlag, ist natürlich schwer zu ergründen], die vom Chemiker in Vorlage gebrachten Grenzzahlen für Fett abgeändert.

Ich gebe ja gerne zu, und wünsche es sogar, dass eine Regierungsbehörde die **formelle** Genehmigung der vom Chemiker benannten Grenzzahlen für die Polizei sich vorbehält — aber eine solche beliebige Änderung der sachkundigen Vorschläge zeigt doch, dass hier ein Fehlgriff gemacht wurde, der in dieser Stadt nunmehr die ganze. Milchkontrolle im ernsten Sinn des Wortes unmöglich macht.

ad II. 3.　Berechnung des Wasserzusatzes.

Bekanntlich ist auf den alten kleinen Quevenne - Müllerschen Wagen neben der Aräometerskala rechts und links für ganze und abgerahmte Milch eine Reihe von Zahlen, wonach der Umfang des Wasserzusatzes hier einfach abgelesen werden kann. Dass nun diese Zahlen gegenüber der Frage des Richters, wieviel ist Wasser zugesetzt worden, keine ernste Bedeutung beanspruchen können, ist wohl heute, jedem Chemiker wenigstens, klar.

Unsere Vereinbarungen stellen nun den Grundsatz auf, dass ohne Stallprobe eine solche rechnerische Lösung der Frage des Richters überhaupt nicht wohl möglich ist, resp. sich nur in weiten Grenzen bewegen könnte.

Wenn dagegen eine Stallprobe vorliegt, so sind wir damit imstande, annähernd diese Frage zu beantworten.

Zuerst muss ich aber noch die hier möglichen Fälle auseinander setzen; es müssen nämlich 3 Fragen beantwortet werden.

1. Wie erkennt man einfache Entrahmung?

2. Wie erkennt man einfachen Wasserzusatz?

3. Wie erkennt man die kombinierte Fälschung, nämlich Entrahmung **und** Wässerung?

1. Entrahmung. Dieselbe ist leicht daran zu erkennen, dass das spec. Gewicht ein wesentlich höheres ist als es bei normaler Milch sein darf.

Die Menge des entzogenen Fettes lässt sich leicht finden durch Subtraktion der gefundenen Fettmengen, wenn eine rechtzeitig gemachte Stallprobe vorliegt; jedoch müssen wir bedenken, dass der Fettgehalt wie das spec. Gewicht der Milch selbst von Tag zu Tag allerdings geringen Schwankungen unterworfen ist, so dass die berechnete Zahl nicht etwa mit 2 oder 3 Dezimalen dem Richter vorzulegen ist.

Was übrigens die eben berührten Schwankungen betrifft, so sei an dieser Stelle eingeschaltet, dass sich nach Fleischmanns Beobachtungen (Rep. anal. Chem. 1884. 287) Unterschiede von wesentlicher Bedeutung zwischen Morgen- und Abendmilch nicht nachweisen lassen, wenn von 12 zu 12 Stunden gemolken wird. Dagegen bemerkt man fast immer genau ausgesprochene Unterschiede, sobald die Melkzeiten nicht genau gleich sind. Es wird nämlich bei 3maligem Melken die Mittags- und Abendmilch gehaltreicher gefunden als die Morgenmilch.

Diese Beobachtung ist nun nicht bloss für die Berechnung des Wasserzusatzes resp. des Fettentzuges im Auge zu behalten, sondern auch für die Stallprobe selbst, damit sie bei 3maliger Melkzeit zur rechten Zeit gemacht wird.

2. Wässerung. Durch Wasserzusatz allein geht das spec. Gewicht unter die normalen Zahlen.

Rechnerisch lässt sich, natürlich wieder unter den eben angeführten Cautelen, die Höhe des Wasserzusatzes berechnen: a) aus dem spec. Gewichte, b) aus Fett oder Trockensubstanz.

a) Die genaue Berechnung aus den spec. Gewichtszahlen erfolgt nach folgender Formel:

$$G = \frac{g \cdot Sp \, (sp - \sigma\pi)}{sp \, (Sp - \sigma\pi)}.$$

Dabei bedeutet

$\quad$ G = Gewicht der verdünnten Milch,

$\quad$ g = Gewicht der Stallprobenmilch (1 l),

$\quad$ Sp = spec. Gewicht der verdünnten Milch,

$\quad$ sp = $\quad$ - $\quad$ - $\quad$ der Stallprobenmilch,

$\quad$ $\sigma\pi$ = $\quad$ - $\quad$ - $\quad$ des Wassers = 1.

Ein Beispiel mag das erläutern. Es wurde eine Milch als gewässert beanstandet, weil sie das spec. Gewicht 1,0285 hatte, während die Stallprobe am andern Tage 1,0318 ergab.

Ein Liter Stallprobenmilch wiegt 1031,8 Gramm, also ist g = 1031,8 und die Formel lautet:

$$G = \frac{1031,8 \cdot 1,0285 \, (1,0318 - 1)}{1,0318 \, (1,0285 - 1)}$$

$$G = 1147,6$$

d. h. 1 l Stallprobenmilch wiegt 1031,8 Gramm und nach dem Wasserzusatz wiegt die Milch 1147,6 Gramm, also ist auf 1 l Stallprobenmilch

$$1147,6 - 1031,8 = 115,8 \text{ Gramm}$$

Wasser zugesetzt worden oder auf 100 ccm Milch treffen 11,58 ccm Wasser. Vor dem Richter werden wir nun erklären, die Milch sei mit rund 10 % Wasser versetzt worden.

b) Für die Berechnung aus dem Fettgehalte dient die Formel:

$$\text{Wasserzusatz} = \frac{100 \cdot \text{Fett d. Stallprobe}}{\text{Fett der gef. Milch}} - 100.$$

Z. B. obige Milch hatte im gewässertem Zustande das spec. Gewicht 1,0285 und 3,09 % Fett; bei der Stallprobe ergab sich 1,0318 und 3,47 % Fett. Also

$$\text{Wasserzusatz} = \frac{100 \cdot 3,47}{3,09} - 100 = 12,3.$$

Die Differenz zwischen der Bestimmung des Wasserzusatzes aus dem spec. Gewichte = 11,58 und aus dem Fette = 12,3 ist eine so unwesentliche, dass mit aller Bestimmtheit vor dem Richter folgendes behauptet werden kann: Die beanstandete Milch ist nur gewässert worden und zwar rund mit 10 % Wasser.

3. Kombinierte Fälschung. Um diese, so was man sagt, auf den ersten Blick zu erkennen, ist immerhin Übung und längere Erfahrung in der Milchpraxis notwendig. Mir ist es schon vor Gericht wiederholt vorgekommen, dass ich Milchanalysen, regelrecht von andern Chemikern ausgeführt, zu begutachten hatte, und dass ich eine kombinierte Fälschung annahm, während der andere Chemiker nur für eine einfache Entrahmung sprach.

Statt mich nun weitläufig auf Gründe einzulassen, woran ich ohne weiteres eine kombinierte Fälschung erkenne, will ich hier den Rat erteilen, die Sache rechnerisch zu prüfen. Dabei erhält man ganz sichere Anhaltspunkte zur Erkennung dieser Art Fälschung.

Ist nämlich gewässert **und** entrahmt worden, so können die obigen Formeln aus dem spec. Gewichte und anderseits aus dem Fettgehalte unmöglich gleiche Werte ergeben, sondern sehr wesentliche Differenzen.

Ein Beispiel: Die beanstandete Milch ergab 1,0325 spec. Gewicht und 2,86 % Fett — die Stallprobenmilch 1,034 spec. Gewicht und 4,04 % Fett.

Wir erhalten nach obiger Formel für spec. Gewicht folgende Gleichung:

$$G = \frac{1034 \cdot 1{,}0325\,(1{,}034 - 1)}{1{,}034\,(1{,}0325 - 1)} = 1080{,}15.$$

Es beträgt also der Wasserzusatz zu 1 l Stallprobenmilch 1080,15 — 1034 = 46,15 ccm oder 4,6 % [1]).

---

[1]) Dass diese Formel wirklich exakte Zahlen ergibt, lässt sich sehr einfach beweisen, indem wir aus dem erhaltenen Wasserzusatz das spec. Gewicht der gefälschten Milch berechnen.

1 l Stallprobenmilch = 1000 ccm wiegt 1034 g
46,15 „ Wasser wiegen 46,15 g
die verdünnte Milch ist also in 1046,15 ccm enthalten u. wiegt 1080,15 g

$$\text{also wiegt 1 ccm der verdünnten Milch } \frac{1080{,}15}{1046{,}15} = 1{,}0325001$$

während die gefälschte Milch in Wirklichkeit hat: ein spec. Gew. = 1,0325.
Ich betone die Genauigkeit dieser Formel, die für die Milch noch nie verwendet wurde, gegenüber einer ungenauern von Ambühl gegebenen, welche allerdings den Vorzug grösserer Einfachheit hat. Dieselbe lautet:

Berechnen wir aber den Wasserzusatz auch nach dem Fettgehalte der beiden Milchproben, so erhalten wir aus der entsprechenden Formel

$$\text{Wasserzusatz} = \frac{100 \cdot 4{,}04}{2{,}86} = \mathbf{41\,\%}.$$

Eine solche Differenz ist nur möglich bei kombinierter Fälschung; denn bei einer einfachen Wässerung müssen die beiden Resultate sich decken, dagegen finden wir bei einiger Überlegung alsbald, dass dies bei kombinierter Fälschung niemals möglich sein kann. Auf das spec. Gewicht wirken nämlich Rahmentzug und Wasserzusatz entgegengesetzt, der erstere erhöht dasselbe, der zweite verringert es, dagegen auf den Fettgehalt gleichsinnig, denn Rahmentziehung und Wasserzusatz vermindern den prozentischen Fettgehalt der Milch.

Damit haben wir also ein sehr einfaches Mittel in der Hand, rechnerisch die kombinierte Fälschung erkennen zu können. Der Milchkundige wird sie stets entbehren können und uns hier z. B. die kombinierte Fälschung so deduzieren. Wäre nur entrahmt worden, so musste das spec. Gewicht der beanstandeten Milch höher sein, als das der Stallprobenmilch. Ebensowenig ist sie nur gewässert worden, weil dann das spec. Gewicht der beanstandeten Milch im Verhältnis zur Fettzahl unmöglich so hoch, 1,0325, liegen könnte. Also ist gewässert und entrahmt worden.

Grösseren Schwierigkeiten begegnen wir aber, wenn wir bei der kombinierten Fälschung den Umfang des Wasserzusatzes berechnen sollen; es ist klar, er kann z. B. in obigem Falle unmöglich 4,6 % betragen, noch viel weniger aber 41 %.

Herr Rektor Professor Dr. Recknagel in Kaiserslautern hat mir durch briefliche Mitteilung eine Formel zukommen lassen, die ich, seiner Erlaubnis entsprechend, hier mitteilen darf. Dieselbe beansprucht nur eine annähernde Richtigkeit, wie sie ja am Ende für Angaben vor dem Richter völlig genügen mag, wenn wir die nie auszuschliessenden geringen täglichen Schwankungen in der normalen Milch im Auge behalten.

Wenn s_1 und f_1 spec. Gewicht und Fettgehalt der Stallprobenmilch,
s_2 und f_2 -   -   -   -   - beanstandeten Milch

$$x = \frac{100 \cdot (b - a)}{b},$$

wobei x den Wasserzusatz in Prozenten, b die Grade der Stallprobenmilch und a die Grade der gefälschten Milch bedeutet. Für unsern Fall wäre also

$$x = \frac{100 \cdot (34 - 32{,}5)}{34} = 4{,}41.$$

Regenerieren wir damit zur Probe das spec. Gewicht der gefälschten Milch, so erhalten wir fast 1,0326 statt 1,0325; praktisch allerdings von geringer Bedeutung, so dass ebenso gut die Ambühlsche Formel verwendet werden kann.

und β das von Recknagel[1]) $= 0{,}933$ ermittelte spec. Gewicht des Butterfettes ist, so ist dann p $=$ Wasserzusatz in Prozenten:

$$p = 100\ \frac{s_1\,(s_1 - \beta)\,(f_1 - f_2) + (s_1 - s_2)\,\beta\,(100 - f_1)}{s_1\,(s_1 - \beta)\,f_1 + s_2\,(s_1 - 1)\,\beta\,(100 - f_1)},$$

folglich für obigen Fall:

$$p = 7{,}5\,\%.$$

Ich habe, um die Brauchbarkeit der Recknagelschen Formel zu erproben, wiederholt exakte Versuche ausgeführt und gefunden, dass sie unsern Zwecken vollkommen entspricht, so dass ihre Zahlen, cum grano salis beurteilt, vor Gericht recht gut zu verwerten sind. Ihr Wert erhöht sich natürlich mit der Grösse der Stallung, weil hier die täglichen Schwankungen der Milch von Einzelkühen immer mehr verwischt werden. Ich habe in Memmingen eine Reihe von Beobachtungen gesammelt an täglich regelrecht gemolkenen Kühen grosser und kleiner Stallungen, welche mir beweisen, dass wir obige Formeln mit aller Ruhe vor Gericht in ihren abgerundeten Werten verwenden können.

Auch dieses Thema kann ich nicht beschliessen, ohne einige Worte den Bemerkungen von Dietzsch zu den Vereinbarungen bayr. Chemiker, Rep. anal. Chem. 1884. 356 zu widmen, weil ich gerade die Erfahrungen von Dietzsch viel zu hoch schätze, um seine so sachlich gehaltenen kritischen Bemerkungen zu ignorieren. Nachdem er nämlich die These empfohlen hat „die äussersten Grenzzahlen für reale Milch haben die betreffenden lokalen Behörden durch ein Milchregulativ zu bestimmen", weil damit den Chemikern manche Verantwortlichkeit und mancher Zweifel (!) erspart wird, sagt er: „Um über den Umfang der Fälschung ein Urteil abgeben zu können, ist die Stallprobe zwar das beste; aber wenn man solche nicht haben kann, soll man sich bei seiner Berechnung auf die Durchschnittsmilch seiner Gegend und namentlich auf das Milchregulativ der lokalen Behörden stützen." Hier meine ich nun nicht im Unrecht zu sein, wenn ich dem Herrn Kollegen einige Inkonsequenzen nachweisen will.

Das Kennen der Durchschnittsmilch bezeichnet er auf derselben Zeile als etwas „was doch als selbstverständlich vorausgesetzt werden muss".

---

[1]) Vergl. folgende Zahlen für spec. Gewicht von Butterfett: [Fresenius' Zeitschr. 1883. 388.]

Wynther Blyth	0,9275, ?
Fleischmann	0,924,
Soxhlet	0,9121 (37,7° C.),
J. Bell	0,911 u. 0,913 (37,7° C.),
Estcourt	0,865—0,868 (97,8° C.),
Königs	0,865—0,868 (100° C.),
Liebermann	0,91109 (15° C.) — 0,87055 (30° C.).

20 Zeilen früher aber hat Herr Kollege Dietzsch gegenüber unserer Forderung: „die äussersten Grenzzahlen für Milch hat der Chemiker für die lokalen Verhältnisse zu ermitteln", folgendes gesagt: „Hiermit laden die bayr. Herrn Chemiker ihren Kollegen eine bedeutende Arbeit und grosse Verantwortlichkeit auf. Es braucht lange Zeit und viel Arbeit bis der Chemiker für sich allein die äussersten Grenzzahlen aller Milch seiner Gegend ermittelt hat und wer glaubt an die Richtigkeit derselben"?

Ich kann und will mich mit Herrn Kollegen Dietzsch garnicht weiter über dieses Thema ereifern: ich frage nur, woher soll denn die Behörde zu ihrem Regulativ die Zahlen nehmen, wenn nicht vom Chemiker, auf den eben doch schliesslich alle Last und Verantwortung zurückfällt. Im übrigen, glaube ich, ist es nur ein Misverständnis, das Dietzsch gerade zu dieser Bemerkung veranlasst hat, und ich glaube, dass er mit dem, was ich Seite 87 über Feststellung des Regulativs gesagt habe, ohnedem einverstanden sein wird.

Was aber das bequeme Stützen auf ein Milchregulativ betrifft, so möchte ich mir doch, weil Dietzsch gerade dies als „namentlich" betont hat, schwere Bedenken erlauben und um nicht weit zu greifen, nehme ich gleich eine Milchanalyse, welche Dietzsch selbst sehs Zeilen weiter unten mitteilt.

Dietzsch fand folgende Milch:

> Spec. Gewicht 1,0246
> Fett 3,37 %
> Trockensubst. 11 %
> Rahm 12 %

und sagt: „Diese Milch würde wohl manchen Chemiker in Verlegenheit gesetzt haben, und auch ich war verwundert. Weil ich aber die Milchverhältnisse (also!) wohl kenne, so erklärte ich die Milch ungefähr mit 25 % Wasser vermischt, was die später erfolgte Stallprobe auch bewies:

> Spec. Gewicht 1,0312
> Fett 4,19 %
> Trockensubst. 13,4 %
> Rahm 16 %.

Diese Fälschung hat also Herr Kollege Dietzsch als erfahrener Milchchemiker eruiert und nicht mit dem Milchregulativ von Zürich und, damit auch unmöglich berechnet. Und dennoch fährt er in einem Atem fort, den Passus wegen Berechnung des Wasserzusatzes dahin zu ergänzen: ... „so gilt es als Regel, dass diese Frage sich nur ungefähr beantworten lässt, wenn eine Stallprobe oder ein den lokalen Verhältnissen entsprechendes Milchregulativ vorliegt".

Ich wollte noch alle Vorschläge von Dietzsch in seinen kritischen Bemerkungen acceptieren, aber den mit seinem Milchregulativ nimmermehr!

III. Methoden der administrativen Ausführung.

Die Motive dieser Bestimmungen ergeben sich von selbst und sind ausführlicher noch im III. Kapitel besprochen.

ad III. 1. Zeichnung der Milchkannen.

Es sei hier nur erwähnt, dass es nicht genug angestrebt werden kann, dass unser Milchmarkt mehr abgerahmte Milch feil hält. Im Interesse der armen Bevölkerung wäre es vor allem gelegen, dieses billige Nahrungsmittel in leicht zugänglicher Form zu erhalten. Es böte dann auch noch den Vorteil, dass die gemischte oder halbe Milch, bestehend aus abgerahmter Abend- und ganzer Morgenmilch, verschwinden wird, wenn man nicht vorzieht, den Verkauf von Halbmilch ganz zu verbieten (Seite 74), was einzig und allein das richtige wäre. Mit dieser Sorte wird nämlich der meiste Schwindel getrieben. Ich weiss Gegenden, wo man unter „Milch" gar nichts anderes mehr versteht als wie gemischte also entwertete Milch und wo man „Rahm oder Obers" (!) verlangen und sehr teuer bezahlen muss, um zur reinen Kuhmilch zu gelangen!

Will nun die Polizei hierin Ordnung schaffen, so muss sie den Verkauf von ganzer Milch in Kannen, welche mit abgerahmt bezeichnet sind, ebenso strafen, wie den umgekehrten Fall. (Vergl. S. 102.)

Ebenso muss durch die Verordnung, dass die Bezeichnung der Milch auf der Kanne und nicht auf ihrem Deckel stehen darf, dem Manöver vorgebeugt werden, dass die Milchhändler sich lauter gleiche Geschirre machen lassen, um bequem bei drohender Gefahr die Deckel verwechseln zu können.

[Gegenüber einem neuen Patent, wonach der centrifugierten Milch das Fett auf billige Weise in Form von tierischen oder pflanzlichem Fett durch einen Emulsionsapparat wieder ersetzt werden soll (Engl. Patent 2869 vom 8. Juni 1883, Lawrence, Chem. Zeitung, 1884. 822), können wir vorderhand sehr ruhig sein; selbst wenn es möglich werden sollte, das zu leisten, was das Patent will, so ergibt sich in der Trockensubstanz noch ein genügender Anhaltspunkt, um uns vor Täuschung zu bewahren.

Von der Molkereiausstellung in München habe ich mir übrigens einen vom Chemiker Jos. Heissbauer (München) ausgelegten Prospekt von solchem Margarin-Rahm mit nach hause genommen. Derselbe wird zur Fabrikation von Fettkäse aus Magermilch empfohlen. 20 Gramm davon ersetzen 1% Butterfett in einem Liter Magermilch; überhaupt „soll" diese Sahne in ihren Eigenschaften ganz der natürlichen Sahne gleichen. — Wünschen wir, dass sie diese Versprechung erfüllt, aber auch nie zur Fälschung der Milch benutzt wird — wie dies z. B. mit der Margarinbutter geschehen ist.]

ad III. 2. u. 3. Notwendigkeit der exakten chemischen Prüfung und der Stallprobe.

Hierüber habe ich schon vor Fertigstellung dieser Zeilen an das kgl. bayr. Staatsministerium Bericht erstattet und ist in demselben, der als III. Kapitel „Vorschläge zur adm. Organisation der Milchkontrolle" hier abgedruckt ist, alles Einschlägige besprochen.

Hier nur noch ein Wort über die Bemerkungen von Dietzsch zu den Vereinbarungen etc. Rep. an. Ch. 1884. 356. resp. zu dem Satz: „Die Ansicht der bayr. Chemiker, dass die Schwierigkeiten der Stallprobe wegfallen, wenn zwischen Milchhändler und Ökonomen unterschieden wird, macht sich zwar auf dem Papier recht schön, ist aber in der Praxis leider nicht durchführbar."

Dietzsch führt, um dies zu beweisen, folgendes Beispiel an. „Gerade in grösseren Städten liegt ja der Milchverkauf nur in Händen der Milchhändler und nicht in denen der Ökonomen. Nicht jeder kleine Bauer kann täglich wegen einiger Liter Milch in die Stadt fahren, er verkauft sie so gut wie sein Nachbar an einen andern Bauer oder dergl. und dieser bringt die Milch des halben Dorfes in die Stadt. Man hält ihn für den Ökonomen u. s. w." Eben nicht! Trauen wir doch der Polizei so viel Verstand zu, dass sie diesen Mann, der die Milch des halben Dorfes verkauft, für einen Milchhändler halten und im Falle der Beanstandung nicht Stallprobe bei seinen 3 Kühen vielleicht halten will lassen. Eben die Schwierigkeiten, von welchen Dietzsch gleich darauf aus Zürich erzählt, fallen sofort weg mit unserer Unterscheidung, denn der Betreffende ist eben Milchhändler und nicht mehr Ökonom und es ist seine Sache, wenn er seine gefälschte Milch vom „X, Y u. Z zusammengekauft hat", wie Dietzsch sagt. Gerade in grossen Städten wird man mit der Unterscheidung zwischen Milchhändler und Ökonomen sich die Milchkontrolle sehr erleichtern, weil es zehnmal leichter ist, die Milch des Händlers zu beurteilen als die der kleinen Ökonomen (vergl. übrigens Seite 105).

In der Richtung wäre mir sehr sympathisch, was ich vor einiger Zeit in den Industr. Blättern 1884. 329 gelesen habe. Der Gesundheitsrat von Brooklyn lud sämtliche Milchhändler der Stadt zu einer Zusammenkunft im Rathause ein, wo ihnen ein Chemiker die Methoden lehrte, durch welche sie sich überzeugen können, ob die Milch, welche sie von Bauern kaufen, unverfälscht ist. Zugleich wurde ihnen mitgeteilt, dass in Zukunft jedem Händler, welcher verfälschte Milch verkauft, die Konzession entzogen wird.

Im übrigen verweise ich auf die Ausführungen des III. Kapitels, wo alle sonstigen Vorschläge ausführlich motiviert sind.

III. Kapitel.

Vorschläge zur administrativen Organisation der Milchkontrolle.[1])

Eine mehrjährige Beschäftigung mit Milchuntersuchungsmethoden, besonders aber das Referat für die 1. u. 2. bayrische Chemikerversammlung haben mich veranlasst, durch eifriges Sammeln von bereits bestehenden polizeilichen Verordnungen über den Milchhandel ein förmliches Studium mit der Entwicklungsgeschichte derselben zu betreiben.

Dass ich dabei meine Aufmerksamkeit den speciellen Vorteilen und anderseits auch den Mängeln derselben zugewendet habe, brauche ich hier nicht hervorzuheben. Ich ziehe hier nur das Facit aller Beobachtungen, die ich dabei gemacht und fasse mein Urteil dahin zusammen, dass im Grossen und Ganzen vielleicht vier Ursachen die Erscheinung erklären lassen, dass in den meisten Städten trotz der besten Absichten seitens der Polizeibehörden die Milchkontrolle nicht lebensfähig geworden ist. Um nur ein Beispiel speciell mit Namen zu nennen, sei auf München verwiesen, wo eine sehr schlechte Milch unter den Augen der Polizei verkauft wird.

Als diese vier Ursachen möchte ich nun folgende Umstände bezeichnen:

1. Die öffentliche Milchkontrolle kam in Misskredit, weil man im Anfang, und auch jetzt noch da und dort mit mangelhaften Methoden arbeitete.
2. Eine missbräuchliche Anwendung von Grenzzahlen, die man kritiklos einem Buche entlehnt hat, führte noch viel häufiger zu Misserfolgen.
3. Die Vernachlässigung der Stallprobe erschwerte oft die

---

[1]) Ich erwähne hier nochmals, dass dieses III. Kapitel: Vorschläge etc. schon vor Fertigstellung der Kapitel I. und II. als selbständige Arbeit dem bayr. Ministerium des Innern vorgelegt wurde. Vergl. Einleitung.

energische gerichtliche Verfolgung, weil die Ausreden der pathologischen Störungen etc. nicht genügend widerlegt werden konnten.

4. Einen, wenn auch geringen Teil der Schuld mag auch die verschiedene Behandlung der Milchfälschungsfragen vor Gericht tragen.

Alle diese Fehler lassen sich nun vermeiden, wenn man sie genügend als solche erkannt hat, und deshalb möchte ich, ehe ich meine eigenen Vorschläge mache den obigen Punkten eine eingehende Besprechung widmen.

I. Mangelhafte Prüfungsmethoden.

Jedes Verfahren der Milchkontrolle ist genügend charakterisiert, wenn von demselben gesagt werden muss, dass es die ganze Milchkontrolle auf die sogenannte abgekürzte Methode aufbaut und mit den Ergebnissen derselben die Fälschungsfrage für **abgeschlossen** hält. Grösstenteils sind es die Verordnungen älteren Datums, die diese Frage damit für erledigt erachten.

Zur Verteidigung dieses Verfahrens stützt man sich auf die Thatsache, dass man damit bereits eine Anzahl von groben Fälschungen eruiert hat; verschweigt aber, dass man alle diese Fälschungen nur mit der Milchwage und noch **nie** mit dem Kremometer oder Feserschen Lactoskop herausgebracht hat. Man verschweigt es, weil man weiss, dass gerade die gefährlichste Sorte des Milchbetruges, wo das spec. Gewicht uns im Stiche lässt, niemals sicher mit dem Lactoskop oder Kremometer allein entdeckt werden kann: ich meine den Fall, wo die Milch entrahmt und darauf noch gewässert worden ist.

Diese abgekürzte Methode ist von Müller in ihrer älteren Form in allerdings geistreicher Weise ersonnen worden, und man muss bei vorurteilsfreier Prüfung sich gestehen, dass sie für die Zeit, wo sie geschaffen worden ist, immerhin ein Fortschritt war. Besonders geschickt suchte sie durch das Hereinziehen des specifischen Gewichtes der nach 24 Stunden im Kremometer entrahmten Milch die kombinierte Fälschung zu entdecken. Aber in eben diesem klug ersonnenen Hilfsmittel lag und liegt noch heute die Schattenseite dieses Verfahrens, weil einerseits die 24 Stunden ein Hemmschuh für ein rasches Arbeiten werden und zur Sommerszeit nicht selten durch Gerinnen ein Beurteilen der entrahmten Milch geradezu unmöglich machen.

Allenthalben dachte man nun an einen Ersatz und suchte denselben in der Bestimmung des Fettgehaltes. Es entstand eine ganze Reihe von Prüfungsmethoden, die samt und sonders auf dem optischen Verhalten der Milch fussend, von dem Grade der Durchsichtigkeit auf den Mindergehalt an Fett schlossen.

So stand ungefähr die Milchprüfungsfrage in und unmittelbar nach jener Sturm- und Drangperiode vor und bei der Schaffung des Lebensmittelgesetzes; in jener Zeit, wo man glaubte, es könnte schliesslich noch jeder Laie nach einer populär-wissenschaftlichen Instruktion sein eigner Lebensmittel-Chemiker werden.

Wer aber hält heute noch an jener Ansicht fest, dass mit dieser abgekürzten Methode der Milchprüfung recht und gerecht jede Art der Fälschung beurteilt werden könne?

Nur solche, welche entweder den Mut nicht haben, den gemachten Fehler einzugestehen; oder solche, die als Väter oder Taufpathen dieser einfachen Methoden an dieselben gebunden sind.

Solche Herren behaupten z. B. von der Münchener Milchkontrolle (Augsburger Abendzeitung, zweites Blatt, Nr. 225, Seite 3), wie sie dort seit 30 Jahren geübt wird, sie habe sich dort vortrefflich bewährt, während Vertreter des dortigen hygienischen Instituts mir gegenüber nicht bitter genug über die schlechte Milch dieser Stadt klagen konnten. Solche Herren wünschen freilich auch heute noch die alten Methoden erhalten; verteidigen sie mit der Autorität ihres Namens vor Gericht und empfehlen sie den Reichsbehörden mit der Mahnung, „dass unbegründete und zu weit gehende Forderungen der sich so breitmachenden Lebensmittelchemiker unberücksichtigt bleiben möchten.“

Indessen ist aber mit Macht allenthalben in den letzten Jahren eine bessere Einsicht zur Geltung gekommen, die bahnbrechend auch in der Milchfrage zu oberst den Grundsatz stellt: dass da, wo es sich vor Gericht um die Ehre eines Menschen handelt, eine blosse Verdächtigung — und mehr leistet auch heute die abgekürzte Methode nicht — zu einem Urteilsspruche nicht hinreichen darf. Exakte Zahlen kann aber auch nur die exakte Prüfungsmethode liefern, wie sie unser Verein, bindend für seine sämtlichen Mitglieder, aufgestellt hat.

Ein erfreuliches Zeichen ist es geworden, dass man sich auch auf der Hochschule wenigstens um die theoretische Seite der Lebensmittelchemie zu bekümmern angefangen hat; an alten und neuen Methoden wird allenthalben strenge Kritik geübt und der chemische Sachverständige besinnt sich heute zehnmal vor Gericht, ehe er vom „Beweise“ einer Fälschung spricht, wo vielleicht nur von einem „Verdachte“ die Rede wäre. Freilich hat dies Verfahren schon manchem bedächtigen Lebensmittelchemiker den Vorwurf eingetragen, er begünstige die Milchfälschung, wenn er Beweise, von unerfahrenen Händen erbracht, oder gar auf das Fesersche Lactoskop allein aufgebaut, nicht als strikte bindend anerkennen will.

Dieser Fortschritt in der Erkenntnis der Mangelhaftigkeit der alten Methoden der Milchprüfung, mit dessen Förderung unsere Tage noch vollauf zu thun haben, findet nun einen bezeichnenden Ausdruck in der Thatsache, dass die neueren polizeilichen Verordnungen sich immer weniger mit der abgekürzten Methode begnügen, die mit dem kritiklosen Ausspruche eines Polizeimannes ihren Abschluss fand.

Eine der ersten freilich bald wieder verlassenen Etappen bezeichnete im Jahre 1877 das Fesersche Lactoskop. Das Instrument war in der That geeignet, das wankend gewordene Vertrauen zur Müllerschen Prüfungsweise, das durch das Kremometer verloren zu gehen drohte, wieder aufzurichten; doch beging man im Anfange allenthalben den groben Fehler, zu glauben, man habe damit der abgekürzten Methode ein exakt arbeitendes Instrument einverleibt. Unser Verein hat, glaube ich, diesem Instrumente gegenüber die richtige Stellung genommen in dem Beschlusse: Dasselbe vor Gericht niemals als Beweismittel anzuerkennen und dasselbe einfach der Polizei zum Zwecke der Vorprobe zu überlassen.

Freilich wird der Lebensmittelchemiker meinen eigenen Erfahrungen nach, im Anfange einen schwierigen Standpunkt mit diesem Beschlusse vor Gericht zu verteidigen haben, weil man da und dort den Fehler gemacht hat, das Lactoskop als exakte Resultate liefernd, durch richterliche Erkenntnisse zu sanktionieren. Dieses Instrument aus der forensen Milchprüfung zu entfernen, wird um so schwerer halten, als sein Vater als bayrischer Molkereikonsulent in den meisten Fällen als „Sachverständiger" gehört wird und weil derselbe sein Lactoskop mit um so grösserem Eifer verteidigt, je mehr er von der Wissenhaft dasselbe verurteilt sieht.

Kurze Zeit nach dem Bekanntwerden des Feserschen Lactoskopes tauchte das Lactobutyrometer von Marchand in einer von Tollens-Schmidt verbesserten Form auf. Seine Resultate, welche freilich bedeutend längere Zeit erfordern, sind entschieden viel zuverlässiger, ein Umstand, der die Schweizer bewogen haben mag, dieses Instrument als Fettprüfungsapparat für ihre polizeilichen Visitationen zu acceptieren, obwohl es sowohl gegen fettarme als sehr fettreiche Milch immerhin auch an bedeutenden Fehlerquellen leidet.

Von sonstigen Konkurrenten brauche ich nur noch den Apparat von Mittelstrass zu nennen; dieser bestimmt den Fettgehalt etwas sicherer als das Lactoskop — aber leider wieder auf umständlicherem Wege.

So lange diese Instrumente nun sich nicht über die Grenze hinauswagen, die ihnen durch den Begriff **„abgekürzte Milchprüfung"** als Verdächtungsmittel in den Händen der Polizei gesteckt ist, wird kein Chemiker viel gegen sie einzuwenden haben. Ich halte sie sogar für die Polizei, eben wegen der „kombinierten" Fälschung, für unentbehrlich, weil unsere sämmtlichen exakten Methoden viel zu viel Zeit verbrauchen. Ich kann überhaupt meinen Standpunkt in dieser Frage nicht besser kennzeichnen, als durch den Satz: Suum cuique; der Polizei zur Vorprüfung ihre abgekürzte Methode — für den Chemiker aber nur exakte Methoden.

Dass aber die Methoden des Chemikers wirklich gerade bei

der Milchanalyse genügend scharfe Resultate liefern, wird Niemand bestreiten wollen, der unsere neuen Soxhletschen Aräometer, wer dessen Fettbestimmungsmethoden kennt. Gerade hierin hat uns die neueste Zeit Fortschritte gebracht, die die Untersuchung der Milch auf eine viel sichere Grundlage stellen, als die manch anderer Lebensmittel.

Im unmittelbaren Zusammenhang mit der eingangs erhobenen Anklage, dass mangelhafte Methoden die Milchkontrolle da und dort nicht zur gedeihlichen Entwicklung kommen lassen, steht die Frage:

Wenn es feststeht, dass für die forense Behandlung der Milchfälschungen eine exakte Untersuchung derselben absolut notwendig ist — wer soll dieselbe ausführen?

Ich glaube mich im Einklange mit meinen Kollegen zu wissen, wenn ich behaupte, dass nicht jeder, der ein Reagensglas handhaben kann, auch schon jedes Lebensmittel chemisch untersuchen und noch viel weniger aus den erhaltenen Zahlen beurteilen kann.

Gerade bei der Milch stossen wir aber hier mit unseren Plänen auf ein Hindernis, weil Milch keine weite Versendung an eine öffentliche Staatsanstalt behufs exakter Prüfung durch den Staatschemiker zulässt.

Diese Frage der Regelung gehört nun vor eine gemischte Milchkommission, bestehend aus Chemikern und Verwaltungsbeamten, weil sie durch einen einseitigen Beschluss nicht erschöpfend und zweckdienlich gelöst werden kann. Ohne näher auf die Details einzugehen, möchte ich nur hier dringend den Verwaltungsbeamten vor dem Glauben warnen, den er vielleicht aus diesem oder jenem Werke über Lebensmittelchemie geschöpft hat: Die Sache werde sich schon machen, wenn sich nur der mit dem Vertrauen beehrte Sachverständige, mag er nun ein Apotheker oder Tierarzt oder ein Chemiker sein, unparteiisch stets strenge an die „Grenzzahlen" bindet.

Ehe ich aber mich dem Kapitel Grenzzahlen speciell zuwende, habe ich hier noch ein Verfahren zu besprechen, das die Klippe der polizeilichen Vorprüfung und im Zusammenhange damit die ungenauen Methoden derselben dadurch zu umgehen sucht, dass der Polizeidiener weiter nichts zu besorgen hat, als täglich, oder in der Woche mehrmals, Milchproben regelrecht zu entnehmen, um sie ohne Vorprüfung sofort dem Chemiker zur genauen Prüfung zu überbringen.

Dem Vorteile, den diese Art der Kontrolle thatsächlich dadurch bringt, dass die Missgriffe der Polizei durch ungenaue Prüfung vermieden werden, steht ein Nachteil in der Weise gegenüber, dass die Milchlieferanten das Urteil des chemischen Befundes nicht abwarten können, um ihre Rechte durch rechtzeitige Stallprobe decken zu können.

Ich dächte, wenn man die Polizeimannschaft ihre Milchprüfungskunst nicht mehr aus einem „Büchlein" erlernen lässt, wenn vielmehr nur solche Polizeidiener die Kontrolle ausführen, die vom Chemiker genau abgerichtet

7*

wurden und durch Führung eines Rapportbuches stets von demselben überwacht werden, dann soll das Misstrauen des Publikums schwinden, zumal wenn an diese polizeiliche Vorprobe sich eine schonende Behandlung der allenfalls zu beanstandenden Milch knüpft, weil der Milchlieferant oft durch ein falsches Urteil der Polizei mehr Schaden hat als ihm später eine Freisprechung vor Gericht nützen kann.

II. Missbrauch mit Grenzzahlen.

In neuerer Zeit kommt man immer mehr zur Einsicht, dass man der ganzen Lebensmittelchemie durch Dekretieren von Grenzzahlen schon viel mehr geschadet als genützt hat.

Das Reichsgesundheitsamt war vor 3 Jahren im begriffe für Milch sogenannte Grenzzahlen aufzustellen, die vielleicht für manche norddeutsche Verhältnisse passend, bei uns aber, wenigstens im Allgäu, jede Milchkontrolle von vorneherein lahm gelegt hätten.

Ich getraue mir auf grund von hunderten exakten Milchanalysen zu behaupten, dass in Memmingen, wo keinerlei polizeiliche Milchkontrolle besteht, 50 Prozent der täglich verkauften Milch gefälscht sind. Würde ich aber zur Beurteilung der hiesigen Milch nicht meine Erfahrungen aus Stallproben zu grunde legen, sondern die Grenzzahlen des Reichsgesundheitsamtes, so würden vielleicht statt 50% nur 10% beanstandet werden können.

Da ich nun durchaus nicht den Begriff Grenzzahl aus der Milchkontrolle, sondern nur den Missbrauch mit Grenzzahlen ausrotten will, so erscheint es vielleicht zweckdienlich, wenn ich zunächst die Bedeutung des Wortes Grenzzahl für die Milchprüfung kurz erörtere.

Es ist eine Thatsache, die sicher auch von keinem Chemiker bestritten wird, dass eine Milch, aus einer grösseren Stallung von 3—4 und mehr Kühen und bei normaler Fütterung und bei normalen sonstigen Verhältnissen erhalten, ein spec. Gewicht von 1,029—1,033 (1,034), einen Fettgehalt von wenigstens 3% aufweisen muss. Für die Milch einzelner Kühe kann es keine Grenzzahlen geben (wohl aber Stallprobe!).

Wenn also eine Polizei hergeht und verlangt, dass auf den Markt nur reine, gesunde Milch komme und wenn sie dafür obige Grenzzahlen aufstellt, so hat sie im allgemeinen gewiss Recht.

Nun haben wir aber Gegenden in Deutschland und auch zum Teil in Bayern, wo Schlempefütterung in einer Weise betrieben wird, dass sie den Charakter der Kuhmilch sehr nachteilig beeinflusst.

So lange nun die Polizei sich gegenüber solcher Milch, die oft bedeutend unter die Grenzzahlen geht, einfach auf den Standpunkt stellt dass sie zum Milchverkäufer sagt: Deine Milch entspricht nicht den Anforderungen einer wirklich guten Milch — ich weise sie also vom Verkaufe zurück, bis sie besser geworden ist: solange ist die Polizei mit ihren Grenzzahlen auf dem richtigen Wege.

Würde aber dieselbe Polizei solche Schlempe-Milch in der Weise beurteilen, dass sie sagt: Deine Milch liegt unter den Grenzzahlen: also ist sie gefälscht, ich übergebe sie dem Gerichte: so begeht die Polizei und das Gericht mit dieser vielverbreiteten Annahme einen Irrtum.

Es gibt nun noch immer Chemiker, welche den schlechten Einfluss solcher Schlempefütterung, oder einer schlechten Fütterung überhaupt, leugnen, indem sie behaupten, die Kuh habe andere Organe als ihre Milchdrüsen um den Überschuss an Wasser aus dem schlechten Futter abzuscheiden.

Der andere Standpunkt aber, der in neuester Zeit unter den Lebensmittelchemikern immer mehr Anhang findet, weil man sich durch die immer häufiger werdende Stallprobe dazu gedrängt sieht, lässt sich vielleicht präzis in folgender Weise kennzeichnen:

Für den Käufer ist es freilich gleichgiltig, ob der Milchlieferant das Wasser der Kuh ins Maul hineingegossen oder erst der Milch zugesetzt hat — in beiden Fällen liegt schlechte[1]) Milch vor, aber nur im letzten Falle eine gefälschte.

Wenn nun somit feststeht, dass Fütterung mit nicht selten verdorbener Schlempe oder Weidegang auf schlechter Weide, Überanstrengung eine Milch liefern kann, dass dieselbe unter die Grenzzahlen abweicht, so lässt sich auch nicht völlig ausschliessen, dass sonstige Störungen im Futter, und das Rindern etc. nicht doch auch, wenngleich in den seltensten Fällen, einen nachteiligen Einfluss auf die Milch üben können.

Ich gebe ja gerne zu, dass unter hundert Fällen der Bauer in 99 Fällen damit nur eine Notlüge gebraucht — aber ich kann mich trotzdem in zwei Fällen niemals entschliessen, vor Gericht meine Hand zu einer Verurteilung zu geben: 1) wenn beim Verdachte einer kombinierten Fälschung, wo das specifische Gewicht normal ist, der Beweis auf das Fesersche Lactoskop allein aufgebaut wird, und 2) wenn die Polizei, gegenüber der Ausrede des Bauern mit schlechter Fütterung etc., die Stallprobe versäumt hat.

Es entsteht nun die Frage, wie hat sich der **Chemiker** den Grenzzahlen gegenüber in seiner Praxis u. wie vor Gericht zu verhalten? Sind diese beiden Fragen erledigt, dann ergibt sich von selbst: welche Stellung die **Polizeiorgane** denselben gegenüber zu nehmen haben.

Für die Praxis lässt sich nun vor allem als oberster Grundsatz auf-

---

[1]) Dass die durch Schlempefütterung erzielte Milch sogar noch schlechter, als eine im gleichen Masse durch Wasserzusatz gefälschte Milch sein kann, ist durch die üblen Erfahrungen bei der Kinderernährung hinreichend bekannt.

stellen: Kein Chemiker binde sich von vornherein an fremde Grenzzahlen, mag er sie auch im besten Buche finden, sondern suche sich zunächst durch möglichst viele Stallproben vom wirklichen Charakter der Milch seiner Gegend zu überzeugen. Er wird zwar in den wenigsten Gegenden eine bedeutende Abweichung von den oben genannten Grenzzahlen finden, aber er ist dann mit seiner Beurteilung der Milch auf eigene Füsse gestellt.

Damit ist aber die Aufgabe des Chemikers für seine Praxis noch nicht zu ende. Ich nehme an, er habe z. B. in einer grossen Stallung durch Stallprobe gefunden, dass die davon gelieferte Milch oder dass die Milch einer ganzen Gegend wegen Schlempefütterung den Charakter einer gefälschten Milch zeigt; so hat er nunmehr bei seinen Behörden dahin zu wirken, dass entweder eine solche Fütterungsart in der Weise eingeschränkt[1]) wird, dass sie wieder normale Milch produziert oder es soll solche Milch als „minderwertig" gekennzeichnet werden.

Da unser Verein für die administrative Organisation den Grundsatz obenan gestellt hat, dass die Milch nur in solchen Gefässen verkauft wird, welche die Aufschrift ganze Milch oder abgerahmte Milch tragen, so ist damit der Weg zur Abhilfe für Bezeichnung solch minderwertiger Schlempemilch von selbst gegeben. Freilich muss, um diese wohlthätige Einrichtung, die sich vor allem aus nationalökonomischen Rücksichten empfiehlt, weil sie der armen Welt ein billiges und doch vorzügliches Nahrungsmittel in der entrahmten Milch zugänglich machen soll — ich sage: es muss strenge darauf gesehen werden, dass diese Vorschrift aufs genaueste innegehalten wird. Ich weiss durch mündliche Mitteilung von einer bayrischen Stadt, wo solche Vorschriften schon bestehen, dass im Anfang von den Milchhändlern der Versuch gemacht wurde, ganze Milch in den Kannen zu verkaufen, welche die Überschrift abgerahmt trugen. Das Publikum war dort indolent genug, sich irgend eine Ausrede gerne gefallen zu lassen, bis dann die Polizei ernstlich den Schwindel einstellte, weil dann ebenso die umgekehrte Ausrede gebraucht wurde, es sei zu Hause beim Einfüllen eine „Verwechslung" vorgekommen, als man Händler zur Strafe ziehen wollte, die dem Publikum in der „ganzen" Milchkanne eine abgerahmte Milch verkauft hatten.

Nun zur Behandlung der Grenzzahlenfrage vor Gericht. — Wer schon öfter als Sachverständiger vor dem Gericht fungiert hat, wird wissen, mit welcher Beharrlichkeit der Richter es anstrebt, vom Chemiker eine ganz bestimmte Antwort zu bekommen. Ich nehme z. B. einen Milchprozess. Es liegt eine Milch vor, dieselbe hat das specifische Gewicht 1,0285. Die

---

[1]) Die Gabe soll nach Dietzsch pro Kopf und Tag 20 l nicht überschreiten. Wesentlich ist hiebei auch die Unterscheidung der Schlempearten, von welchen die Melasseschlempe und die bei der Stärkefabrikation gewonnene besonders leicht Störungen im Milchcharakter herbeiführen. Vergl. S. 78.

Milch stammt aus der Stallung eines kleinen Söldners.   Stallprobe ist nicht gemacht worden.   Dafür gebraucht der Söldner die Ansrede: das Futter ist so schlecht, dass ich keine bessere Milch produzieren kann. An und für sich ist es nun sehr wahrscheinlich, dass diese Milch gefälscht wurde.   Mit einem solchen Ausspruche ist aber dem Richter noch zu wenig gedient und er arbeitet darauf hin, von dem Sachverständigen den Ausspruch zu hören: Diese Milch ist gefälscht oder sie ist nicht gefälscht.   Mit dem „wahrscheinlich" ist ihm nicht geholfen.

Wer nun in solchen Fällen für sein „sachverständiges" Urteil nichts anders hat als die einem beliebigen Werke entlehnten Grenzzahlen, der ist hier der grossen Gefahr ausgesetzt, mehr zu sagen als er eigentlich verantworten kann.   Im besten Glauben an irgend eine Autorität oder ein Regulativ behauptet man dann immer mehr: „Es sei nicht möglich, dass Fütterung und geschlechtliche Störungen überhaupt einen Einfluss üben; eine Stallprobe sei überflüssig, weil es noch nie dagewesen sei, dass eine Stallmilch ein solches specifisches Gewicht gezeigt hat" u. s. w.   Wendet man solchen Herrn gegenüber ein, dass doch schon mehrfach solche minderwertige Milch bei Stallproben gefunden wurde, dann heisst es: „dem Chemiker X in Y, der dies gefunden hat, kann ich kein Vertrauen schenken." Deshalb sagt König mit Recht in der zweiten Auflage seines Werkes: Chemie der Lebens- und Genussmittel, „dass man an manchen Orten gerade in Milchprozessen durch rigorose Behandlung schon ungerechte Verurteilungen herbeigeführt hat."

Wie soll sich nun da der Chemiker in Zukunft verhalten? Wenn er eine Milch beanstandet und der gerichtlichen Verfolgung überliefert hat, so muss er sich doch vor Gericht auch mit Gründen für sein Urteil aussprechen. Bislang haben nun dabei die Grenzzahlen fast die alleinige Rolle gespielt.   Nunmehr soll es insofern anders werden, als die Stallprobe als erstes Argument mehr zur Geltung kommen soll.   Grenzzahlen spielen eine Rolle fast nur mehr bei der Milch der Milchhändler und hier wird der Chemiker nur gut thun, wenn er im Anfange seiner Praxis steht, vor Gericht zu erklären, er stelle zunächst möglichst weite Grenzzahlen auf, um damit zuerst nur die gröbsten Fälschungen wegzuschaffen, behalte sich aber ausdrücklich vor, diese Grenzzahlen in dem Masse einzuengen, je mehr er durch Stallproben den wirklichen Charakter der lokalen Milchverhältnisse kennen gelernt hat.

Mit einer solchen Erklärung thut er seinem Ansehen keinen Abbruch, weil Richter und Polizei finden werden, dass es viel rationeller ist, den Kampf zunächst gegen die gröbsten Fälschungen aufzunehmen, um dann erst später mit den hiebei gewonnenen und erweiterten Erfahrungen gegen die geringere Fälschungsart zu Felde zu ziehen.

Dekretieren aber Polizei, Gericht und Chemiker ein für allemal Grenzzahlen, dann ist in der Regel die Kontrolle von vorneherein lahm gelegt. Sind nämlich die für „ewige Zeiten" festgestellten Zahlen zu enge,

dann sind Blamagen unausbleiblich; sind die Grenzen aber zu weit gesteckt, dann erwischt man im Anfange einige grobe Betrüger; das Gros
derselben aber hat schon lange gelernt, dass es viel rationeller ist, alle
Tage ein wenig Wasser zuzusetzen — und diese Art Fälschung
floriert dann erst recht **unter dem Schutze** der sogenannten
Grenzzahlen.

Der Chemiker binde sich also vor Gericht nie für immer an Grenzzahlen, mögen sie heissen wie sie wollen. Er verliert, wenn er einmal
solche aufgestellt hat, sein freies Urteil für alle folgenden Fälle. Dafür
verlange er Stallprobe, wo es nur angeht; dies ist das sicherste
Mittel, um dann auch die Milch des Milchhändlers nach und nach gerecht
beurteilen zu lernen, was ohne dem wegen der ausgleichenden Wirkung
der vielen Kühe und verschiedenen Ställe sehr viel leichter ist.

Hat ihm aber eine regelrechte Stallprobe, veranlasst durch irgend
welche Einflüsse, eine sogenannte mindergrädige Milch ergeben, dann
hat er auch die Pflicht, solche Zahlen recht bald der Fachlitteratur zu
übermitteln und auf eine Änderung der Fütterung zu dringen. Vergl. S. 102.

Und nun zur Frage: Wie hat sich die Polizei bei ihrer Vorprobe
den Grenzzahlen gegenüber zu verhalten?

Zur Orientierung mag es zweckdienlich sein, uns daran zu erinnern,
dass die Polizei über die Milch bei ihrer Vorprobe **ein ganz
anderes Urteil** abzugeben hat, als der Chemiker vor Gericht.

Vor Gericht ist die Frage zu beantworten: Ist die fragliche Milch
ein Betrugsgegenstand?

Die Polizei dagegen hat nur die Frage sich zu stellen: Ist die vorliegende Milch marktfähig?

Halten wir fest, dass eine Milch sehr wohl nicht marktfähig sein kann, ohne dass sie deswegen gefälscht sein muss,
so ergiebt sich aus der eben gegebenen Erklärung über die Bedeutung der
Grenzzahlen, dass die Polizei Grenzzahlen nicht entbehren kann und diese
Grenzzahlen hat ihr der zuständige Chemiker zu diktieren. Vergl. S. 85—87.

Ich halte also bei der Polizei prinzipiell die Forderung nach Grenzzahlen aufrecht; aber ich glaube, es ist gerade auch hier wieder ein Gebot
der Klugheit, den Bogen im Anfange nicht zu straff zu spannen.

Missgriffe der Polizeimannschaft sind gerade bei Beginn der Kontrolle
strengstens zu vermeiden, weil Milchverkäufer und -Käufer sofort Glauben
und Vertrauen verlieren. Deshalb halte ich es für sehr zweckdienlich,
wenn die Polizeimannschaft angehalten wird, über jede ausgeführte Milchprobe, mag sie ein gutes oder schlechtes Resultat ergeben haben,
genau Buch zu führen; dieses Rapportbuch (vergl. S. 109) werde nach jeder
Visitation dem Chemiker vorgelegt, damit derselbe daraus die Polizeimannschaft belehre. Gilt dann als Regel, dass **im Anfange** nur solche Milch
konfisciert werde, welche im spec. Gewichte und zugleich im Fettgehalte unter den aufgestellten Grenzzahlen liegt, dann sind Missgriffe leicht

vermieden, zumal wenn die Polizei sich enthält zu sagen: diese Milch kann „weil ungefälscht" passieren, und diese konfisciere ich, „weil sie gefälscht ist".

III. Vernachlässigung der Stallprobe.

Als dritte Ursache einer mangelhaften Organisation habe ich die Vernachlässigung der Stallprobe angeführt. Ihre Wichtigkeit ist schon längst erkannt, sie ist auch in die Ortsstatute häufig aufgenommen worden, hier aber meist nur eine papierne Vorschrift geblieben. Als Grund hört man dann die Ausrede, „dass man zwar die Bedeutung der Stallprobe sehr hoch schätze — aber in Städten, namentlich in grossen, sei sie einfach nicht strenge durchzuführen".

Ich bin nun diesem Vorurteile mehr noch bei Chemikern als bei Juristen begegnet und will mich bemühen, diese vermeintlichen Schwierigkeiten näher zu betrachten.

Wer mit der Praxis des Milchhandels nur einigermassen bekannt ist, weiss, dass die Milchlieferanten einer Stadt sich in zwei Gruppen unterbringen lassen: Ökonomen und Milchhändler. Ein Unterschied besteht bei den verschiedenen Städten nur darin, dass in kleineren die Milch meist von der ersten Gruppe, den Ökonomen selbst verkauft wird; während in grossen Städten die meiste Milch durch die Hände der Milchhändler geht.

Nehmen wir nun zunächst die Milch des Ökonomen. Meinen Erfahrungen nach fälschen diese die Milch mindestens ebenso häufig als die Milchhändler und zwar um so häufiger, je kleiner ihre Stallung ist. In diesen kleinen Verhältnissen, wo meist sämtliche Milch von regelmässigen Kunden gleichsam schon abonniert ist, macht sich nämlich das Trockenstehen einer Kuh etc. schon sehr fühlbar. Ein Teil der abgängigen Milch wird zur Befriedigung der Abonnenten zum Teil vom Milchhändler zugekauft und der Rest ruhig mit Wasser ergänzt.

Kommt nun ein **Ökonom** vor Gericht, so hört man jedesmal, wenn keine Stallprobe gemacht worden ist, die Ausrede: „man habe schlechtes Futter, eine Kuh habe gerindert u. s. w.". Ich habe nun schon oben ausgeführt, dass ich diese Ausreden am liebsten für eine bequeme Notlüge ansehe — aber vor Gericht hüte ich mich den Verdacht zur Gewissheit zu stempeln, schon deshalb, um die Polizei zu zwingen, die Stallprobe einzuführen, welche alle diese möglichen und unmöglichen Ausreden abschneidet.

Die Frage ist nur, wie ist beim Ökonomen die Stallprobe zu organisieren, dass sie unter allen Verhältnissen leicht ausgeführt werden kann?

Als besonders schwer wiegend gegen die Stallprobe gilt die Einrede, dass sie an die Polizeimannschaft viel zu grosse Opfer an Zeit stelle. In der Weise, wie ich mir nun in Zukunft die Stallprobe denke, wird sie gerade die Polizei entlasten. Nach meinen Vorschlägen soll die Stallprobe auf dem Lande nicht mehr durch die Polizei der Stadt, sondern durch die Bürgermeisterei des Dorfes geübt werden, zu welcher der Ökonom gehört. Jede der Stadt angrenzende Dorfgemeinde hat ja doch ein vitales Interesse daran, dass ihre Milch in der Stadt abgesetzt werde, und ich halte es deshalb nicht für unbillig, dass im Notfalle der Stallprobe dieselbe vom Bürgermeister oder einer von diesem gewählten Vertrauensperson überwacht werde.

Damit aber diese Überwachung in einer Weise durchgeführt wird, die alle spätern Einwürfe ausschliesst, habe ich zunächst vorgeschlagen, statt dem Bauer die Stallprobe zu befehlen, ihm zu seiner Rechtfertigung eine solche zu empfehlen. Erklärt er, eine solche nicht ausführen lassen zu wollen, so begibt er sich damit aller späteren Ausreden. Vergl. S. 110. Ist er bereit, zu seiner Rechtfertigung eine solche vornehmen zu lassen, so erhält er von der Polizei, welche seine Milch beanstandet hat, eine gedruckte Vorschrift zur Ausführung der Stallprobe, welche er seinem Bürgermeister vorzulegen hat. Vergl. S. 111. Diesen Zettel hat er am andern Tage, unterschrieben von der Aufsichtsperson und mit dem Gemeindesiegel versehen zugleich mit der versiegelten Flasche auf der Polizei abzugeben.

Man werfe mir nicht ein, dass damit eine komplizierte Einrichtung geschaffen werde, die einen bureaukratischen Anstrich habe — sie **scheint** nur kompliziert, weil sie neu ist.

Nun kommt noch eine andere Einrede; man wird sagen: ja solche Behandlung des Ökonomen ist in der kleinen Stadt möglich, aber nicht mehr in der grossen. Dem entgegne ich, dass diesem Einwurfe die Spitze gebrochen ist durch die Unterscheidung zwischen Ökonomen und Milchhändler. Ich gebe gerne zu, dass so lange man diesen Unterschied nicht beachtete, dieser Einwurf gegen die konsequente Durchführung der Stallprobe wirklich begründet war; behaupte aber auch anderseits, dass derselbe jetzt ebenso grundlos geworden ist, weil auch in der grossen Stadt die Polizei nichts anderes bei der Milchkontrolle zu thun hat, als die Milch zu beanstanden und dem Ökonomen die Stallprobe zu empfehlen (von einer Konfiskation der gesamten beanstandeten Milch muss überhaupt bei dem Charakter der polizeilichen Vorprobe abgesehen werden).

In grossen Städten, wo die Milchversorgung zum überwiegenden Teile in den Händen von Milchhändlern ruht, wird sonach im Gegenteil die polizeiliche Kontrolle sich wesentlich einfacher gestalten als in den kleinen Städten. (Vergl. S. 94.)

Nun zur Behandlung des **Milchhändlers**. Es ist exakt erwiesen, dass eine Milch in ihren Bestandteilen sich um so sicherer innerhalb der normalen Grenzen hält, von je mehr Kühen resp. Stallungen die Milch stammt. Natürlich ist übertriebene Schlempefütterung (siehe Seite 78) dabei ausgeschlossen, resp. sie muss, wenn sie wirklich in einer Gegend allgemein gebräuchlich auf ihr **richtiges Mass** zurückgeführt werden. Alle andern Störungen gleichen sich hier leicht aus.

Wenn sogenannte Grenzzahlen — cum grano salis pro loco behandelt! — irgendwo einen Wert besitzen, so haben sie hier einen, **und ich getraue mir zu behaupten, dass die Milch des Milchhändlers zehnmal leichter gerecht beurteilt werden kann als die des Ökonomen.**

Eine Stallprobe wird also beim Milchhändler **nicht** ausgeführt, aber nicht deswegen, weil sie schwer durchzuführen, sondern weil sie hier nicht nötig ist.

Beanstandet also die polizeiliche Vorprobe beim Milchhändler eine Milch, so wird dieselbe **ohne weiteres** dem Chemiker zur exakten Prüfung vorgelegt und dann eventuell dem Gerichte übergeben.

Selbstverständlich ist es Sache der Milchhändler, sich selbst vor Betrug durch ihre Bauern zu schützen (vergl. S. 94 unten) und ich sehe nicht ein, warum dieselben die Milchwage nur **dazu** verwenden sollten, ihre Milch zur kombinierten Fälschung geschickt zurichten zu können, dass sie nach dem Entrahmen und dem Wasserzusatz wieder ein normales spec. Gewicht zeigt!

IV. *Die Behandlung der Milchfälschung vor Gericht.*

Mir ist es in diesem Kapitel vorzugsweise darum zu thun, auf einen Zustand der ungleichartigen Behandlung der Fälschung vor Gericht hinzudeuten, der mir sehr der Erwägung wert erscheint. Ich habe nämlich gerade bei der letzten Septemberversammlung aus dem Munde von Kollegen erfahren, dass da und dort die Milchfälschungen nicht zunächst vor das Landgericht, sondern vor das Schöffengericht gelangen und ich habe seitdem auch in Zeitungen solches von Würzburg selber gelesen.

Ich habe nun als Sachverständiger bereits soviel Milchprozesse — hier allerdings nicht durch die Polizei veranlasst, sondern durch Käsereien — vor unserm Landgerichte durchgemacht und dabei oft so komplizierte Fälle erlebt, dass ich es mehrmals bedauert habe, dass gegen das Urteil des Fünfrichterkollegiums keine eigentliche Appellation mehr möglich ist. Es kommen oft während der Verhandlung Thatsachen oder Angaben zu tage, welche, wenn ein neuer Zeuge oder Sachverständiger berufen werden könnte, eine ganz andere Beleuchtung des Prozesses erzielen würden.

Ich möchte nun auf diese verschiedene Behandlung der Milchprozesse hinweisen, weil ich nicht einsehe, warum in der einen Gegend dem Milchhänder ein Vorteil zu seiner Rechtswahrung entzogen werden soll, den er in einer andern Gegend durch Verweisung vor das Schöffengericht besitzt; in wieder andern Gegenden zahlt er der Polizei einfach eine Konventionalstrafe von 20 Mark!

Ich möchte dann noch weiter andeuten, dass die Verweisung vor das Schöffengericht auch noch den Vorteil bietet, dass die Angelegenheit bald verhandelt wird, dass also die Strafe rascher der That folgen kann, während sich Milchprozesse vor dem Landgerichte oft 6—9 Monate hinausziehen.

Eine einheitliche Regelung von oben wäre hier sehr am Platze, denn es kann doch nicht gleichgiltig sein, ob an dem Landgerichte eine Milchpantscherei gleichzeitig als Betrugsreat behandelt wird und an einem andern Orte einfach als ein Vergehen wider das Nahrungsmittelgesetz.

Schluss.

Ich glaube nun eingehend diejenigen Momente besprochen zu haben, welche bei Aufstellung von Vorschlägen zur praktischen Milchkontrolle berücksichtigt werden müssen und glaube meine nun folgenden Thesen damit zugleich begründet zu haben.

I. Polizeiliche Milchkontrolle.

1. Wo die Milchkontrolle nicht täglich möglich ist, soll sie jedenfalls nie für bestimmte Wochentage eingerichtet werden.

2. Es genügt vollständig, wenn an einem Kontrolltage etwa 5 Milchsorten untersucht werden.

3. Die Instruktion der Polizeidiener über Handhabung der Instrumente etc. hat ein Chemiker zu übernehmen, d. h. diejenige Person, welche von der Polizei mit der exakten Milchuntersuchung betraut worden ist.

   Durch Einsichtnahme in das Milchrapportbuch des Polizeidieners ist dessen Kontrolle durch den Chemiker sehr leicht möglich.

   Anmerkung. Wichtig ist, dass besonders das Fesersche Lactoskop in seiner Handhabung nur an Milchen studiert wird, deren Fettgehalt exakt bestimmt worden ist.

4. Der Bezug von amtlich geprüften Instrumenten muss erst vom Staate organisiert werden.

   Beim Feserschen resp. Dietzschschen Lactoskop ist zwar keine Aichung möglich, aber es ist darauf zu sehen, dass die Zapfen des Milchglases stets gleich weit vom engeren Hals des Instrumentes abstehen. Es sind deshalb nach längerer Benützung der Instrumente darauf und auf die Schärfe der an dem Zapfen eingebrannten Striche zu untersuchen, besonders wenn plötzlich Differenzen zwischen der exakten Bestimmung auftreten.

5. Für die Visitation selbst haben folgende Punkte besonders beachtet zu werden.

Die Milch wird im Transportgeschirr, das deutlich auf dem Halse und nicht auf dem Deckel die Bezeichnung seines Inhaltes, am besten auf einer aufgelöteten Marke, tragen muss, zuerst tüchtig umgerührt und dann in den Cylinder behutsam eingefüllt.

Es ist gut, wenn die Temperatur der Milch auch bei der polizeilichen Vorprobe nicht zu weit von der Normaltemperatur (etwa 12—18⁰ C.) abweicht.

Die Milchwage ist in die schaumlose Milch vorsichtig bis 30 Grad einzusenken und nach dem Gebrauche sofort wieder zu reinigen.

Bei der Prüfung mit dem Lactoskop ist auffallendes Licht zu benützen.

6. In das Rapportbuch sind einzutragen, gleichgiltig ob die Prüfung ein gutes oder schlechtes Resultat ergeben hat:

  a) Datum.

  b) Name uud Wohnort des Lieferanten: Ökonomen oder Milchhändler, event. auch des Transporteurs der Milch[1]).

  c) Charakter der Milch, ob ganz oder entrahmt[2]).

  d) Grade des Thermometers, der Milchwage, unkorrigiert und korrigiert u. Fettgehalt nach Feser's Lactoskop.

  e) bei Beanstandung: Nummer der Glas-Flasche, in welche die beanstandete Milch zur exakten Prüfung eingefüllt wurde.

  f) Bemerkungen über angebliche Ursache der Minderwertigkeit, über Stallprobe etc.

7. Die Polizeimannschaft hüte sich eine beanstandete Milch als gefälscht zu bezeichnen; sie berufe sich einfach auf ihre Weisung, Milchsorten von der und der Beschaffenheit zur genauen Prüfung dem Chemiker in Vorlage zu bringen.

8. Bei Beanstandungen, die im Anfang der Kontrolle vorzugsweise den groben Fälschungen allein nachgehen sollten, also vorzugsweise denen, welche ausser einem geringen spec. Gewichte auch noch geringen Fettgehalt zeigen, sind folgende Punkte besonders zu beachten.

Gleichgiltig, ob die Milch von einem Ökonomen oder Milchhändler ist: es wird zunächst ungefähr $^{1}/_{2}$—$^{3}/_{4}$ l in eine reine weisse Flasche gefüllt, welche eingeätzt eine Nummer und am besten auch noch

---

[1]) Vor Gericht sollte immer nur der Ökonom resp. der Milchhändler und nicht die Zwischenperson, welche etwa den Karren gefahren hat, verantwortlich sein.

[2]) In Gegenden mit grossem Molkereibetriebe müsste noch auf centrifugierte Milch speciell Rücksicht genommen werden.

eine eingeätzte quadratische Fläche[1]) tragen soll, damit darauf mit Bleistift auch der Name des Lieferanten eingeschrieben werden kann. Die Flasche darf nie ganz vollgefüllt werden.

Selbstverständlich wird die Nummer der Flasche sofort ins Rapportbuch eingetragen.

Es steht den Lieferanten frei, — ist ihnen vielleicht von der Polizei sogar anzuraten — sich zu ihrem Gebrauche vom Polizeidiener eine reine Flasche genau in derselben Weise füllen und von demselben versiegeln zu lassen.

In die Flasche, welche der Polizeidiener dem Chemiker zu übermitteln hat, wird ein neuer Pfropfen eingetrieben und abgeschnitten. Ein Versiegeln ist hier nur dann notwendig, wenn die Flasche nicht direkt zum Chemiker gebracht werden kann.

In der weitern Behandlung der beanstandeten Milch, muss zwischen Milchhändler und Ökonom unterschieden werden.

a) die Milch des Milchhändlers. Die Milch desselben erfordert zur gerechten Beurteilung keine Stallprobe sondern nur eine exakte chemische Untersuchung; diese aber auf alle Fälle.

Dem protestirenden Milchändler kann nur empfohlen werden auf seine eignen Kosten eine zweite von der Polizei entnommene Milchprobe von einem andern Chemiker untersuchen zu lassen.

b) die Milch des Ökonomen erfordert eine Stallprobe um so notwendiger, je kleiner die Stallung und je geringer die Abweichung von den lokalen Grenzzahlen ist. Ein entscheidender Wert kann der Stallprobe nur dann zugemessen werden, wenn sie am 2—3ten Tage nach der Fälschung noch vorgenommen wird. Bei 3maligem Melken ist auch der Melkzeit Beachtung zu schenken und es sind deshalb auch in dieser Richtung von der Polizei die genauen Vorschriften (cfr. Nr. 10) dem Ökonom﹒ zu geben.

Um nun später dem Ökonomen alle Ausreden vor Gericht abzuschneiden, wird Jedem die Ausführung der Stallprobe zu seiner eventuellen Rechtfertigung empfohlen.

Verzichtet der Ökonom auf dieselben, so empfiehlt es sich, wenn nicht Zeugen für die Verzichtleistung zugegen sind, solche zu beschaffen jedenfalls aber durch Unterschrift im Rapportbuch den Verzicht bestätigen zu lassen.

---

[1]) Die Einätzung der Nummern und solcher rauhen Flächen macht der Polizei, welche vielleicht ein Dutzend solcher Flaschen braucht, keine Unkosten, weil dies der Chemiker besorgen kann; sie ist sehr zu empfehlen, weil mit aufgeklebten Etiquetten durch Einstellen der Flaschen in Wasser zum Zwecke der Kühlung schon grobe Irrungen vorgekommen sind.

Erklärt er sich zur Stallprobe bereit, so ist dem Ökonomen die **gedruckte Anweisung zur Stallprobe**, ausgefüllt mit seinem, Namen etc., einzuhändigen, mit der er sich zu Hause dann an seinen Bürgermeister zu wenden hat.

9. Es ist von seiten der Regierung den Bürgermeistern die Weisung zu erteilen, dass sie in solchen Fällen die verlangte Assistenz entweder selbst oder durch eine Vertrauensperson Gendarm etc. zu leisten und darauf durch Unterschrift die richtige Ausführung und durch Siegeln der Flasche deren Authentizität zu bestätigen haben.

10. Der gedruckte Zettel lautet auf der:

Vorderseite.

Der Bauer . . . . von . . . . steht auf Grund polizeilicher **Vorprüfung** im Verdachte der Milchfälschung.

Zu seiner Rechtfertigung will er $\frac{\text{heute Abend}}{\text{morgen früh}}$ Stallprobe auf seine Kosten abhalten lassen.

Der zuständige Bürgermeister oder eine von diesem beauftragte Vertrauensperson hat dieselbe genau nach den umstehenden Vorschriften zu leiten.

Unterlässt der Ökonom die Stallprobe, so hat er sich mit ihrer Unterlassung als der Fälschung schuldig bekannt.

Datum . . . .

Polizeibehörde . . . .

———— • ————

Ich Unterzeichneter erkläre durch meine Unterschrift, dass die Stallprobe des Bauern . . . . zur verlangten Zeit und genau nach umstehender Vorschrift ausgeführt wurde und bin bereit, dies wenn nötig, durch den Eid zu bestätigen.

Ort . . . .

Bürgermeister . . . .

Siegel . . . .

Die Rückseite lautet:

I. Eine Stallprobe hat den Zweck, den Verdacht einer Fälschung zu berichtigen und ist um so notwendiger, je kleiner der Viehstand des Milchlieferanten ist.

II. Es ist bei der Ausführung strengstens darauf zu achten, dass sämmtliche Melkgeschirre völlig leer sind. Die blosse Versicherung von Seite der melkenden Person genügt nicht.

III. Unter Umständen steht es der Aufsichtsperson frei, die Melkung durch eine fremde aber erfahrene Hand besorgen zu lassen. Es ist vor allem darauf zu sehen, dass sämtliche Kühe ausgemolken werden.

IV. Die Milch aller Kühe wird in ein Sammelgefäss gebracht, das die Aufsichtsperson nie ausser acht lassen darf.

Mit der tüchtig umgerührten Sammelmilch wird eine $^3/_4$ l haltende Flasche wenigstens zweimal ausgeschwankt.

V. Endlich wird die Flasche definitiv angefüllt bis fünf Finger breit unter dem Halsrande, dann mit einem, wo möglich ausgesottenen, Stöpsel recht gut verschlossen und nach dem Abschneiden versiegelt.

VI. Sollte von dem Ökonomen die Milch einer bestimmten Kuh als die Ursache der Verschlechterung bezeichnet werden, so steht es ihm frei, von deren Milch — ehe sie unter die Gesamtmilch gegossen wird, nach obiger Vorschrift eine Probe entnehmen zu lassen.

Von der ganzen Sammelmilch muss aber auch in diesem Falle eine Flasche vorschriftsmässig gefüllt werden.

VII. Der Ökonom kann zum Zwecke einer Kontrollanalyse sich eine weitere Flasche genau in derselben Weise füllen und versiegeln lassen.

---

11. Die Stallprobenmilch samt Zettel hat der Ökonom am andern Tage der Polizei und diese die Milch sofort dem Chemiker zuzustellen.

12. Eine Anzeige bei der Staatsanwaltschaft wird erst nach Abgabe des chemischen Gutachtens gemacht, wenn nicht der Ökonom durch eine Konventionalstrafe an die Polizei sich von dieser Anzeige auf Grund ortspolizeilicher Vorschriften befreien kann.

13. Die Polizei hat von dem Chemiker die baldigste Ausführung wenigstens einer spec. Gewichts- und Fettbestimmung zu verlangen. Gewünscht wird auch eine Trockensubstanzbestimmung.

14. Der Chemiker kann anderseits der Polizeimannschaft jederzeit specielle Direktiven über verschärften Gebrauch der Grenzzahlen erteilen, hat aber dieselben der Polizeibehörde resp. der Regierung gegenüber entweder mit seinen eigenen Erfahrungen aus den Stallproben oder mit denen aus dem Rapportbuche zu motivieren.

15. Private können der Polizei gekaufte Milch zur unentgeltlichen Prüfung vorlegen, wenn ein vertrauenswürdiger Zeuge bestätigen kann, dass an der Milch seit dem Augenblicke der Ablieferung durch den Lieferanten nichts verändert worden ist.

16. Die Milchprüfung erstreckt sich zunächst auf die ganze, entrahmte und gemischte Milch, wenn überhaupt die letzte im Handel geduldet wird. Es soll aber auch allmählich dem „Rahm" einige Aufmerksamkeit, besonders seitens der Chemiker zugewendet werden; denn nach meinen Erfahrungen wird damit ein sehr umfangreicher und lukrativer Schwindel getrieben.

II. Milchkontrolle in Käsereien.

Wenngleich der Schwerpunkt des Referates in der polizeilichen Milchkontrolle liegt, so glaube ich die Kontrolle in Käsereien doch hier auch berücksichtigen zu müssen, weil das bei uns aufblühende Molkereiwesen, dem nur noch mehr Ausdehnung in unserem Königreiche zu wünschen wäre, auf den Schutz der Regierung einen besonderen Anspruch erheben darf.

Ausserdem soll das Referat in diesem Kapitel dazu benutzt werden, um den scheinbaren Widerspruch aufzuheben, der in der Forderung liegt, dass jedwede polizeiliche Kontrolle wegen der abgekürzten Methoden als ungenügend durch eine exakte Prüfung des Chemikers ergänzt werden muss, während anderseits dieselbe abgekürzte Methode in der Hand des Käsers unter Umständen einen selbständigen Charakter erhalten kann, der dieselbe auch den gerichtlichen Zwecken genügen lässt.

Diese Selbständigkeit muss nun der abgekürzten Methode beim Käser zugesprochen werden: 1) weil der Käser auf grund seines Geschäftsbetriebes eine viel grössere Fähigkeit besitzt, eine Milch zu beurteilen; 2) weil der Käser leicht in der Lage ist, eine ihm verdächtige Milch eine Reihe von Tagen und in Gegenwart von Zeugen durch fortgesetzte Wägungen zu kontrollieren und 3) weil es ihm sehr leicht möglich ist, eine regelrechte Stallprobe wieder in Gegenwart von Zeugen vorzunehmen.

Damit ist in der That, wie ich mich gerade in unserer Gegend mehrfach überzeugen konnte, die Milchkontrolle in den Käsereien eine ganz zuverlässige geworden, so lange es sich um eine einfache Wässerung oder Entrahmung handelt. Freilich bedarf es dazu der Belehrung und diese ist um so notwendiger als ein grosser Teil der Käser meist im Besitze von unbrauchbaren Milchwagen ist. Haben diese Käser aber einmal eine klare Vorstellung über die Anwendung ihrer einfachen Hilfsmittel in sich aufgenommen, dann lege ich stets dem Urteile eines Käsers einen hochgradigen Wert bei.

Dagegen begegnen wir in dem Falle der kombinierten Fälschung, wo bekanntlich das spec. Gewicht imstiche lässt, auch beim Käser denselben Schwierigkeiten wie bei der Polizei; auch dann, wenn er selbst das Lactoskop benützt, das übrigens immerhin mehr bei den Käsern bekannt werden sollte. Nur darf es auch hier nicht mehr als ein Verdachtsmittel sein wollen. Da wo die Käser eine Ausgabe für das Lactoskop scheuen, empfiehlt sich in sehr nachdrücklicher Weise die Wägung der nach 12 oder 24 Stunden entrahmten Milch — aber es hält schwer, den Käsern, diese etwas kompliziertere Beurteilung der Milch beizubringen, weil sie meinen Erfahrungen nach dabei immer mehr Wert den Angaben des Kremometers als denen der Wage bei der zweiten Wägung beilegen wollen.

Ich empfehle deshalb zum Aufrahmen und Wägen lieber Cylinder ohne jede Graduierung und sage nur: die ihnen abgelieferte Milch muss, da sie immer ganze Milch sein muss, nach dem Abrahmen $2\frac{1}{2}-3\frac{1}{2}$ Grad mehr wiegen als am Tage vorher.

Immerhin wird es auch dann Fälle geben, wo der Käser bei kombinierter Fälschung sich nicht sicher in seinem Urteile fühlen wird.

Es wäre nun sehr zu empfehlen, wenn durch eine ministerielle Verordnung den Käsern in der Weise aus solcher Notlage geholfen würde, dass sie sich dann nur an Gendarmen zu wenden brauchten[1]); diese aber sollen ermächtigt werden, eine solche verdächtige Milch direkt an den Chemiker zu schicken, weil die Milch verdirbt, bis sie den normalen Bureauweg durch die Hände des Staatsanwaltes zum Chemiker durchläuft; es dürfte ja genügen, dass der Gendarm sofort auch die Staatsanwaltschaft von der Milchsendung benachrichtigt.

Zweckdienlich wäre es auch, wenn die Gendarmen über das Wichtigste der Milchkontrolle und der Stallprobe belehrt würden, weil sie gerade bei der Stallprobe häufig Assistenz leisten könnten. Derselbe Chemiker, der dies für die Polizeidiener besorgt, könnte auch die Landgendarmen gelegentlich unterrichten, da diese ja doch von Zeit zu Zeit dienstlich in die Stadt kommen.

Es wäre also sehr wünschenswert, wenn von seite der Justizbehörde den Käsern ihre Kontrolle in schwierigen Fällen durch direkte Beiziehung des Gendarmen resp. des Chemikers erleichtert werden könnte; anderseits sollten die Käser durch Vorträge der Kreiswanderlehrer praktisch über die Instrumente der Milchprüfung und über die Regeln der Stallprobenahme belehrt werden. Ich selbst habe mich bereits erbötig gemacht, eine gedruckte Belehrung dieser Art für den landwirtschaftlichen Kalender auszuarbeiten, der ja doch meist in den Händen der Käser sein dürfte.

Als Regeln aber lassen sich für eine geordnete Milchkontrolle in Käsereien folgende aufstellen:

1. Der Käser schlage, wenn er Verdacht auf eine Milch schöpft, nicht sofort Lärm, sondern wäge einige Tage (wenigstens 2) die verdächtige Milch und zwar in Gegenwart von Zeugen.
2. Er notiere aufs genaueste bei jeder Wägung
   a) die Temperatur,
   b) die abgelesenen Grade der Milchwage von Quevenne-Müller,
   c) die korrigierten Grade,

---

[1]) Zur Zeit ist nämlich der Käser nur in der Lage, entweder diese Milch auf seine eigenen Kosten vom Chemiker untersuchen zu lassen, oder sie dem Gendarmen zu übergeben. Dieser aber sendet die Milch an den Staatsanwalt und erst dieser an den Chemiker. Bis sie hier ankommt, ist sie aber regelmässig geronnen.

   d) die Zahlen der sonst angewendeten Instrumente: Kremometer, Lactoskop und dergl. und die Grade der nach 24 Stunden entrahmten Milch.

3. Hat er Verdächtigungsmaterial genug gesammelt, dann mache er 24 Stunden nach der letzten Wägung der verdächtigen Milch Stallprobe in Gegenwart eines Gendarmen oder Bürgermeisters oder sonstiger Vertrauenspersonen. Die vorne angegebenen Regeln über eine einwurfsfreie Stallprobe gelten auch hier.

4. Hat die Stallprobe eine wesentliche Differenz in den spec. Gewichten ergeben, so liegt zweifellos eine Fälschung vor und kann als solche der Staatsanwaltschaft zur Verfolgung übergeben werden. Nur muss bemerkt werden, dass die Stallprobenmilch nachhaltig auf mindestens 15^0 C. abgekühlt werden muss. (Vergl. hierüber: Veränderungen des spec. Gewichtes.)

5. Ergibt die Milchwage keine wesentlichen Differenzen gegenüber den normalen Zahlen 1,030—1,033 und sind auch nach der Entrahmung die Differenzen nicht besonders deutlich, kleiner als 2,5, sind aber aus der beim Betriebe resultierenden Rahmmenge oder aus dem Kremometer oder aus dem Lactoskop dennoch Gründe für eine Entrahmung und gleichzeitige Wässerung abzuleiten, so ist in solchen Fällen die Gendarmerie zu ermächtigen, von der regelrecht entnommenen verdächtigen Milch, trotz ihres normalen specifischen Gewichtes, und tags darauf von der Stallprobenmilch je eine Probe direkt an dem vom Gerichte schon vorher bezeichneten Chemiker zu senden. Gleichzeitig ist aber die Staatsanwaltschaft von der Sendung zu verständigen.

Dr. Hans Vogel.

Korrektionstabelle für ganze

Wärmegrade

Grade der Milchprobe. (Lacto-densimètre.)	0	1	2	3	4	5	6	7	8	9	10	11	12	13	14
14	12,9	12,9	12,9	13	13	13,1	13,1	13,1	13,2	13,3	13,4	13,5	13,6	13,7	13,8
15	13,9	13,9	13,9	14	14	14,1	14,1	14,1	14,2	14,3	14,4	14,5	14,6	14,7	14,8
16	14,9	14,9	14,9	15	15	15,1	15,1	15,1	15,2	15,3	15,4	15,5	15,6	15,7	15,8
17	15,9	15,9	15,9	16	16	16,1	16,1	16,1	16,2	16,3	16,4	16,5	16,6	16,7	16,8
18	16,9	16,9	16,9	17	17	17,1	17,1	17,1	17,2	17,3	17,4	17,5	17,6	17,7	17,8
19	17,8	17,8	17,8	17,9	17,9	18	18,1	18,1	18,2	18,3	18,4	18,5	18,6	18,7	18,8
20	18,7	18,7	18,7	18,8	18,8	18,9	19	19	19,1	19,2	19,3	19,4	19,5	19,6	19,8
21	19,6	19,6	19,7	19,7	19,7	19,8	19,9	20	20,1	20,2	20,3	20,4	20,5	20,6	20,8
22	20,6	20,6	20,7	20,7	20,7	20,8	20,9	21	21,1	21,2	21,3	21,4	21,5	21,6	21,8
23	21,5	21,5	21,6	21,7	21,7	21,8	21,9	22	22,1	22,2	22,3	22,4	22,5	22,6	22,8
24	22,4	22,4	22,5	22,6	22,7	22,8	22,9	23	23,1	23,2	23,3	23,4	23,5	23,6	23,8
25	23,3	23,3	23,4	23,5	23,6	23,7	23,8	23,9	24	24,2	24,2	24,3	24,5	24,6	24,8
26	24,3	24,3	24,4	24,5	24,6	24,7	24,8	24,9	25	25,1	25,2	25,3	25,5	25,6	25,8
27	25,2	25,3	25,4	25,5	25,6	25,7	25,8	25,9	26	26,1	26,2	26,3	26,5	26,6	26,8
28	26,1	26,2	26,3	26,4	26,5	26,6	26,7	26,8	26,9	27	27,1	27,2	27,4	27,6	27,8
29	27	27,1	27,2	27,3	27,4	27,5	27,6	27,7	27,8	27,9	28,1	28,2	28,4	28,6	28,8
30	27,9	28	28,1	28,2	28,3	28,4	28,5	28,6	28,7	28,8	29	29,2	29,4	29,6	29,8
31	28,8	28,9	29	29,1	29,2	29,3	29,5	29,6	29,7	29,8	30	30,2	30,4	30,6	30,8
32	29,7	29,8	29,9	30	30,1	30,3	30,4	30,5	30,6	30,8	31	31,2	31,4	31,6	31,8
33	30,6	30,7	30,8	30,9	31	31,2	31,3	31,4	31,6	31,8	32	32,2	32,4	32,6	32,8
34	31,5	31,6	31,7	31,8	31,9	32,1	32,2	32,3	32,5	32,7	32,9	33,1	33,3	33,5	33,8
35	32,4	32,5	32,6	32,7	32,8	33	33,1	33,2	33,4	33,6	33,8	34	34,2	34,4	34,7

(nicht abgerahmte) Milch.

der Milch.

	15	16	17	18	19	20	21	22	23	24	25	26	27	28	29	30
14	14,1	14,2	14,4	14,6	14,8	15	15,2	15,4	15,6	15,8	16	16,2	16,4	16,6	16,8	
15	15,1	15,2	15,4	15,6	15,8	16	16,2	16,4	16,6	16,8	17	17,2	17,4	17,6	17,8	
16	16,1	16,3	16,5	16,7	16,9	17,1	17,3	17,5	17,7	17,9	18,1	18,3	18,5	18,7	18,9	
17	17,1	17,3	17,5	17,7	17,9	18,1	18,3	18,5	18,7	18,9	19,1	19,3	19,5	19,7	20	
18	18,1	18,3	18,5	18,7	18,9	19,1	19,3	19,5	19,7	19,9	20,1	20,3	20,5	20,7	21	
19	19,1	19,3	19,5	19,7	19,9	20,1	20,3	20,5	20,7	20,9	21,1	21,3	21,5	21,7	22	
20	20,1	20,3	20,5	20,7	20,9	21,1	21,3	21,5	21,7	21,9	22,1	22,3	22,5	22,7	23	
21	21,2	21,4	21,6	21,8	22	22,2	22,4	22,6	22,8	23	23,2	23,4	23,6	23,8	24,1	
22	22,2	22,4	22,6	22,8	23	23,2	23,4	23,6	23,8	24,1	24,3	24,5	24,7	24,9	25,2	
23	23,2	23,4	23,6	23,8	24	24,2	24,4	24,6	24,8	25,1	25,3	25,5	25,7	26	26,3	
24	24,2	24,4	24,6	24,8	25	25,2	25,4	25,6	25,8	26,1	26,3	26,5	26,7	27	27,3	
25	25,2	25,4	25,6	25,8	26	26,2	26,4	26,6	26,8	27,1	27,3	27,5	27,7	28	28,3	
26	26,2	26,4	26,6	26,9	27,1	27,3	27,5	27,7	27,9	28,2	28,4	28,6	28,9	29,2	29,5	
27	27,2	27,4	27,6	27,9	28,2	28,4	28,6	28,8	29	29,3	29,5	29,7	30	30,3	30,6	
28	28,2	28,4	28,6	28,9	29,2	29,4	29,6	29,9	30,1	30,4	30,6	30,8	31,1	31,4	31,7	
29	29,2	29,4	29,6	29,9	30,2	30,4	30,6	30,9	31,2	31,5	31,7	31,9	32,2	32,5	32,8	
30	30,2	30,4	30,6	30,9	31,2	31,4	31,6	31,9	32,2	32,5	32,7	33	33,3	33,6	33,9	
31	31,2	31,4	31,7	32	32,3	32,5	32,7	33	33,3	33,6	33,8	34,1	34,4	34,7	35,1	
32	32,2	32,4	32,7	33	33,3	33,6	33,8	34,1	34,4	34,7	34,9	35,2	35,5	35,8	36,2	
33	33,2	33,4	33,7	34	34,3	34,6	34,9	35,2	35,5	35,8	36	36,3	36,6	36,9	37,3	
34	34,2	34,4	34,7	35	35,3	35,6	35,9	36,2	36,5	36,8	37,1	37,4	37,7	38	38,4	
35	35,2	35,4	35,7	36	36,3	36,6	36,9	37,2	37,5	37,8	38,1	38,4	38,7	39,1	39,5	

Milch.

Korrektionstabelle für ab-

Wärmegrade

	0	1	2	3	4	5	6	7	8	9	10	11	12	13	14
18	17,2	17,2	17,2	17,2	17,2	17,3	17,3	17,3	17,3	17,4	17,5	17,6	17,7	17,8	17,9
19	18,2	18,2	18,2	18,2	18,2	18,3	18,3	18,3	18,3	18,4	18,5	18,6	18,7	18,8	18,9
20	19,2	19,2	19,2	19,2	19,2	19,3	19,3	19,3	19,3	19,4	19,5	19,6	19,7	19,8	19,9
21	20,2	20,2	20,2	20,2	20,2	20,3	20,3	20,3	20,3	20,4	20,5	20,6	20,7	20,8	20,9
22	21,1	21,1	21,1	21,2	21,2	21,3	21,3	21,3	21,3	21,4	21,5	21,6	21,7	21,8	21,9
23	22	22	22	22	22,1	22,2	22,3	22,3	22,3	22,4	22,5	22,6	22,7	22,8	22,9
24	22,9	22,9	22,9	22,9	23	23,1	23,2	23,2	23,2	23,3	23,4	23,5	23,6	23,7	23,9
25	23,8	23,8	23,8	23,8	23,9	24	24,1	24,1	24,1	24,2	24,3	24,4	24,5	24,6	24,8
26	24,8	24,8	24,8	24,8	24,9	25	25,1	25,1	25,1	25,2	25,3	25,4	25,5	25,6	25,8
27	25,8	25,8	25,8	25,8	25,9	26	26,1	26,1	26,1	26,2	26,3	26,4	26,5	26,6	26,8
28	26,8	26,8	26,8	26,8	26,9	27	27,1	27,1	27,1	27,2	27,3	27,4	27,5	27,6	27,8
29	27,8	27,8	27,8	27,8	27,9	28	28,1	28,1	28,1	28,2	28,3	28,4	28,5	28,6	28,8
30	28,7	28,7	28,7	28,7	28,8	28,9	29	29	29,1	29,2	29,3	29,4	29,5	29,6	29,8
31	29,7	29,7	29,7	29,7	29,8	29,9	30	30	30,1	30,2	30,3	30,4	30,5	30,6	30,8
32	30,7	30,7	30,7	30,7	30,8	30,9	31	31	31,1	31,2	31,3	31,4	31,5	31,6	31,8
33	31,7	31,7	31,7	31,7	31,8	31,9	32	32	32,1	32,2	32,3	32,4	32,5	32,6	32,8
34	32,6	32,6	32,6	32,7	32,8	32,9	32,9	33	33,1	33,2	33,3	33,4	33,5	33,6	33,8
35	33,5	33,5	33,5	33,6	33,7	33,8	33,8	33,9	34	34,1	34,2	34,3	34,4	34,6	34,8
36	34,4	34,4	34,5	34,6	34,7	34,8	34,8	34,9	35	35,1	35,2	35,3	35,4	35,6	35,8
37	35,3	35,4	35,5	35,6	35,7	35,8	35,8	35,9	36	36,1	36,2	36,3	36,4	36,6	36,8
38	36,2	36,3	36,4	36,5	36,6	36,7	36,8	36,9	37	37,1	37,2	37,3	37,4	37,6	37,8
39	37,1	37,2	37,3	37,4	37,5	37,6	37,7	37,8	37,9	38	38,2	38,3	38,4	38,6	38,8
40	38	38,1	38,2	38,3	38,4	38,5	38,6	38,7	38,8	38,9	39,1	39,2	39,4	39,6	39,8

Grade der Milchprobe. (Lacto-densimètre.)

gerahmte (blaue) Milch.

der Milch.

15	16	17	18	19	20	21	22	23	24	25	26	27	28	29	30
18	18,1	18,2	18,4	18,6	18,8	18,9	19,1	19,3	19,5	19,7	19,9	20,1	20,3	20,5	20,7
19	19,1	19,2	19,4	19,6	19,8	19,9	20,1	20,3	20,5	20,7	20,9	21,1	21,3	21,5	21,7
20	20,1	20,2	20,4	20,6	20,8	20,9	21,1	21,3	21,5	21,7	21,9	22,1	22,3	22,5	22,7
21	21,1	21,2	21,4	21,6	21,8	21,9	22,1	22,3	22,5	22,7	22,9	23,1	23,3	23,5	23,7
22	22,1	22,2	22,4	22,6	22,8	22,9	23,1	23,3	23,5	23,7	23,9	24,1	24,3	24,5	24,7
23	23,1	23,2	23,4	23,6	23,8	23,9	24,1	24,3	24,5	24,7	24,9	25,1	25,3	25,5	25,7
24	24,1	24,2	24,4	24,6	24,8	24,9	25,1	25,3	25,5	25,7	25,9	26,1	26,3	26,5	26,7
25	25,1	25,2	25,4	25,6	25,8	25,9	26,1	26,3	26,5	26,7	26,9	27,1	27,3	27,5	27,7
26	26,1	26,3	26,5	26,7	26,9	27	27,2	27,4	27,6	27,8	28	28,2	28,4	28,6	28,8
27	27,1	27,3	27,5	27,7	27,9	28,1	28,3	28,5	28,7	28,9	29,1	29,3	29,5	29,7	29,9
28	28,1	28,3	28,5	28,7	28,9	29,1	29,3	29,5	29,7	29,9	30,1	30,3	30,5	30,7	31
29	29,1	29,3	29,5	29,7	29,9	30,1	30,3	30,5	30,7	30,9	31,1	31,3	31,5	31,7	32
30	30,1	30,3	30,5	30,7	30,9	31,1	31,3	31,5	31,7	31,9	32,1	32,3	32,5	32,7	33
31	31,2	31,4	31,6	31,8	32	32,2	32,4	32,6	32,8	33	33,2	33,4	33,6	33,9	34,1
32	32,2	32,4	32,6	32,8	33	33,2	33,4	33,6	33,9	34,1	34,3	34,5	34,7	35	35,2
33	33,2	33,4	33,6	33,8	34	34,2	34,4	34,6	34,9	35,2	35,4	35,6	35,8	36,1	36,3
34	34,2	34,4	34,6	34,8	35	35,2	35,4	35,6	35,9	36,2	36,4	36,7	36,9	37,2	37,4
35	35,2	35,4	35,6	35,8	36	36,2	36,4	36,6	36,9	37,2	37,4	37,7	38	38,3	38,5
36	36,2	36,4	36,6	36,9	37,1	37,3	37,5	37,7	38	38,3	38,5	38,8	39,1	39,4	39,7
37	37,2	37,4	37,6	37,9	38,2	38,4	38,6	38,8	39,1	39,4	39,6	39,9	40,2	40,5	40,8
38	38,2	38,4	38,6	38,9	39,2	39,4	39,7	39,9	40,2	40,5	40,7	41	41,3	41,6	41,9
39	39,2	39,4	39,6	39,9	40,2	40,4	40,7	41	41,3	41,6	41,8	42,1	42,4	42,7	43
40	40,2	40,4	40,6	40,9	41,2	41,4	41,7	42	42,3	42,6	42,9	43,2	43,5	43,8	44,1

Fettbestimmung in der Milch mit Marchand's Lactobutyrometer nach B. Tollens und Fr. Schmidt.

($^1/_{10}$ ccm Ätherfettlösung in der calibrirten Röhre entsprechen Fettprocenten, d. h. pro 100 CC. Milch).

$^1/_{10}$ ccm Ätherfettlösung $^1/_{10}$ CC.	Entsprechen Fett %	$^1/_{10}$ ccm Ätherfettlösung $^1/_{10}$ CC.	Entsprechen Fett %	$^1/_{10}$ ccm Ätherfettlösung $^1/_{10}$ CC.	Entsprechen Fett %	$^1/_{10}$ ccm Ätherfettlösung $^1/_{10}$ CC.	Entsprechen Fett %
1 Zehntel	1,339	14 Zehntel	3,991	27 Zehntel	9,008	40 Zehntel	15,482
1,5	1,441	14,5	4,093	27,5	9,257	40,5	15,731
2	1,543	15	4,195	28	9,506	41	15,980
2,5	1,645	15,5	4,297	28,5	9,755	41,5	16,229
3	1,747	16	4,399	29	10,004	42	16,478
3,5	1,849	16,5	4,501	29,5	10,253	42,5	16,727
4	1,951	17	4,628	30	10,502	43	16,976
4,5	2,053	17,5	4,792	30,5	10,752	43,5	17,225
5	2,155	18	4,956	31	11,000	44	17,474
5,5	2,257	18,5	5,129	31,5	11,249	44,5	17,723
6	2,359	19	5,306	32	11,498	45	17,972
6,5	2,461	19,5	5,483	32,5	11,747	45,5	18,221
7	2,563	20	5,660	33	11,996	46	18,470
7,5	2,665	20,5	5,837	33,5	12,245	46,5	18,719
8	2,767	21	6,020	34	12,494	47	18,968
8,5	2,869	21,5	6,269	34,5	12,743	47,5	19,217
9	2,971	22	6,518	35	12,992	48	19,466
9,5	3,073	22,5	6,767	35,5	13,241	48,5	19,715
10	3,175	23	7,016	36	13,490	49	19,964
10,5	3,277	23,5	7,265	36,5	13,739	49,5	20,213
11	3,379	24	7,514	37	13,988	50	20,462
11,5	3,481	24,5	7,763	37,5	14,237	50,5	20,711
12	3,583	25	8,012	38	14,486	51	20,960
12,5	3,685	25,5	8,261	38,5	14,735	51,5	21,209
13	3,787	26	8,510	39	14,984	52	21,458
13,5	3,889	26,5	8,759	39,5	15,233	52,5	21,707

Tabelle,

angebend den Fettgehalt der ganzen Milch in Gew.-Proc. nach dem spec. Gewicht der Ätherfettlösung bei 17,5 ⁰ C. nach Soxhlet.

Spec. Gew.	Fett %	Spec. Gew.	Fett %	Spec. Gew.	Fett %	Spec. Gew.	Fett %	Spec. Gew.	Fett %
43	2,07	47,7	2,61	52,3	3,16	56,9	3,74	61,5	4,39
43,1	2,08	47,8	2,62	52,4	3,17	**57**	3,75	61,6	4,40
43,2	2,09	47,9	2,63	52,5	3,18	57,1	3,76	61,7	4,42
43,3	2,10	**48**	2,64	52,6	3,20	57,2	3,78	61,8	4,44
43,4	2,11	48,1	2,66	52,7	3,21	57,3	3,80	61,9	4,46
43,5	2,12	48,2	2,67	52,8	3,22	57,4	3,81	**62**	4,47
43,6	2,13	48,3	2,68	52,9	3,23	57,5	3,82	62,1	4,48
43,7	2,14	48,4	2,70	**53**	3,25	57,6	3,84	62,2	4,50
43,8	2,16	48,5	2,71	53,1	3,26	57,7	3,85	62,3	4,52
43,9	2,17	48,6	2,72	53,2	3,27	57,8	3,87	62,4	4,53
44	2,18	48,7	2,73	53,3	3,28	57,9	3,88	62,5	4,55
44,1	2,19	48,8	2,74	53,4	3,29	**58**	3,90	62,6	4,56
44,2	2,20	48,9	2,75	53,5	3,30	58,1	3,91	62,7	4,58
44,3	2,22	**49**	2,76	53,6	3,31	58,2	3,92	62,8	4,59
44,4	2,23	49,1	2,77	53,7	3,33	58,3	3,93	62,9	4,61
44,5	2,24	49,2	2,78	53,8	3,34	58,4	3,95	**63**	4,63
44,6	2,25	49,3	2,79	53,9	3,35	58,5	3,96	63,1	4,64
44,7	2,26	49,4	2,80	**54**	3,37	58,6	3,98	63,2	4,66
44,8	2,27	49,5	2,81	54,1	3,38	58,7	3,99	63,3	4,67
44,9	2,28	49,6	2,83	54,2	3,39	58,8	4,01	63,4	4,69
45	2,30	49,7	2,84	54,3	3,40	58,9	4,02	63,5	4,70
45,1	2,31	49,8	2,86	54,4	3,41	**59**	4,03	63,6	4,71
45,2	2,32	49,9	2,87	54,5	3,43	59,1	4,04	63,7	4,73
45,3	2,33	**50**	2,88	54,6	3,45	59,2	4,06	63,8	4,75
45,4	2,34	50,1	2,90	54,7	3,46	59,3	4,07	63,9	4,77
45,5	2,35	50,2	2,91	54,8	3,47	59,4	4,09	**64**	4,79
45,6	2,36	50,3	2,92	54,9	3,48	59,5	4,11	64,1	4,80
45,7	2,37	50,4	2,93	**55**	3,49	59,6	4,12	64,2	4,82
45,8	2,38	50,5	2,94	55,1	3,51	59,7	4,14	64,3	4,84
45,9	2,39	50,6	2,96	55,2	3,52	59,8	4,15	64,4	4,85
46	2,40	50,7	2,97	55,3	3,53	59,9	4,16	64,5	4,87
46,1	2,42	50,8	2,98	55,4	3,55	**60**	4,18	64,6	4,88
46,2	2,43	50,9	2,99	55,5	3,56	60,1	4,19	64,7	4,90
46,3	2,44	**51**	3,00	55,6	3,57	60,2	4,20	64,8	4,92
46,4	2,45	51,1	3,01	55,7	3,59	60,3	4,21	64,9	4,93
46,5	2,46	51,2	3,03	55,8	3,60	60,4	4,23	**65**	4,95
46,6	2,47	51,3	3,04	55,9	3,61	60,5	4,24	65,1	4,97
46,7	2,49	51,4	3,05	**56**	3,63	60,6	4,26	65,2	4,98
46,8	2,50	51,5	3,06	56,1	3,64	60,7	4,27	65,3	5,00
46,9	2,51	51,6	3,08	56,2	3,65	60,8	4,29	65,4	5,02
47	2,52	51,7	3,09	56,3	3,67	60,9	4,30	65,5	5,04
47,1	2,54	51,8	3,10	56,4	3,68	**61**	4,32	65,6	5,05
47,2	2,55	51,9	3,11	56,5	3,69	61,1	4,33	65,7	5,07
47,3	2,56	**52**	3,12	56,6	3,71	61,2	4,35	65,8	5,09
47,4	2,57	52,1	3,14	56,7	3,72	61,3	4,36	65,9	5,11
47,5	2,58	52,2	3,15	56,8	3,73	61,4	4,37	**66**	5,12
47,6	2,60								

Milch.

Tabelle,

angebend den Fettgehalt der Magermilch in Gew.-Proc. nach dem spec. Gewicht der Ätherfettlösung bei 17,5 ° C. nach Soxhlet.

Spec. Gew.	Fett %	Spec. Gew.	Fett %	Spec. Gew.	Fett %	Spec. Gew.	Fett %	Spec. Gew.	Fett %
		25,5	0,41	29,9	0,82	34,3	1,22	38,7	1,64
21,1	0,00	25,6	0,42	30	0,83	34,4	1,23	38,8	1,65
21,2	0,01	25,7	0,43	30,1	0,84	34,5	1,24	38,9	1,66
21,3	0,02	25,8	0,44	30,2	0,85	34,6	1,24	39	1,67
21,4	0,03	25,9	0,45	30,3	0,86	34,7	1,25	39,1	1,68
21,5	0,04	26	0,46	30,4	0,87	34,8	1,26	39,2	1,69
21,6	0,05	26,1	0,47	30,5	0,88	34,9	1,27	39,3	1,70
21,7	0,06	26,2	0,48	30,6	0,88	35	1,28	39,4	1,71
21,8	0,07	26,3	0,49	30,7	0,89	35,1	1,29	39,5	1,72
21,9	0,08	26,4	0,50	30,8	0,90	35,2	1,30	39,6	1,73
22	0,09	26,5	0,50	30,9	0,91	35,3	1,31	39,7	1,74
22,1	0,10	26,6	0,51	31	0,92	35,4	1,32	39,8	1,75
22,2	0,11	26,7	0,52	31,1	0,93	35,5	1,33	39,9	1,76
22,3	0,12	26,8	0,53	31,2	0,94	35,6	1,33	40	1,77
22,4	0,13	26,9	0,54	31,3	0,95	35,7	1,34	40,1	1,78
22,5	0,14	27	0,55	31,4	0,95	35,8	1,35	40,2	1,79
22,6	0,15	27,1	0,56	31,5	0,96	35,9	1,36	40,3	1,80
22,7	0,16	27,2	0,57	31,6	0,97	36	1,37	40,4	1,81
22,8	0,17	27,3	0,58	31,7	0,98	36,1	1,38	40,5	1,82
22,9	0,18	27,4	0,59	31,8	0,99	36,2	1,39	40,6	1,83
23	0,19	27,5	0,60	31,9	1,00	36,3	1,40	40,7	1,84
23,1	0,20	27,6	0,60	32	1,01	36,4	1,41	40,8	1,85
23,2	0,21	27,7	0,61	32,1	1,02	36,5	1,42	40,9	1,86
23,3	0,22	27,8	0,62	32,2	1,03	36,6	1,43	41	1,87
23,4	0,23	27,9	0,63	32,3	1,04	36,7	1,44	41,1	1,88
23,5	0,24	28	0,64	32,4	1,05	36,8	1,45	41,2	1,89
23,6	0,25	28,1	0,65	32,5	1,05	36,9	1,46	41,3	1,90
23,7	0,25	28,2	0,66	32,6	1,06	37	1,47	41,4	1,91
23,8	0,26	28,3	0,67	32,7	1,07	37,1	1,48	41,5	1,92
23,9	0,27	28,4	0,68	32,8	1,08	37,2	1,49	41,6	1,93
24	0,28	28,5	0,69	32,9	1,09	37,3	1,50	41,7	1,94
24,1	0,29	28,6	0,70	33	1,10	37,4	1,51	41,8	1,95
24,2	0,30	28,7	0,71	33,1	1,11	37,5	1,52	41,9	1,96
24,3	0,30	28,8	0,72	33,2	1,12	37,6	1,53	42	1,97
24,4	0,31	28,9	0,73	33,3	1,13	37,7	1,54	42,1	1,98
24,5	0,32	29	0,74	33,4	1,14	37,8	1,55	42,2	1,99
24,6	0,33	29,1	0,75	33,5	1,15	37,9	1,56	42,3	2,00
24,7	0,34	29,2	0,76	33,6	1,15	38	1,57	42,4	2,01
24,8	0,35	29,3	0,77	33,7	1,16	38,1	1,58	42,5	2,02
24,9	0,36	29,4	0,78	33,8	1,17	38,2	1,59	42,6	2,03
25	0,37	29,5	0,79	33,9	1,18	38,3	1,60	42,7	2,04
25,1	0,38	29,6	0,80	34	1,19	38,4	1,61	42,8	2,05
25,2	0,39	29,7	0,80	34,1	1,20	38,5	1,62	42,9	2,06
25,3	0,40	29,8	0,81	34,2	1,21	38,6	1,63	43	2,07
25,4	0,40								

Bier.

A. Methoden der Untersuchung.

Unter „Bier" ist ein gegorenes und in Gärung befindliches Getränke zu verstehen, welches aus Gersten — (oder Weizen) Malz, Hopfen und Wasser bereitet und das durch Hefe in Gärung versetzt worden ist.

I. Bestimmung des specifischen Gewichtes. Zu dieser Bestimmung, sowie zu allen übrigen Bestimmungen, ist das Bier von Kohlensäure möglichst zu befreien, und zwar, indem man dasselbe vorerst annähernd auf die Messtemperatur bringt, im halbgefüllten Kolben etwas schüttelt und alsdann filtriert. Die Bestimmung kann mittels der Westphalschen Wage, unter Verwendung eines vierten Reiters für die vierte Decimale, oder mit einem eng- und langhalsigen Pyknometer bei der Temperatur von 15° C. ausgeführt werden.

II. Bestimmung des Extraktes (Extraktrestes). 75 ccm Bier, deren Gewicht auf der Wage zuvor genau festgestellt ist, werden in einem Schälchen oder Bechergläschen auf der Asbestplatte unter Vermeidung des Kochens auf 25 ccm abgedampft und nach dem Erkalten genau auf das ursprüngliche Gewicht gebracht. Von der sorgfältig gemischten Flüssigkeit wird das specifische Gewicht wie unter I. genommen. Der Extraktgehalt wird aus der Schultzeschen (von Ostermann berechneten) Tabelle entnommen und als: Prozent-Extrakt Schultze angegeben.

III. Alkohol. Der Alkohol wird durch Destillation des Bieres bestimmt. Als Vorlage bedient man sich dabei des langhalsigen Pyknometers für circa 50 ccm mit einer Scala am Halse. Der Rauminhalt des Pyknometers ist für jeden Grad der Scala genau calibriert. 75 ccm Bier werden in dieses Pyknometer überdestilliert, bis das Destillat in dem Halse ungefähr in die Mitte der Scala reicht, dann wird auf 15° C. temperiert, nach der Baumhauerschen auf 15⁰ C. für Weingeist umgerechneten Tabelle abgelesen und gewogen.

$$A = \frac{D \cdot d}{g}.$$

Der Alkoholgehalt ist in Gewichtsprozenten anzugeben.

Bei stark sauren Bieren ist vor der Destillation nahezu zu neutralisieren.

IV. Ursprünglicher Extraktgehalt der Würze. Annähernd wird derselbe erhalten durch Verdoppelung der gefundenen Gewichtsprozente Alkohol und Addierung zum gefundenen Extraktgehalte des Bieres. Da dieses Verfahren nicht genau ist, so soll derselbe nach der Formel

$$\frac{100 \,(E + 2{,}0665 \, A)}{100 + 1{,}0665 \, A}$$

berechnet werden.

V. Vergärungsgrad. Derselbe wird nach der Formel

$$V_1 = 100 \left(1 - \frac{E}{e} \right) =$$

berechnet.

VI. Zuckerbestimmung. Dieselbe ist direkt im entkohlensäuerten Biere nach Soxhlet durch Wägung des reducierten Kupfers zu bestimmen. Für 1,13 T. Kupfer ist 1 T. wasserfreier Maltose in Rechnung zu bringen.

VII. Dextrinbestimmung. Dieselbe ist nur selten erforderlich und alsdann nach Sachsse auszuführen.

VIII. Stickstoff. 20—30 ccm sind im Hofmeisterschen Schälchen oder auf erwärmtem Quecksilber einzudampfen und der Extraktkuchen mit Natronkalk zu verbrennen. Der Stickstoff kann auch nach Kjeldahl ermittelt werden.

IX. Säurebestimmung.

a) Gesamtsäure. 100 ccm Bier werden zur Entfernung der Kohlensäure kurze Zeit im offenen Becher einer Temperatur von etwa 40⁰ C. ausgesetzt und alsdann mit Barytwasser ($^1/_5$—$^1/_{10}$ normal) bis zur neutralen Reaktion titriert; letztere wird erkannt, wenn ein Tropfen der Flüssigkeit auf neutralem Lackmuspapier keine Farbenänderung bewirkt. Die Acidität ist anzugeben als ccm Normal-Alkali zur Neutralisation von 100 g Bier und als Gramm-Prozente Milchsäure. Die Bezeichnung „Säure" oder „Säuregrad" ist ungenügend.

b) Normales Bier enthält nur höchst geringe Mengen von Essigsäure; eine Bestimmung der fixen Säuren aus dem durch wiederholtes Abdampfen erhaltenen Rückstande ist zu verwerfen. Die bei sauer gewordenen Bieren entstandene Essigsäure drückt sich durch Zunahme der Gesamtacidität aus. Im Destillate aus essigsauren

Bieren genügt der qualitative Nachweis der Essigsäure. Neutralisierte Biere sind mit etwas Phosphorsäure angesäuert zu destillieren, wozu Weigerts Methode empfohlen werden kann.

X. Asche. 30—50 ccm Bier werden in einer geräumigen, tarierten Platinschale eingedampft und vorsichtig eingeäschert. Wenn die Einäscherung recht langsam vor sich geht, schmelzen die Aschenbestandteile nicht zusammen.

XI. Phosphorsäure. Dieselbe ist in der Asche zu bestimmen, zu welchem Zwecke 50—100 ccm Bier unter Zusatz von nicht zu viel Ätzbaryt in der Muffel eingeäschert werden. Aus der salpetersauren Lösung wird die Phosphorsäure nach der Molybdänmethode bestimmt.

XII. Schwefelsäure. Die direkte Bestimmung ist nicht zulässig. Die Bestimmung ist in der durch Einäschern mit Soda und Salpeter oder mit Ätzbaryt bereiteten Asche auf übliche Weise auszuführen.

XIII. Chlor. Dasselbe ist in der mit Sodazusatz bereiteten Bierasche zu bestimmen.

XIV. Glycerin. 50 ccm Bier werden mit circa 3 g Ätzkalk versetzt; zum Syrup eingedampft, dann mit circa 10 g grob gepulvertem Marmor oder Seesand vermischt, zur Trockne gebracht. Der ganze Trockenrückstand wird zerrieben in eine Kapsel von Filtrierpapier gebracht, diese in einen Extraktionsapparat eingeführt und 6—8 Stunden mit höchstens 50 ccm starkem Alkohol extrahiert. Zu dem gewonnenen, schwach gefärbten Auszuge wird mindestens das gleiche Volumen wasserfreier Äther hinzugefügt, und die Lösung nach einigem Stehen in ein gewogenes Kölbchen abgegossen, oder durch ein kleines Filter filtriert, mit etwas Alkoholäther nachgewaschen. Nach Abdunstung des Ätheralkohol wird der Rückstand im Trockenschrank bei 100—105º C. im lose bedeckten Kölbchen bis zum konstanten Gewichtsverluste getrocknet. Bei sehr extraktreichen Bieren kann noch der Aschegehalt vom Glycerin bestimmt und in Abzug gebracht werden. Bei etwaigem Zuckergehalte des Glycerins ist derselbe nach Soxhlet zu bestimmen und in Abrechnung zu bringen.

XV. Hopfensurrogate werden nach der Methode von Dragendorff aufgesucht. Auf Pikrinsäure ist nach Fleck zu prüfen. Die Untersuchung auf Alkaloide ist in jedem Falle vergleichend durchzuführen, d. h. dieselben Reaktionen müssen mit einem reinen Biere wiederholt werden.

XVI. Schwefligsaure Salze, z. B. Monocalciumsulfit. 100 ccm Bier werden nach Zusatz von Phosphorsäure abdestilliert und zur Aufnahme des Destillates etwas Jodlösung vorgelegt. Nachdem das erste Drittel abdestilliert ist, wird das von Jod noch gefärbte Destillat mit Salzsäure angesäuert, erwärmt und mit Baryumchlorid versetzt. Bei Abwesenheit von Schwefeldioxyd im Biere entsteht kein Niederschlag, sondern höchstens eine Trübung.

XVII. Salicylsäure. Der qualitative Nachweis kann durch Ausschüttelung mit Äther oder Chloroform oder Benzin geschehen. Man lässt das Lösungsmittel verdampfen, nimmt den Rückstand mit Wasser auf und prüft mit stark verdünntem Eisenchlorid. Zu starkes Ansäuern und zu kräftiges Schütteln der Extraktionsprobe ist zu vermeiden. Auch durch Dialyse lässt sich die geringste Menge Salicylsäure noch nachweisen, da dieselbe sehr leicht durch die Membran geht.

Anmerkung. Die sämtlichen Resultate einer Untersuchung sind in Gewichtsprozenten anzugeben.

B. Methoden der Beurteilung.

I. Ein bestimmtes Verhältnis des Alkohols zum Extraktreste in einem vergorenen Biere zu verlangen, ist ungerecht, da der Brauer nicht für den Vergärungsgrad einstehen, resp. denselben innerhalb engerer Grenzen regulieren kann. Auf einen Gewichtsteil Alkohol entfallen in der Regel bei Bayerischen Schenk- und Lagerbieren in maximo 2 Gewichtsteile Extraktrest, in minimo 1,5 Gewichtsteile, jedoch kann ein engeres Verhältnis vorkommen, ohne dass mit Sicherheit auf einen Zusatz von Alkohol oder Stärkezucker (ersterer zum fertigen Biere, letzterer zur Würze) geschlossen werden könnte.

II. Der wirkliche Vergärungsgrad eines Bieres muss mindestens 48 % des ursprünglichen Extraktes betragen.

III. Wird eine erhebliche Menge des Malzes durch Stärkezucker oder andere stickstoffarme Surrogate ersetzt, so sinkt der Stickstoffgehalt des Bierextraktes unter 0,65 %.

IV. Die Acidität eines Bieres soll 3 ccm Normal-Alkali pro 100 g Bier nicht überschreiten. Biere, deren Acidität unter 1,2 ccm Normal-Alkali pro 100 g Bier beträgt, sind der Neutralisation verdächtig. Sofern die vorhandene Säure vorherrschend Milchsäure ist, kann auch noch mehr Säure gestattet werden.

V. Der Aschegehalt normaler Biere geht nicht über 0,3 g pr. 100 g Bier.

VI. Der Gehalt der Bierextrakte an Phosphorsäure, Schwefelsäure und Chlor ist ein so ausserordentlich schwankender, dass sichere Anhaltspunkte für die Beurteilung eines Bieres aus demselben nicht gewonnen werden können.

VII. Als Maximalgrenze für den normalen Glyceringehalt des Bieres sind 0,25 g pr. 100 g Bier anzunehmen.

VIII. Zum Klären der Biere sind statthaft:

a) Filtrierapparate,

b) gut ausgesottene Haselnuss- oder Buchen-Spähne,

c) Hausenblase.

IX. Als Konservierungsmittel des Bieres sind statthaft:

a) Kohlensäure,

b) Pasteurisieren,
c) Salicylsäure, letztere jedoch nur für Exportbiere, welche nach Ländern
   geschickt werden, in welchen ein Gehalt von Salicylsäure im Biere
   nicht verboten ist.

Anmerkung. Vorstehende Methoden der Beurteilung finden auch
auf importierte Biere Anwendung.

C. Administrative Bemerkungen.

Es ist unumgänglich notwendig, dass das zur Untersuchung entnommene Bier in einer dunkeln Glasflasche und wohlverkorkt eingereicht
werde; Steinkrüge und sonstige Gefässe sind vollkommen auszuschliessen.

Die Bierproben sind vor Licht geschützt und bei niederer Temperatur
aufzubewahren; überhaupt ist die sofortige Vornahme der Untersuchung
erforderlich.

Motive.

A. Methoden der Untersuchung.

Die Definition „Bier" in der Einleitung ist mit Rücksicht auf die gesetzlichen Bestimmungen in Bayern selbstverständlich, da die Verwendung anderer Materialien nach dem Aufschlaggesetz vom 16. Mai 1868 verboten sind und demnach in Bayern eine anders bereitete Flüssigkeit unter keiner Bedingung auf diese Bezeichnung Anspruch machen darf.

I. Die Schlussbemerkung zu den Methoden der Untersuchung lautet: „Die sämtlichen Resultate einer Untersuchung sind in Gewichtsprozenten anzugeben." Da bei mehreren Bestimmungen (Asche, Stickstoff etc. etc.) die zu untersuchende Menge in Kubikcentimetern abgemessen wird, so ist unbedingt notwendig, das specifische Gewicht des Bieres genau festzustellen. Die Waage von Westphal ist in Muspratt, technische Chemie übersetzt von Stohmann, 3. Aufl. Bd. 1. S. 191 und in Holzner, Attenuationslehre, Berlin 1875/76, S. 38 beschrieben.

Die Veränderung des Gewichtes der Pyknometer ist bei Benutzung von Glaspyknometern sehr bedeutend und darf ein Pyknometer nicht nach dem einmaligen Auswägen unbegrenzt lange gebraucht werden. Das Gewicht des Wassers, welches den Pyknometer bis zur Marke oder bis zu einem bestimmten Teilstriche bei 15^0 C. füllt, wird bald nicht mehr stimmen und man würde bei Zugrundlage der ersten Zahl einen Fehler machen, der um so grösser wird, je länger der Pyknometer in Gebrauch ist. Die Pyknometer sollen daher bei häufigem Gebrauche ungefähr alle Monate nachgewogen und calibriert werden.

Als Normaltemperatur ist 15^0 C. gewählt, weil auch bei den übrigen Bestimmungen dieselbe zu Grunde gelegt wird.

II. Beim Abdampfen des Bieres darf die Temperatur von 90^0 C. nicht überschritten werden, da sonst zu grosse Ausscheidungen von Extraktbestandteilen eintreten, welche das Einstellen im Pyknometer erschweren. Nachdem das specifische Gewicht des entgeisteten und wieder auf das ursprüngliche Gewicht gebrachten Bieres festgestellt ist, wird der Extraktgehalt aus der von Ostermann berechneten Tabelle von Schultze (Zeitschrift für das gesamte Brauwesen 1883) entnommen (siehe Tabelle Seite 138).

Da das specifische Gewicht des Bieres vor und nach der Entgeistung festgestellt wird, so können diese Zahlen nicht bloss zu dem Hauptzwecke, sondern nebenher auch zur Kontrolle für die Alkoholbestimmung dienen. Der Quotient beider Zahlen gibt nämlich das specifische Gewicht des im Biere enthaltenen Weingeistes. Entnimmt man aus der Alkoholtabelle die zu letzterem gehörigen Alkoholprozente (δ) und dividiert durch das spec. Gewicht des entgeisteten Bieres, so erhält man die im Biere enthaltenen Alkoholgewichtsprozente. (Näheres in Holzner, Attenuationslehre S. 100.)

III. Das Gewicht des Destillates (D) dient einerseits zur Bestimmung des spec. Gewichtes des abdestillierten Weingeistes, welchem bestimmte Alkoholgewichtsprozente (δ) entsprechen, anderseits zeigt es die absolute Menge des von 75 ccm (G gramm) Bier enthaltenen Weingeistes an. Die Schlussformel enthält man durch folgende Gleichungen:

$$100 : \delta = D : x$$

$$x = \frac{D\,\delta}{100}$$

$$G : \frac{D\,\delta}{100} = 100 : A$$

$$A = \frac{D\,.\,\delta}{G},$$

δ wird aus der im Anhange mitgeteilten für $15\,^{0}$ C. berechneten Tabelle entnommen.

IV. Die zur Berechnung des ursprünglichen Extraktgehaltes der Würze angegebene Formel wird durch Umrechnung der ersten Ballingschen Alkoholgleichung:

$$A = \frac{e - \varepsilon}{2{,}0665 - 0{,}010665\,e}$$

erhalten

$$2{,}0665\,A - 0{,}010665\,A\,e = e - \varepsilon$$

$$e + 0{,}010665\,A\,e = \varepsilon + 2{,}0665\,A$$

$$e = \frac{\varepsilon + 2{,}0665\,A}{1 + 0{,}010665\,A} = \frac{100\,(\varepsilon + 2{,}0665\,A)}{100 + 1{,}0665\,A}.$$

Da der Alkoholgehalt geringe ist, so wird häufig $0{,}010665 = 0$ und $2{,}0665\,A = 2\,A$ gesetzt. Hierdurch geht die Formel über in $e = \varepsilon + 2\,A$, d. h. der Extraktgehalt der Stammwürze wird annähernd erhalten, wenn man zum Extraktreste die doppelte Menge der Alkoholgewichtsprozente addirt.

V. Wenn sämtliches in der Würze ursprünglich vorhandenes Extrakt vergoren ist, so sind $100\,\%$ zersetzt worden; wenn aber nur $(e - \varepsilon)$

zur Bildung von Alkohol, Kohlensäure und Hefe verbraucht sind, so beträgt deren Menge in Prozenten V_1; somit ist:

$$e : 100 = (e - \varepsilon) : V_1$$

$$V_1 = \frac{100\,(e - \varepsilon)}{e} = 100\left(1 - \frac{\varepsilon}{e}\right).$$

VI. 25 ccm entkohlensäuertes Bier werden in einem Becherglase mit 50 ccm Fehling'scher Lösung kalt gemischt, zum Sieden erhitzt und darin 4 Minuten unterhalten. Das abgeschiedene Kupferoxydul wird durch ein Soxhlet'sches Asbeströhrchen abfiltriert, ausgewaschen, im Wasserstoffstrom reduziert und gewogen. (Soxhlet, Journ. f. prakt. Chemie [2] XXI. pag. 227; Zeitschrift f. anal. Chemie XX. pag. 425.)

VII. 50 ccm Bier werden mit 20 ccm Salzsäure und 130 cc Wasser in einem Kölbchen versetzt und im Wasserbad auf bekannte Weise nach Sachsse (chem. Centralbl. 1877, pag. 732; Zeitschr. f. analyt. Chemie XVII. pag. 231) 3 Stunden lang erhitzt. Nach dem Neutralisieren mit Natronlauge wird die Flüssigkeit auf 300 ccm aufgefüllt.

Die Bestimmung der gebildeten Dextrose geschieht nach Sachsse (Zeitschrift f. analyt. Chemie XVI. pag. 121) unter Berücksichtigung der von Soxhlet a. a. O. gemachten Erfahrungen und des von ihm aufgestellten Reduktionsverhältnisses, wonach 100 ccm Sachsse'sche Lösung durch 0,3305 g Dextrose reduziert werden bei Anwendung von $1\,\%$ Zuckerlösung, oder 100 ccm Sachsse'sche Lösung durch 0,325 Dextrose bei Anwendung von $\frac{1}{2}\,\%$ Zuckerlösung. Bei der Berechnung der Resultate ist zu berücksichtigen, dass 19 Gewichtsteile Maltose 20 Gewichtsteilen Dextrose und 10 Gewichtsteile Dextrose 9 Gewichtsteilen Dextrin entsprechen.

IX. b. Die Weigertsche Methode, nach welcher die Essigsäure im luftverdünnten Raume abdestilliert wird, ist in der Zeitschrift für analyt. Chemie XVIII. pag. 207 beschrieben.

Gleichzeitig soll auf die neuerdings veröffentlichte Methode von B. Landmann aufmerksam gemacht werden. Hier wird Essigsäure durch Einleitung von Wasserdämpfen ohne Luftverdünnung abdestilliert. (Zeitschrift f. analyt. Chemie 22. pag. 516.)

XII. Die Fällung der Schwefelsäure und Filtration des ausgeschiedenen Baryumsulfates wird wesentlich erleichtert, wenn sowohl die zu untersuchende Flüssigkeit als auch die Chlorbaryumlösung zum Kochen erhitzt und in siedendem Zustande miteinander vermischt werden.

XV. Man dampfe 3 l Bier mit Seesand oder Bolus ein und bringe die getrocknete Masse in einen Extraktionsapparat behufs Extraktion mit Alkohol.

Die alkoholische Lösung kann sowohl zum Nachweis der Alkaloide nach Draggendorff (Post, chem. techn. Analyse, pag. 854; Griessmayer, die Verfälschung der Nahrungsmittel, pag. 68; Draggendorff,

Nachweis der Alkaloide im Bier) als auch zum Nachweis der Pikrinsäure nach Fleck verwendet werden.

Im ersteren Falle wird der Abdampfrückstand vom alkoholischen Auszug mit Benzin wiederholt ausgeschüttelt um die Alkaloide in reinem Zustande zu gewinnen, im anderen Falle wiederholt mit Wasser ausgekocht. Die gereinigten wässerigen Abkochungen bringt man zur Trockene und behandelt den Trockenrückstand mit Äther, welcher die Pikrinsäure aufnimmt und nach dem Verdunsten des Äthers in reinem Zustande zurücklässt (Korrespondenzblatt des Vereins analyt. Chemiker 1880, pag. 77).

Nachtrag. Es ist dringend zu empfehlen, jede Bestimmung doppelt auszuführen.

B. Methoden der Beurteilung.

Einleitung. Die Vereinigung versuchte hier dem Lebensmittelchemiker Anhaltspunkte zu geben, die ihm die Beurteilung der gewonnenen Analysenresultate erleichtern sollen.

Es muss jedoch hier darauf hingewiesen werden, dass die angegebenen Grenzzahlen nur nach den bisherigen Erfahrungen und aus den vorliegenden Resultaten von Bieranalysen verschiedenen Ursprunges entnommen sind und keineswegs als für allezeit feststehend betrachtet werden dürfen. Mit der Verbesserung der Untersuchungsmethoden werden gewiss neue Gesichtspunkte aus den Analysen hervortreten, welchen später Rechnung getragen werden muss. Wenn einerseits nach dem heutigen Stande unseres Wissens eine Schädigung des Brauers unter Zugrundlage der vereinbarten Punkte zur Beurteilung gewiss nicht zu befürchten ist, wird anderseits vielleicht durch Vermehrung des Beobachtungsmateriales doch eine Änderung der heutigen Anschauungen eintreten. Der Chemiker soll bei etwaiger Beobachtung einer Abweichung in der Zusammensetzung eines Bieres von den jetzt aufgestellten Normen zu weiteren Untersuchungen geführt werden, die demselben zeigen sollen, ob die beobachtete Unregelmässigkeit auf einer Fälschung beruht oder ob dieselbe in anderer Weise zu deuten sein wird. Vorsicht bei der Beurteilung ist unter allen Umständen zu empfehlen.

Niemals darf bei der Beurteilung die grosse Veränderlichkeit des Bieres ausser Acht gelassen werden und die feststehende Thatsache, dass aus ein und derselben Brauerei, selbst bei annähernd gleicher Beschaffenheit des Braumateriales bei gleichem Brauverfahren und gleicher Gärführung doch wesentliche Unterschiede im Produkte zu tage treten können.

Ein Unterschied dürfte dann auch zwischen den für den gewöhnlichen Konsum in grösseren Quantitäten bestimmten Bieren aus leichteren Stammwürzen, von etwa 14,5 % heruntergehend, und den stärkeren Luxusbieren, aus höherprozentigen Stammwürzen, zu machen sein. An

die ersteren sind offenbar wegen ihrer hygienischen Bedeutung grössere
Anforderungen zu stellen.

Jedenfalls wäre es ausserordentlich förderlich durch zahlreiche an
verschiedenen Orten und zu verschiedenen Zeiten ausgeführte Analysen
nach den vereinbarten Methoden, welchen man normale und nicht von
Konsumenten und Behörden beanstandete Biere unterwirft, ein gutes
Zahlenmaterial zu erwerben, aus dem sich sichere Grenzzahlen ableiten
lassen.

I. Der Vergärungsgrad einer Bierwürze ist abhängig von der Zusammensetzung der Würze, die ihrerseits aus der Beschaffenheit der Rohmaterialien und aus der Fabrikationsweise hervorgeht, dann von der Gär-
tüchtigkeit der zum Anstellen verwendeten Hefe, von der Temperatur
beim Anstellen und bei der Gärung, von der Beschaffenheit der Gärge-
fässe, des Gär- und Lagerkellers, selbst von einzelnen Manipulationen wie
Aufziehen, Umschlauchen u. s. w. und von der Zeit der Lagerung. Es
wäre ungerecht, den Brauer für alle Momente verantwortlich zu machen,
die er unmöglich beherrschen kann. Um nur ein Beispiel anzuführen,
wird ein und dieselbe Würze unter sonst gleichen Umständen in zwei
Bottichen verschiedenen Vergärungsgrad erreichen, wenn der eine Bottich
innen mit Lack ausgestrichen ist — der andere Bottich keinen Lacküber-
zug hat.

Ausserhalb der Möglichkeit liegt es, die Vergärung der Biere aus
richtig zusammengesetzten Würzen bis zum Konsum so zu regulieren,
dass die ausgeschenkten Biere immer den gleichen Vergärungsgrad besitzen, weil das Bier — abgesehen von allen sonstigen Einflüssen auf den
Vergärungsgrad — durch längeres Lagern einen höheren Vergärungsgrad
erreicht. Die Lagerung ist eine fortgesetzte langsame Nachgärung. Der
Konsum kann stärker oder schwächer werden und das Bier wird beim
Auschank einmal weniger das andere Mal mehr vergoren sein.

Wenn sich aus Obigem ergibt, dass der Vergärungsgrad unmöglich
gleich zu erhalten ist, so ist es doch wohl möglich, denselben innerhalb
weiterer Grenzen zu regulieren. Schlechte Vergärung und ein sehr niedriger Vergärungsgrad lässt auf gewisse Fehler in den Braumaterialien
schliessen. Ein schlecht verzuckerndes Malz, das eine Würze von geringem
Maltosegehalte liefert, wird gering vergärende dextrinreiche Biere erzeugen. Junge Biere, d. h. solche die noch nicht vollkommen ausgegoren
sind, besitzen selbstverstäudlich auch einen geringeren Vergärungsgrad.
Um nun einerseits die Ausgabe von jungen nicht genügend vergorenen
Bieren zu beschränken, ohne aber den Brauer für Unmögliches verantwortlich zu machen, hat die Vereinigung beschlossen, die obere Grenze
für den Vergärungsgrad nicht festzusetzen, dagegen einen zu geringen
Vergärungsgrad zu beschränken, indem sie ad II. denselben auf mindestens
48 % des Extraktes der Würze fixiert.

Jeder Brauer ist im Stande, bei nur einigermassen sorgfältigem Maischverfahren und Wahl eines gut verzuckernden Malzes, unter selbst ungünstigen Verhältnissen diesen Vergärungsgrad zu erreichen, ja es liegt sogar in seinem eigenen Interesse, ihn zu erreichen, weil die geringer vergorenen Biere eine viel geringere Haltbarkeit besitzen und die meisten Klagen über verdorbene Biere sich auf solche mit geringem Vergärungsgrad beziehen, viel weniger auf solche mit zu hohem Vergärungsgrade.

Fehler in der Malzbereitung, besonders durch Überhitzen des Malzes auf der Darre, Unreinlichkeit in den Gärkellern und das Vortreten fremder die Hefeentwickelung hemmender Fermente, übermässige Abkühlung der gärenden Biere, haben unter Anderm einen zu geringen Vergärungsgrad zur Folge und können in rationell geleiteten Brauereien vermieden werden.

Analysen verschiedener Biere von guter Beschaffenheit rechtfertigen die angenommene Grenzzahl und manche in der Litteratur enthaltene Bieranalysen, unter welchen auch solche mit einem Vergärungsgrade unter 48 % des ursprünglichen Extraktes zu finden sind, können keineswegs diese Zahl erschüttern.

Die englischen Biere haben sämtlich sehr hohe Vergärungsgrade und sind durch ihre grosse Haltbarkeit ausgezeichnet. Prandtl veröffentlichte im Jahre 1868 20 Analysen Münchener Biere[1]), mit im Minimum 49 im Durchschnitt 54 % Vergärungsgrad; Schwachhöfers 48 Analysen österreichischer Biere[2]), enthalten keinen einzigen Vergärungsgrad unter 50 %; Münchner Biere und sonstige bayerische Biere haben selten Vergärungsgrade unter 50 %, was durch diverse Analysen bestätigt ist. Von den in Lintners Bierbrauerei (pag. 556) aufgeführten 17 Analysen diverser Biere hat nur ein einziges, der Salvator, einen Vergärungsgrad von 47 %. In der That sind auch sonst unter den veröffentlichten Bieranalysen meistens nur diejenigen aus sehr schweren Stammwürzen (Bock, Salvatorbiere etc.) weniger vergoren, der Nahrungsmittelchemiker wird aber solchen und anderen sonst gut beschaffenen Spezialbieren gegenüber nicht den gleichen Massstab anlegen, wie für die gewöhnlichen Schenk- und Lagerbiere.

III. Der Stickstoffgehalt des Extraktes normaler Biere ist in der Regel 1 %, entsprechend 6,25 % Proteïnstoffen und sinkt nur selten unter 1 % des Extraktes und es scheint hier eine Grenze, trotz der grossen Unterschiede im Stickstoffgehalte der Braumaterialien, zu bestehen. Ein Herabsinken des Stickstoffgehaltes unter 0,8 % ist nach den bisherigen Erfahrungen bei gewöhnlichen Brauverfahren ausserordentlich selten. Wir möchten, trotzdem die Grenze nach den vorliegenden Analysen vollkommen gerechtfertigt ist, daran erinnern, dass Änderungen im Brauverfahren oder aussergewöhnlich stickstoffarme Gersten vielleicht eine Verminderung des Stickstoffgehaltes der Biere unter die Grenzzahl zur Folge haben könnten und es sich jedenfalls empfehlen wird, bei Beobachtung eines niedrigen

---

[1]) Dinglers Polyt. Journ. 1868.
[2]) Lintner Bierbrauerei 551—55.

Stickstoffgehaltes weiter zu forschen und bei mangelnden sonstigen Anhaltspunkten für die Verwendung eines stickstoffarmen Surrogates, vorsichtig zu urteilen.

IV. Bei Bieren, die nach der gewöhnlichen bayerischen Methode dargestellt sind, ist die Acidität sehr wenig schwankend und man kann bei einer Acidität über 3 ccm Normal-Alkali pro 100 g Bier = 0,270 g Milchsäure mit der grössten Wahrscheinlichkeit annehmen, dass das betreffende Bier sauer geworden ist. Immerhin könnte aber der Fall vorkommen, dass bei Verwendung von sehr warm geführtem Malze oder bei nicht vorsichtigem Maischen der Milchsäuregehalt eines Bieres höher wird. Die Milchsäure ist ein normaler Bierbestandteil und eine grössere Menge davon ist auch gewiss vom gesundheitspolizeilichen Standpunkte aus nicht zu beanstanden. Dagegen ist im normalen Biere die Essigsäure nur spurweise vorhanden und werden also grössere Mengen dieser Säure zu beanstanden und ihr gegenüber die Grenzzahl festzuhalten sein, weil Essigsäuregärung bereits Verderbnis des Bieres kundgibt.

V. Der Aschengehalt der Biere nimmt einigermassen mit der Menge des zum gleichen Quantum Bier verbrauten Malzes zu, doch ist derselbe auch bei den stärksten Luxusbieren unter 0,3 % geblieben und würde ein höherer Aschegehalt dem Analytiker jedenfalls den Wink geben, dass er nach Zusätzen von anorganischen Verbindungen (wie kohlensaurem Natron etc.) zu suchen habe.

VII. Die Glycerinbestimmung im Biere ist noch sehr unvollkommen und wird die nach bisherigen Analysen angenommene Grenzzahl wahrscheinlich eine Erniedrigung erfahren müssen, wenn es gelingt, die fremden Stoffe (Harz) vom zu wägenden Glycerin zu trennen.

VIII. u. IX. Die freie Vereinigung hat für gut befunden, dass jene Vorrichtungen und Verrichtungen, welche erlaubt sind, namentlich bezeichnet werden. Dass Filtrierapparate, Späne, flüssige Kohlensäure und Pasteurisieren nicht zu beanstanden sind, bedarf keiner Auseinandersetzung. Die Verwendung von Hausenblase kann um so weniger einer Beanstandung unterliegen, als erst jüngst der Reichsgerichtshof deren Gebrauch als erlaubt beurteilt hat. Dagegen glaubte die freie Vereinigung sich nicht für den unbedingten Gebrauch der Salicylsäure aussprechen zu können. Nachdem jedoch erwiesen ist, dass der Zusatz kleiner Dosen beim überseeischen Transporte vorzügliche Dienste leistet, und nachdem ferner feststeht, dass ausserdeutsche Brauereien ihre Exportbiere mit Salicylsäure konservieren, so glaubte man die Konkurrenz der bayrischen Exportbrauereien nicht erschweren zu dürfen.

Wenn in Bayern darauf gesehen wird, dass die einheimischen Brauer nur aus Hopfen und Malz ihre Biere bereiten dürfen, so folgt notwendiger Weise, dass die importierten Biere auf gleiche Weise hergestellt sein müssen.

L. Aubry. Dr. E. Prior. Dr. Holzner.

Erläuterungen zur Alkohol- und Extraktbestimmung im Biere.

Durch die Kriege am Anfange dieses Jahrhundertes kamen in Deutschland die Versuche, den Extraktgehalt der Würze zu bestimmen, in Vergessenheit. Als F u c h s[1]) veranlasst wurde, eine Methode zur Ermittelung der Hauptbestandteile des Bieres aufzusuchen, schlug er nicht den schon früher versuchten Weg ein, sondern erfand die hallymetrische[2]) Methode, welche jetzt nur selten mehr angewendet wird. Die Methode hat den Vorzug, dass sie bei einiger Übung leicht auszuführen ist. Diesem Vorzuge steht leider die Ungenauigkeit gegenüber, die bekanntlich darin liegt, dass man genötigt ist, das Gewicht des nicht gelösten Kochsalzes aus dem Volumen zu bestimmen. Das Volumen, das eine gewisse Menge Kochsalz einnimmt, ist aber abhängig: 1) von der Grösse der Körnchen, 2) von dem Zufall der Lagerung derselben.

Kurze Zeit nach dem Bekanntwerden der hallymetrischen Methode konstruierten B a l l i n g[3]) und K a i s e r[4]) ihre Aräometer. Der erstere stellte zuvor durch Versuche fest, dass wasserfreies Extrakt gleiches (?) spec. Gewicht mit krystallisiertem Rohrzucker hat, und dass gleichprozentige Lösungen von Rohrzucker und Malzextrakt ebenfalls gleiche (?) Dichtigkeiten besitzen.

K a i s e r bestimmte die Extraktgehalte mehrerer Würzen auf hallymetrischem Wege[5]); die erhaltenen Prozente dienten als Fixpunkte für das „Prozentaräometer". Dieses Instrument ist in Deutschland sehr verbreitet. Es zeigt etwas höheren Gehalt der Würzen an, als das Saccharometer von B a l l i n g, d. h. derselben Zahl nach K a i s e r entspricht ein höheren Gehalt an Extrakt.

Später gab auch S t e i n h e i l[6]) eine Tabelle bekannt, welche wie jene von B a l l i n g mittelst Lösungen von Zucker hergestellt worden ist. Die Prozentgehalte sind aber niedriger als die von B a l l i n g gefundenen, weil S t e i n h e i l für die Zusammensetzung des Zuckers die Formel $C_{12} H_{22} O_{11}$ $+ H_2 O$ angenommen und daher 5,3 % vom Zucker als Wasser in Abzug gebracht hat. — Bekanntlich versuchte S t e i n h e i l noch einen anderen

---

[1]) Gesammelte Schriften des Joh. Nep. v o n F u c h s. München 1856.

[2]) Das Wort Hallymeter ist, wie F u c h s selbst angibt, hergeleitet von $\ddot{\alpha}\lambda\varsigma$ = Salz und $\lambda\acute{v}\varepsilon\iota\nu$ = lösen. Es ist daher unbegreiflich, wie immer wieder die Worte Hallimeter und Halymeter auftauchen.

[3]) Die saccharometrische Bier- und Branntweinmaischprobe. Prag 1846.

[4]) Die ersten Normalinstrumente wurden 1838 in München angefertigt. Nach einer Mitteilung des Herrn Kollegen V o g e l in Memmingen besitzt der Optiker S c h u r dortselbst noch ein solches Normalaräometer.

[5]) Gesammelte Schriften von J. N. v. F u c h s. S. 196. Anmerkung.

[6]) Gehaltsprobe für Biere. München 1847.

Weg, den Extraktgehalt zu bestimmen, nämlich aus der Grösse der Ablenkung des unter einem bestimmten Winkel einfallenden und durch die Würze gehenden Lichtstrahles. Diese Methode hat nur mehr historisches Interesse. Es ist sehr zu wünschen, dass sie durch erneute Untersuchungen vervollkommnet wird.

Gegenwärtig wird in Deutschland der Extraktgehalt nur mehr aus dem spec. Gewichte der Würzen abgeleitet. Bis in die neueste Zeit diente die Tabelle von Balling als Grundlage. Bedauerlicher Weise fand die Bearbeitung dieser Tabelle von Brix[7]) in der Technologie keine Anwendung. Balling hatte sich bei der Herstellung der Tabelle Verstösse gegen die Mathematik erlaubt, welche Reischauer[8]) aufdeckte.

Die Versuche von Griessmayer[9]) und Lermer[10]) bezweckten weniger die Herstellung neuer Tabellen, als den Nachweis dafür, dass Ballings Tabelle nicht richtig ist.

Schultze[11]) fand bei seinen Analysen, dass sich je nach der Methode, die Ausbeute des Malzes zu bestimmen, immer Differenzen ergaben. Er suchte den Grund der Abweichungen in den Fehlern der Ballingschen Tabelle. Dieser Umstand bewog ihn, eine neue Tabelle herzustellen, indem er das spec. Gewicht verschiedener Würzen bestimmte und deren Extraktgehalt durch Eindampfen bei $75^0—80^0$ C. ermittelte. Hiedurch wird aber ein wasserfreies Extrakt nicht erhalten[11]).

Die Gründe, welche die freie Vereinigung bayerischer Chemiker veranlassten, die Tabelle von Schultze anzunehmen[12]), sind folgende: 1) Die Tabelle von Balling hat, da ihre Normaltemperatur 14^0 R. ist, keine Aussicht auf allgemeine Annahme; insbesondere ist nicht daran zu denken, dass in den romanischen Ländern, Norwegen etc. 15^0 C. als Normaltemperatur aufgegeben wird. Schultze aber hat gerade diese Temperatur für seine Gewichtsbestimmungen gewählt. 2) Der Umstand, dass nach Schultze wasserhaltiges Extrakt erhalten wird, bildete keinen Grund, die Tabelle nicht anzunehmen: a) weil es in hohem Grade wahrscheinlich ist, dass nur noch Krystallwasser[13]) im getrockneten Extrakte vorhanden war; b) weil infolge der Invertierung der Maltose in Dextrose bei der Gärung

---

[7]) Über die Beziehungen, welche zwischen den Prozentgehalten verschiedener Zuckerlösungen in Wasser, den dazu gehörigen Dichten . . . . stattfinden. Berlin 1854.

[8]) Bayerischer Bierbrauer. 1875.

[9]) Bayerischer Bierbrauer. 1877.

[10]) Bayerischer Bierbrauer. 1875.

[11]) Bayerischer Bierbrauer. 1878.

[12]) Selbstverständlich wurden die von Ostermann (Zeitschrift für das gesamte Brauwesen 1883) durch Wahrscheinlichkeitsrechnung erhaltenen Zahlen gewählt.

[13]) Holzner, Über die Unterschiede der Extrakttabelle von Balling, Steinheil und Schultze, Bayer. Bierbrauer 1883.

dieses Wasser in die chemische Verbindung eintritt und im fertigen Biere als konstituierender Bestandteil des Alkohols und der Kohlensäure erscheint.

___

Die in den Vorschlägen enthaltenen Berechnungen sind in Spezialwerken und in den Handbüchern über Bierbrauerei enthalten. Die Berechnung des Extraktgehaltes der Stammwürze, d. h. der im Gärkeller mit Hefe versetzten Würze geschieht nach der Formel von Balling. Es hat wohl Korschelt[14]) eine andere Berechnungsformel vorgeschlagen; aber die Abweichungen der Berechnungen nach den beiden Formeln sind zu gering[15]), als dass eine Änderung in der bisherigen Rechnungsweise angezeigt erscheint. Die weitere Frage wird nur die sein, ob die Verhältniszahl zwischen Alkohol (A) und Hefe (H) nämlich $H = 0{,}11\ A$ die richtige ist. Die Untersuchung von Pasteur[16]), welche Wolfbauer[17]) zur Grundlage einer vermeintlich ganz neuen Formel[18]) genommen hat, haben keinen Unterschied ergeben, der nicht durch die Verschiedenheiten in der Zusammensetzung der Würze bedingt ist.

Die Herleitung der Formel von Balling ergibt sich durch folgende Betrachtung. Das Gewicht der Würze (W), welche zur Herstellung von 100 Gewichtsteilen Bier nötig ist, muss betragen: a) diese 100 Gewichtsteile, b) das Gewicht der abgeschiedenen Hefe (H), c) das Gewicht der Kohlensäure (K), welche, da der Kohlensäuregehalt des Bieres schwankt, durch Schütteln und Filtrieren des Bieres entfernt wird. Es ist also

$$W = 100 + H + K.$$

K ist eine Funktion der Menge des im Biere enthaltenen Alkohols (A); denn $C_{12}H_{24}O_{12} = 4\,C_2H_6O + 4\,CO_2$, folglich sind 184 Gewichtsteile Alkohol und 176 Gewichtsteile Kohlensäure die Produkte von 360 Gewichtsteilen Zucker.

$$184 : 176 = 1 : 0{,}9565,$$

d. h. $K = 0{,}9565\ A$. — Das Verhältnis zwischen Alkohol und Hefe muss durch Versuche ermittelt werden. Balling nahm $H = 0{,}11\ A$. Setzt man die Werte für H und K in die obige Gleichung, so erhält man

$$W = 100 + 0{,}11\ A + 0{,}9565\ A$$
$$W = 100 + 1{,}0665\ A.$$

___

<14]) Bayerischer Bierbrauer. 1876.

[15]) Holzner, Bemerkungen zu der Alkoholformel von Korschelt. Bayerischer Bierbrauer. 1876.

[16]) Abhandlung über die Alkoholgärung, deutsch von Griessmayer. Augsburg 1871.

[17]) Kohlrausch's Organ für Rübenzuckerindustrie 1875. — Dinglers polytechn. Journal 1876, Bd. 219.

[18]) Holzner, Bemerkungen zu Wolfbauers Formel zur Bestimmung der ursprünglichen Würze-Concentration. Bayerischer Bierbrauer. 1877.

Nachdem das Gewicht der Würze, deren Extraktprozent - Gehalt (e) vor dem Anstellen mit Hefe gemessen worden ist, bekannt ist, lässt sich die Menge des in dieser Würze enthaltenen Extraktes (E) durch folgende Proportion finden

$$100 : e = W : E$$

$$E = \frac{W \cdot e}{100} = \frac{(100 + 1{,}0665\,A)\,e}{100} = (1 + 0{,}010665\,A)\,e.$$

Dieselbe Menge Extrakt kann durch die Bestandteile des (fertigen) Bieres, dessen Extraktrest (ε) und Alkohol (A) in Prozenten bestimmt ist, und durch die abgeschiedene Hefe und Kohlensäure ausgedrückt werden, nämlich

$$E = \varepsilon + A + H + K$$
$$E = \varepsilon + A + 0{,}11\,A + 0{,}9565\,A$$
$$E = \varepsilon + 2{,}0665\,A.$$

Durch Vereinigung der beiden Werte von E zu einer Gleichung erhält man

$$(1 + 0{,}010665\,A)\,e = \varepsilon + 2{,}0665\,A$$
$$e = \frac{\varepsilon + 2{,}0665\,A}{1 + 0{,}010665\,A}.$$

Da der Alkoholgehalt des Bieres nicht gross ist, so wird der Abkürzung halber bisweilen statt 2,0665 A gesetzt 2 A und statt 0,010665 A die Zahl Null, so dass die Formel in

$$e = \varepsilon + 2\,A$$

übergeht.

Extrakttabelle nach Dr. Schultze.

Spec. Gewicht der Würze	Extrakt in 1000 g	Spec. Gewicht der Würze	Extrakt in 1000 g	Spec. Gewicht der Würze	Extrakt in 1000 g	Spec. Gewicht der Würze	Extrakt in 1000 g
1,0001	0,263	1,0016	4,211	1,0031	8,158	1,0046	12,089
1,0002	0,526	1,0017	4,474	1,0032	8,421	1,0047	12,350
1,0003	0,789	1,0018	4,737	1,0033	8,684	1,0048	12,611
1,0004	1,053	1,0019	5,000	1,0034	8,947	1,0049	12,872
1,0005	1,316	1,0020	5,263	1,0035	9,211	1,0050	13,133
1,0006	1,579	1,0021	5,526	1,0036	9,474	1,0051	13,394
1,0007	1,842	1,0022	5,790	1,0037	9,737	1,0052	13,655
1,0008	2,105	1,0023	6,053	1,0038	10,000	1,0053	13,916
1,0009	2,368	1,0024	6,316	1,0039	10,261	1,0054	14,177
1,0010	2,632	1,0025	6,579	1,0040	10,522	1,0055	14,439
1,0011	2,895	1,0026	6,842	1,0041	10,783	1,0056	14,700
1,0012	3,158	1,0027	7,105	1,0042	11,044	1,0057	14,961
1,0013	3,421	1,0028	7,368	1,0043	11,305	1,0058	15,222
1,0014	3,684	1,0029	7,632	1,0044	11,567	1,0059	15,483
1,0015	3,947	1,0030	7,895	1,0045	11,828	1,0060	15,744

Spec. Gewicht der Würze	Extrakt in 1000 g	Spec. Gewicht der Würze	Extrakt in 1000 g	Spec. Gewicht der Würze	Extrakt in 1000 g	Spec. Gewicht der Würze	Extrakt in 1000 g
1,0061	16,005	1,0106	27,714	1,0151	39,329	1,0196	50,839
1,0062	16,266	1,0107	27,973	1,0152	39,587	1,0197	51,094
1,0063	16,527	1,0108	28,233	1,0153	39,845	1,0198	51,348
1,0064	16,788	1,0109	28,493	1,0154	40,102	1,0199	51,603
1,0065	17,049	1,0110	28,753	1,0155	40,358	1,0200	51,857
1,0066	17,311	1,0111	29,012	1,0156	40,613	1,0201	52,111
1,0067	17,572	1,0112	29,272	1,0157	40,869	1,0202	52,366
1,0068	17,833	1,0113	29,532	1,0158	41,125	1,0203	52,620
1,0069	18,094	1,0114	29,792	1,0159	41,381	1,0204	52,875
1,0070	18,355	1,0115	30,051	1,0160	41,636	1,0205	53,129
1,0071	18,616	1,0116	30,309	1,0161	41,892	1,0206	53,384
1,0072	18,877	1,0117	30,567	1,0162	42,148	1,0207	53,638
1,0073	19,138	1,0118	30,824	1,0163	42,404	1,0208	53,893
1,0074	19,400	1,0119	31,082	1,0164	42,659	1,0209	54,147
1,0075	19,660	1,0120	31,340	1,0165	42,915	1,0210	54,402
1,0076	19,921	1,0121	31,597	1,0166	43,171	1,0211	54,656
1,0077	20,181	1,0122	31,855	1,0167	43,427	1,0212	54,911
1,0078	20,441	1,0123	32,113	1,0168	43,682	1,0213	55,165
1,0079	20,701	1,0124	32,371	1,0169	43,938	1,0214	55,419
1,0080	20,960	1,0125	32,628	1,0170	44,194	1,0215	55,674
1,0081	21,220	1,0126	32,886	1,0171	44,450	1,0216	55,928
1,0082	21,480	1,0127	33,144	1,0172	44,705	1,0217	56,183
1,0083	21,740	1,0128	33,402	1,0173	44,961	1,0218	56,437
1,0084	22,000	1,0129	33,659	1,0174	45,217	1,0219	56,692
1,0085	22,259	1,0130	33,917	1,0175	45,473	1,0220	56,946
1,0086	22,519	1,0131	34,175	1,0176	45,728	1,0221	57,201
1,0087	22,779	1,0132	34,432	1,0177	45,984	1,0222	57,455
1,0088	23,038	1,0133	34,690	1,0178	46,240	1,0223	57,709
1,0089	23,298	1,0134	34,948	1,0179	46,496	1,0224	57,964
1,0090	23,558	1,0135	35,206	1,0180	46,751	1,0225	58,218
1,0091	23,818	1,0136	35,463	1,0181	47,007	1,0226	58,473
1,0092	24,077	1,0137	35,721	1,0182	47,263	1,0227	58,727
1,0093	24,337	1,0138	35,979	1,0183	47,519	1,0228	58,982
1,0094	24,597	1,0139	36,237	1,0184	47,774	1,0229	59,236
1,0095	24,857	1,0140	36,494	1,0185	48,030	1,0230	59,491
1,0096	25,116	1,0141	36,752	1,0186	48,286	1,0231	59,745
1,0097	25,376	1,0142	37,010	1,0187	48,542	1,0232	60,000
1,0098	25,636	1,0143	37,268	1,0188	48,797	1,0233	60,252
1,0099	25,895	1,0144	37,525	1,0189	49,053	1,0234	60,505
1,0100	26,155	1,0145	37,783	1,0190	49,309	1,0235	60,757
1,0101	26,415	1,0146	38,041	1,0191	49,565	1,0236	61,010
1,0102	26,675	1,0147	38,298	1,0192	49,820	1,0237	61,262
1,0103	26,934	1,0148	38,556	1,0193	50,076	1,0238	61,515
1,0104	27,194	1,0149	38,814	1,0194	50,330	1,0239	61,767
1,0105	27,454	1,0150	39,072	1,0195	50,585	1,0240	62,020

Spec. Gewicht der Würze	Extrakt in 1000 g	Spec. Gewicht der Würze	Extrakt in 1000 g	Spec. Gewicht der Würze	Extrakt in 1000 g	Spec. Gewicht der Würze	Extrakt in 1000 g
1,0241	62,272	1,0286	73,618	1,0331	84,888	1,0376	96,065
1,0242	62,525	1,0287	73,869	1,0332	85,137	1,0377	96,312
1,0243	62,777	1,0288	74,120	1,0333	85,386	1,0378	96,559
1,0244	63,030	1,0289	74,372	1,0334	85,636	1,0379	96,807
1,0245	63,282	1,0290	74,623	1,0335	85,885	1,0380	97,055
1,0246	63,535	1,0291	74,874	1,0336	86,135	1,0381	97,302
1,0247	63,787	1,0292	75,125	1,0337	86,384	1,0382	97,550
1,0248	64,040	1,0293	75,377	1,0338	86,633	1,0383	97,797
1,0249	64,293	1,0294	75,628	1,0339	86,883	1,0384	98,045
1,0250	64,545	1,0295	75,879	1,0340	87,132	1,0385	98,292
1,0251	64,798	1,0296	76,130	1,0341	87,381	1,0386	98,540
1,0252	65,050	1,0297	76,382	1,0342	87,631	1,0387	98,787
1,0253	65,303	1,0298	76,633	1,0343	87,880	1,0388	99,035
1,0254	65,555	1,0299	76,884	1,0344	88,130	1,0389	99,282
1,0255	65,808	1,0300	77,135	1,0345	88,379	1,0390	99,530
1,0256	66,060	1,0301	77,387	1,0346	88,628	1,0391	99,777
1,0257	66,313	1,0302	77,638	1,0347	88,878	1,0392	100,025
1,0258	66,565	1,0303	77,889	1,0348	89,127	1,0393	100,271
1,0259	66,818	1,0304	78,140	1,0349	89,376	1,0394	100,516
1,0260	67,070	1,0305	78,392	1,0350	89,626	1,0395	100,762
1,0261	67,323	1,0306	78,643	1,0351	89,875	1,0396	101,008
1,0262	67,575	1,0307	78,894	1,0352	90,124	1,0397	101,253
1,0263	67,828	1,0308	79,145	1,0353	90,371	1,0398	101,499
1,0264	68,080	1,0309	79,397	1,0354	90,619	1,0399	101,745
1,0265	68,333	1,0310	79,648	1,0355	90,866	1,0400	101,990
1,0266	68,585	1,0311	79,899	1,0356	91,114	1,0401	102,236
1,0267	68,838	1,0312	80,150	1,0357	91,361	1,0402	102,482
1,0268	69,091	1,0313	80,400	1,0358	91,609	1,0403	102,728
1,0269	69,343	1,0314	80,649	1,0359	91,856	1,0404	102,973
1,0270	69,596	1,0315	80,898	1,0360	92,104	1,0405	103,219
1,0271	69,848	1,0316	81,147	1,0361	92,352	1,0406	103,465
1,0272	70,100	1,0317	81,396	1,0362	92,599	1,0407	103,710
1,0273	70,351	1,0318	81,646	1,0363	92,847	1,0408	103,956
1,0274	70,603	1,0319	81,895	1,0364	93,094	1,0409	104,202
1,0275	70,854	1,0320	82,145	1,0365	93,342	1,0410	104,447
1,0276	71,105	1,0321	82,394	1,0366	93,589	1,0411	104,693
1,0277	71,357	1,0322	82,643	1,0367	93,837	1,0412	104,939
1,0278	71,608	1,0323	82,893	1,0368	94,084	1,0413	105,185
1,0279	71,859	1,0324	83,142	1,0369	94,332	1,0414	105,430
1,0280	72,110	1,0325	83,391	1,0370	94,579	1,0415	105,676
1,0281	72,362	1,0326	83,641	1,0371	94,827	1,0416	105,922
1,0282	72,613	1,0327	83,890	1,0372	95,074	1,0417	106,167
1,0283	72,864	1,0328	84,140	1,0373	95,322	1.0418	106,413
1,0284	73,115	1,0329	84,389	1,0374	95,569	1,0419	106,659
1,0285	73,367	1,0330	84,638	1,0375	95,817	1,0420	106,904

Spec. Gewicht der Würze	Extrakt in 1000 g	Spec. Gewicht der Würze	Extrakt in 1000 g	Spec. Gewicht der Würze	Extrakt in 1000 g	Spec. Gewicht der Würze	Extrakt in 1000 g
1,0421	107,150	1,0466	118,167	1,0511	129,103	1,0556	139,953
1,0422	107,396	1,0467	118,411	1,0512	129,345	1,0557	140,192
1,0423	107,642	1,0468	118,656	1,0513	129,588	1,0558	140,432
1,0424	107,887	1,0469	118,900	1,0514	129,831	1,0559	140,671
1,0425	108,133	1,0470	119,145	1,0515	130,073	1,0560	140,910
1,0426	108,379	1,0471	119,389	1,0516	130,314	1,0561	141,149
1,0427	108,624	1,0472	119,634	1,0517	130,555	1,0562	141,388
1,0428	108,870	1,0473	119,878	1,0518	130,796	1,0563	141,628
1,0429	109,116	1,0474	120,122	1,0519	131,037	1,0564	141,867
1,0430	109,361	1,0475	120,365	1,0520	131,278	1,0565	142,106
1,0431	109,607	1,0476	120,607	1,0521	131,519	1,0566	142,345
1,0432	109,853	1,0477	120,850	1,0522	131,760	1,0567	142,585
1,0433	110,098	1,0478	121,093	1,0523	132,001	1,0568	142,824
1,0434	110,343	1,0479	121,336	1,0524	132,242	1,0569	143,063
1,0435	110,587	1,0480	121,578	1,0525	132,483	1,0570	143,302
1,0436	110,832	1,0481	121,821	1,0526	132,724	1,0571	143,542
1,0437	111,076	1,0482	122,064	1,0527	132,965	1,0572	143,781
1,0438	111,321	1,0483	122,306	1,0528	133,206	1,0573	144,020
1,0439	111,565	1,0484	122,549	1,0529	133,447	1,0574	144,260
1,0440	111,810	1,0485	122,792	1,0530	133,687	1,0575	144,499
1,0441	112,054	1,0486	123,035	1,0531	133,928	1,0576	144,738
1,0442	112,299	1,0487	123,277	1,0532	134,169	1,0577	144,977
1,0443	112,543	1,0488	123,520	1,0533	134,410	1,0578	145,216
1,0444	112,788	1,0489	123,763	1,0534	134,651	1,0579	145,455
1,0445	113,032	1,0490	124,005	1,0535	134,892	1,0580	145,695
1,0446	113,277	1,0491	124,248	1,0536	135,133	1,0581	145,934
1,0447	113,521	1,0492	124,491	1,0537	135,374	1,0582	146,173
1,0448	113,766	1,0493	124,734	1,0538	135,615	1,0583	146,412
1,0449	114,010	1,0494	124,976	1,0539	135,856	1,0584	146,652
1,0450	114,255	1,0495	125,219	1,0540	136,097	1,0585	146,891
1,0451	114,500	1,0496	125,462	1,0541	136,338	1,0586	147,130
1,0452	114,744	1,0497	125,704	1,0542	136,579	1,0587	147,369
1,0453	114,988	1,0498	125,947	1,0543	136,820	1,0588	147,609
1,0454	115,233	1,0499	126,190	1,0544	137,061	1,0589	147,848
1,0455	115,477	1,0500	126,433	1,0545	137,302	1,0590	148,087
1,0456	115,722	1,0501	126,675	1,0546	137,543	1,0591	148,326
1,0457	115,966	1,0502	126,918	1,0547	137,784	1,0592	148,566
1,0458	116,211	1,0503	127,161	1,0548	138,025	1,0593	148,805
1,0459	116,455	1,0504	127,403	1,0549	138,266	1,0594	149,044
1,0460	116,700	1,0505	127,646	1,0550	138,507	1,0595	149,283
1,0461	116,944	1,0506	127,889	1,0551	138,748	1,0596	149,522
1,0462	117,189	1,0507	128,132	1,0552	138,989	1,0597	149,762
1,0463	117,434	1,0508	128,374	1,0553	139,230	1,0598	150,001
1,0464	117,678	1,0509	128,617	1,0554	139,471	1,0599	150,239
1,0465	117,922	1,0510	128,860	1,0555	139,712	1,0600	150,476

Spec. Gewicht der Würze	Extrakt in 1000 g	Spec. Gewicht der Würze	Extrakt in 1000 g	Spec. Gewicht der Würze	Extrakt in 1000 g	Spec. Gewicht der Würze	Extrakt in 1000 g
1,0601	150,714	1,0646	161,393	1,0691	171,997	1,0736	182,542
1,0602	150,951	1,0647	161,629	1,0692	172,231	1,0737	182,775
1,0603	151,189	1,0648	161,864	1,0693	172,466	1,0738	183,008
1,0604	151,426	1,0649	162,100	1,0694	172,701	1,0739	183,241
1,0605	151,664	1,0650	162,336	1,0695	172,936	1,0740	183,475
1,0606	151,901	1,0651	162,572	1,0696	173,170	1,0741	183,708
1,0607	152,139	1,0652	162,808	1,0697	173,405	1,0742	183,941
1,0608	152,376	1,0653	163,044	1,0698	173,640	1,0743	184,174
1,0609	152,614	1,0654	163,280	1,0699	173,875	1,0744	184,407
1,0610	152,851	1,0655	163,515	1,0700	174,109	1,0745	184,640
1,0611	153,089	1,0656	163,751	1,0701	174,344	1,0746	184,873
1,0612	153,327	1,0657	163,987	1,0702	174,579	1,0747	185,106
1,0613	153,564	1,0658	164,223	1,0703	174,813	1,0748	185,339
1,0614	153,802	1,0659	164,459	1,0704	175,048	1,0749	185,572
1,0615	154,039	1,0660	164,695	1,0705	175,283	1,0750	185,806
1,0616	154,277	1,0661	164,931	1,0706	175,518	1,0751	186,039
1,0617	154,514	1,0662	165,166	1,0707	175,752	1,0752	186,272
1,0618	154,752	1,0663	165,402	1,0708	175,987	1,0753	186,505
1,0619	154,989	1,0664	165,638	1,0709	176,222	1,0754	186,738
1,0620	155,227	1,0665	165,874	1,0710	176,457	1,0755	186,971
1,0621	155,464	1,0666	166,110	1,0711	176,691	1,0756	187,204
1,0622	155,702	1,0667	166,346	1,0712	176,926	1,0757	187,437
1,0623	155,939	1,0668	166,581	1,0713	177,161	1,0758	187,670
1,0624	156,177	1,0669	166,817	1,0714	177,396	1,0759	187,903
1,0625	156,414	1,0670	167,053	1,0715	177,630	1,0760	188,137
1,0626	156,652	1,0671	167,289	1,0716	177,865	1,0761	188,370
1,0627	156,889	1,0672	167,525	1,0717	178,100	1,0762	188,603
1,0628	157,127	1,0673	167,761	1,0718	178,335	1,0763	188,836
1,0629	157,365	1,0674	167,997	1,0719	178,569	1,0764	189,069
1,0630	157,602	1,0675	168,232	1,0720	178,804	1,0765	189,302
1,0631	157,840	1,0676	168,468	1,0721	179,039	1,0766	189,535
1,0632	158,077	1,0677	168,704	1,0722	179,274	1,0767	189,768
1,0633	158,315	1,0678	168,940	1,0723	179,508	1,0768	190,001
1,0634	158,552	1,0679	169,176	1,0724	179,743	1,0769	190,233
1,0635	158,790	1,0680	169,412	1,0725	179,978	1,0770	190,464
1,0636	159,027	1,0681	169,648	1,0726	180,211	1,0771	190,696
1,0637	159,265	1,0682	169,883	1,0727	180,444	1,0772	190,927
1,0638	159,502	1,0683	170,119	1,0728	180,677	1,0773	191,159
1,0639	159,740	1,0684	170,353	1,0729	180,910	1,0774	191,390
1,0640	159,977	1,0685	170,588	1,0730	181,144	1,0775	191,622
1,0641	160,213	1,0686	170,823	1,0731	181,377	1,0776	191,853
1,0642	160,449	1,0687	171,058	1,0732	181,610	1,0777	192,085
1,0643	160,685	1,0688	171,292	1,0733	181,843	1,0778	192,316
1,0644	160,921	1,0689	171,527	1,0734	182,076	1,0779	192,548
1,0645	161,157	1,0690	171,762	1,0735	182,309	1,0780	192,779

Spec. Gewicht der Würze	Extrakt in 1000 g	Spec. Gewicht der Würze	Extrakt in 1000 g	Spec. Gewicht der Würze	Extrakt in 1000 g	Spec. Gewicht der Würze	Extrakt in 1000 g
1,0781	193,011	1,0791	195,326	1,0801	197,640	1,0811	199,955
1,0782	193,242	1,0792	195,557	1,0802	197,872	1,0812	200,186
1,0783	193,474	1,0793	195,789	1,0803	198,103	1,0813	200,416
1,0784	193,705	1,0794	196,020	1,0804	198,335	1,0814	200,645
1,0785	193,937	1,0795	196,251	1,0805	198,566	1,0815	200,875
1,0786	194,168	1,0796	196,483	1,0806	198,798	1,0816	201,105
1,0787	194,400	1,0797	196,714	1,0807	199,029	1,0817	201,335
1,0788	194,631	1,0798	196,946	1,0808	199,261	1,0818	201,565
1,0789	194,863	1,0799	197,177	1,0809	199,492	1,0819	201,795
1,0790	195,094	1,0800	197,409	1,0810	199,724	1,0820	202,025

Den Alkoholgehalt des Bieres direkt bestimmen zu wollen, fällt zur Zeit bekanntlich nicht einmal dem Anfänger in der technischen Chemie ein. Derselbe wird immer auf indirektem Wege ermittelt. Hierzu werden die verschiedenen Eigenschaften der Mischungen von Wasser und Alkohol benutzt[19]).

1. Der Tropfenzähler (Compte-gouttes) von Salleron[20]) ist ein kleiner Kolben, welcher seitlich ein englumiges Röhrchen besitzt, aus welchem die Flüssigkeiten nur tropfenweise ausfliessen. Das Röhrchen ist so justiert, dass ein Tropfen Wasser bei 15° C. genau 50 Milligramm, folglich 20 Tropfen einen Gramm wiegen. Das Gewicht von 20 Tropfen Weingeist ist um so kleiner, je grösser der Alkoholgehalt des Weingeistes ist, so dass dieser aus einer beigegebenen Tabelle entnommen werden kann.

2. Das Liquometer von Musculus, Valson et Garcerie besteht aus einer Kapillar-Röhre, auf welcher eine durch Versuche ermittelte Skala für den Alkoholgehalt (Volum-Prozente) des Weines angebracht ist. Das Wasser steigt in Kapillar-Röhren höher als der Wein, welcher um so niedriger stehen bleibt, je höher sein Prozentgehalt an Alkohol ist. Für reinen Weingeist müssen Korrektionen angebracht werden. Desgleichen müssen natürlich Korrektionen vorgenommen werden, wenn die zu untersuchende Flüssigkeit eine andere Temperatur als 15° C. hat.

3. Das Dilatometer von Silbermann. Die Ausdehnung des destilierten Wassers bei einer Temperatur-Erhöhung von 25° C. auf 50° C. beträgt 0,00902 des ursprünglichen Volumens, während der absolute Alkohol sein Volumen bei der gleichen Temperatur-Erhöhung von 25° C.

---

[19]) Die hierhergehörigen Instrumente und die Principien, nach denen sie konstruiert sind, hat (mit Ausnahme des Ebullioskopes von Malligand) Holzner beschrieben. Attenuationslehre. Berlin 1875/76. Eine der besten Abhandlungen über Alkohol etc. ist im neuen Handwörterbuche der Chemie von Fehling enthalten.

[20]) Comptes rendus. LXXVIII. 1147.

auf 50⁰ C. um 0,02943 vermehrt. Die Ausdehnung des Weingeistes unter gleichen Verhältnissen liegt zwischen den beiden genannten Zahlen und ist um so grösser, je höher der Alkoholprozentgehalt ist. Man denke sich eine Pipette, dessen obere Röhre über der Mark kalibriert und sehr lang ist, mit Wasser von 25⁰ C. bis zur Marke gefüllt. Nachdem das untere Ende verschlossen ist, wird die Temperatur auf 50⁰ C. erhöht und der Punkt, bis zu dem das Wasser steigt, mit 0⁰ bezeichnet. In gleicher Weise füllt man mit Weingeistsorten, deren Alkoholgehalte bekannt sind, und schreibt nach der bezeichneten Temperatur-Erhöhung an die Punkte, welche die Oberflächen erreichen, die betreffenden Prozentgehalte.

4. Das Vaporimeter von Geissler gleicht einer Barometer-Röhre, an welcher der Schenkel mit dem Gefässe zugeschmolzen und der längere Schenkel offen ist. Bringt man in das Gefäss etwas destilliertes Wasser, schliesst mit Quecksilber ab und stellt die Röhre in den Dampf des beim Normaldruck siedenden Wassers, so wird das Quecksilber im offenen Schenkel so weit emporgehoben, dass Abstände der Oberflächen des Quecksilbers die Höhe der Barometersäule gleichkommen. Bringt man statt Wasser absoluten Alkohol in das Gefäss und setzt die Röhre in den Dampf des siedenden Wassers, so wird das Quecksilber so weit emporgehoben, dass nach Plücker der Abstand der beiden Oberflächen 1691,2 mm beträgt. Die Expansion der Dämpfe der Weingeistsorten drückt das Quecksilber im Vergleich zum Wasserdampfe um so höher empor, je grösser der Alkoholgehalt ist.

5. Die Alkoholometer sind Densimeter, welche statt des spec. Gewichtes des zu untersuchenden Weingeistes den dazu gehörigen Alkohol-prozentgehalt anzeigen.

Die oben angeführten Instrumente können Techniker zu Untersuchungen benutzen, der Chemiker aber muss zu Mitteln greifen, welche genauere Resultate liefern. Diese Mittel sind das Ebullioskop von Malligand, das Pyknometer und die hydrostatische Wage.

6. Das Ebullioskop von Malligand ist ein Thermometer mit verhältnismässig grosser Kugel und einer Röhre mit sehr kleinem Lumen. Die Röhre ist ungefähr in der Mitte rechtwinklig umgebogen. Umgibt man das Instrument, beziehungsweise dessen Kugel, mit dem Dampfe des beim Normaldruck siedenden Wassers, so steigt das Quecksilber bis zum Punkte, der auf gewöhnlichen Thermometern mit 100⁰ C. aber hier mit 0 % bezeichnet ist. Wenn dagegen die Kugel des Instrumentes vom Dampfe des beim Normaldruck siedenden absoluten Alkoholes umspült ist, so steigt das Quecksilber bis zu dem Temperaturgrade 78,3⁰ C., der hier mit 100 Prozent bezeichnet wird. Je weniger im Weingeist Alkoholprozente enthalten sind, um so mehr nähert sich die Temperatur seines Dampfes beim Normalpunkt der Zahl 100⁰ C. oder 0 %. Da nur selten der Normaldruck herrscht, so ist die Skala verschiebbar. Um das Ent-

weichen der Alkoholdämpfe zu verhindern, ist ein besonderer Kühler angebracht.

7. Das enghalsige Pyknometer soll so eingerichtet sein, dass es bis zum Teilstrich gefüllt, genau 50 g destilliertes Wasser von 15^0 C. fasst. Es ist von grossem Vorteile, wenn über und unter der Marke noch einige Teilstriche angebracht sind. So oft das Instrument gewogen wird, soll dessen Oberfläche abgewischt werden. Dasselbe wird leer tariert und dann wird es, mit Wasser bei 15^0 C. bis zu den verschiedenen Teilstrichen gefüllt, gewogen. Das Gläschen fasse z. B. bis zur Marke gefüllt 50,002 g Wasser und 49,675 g Weingeist, so ist das spec. Gewicht des letzteren (S) bei 15^0 C. bezogen auf Wasser von 15^0 C.

$$S = \frac{49,675}{50,002} = 0,99346.$$

Von Zeit zu Zeit muss das Gewicht des leeren Glases und die Wassermenge, welche es, bis zur Marke gefüllt, fasst, verifiziert werden.

8. Da die hydrostatische Wage jedem Chemiker hinreichend bekannt ist, so wird hier nur die Wage von Westphal kurz beschrieben. Dieselbe hat keine Wägeschale. Der eine Wagbalken trägt einen horizontalen Stift als Zunge beim Einstellen, der andere Wagbalken hat einen Haken und dessen Abstand vom Achsenlager bis zum Haken ist in 10 gleiche Teile geteilt; oberhalb der Teilstriche sind Einkerbungen angebracht, wie bei der Wage von Mohr. Zur Wage gehört ein Senkkörper, der, unter Wasser gewogen, ein seinem Volumen und Gewichte entsprechendes Gewicht verliert. Es sind zwei Gewichte vorhanden, von denen A und A_1 genau so viel wiegen, als der Gewichtsverlust des unter Wasser getauchten Senkkörpers beträgt. Das eine dieser Gewichte A_1 hat eine Öse zum Einhängen in den Haken, das andere hat die Form eines Reiters. Befindet sich der Senkkörper an der Wage unter Wasser und wird das Gewicht mit der Öse eingehängt, so muss die Wage im Gleichgewichte sein. Hat die Flüssigkeit, in welche der Senkkörper getaucht wird, das spec. Gewicht 1,1 so muss ausser dem eingehängten Gewicht A_1 noch das Gewicht A in der Entfernung 1 vom Achsenlager aufgelegt werden. Hat dagegen die Flüssigkeit das spec. Gewicht 0,9, so wird A_1 weggelassen und A auf den Teilpunkt 9 gelegt. Ein weiteres Reitergewicht B wiegt genau $^1/_{10}$ des Gewichtes von A und C genau $^1/_{10}$ von B. Beispiele: Um das Gleichgewicht der Wage herzustellen, während der Senkkörper in eine zu untersuchende Flüssigkeit getaucht ist, muss A_1 eingehängt, A über Teilpunkt 1 auf den Wagbalken gelegt werden, B über Punkt 5 und C über Punkt 3. Das specifische Gewicht der Flüssigkeit ist dann 1,153. Wenn bei einer anderen Flüssigkeit A_1 nicht eingehängt ist, A über dem Teilpunkt 9, B ebenfalls über 9 und C über 2 liegt, so ist das spec. Gewicht der Flüssigkeit 0,992. Da die Wägung ungenau würde, wenn zwei Gewichte nebeneinander über einen Teilstrich gelegt

würden, so sind die Reiter am Rande hakenförmig aufgebogen, so dass einer an den andern gehängt werden kann[21]). Soll auch noch die vierte Dezimale des spec. Gewichtes bestimmt werden, so muss noch ein fünftes Gewicht D vorhanden sein, das $1/_{10}$ von C wiegt.

Werden 50 ccm absoluter Alkohol und 50 ccm Wasser gemischt, so erhält man weniger als 100 ccm Weingeist, da bei der Vermischung eine Kontraktion stattfindet. Will man aus 50 ccm Alkohol durch Zusatz von Wasser genau 100 ccm Weingeist erhalten, so sind 53,7 ccm Wasser nötir. Wenn der Gehalt des Weingeistes an Alkohol nach Volumprozenten ausgedrückt wird, so wird immer nur angegeben, wie viel Volumina absoluter Alkohol in 100 Volumen eines Weingeistes enthalten sind. Das Wasser dieses Weingeistes nimmt einen grösseren Raum ein, als die Differenz zwischen 100 und der Raummenge des Alkoholes ausmacht; z. B.: Ein Weingeist von 15 Volumprozenten Alkohol bei 60⁰ F. enthält nicht 85, sondern 86,191 Volumteile Wasser; Weingeist mit 44 Volumprozenten Alkohol enthält nicht 56 sondern 59,558 Volumteile Wasser.

Bei Bieranalysen wurde von jeher in Deutschland der Alkoholgehalt selten nach Volumprozenten, sondern beinahe immer nach Gewichtsprozenten ausgedrückt. Die Önologen dagegen nehmen teils Volumprozente, teils Gewichtsprozente und teils geben sie das Gewicht des absoluten Alkoholes im Liter Wein an. In anderen Ländern wird in der Regel auch der Alkoholgehalt des Bieres nach Volumprozenten bestimmt. Will man eine Analyse nach Volumprozenten mit einer Analyse nach Gewichtsprozenten vergleichen, so muss umgerechnet werden. Hiebei ist vor allem zu beachten, dass das spec. Gewicht des Bieres immer grösser ist als 1, d. h. 1000 g Bier geben noch nicht 1 l. Wenn also angegeben ist, dass ein Bier mit dem spec. Gewichte 1,0225 an Alkohol 4,2 Volumprozente enthält, so muss zunächst folgende Reduktion gemacht werden:

$$1022{,}5 : 42 = 100 : x$$
$$x = 4{,}108$$

d. h. 100 g Bier enthalten 4,108 ccm absoluten Alkohol.

Hieran reiht sich die Frage, ob das in 100 g Bier enthaltene Extrakt ein seinem Raumverhältnisse entsprechendes Volumen einnimmt. In England wird die Frage mit ja beantwortet und dieser Umstand bildet einen der Hauptunterschiede zwischen der englischen und deutschen Attenuationslehre. An einer anderen Stelle[15]) ist indess gezeigt worden, dass der Unterschied im Resultate unbedeutend ist, d. h. wir dürfen annehmen,

---

[21]) Es ist schwer, die Einrichtung der Wage durch die Beschreibung allein verständlich zu machen. Ein Blick auf die Zeichnung lässt jene leicht erkennen.

dass das Bier eine Lösung von Extrakt und Weingeist ist, in welcher das Extrakt den Raum des Weingeistes nicht vergrössert.

Nunmehr kommt es darauf an, das spec. Gewicht des absoluten Alkoholes zu kennen. Dasselbe mag hier zu 0,7940 genommen werden. Der Alkoholgehalt des Bieres in Gewichtsprozenten ist dann

$$4,108 \times 0,7940 = 3,26.$$

Die Alkoholtabellen sind in der Weise hergestellt worden, dass eine dem Gewichte oder Volumen nach bekannte Menge Alkohol von bestimmter Temperatur mit einer bekannten Menge Wasser gemischt und das spec. Gewicht der Mischung bei derselben Temperatur bezogen auf Wasser von derselben Temperatur oder von 4^0 C. bestimmt worden ist. Es sind sehr viele Variationen in der Temperatur für Weingeist und Wasser gewählt worden. In der Spiritusfabrikation ist in Deutschland die Tabelle von Tralles eingeführt, welche Volumprozente im Weingeist von 60^0 F. angibt. In Frankreich ist bekanntlich die Normaltemperatur 15^0 C., in England 60^0 F. Die Engländer Fownes und Drinkwater haben sehr genaue Tabellen hergestellt, und zwar für Gewichtsprozente. Reischauer, dem wir die meisten Fortschritte in der Bieranalyse verdanken, nahm zur Bestimmung des Extraktes die Tabelle von Balling, welche für 14^0 R. eingerichtet ist, und zur Alkoholbestimmung die Tabelle von Fownes. Der Misstand, der mit den Bestimmungen bei zwei Normaltemperaturen verbunden ist, veranlasste Holzner[22] die Tabelle von Baumhauer[23] mit der Normaltemperatur 15^0 C. für Weingeist und 4^0 C. umzurechnen in eine Tabelle für 14^0 R. für Weingeist und Wasser. Da von der freien Vereinigung bayerischer Chemiker die Tabelle von Schultze-Ostermann mit den Temperaturen von 15^0 C. für Würze und Wasser zur Extraktbestimmung angenommen ist, so hat Holzner die Tabelle von Baumhauer abermals umgerechnet und zwar so, dass sie die Alkoholgewichtsprozente nach dem spec. Gewichte des Weingeistes von 15^0 C. bezogen auf Wasser von 15^0 C. angibt.

---

[22] Zeitschrift für das gesamte Brauwesen 1879.

[23] Mémoire sur la densité, la dilatation, le point d'ébullition et la force élastique de la vapeur de l'alcool et des mélanges d'alcool et d'eau. Amsterdam 1860.

Alkoholtabelle,

berechnet für 15⁰ C. von Dr. Georg Holzner.

Spec. Gewicht	Gewichts-prozente	Spec. Gewicht	Gewichts-prozente	Spec. Gewicht	Gewichts-prozente
0,9981	1,01	0,9944	3,08	0,9907	5,31
0,9980	1,06	0,9943	3,14	0,9906	5,37
0,9979	1,12	0,9942	3,20	0,9905	5,44
0,9978	1,17	0,9941	3,26	0,9904	5,50
0,9977	1,22	0,9940	3,31	0,9903	5,56
0,9976	1,28	0,9939	3,37	0,9902	5,62
0,9975	1,33	0,9938	3,43	0,9901	5,69
0,9974	1,38	0,9937	3,49	0,9900	5,75
0,9973	1,44	0,9936	3,54	0,9899	5,82
0,9972	1,49	0,9935	3,60	0,9898	5,89
0,9971	1,54	0,9934	3,66	0,9897	5,95
0,9970	1,60	0,9933	3,72	0,9896	6,02
0,9969	1,65	0,9932	3,77	0,9895	6,09
0,9968	1,71	0,9931	3,83	0,9894	6,16
0,9967	1,77	0,9930	3,89	0,9893	6,22
0,9966	1,82	0,9929	3,95	0,9892	6,29
0,9965	1,88	0,9928	4,01	0,9891	6,36
0,9964	1,94	0,9927	4,07	0,9890	6,43
0,9963	2,00	0,9926	4,13	0,9889	6,50
0,9962	2,05	0,9925	4,19	0,9888	6,56
0,9961	2,11	0,9924	4,25	0,9887	6,63
0,9960	2,17	0,9923	4,31	0,9886	6,70
0,9959	2,22	0,9922	4,37	0,9885	6,77
0,9958	2,28	0,9921	4,44	0,9884	6,84
0,9957	2,34	0,9920	4,50	0,9883	6,90
0,9956	2,40	0,9919	4,56	0,9882	6,97
0,9955	2,45	0,9918	4,62	0,9881	7,04
0,9954	2,51	0,9917	4,68	0,9880	7,11
0,9953	2,57	0,9916	4,75	0,9879	7,17
0,9952	2,62	0,9915	4,81	0,9878	7,24
0,9951	2,68	0,9914	4,87	0,9877	7,31
0,9950	2,74	0,9913	4,93	0,9876	7,38
0,9949	2,80	0,9912	5,00	0,9875	7,45
0,9948	2,85	0,9911	5,06	0,9874	7,52
0,9947	2,91	0,9910	5,12	0,9873	7,58
0,9946	2,97	0,9909	5,18	0,9872	7,65
0,9945	3,03	0,9908	5,25	0,9871	7,72

Es ist oben angegeben worden, dass das Bier als eine Lösung von Extrakt in Weingeist angesehen werden darf, wobei das Volumen des Weingeistes gleich ist dem Volumen des Bieres. Bei der Alkoholbestimmung wird eine gewogene Menge Bier (G) so lange abgedampft, bis der Alkohol vollständig entfernt ist. Die entweichenden Weingeistdämpfe werden entweder kondensiert in einem Pyknometer aufgefangen, oder man lässt den Weingeist verflüchtigen. Die erstere Operation heisst die Destillationsmethode. Der entgeistete Rückstand wird mit destilliertem Wasser bis zum ursprünglichen Gewichte verdünnt und zur Extraktbestimmung verwendet.

Beispiel: Man habe 75,695 g Bier so lange abgedampft, bis die kondensierten Weingeistdämpfe das Pyknometer bis zur Marke füllen. Nach dem Abdampfen wird der flüssige Rückstand in ein tariertes Becherglas gespült und zu 75,695 mit Wasser verdünnt. Ist das spec. Gewicht dieser Lösung 1,0236 bei 15° C., so beträgt der Extraktrest 6,101 %. Nachdem das Pyknometer mit dem Weingeist die Normaltemperatur (15° C.) hat, wird gewogen. Das Gewicht des Weingeistes (D), der den Raum von 50,002 g Wasser von 15° C. einnimmt, sei 49,535 g. Es lässt sich nun zunächst das spec. Gewicht des Weingeistes berechnen, nämlich

$$S = \frac{49,535}{50,002} = 0,9906.$$

Diesem spec. Gewichte des Weingeistes entsprechen nach der Alkoholtabelle 5,37 Gewichtsprozente, d. h. in 100 g Weingeist sind 5,37 g absoluter Alkohol. Da wir aber nicht 100 g, sondern nur 49,535 g Weingeist erhalten haben, so muss folgende Proportion gemacht werden

$$100 : 5,37 = 49,535 : x$$
$$x = 2,66.$$

Es sind also 2,66 g Alkohol in unserm Destillate. Dieses rührt von 75,695 Bier her; hiermit lässt sich rechnen, wie viel Alkohol 100 g Bier enthalten.

$$75,695 : 2,66 = 100 : A$$
$$A = \frac{266}{75,695} = \frac{266000}{75695} = 3,514.$$

Setzt man allgemein die zum gefundenen spec. Gewichte des Weingeistes gehörigen Alkoholprozente δ, so erhält man die Proportionen

$$1) \qquad 100 : \delta = D : x$$
$$x = \frac{D\,\delta}{100}$$

$$2) \qquad G : \frac{D\,\delta}{100} = 100 : A$$
$$A = \frac{D\,\delta}{G}.$$

Werden die abgehenden Weingeistdämpfe nicht kondensiert, so kann man dennoch den Alkoholgehalt des Bieres berechnen, wenn die abgewogene Menge (G) des Bieres, dessen spec. Gewicht (S_f), und das spec. Gewicht (S_ε) des mit Wasser auf das ursprüngliche Gewicht zurückgebrachten entgeisteten Bieres bekannt ist. Es seien z. B. G = 542 g Bier, dessen spec. Gewicht S_f = 1,0211 ist, auf $\frac{1}{3}$ Volumen eingeengt, der Rückstand mit Wasser wieder auf 542 g gebracht und das spec. Gewicht dieser Verdünnung S_ε = 1,0272 gefunden worden. Da nach unserer Annahme das Volumen des Bieres und Weingeistes einander gleich sind, so beträgt der Raum des Weingeistes

$$\frac{542}{1,0211} = \frac{5420000}{10211} = 530,8 \text{ ccm.}$$

Das Volumen des Wassers ist

$$\frac{542}{1,0272} = \frac{5420000}{10272} = 527,648 \text{ ccm oder } 527,648 \text{ g.}$$

Da sich die Volumina des Weingeistes und des Wassers umgekehrt verhalten, wie die spec. Gewichte, so ist

$$530,800 : 527,648 = 1 : S_d$$
$$(S_d = \text{spec. Gewicht des Weingeistes})$$
$$S_d = \frac{527648}{530800} = 0,9941.$$

Dem spec. Gewichte 0,9941 entspricht in der Alkoholtabelle der Prozentgehalt 3,26. Das Gewicht des Weingeistes ist gleich dem Gewichte des Wassers des entgeisteten Bieres, nämlich 527,648 g. Somit ist

$$100 : 3,26 = 527,648 : x$$
$$x = 17,20132 \text{ g.}$$

Diese Menge Alkohol ist in 542 g Bier enthalten, folglich ist der Alkoholprozentgehalt (A)

$$542 : 17,20132 = 100 : A$$
$$A = 3,173.$$

Einfacher gestaltet sich die Rechnung nach der Herstellung der allgemeinen Formel.

Es bezeichne

G = das Gewicht des abzudampfenden Bieres,
S_f = das spec. Gewicht und V = Volumen desselben,
S_ε = das spec. Gewicht des entgeisteten Bieres nach Herstellung des ursprünglichen Gewichtes und v = Volumen desselben,
S_d = das spec. Gewicht des Weingeistes im Biere, ∂ = die zugehörigen Alkoholprozente, P = absolutes Gewicht des Weingeistes,
A = Alkohol-Gewichtsprozente des Bieres.

Nun ist

$$G = V . S_f$$

somit das Volumen des Bieres oder Weingeistes

$$V = \frac{G}{S_f}$$

$$G = v\,S_\varepsilon,$$

demnach das Volumen des Wassers

$$v = \frac{G}{S_\varepsilon}.$$

Die spec. Gewichte des Weingeistes und des Wassers verhalten sich umgekehrt wie die Volumina, folglich ist

$$S_d : 1 = v : V$$

$$S_d = \frac{G}{S_\varepsilon} : \frac{G}{S_f}$$

$$S_d = \frac{S_f}{S_\varepsilon}.$$

Das absolute Gewicht des Weingeistes ist

$$P = V \cdot S_d = V \frac{S_f}{S_\varepsilon} = \frac{G}{S_f} \cdot \frac{S_f}{S_\varepsilon} = \frac{G}{S_\varepsilon}.$$

Es ist nun das specifische und absolute Gewicht des im Biere enthaltenen Weingeistes bekannt; somit lässt sich die Menge des absoluten Alkoholes im Biere finden durch die Proportion

$$100 : \delta = P : x$$

$$100 : \delta = \frac{G}{S_\varepsilon} : x$$

$$x = \frac{G\,\delta}{100\,S_\varepsilon}.$$

Da man das Gewicht des untersuchten Bieres und die Menge des in ihm enthaltenen Alkoholes kennt, so ergibt sich der Alkoholprozentgehalt aus

$$G : \frac{G\,\delta}{100\,S_\varepsilon} = 100 : A$$

$$A = \frac{\delta}{S_\varepsilon}.$$

Man erhält also zwei Schlussformeln, nämlich

$$\text{I.} \qquad S_d = \frac{S_f}{S_\varepsilon},$$

d. h. das spec. Gewicht des Weingeistes wird erhalten, wenn man das spec. Gewicht des unveränderten Bieres durch das spec. Gewicht des entgeisteten Bieres dividiert.

$$\text{II.} \qquad A = \frac{\delta}{S_\varepsilon},$$

d. h. wenn man den zum spec. Gewichte des Weingeistes (S_d) gehörigen Alkoholgehalt (δ) in den Tabellen gesucht hat, so dividiert man die gefundene Zahl (δ) mit dem spec. Gewichte des entgeisteten Bieres, um die Gewichtsprozente Alkohol zu erhalten.

In unserm Beispiele ist

$$S_d = \frac{1,0211}{1,0272} = 0,9941.$$

Hierzu gehört $\delta = 3,26$, somit ist

$$A = \frac{3,26}{1,0272} = 3,173.$$

Der Wert für S_d nämlich

$$S_d = \frac{S_f}{S_\varepsilon}$$

lässt sich umwandeln in

$$S_d = 1 + \frac{S_f - S_\varepsilon}{S_\varepsilon} = 1 - \left(\frac{S_\varepsilon - S_f}{S_\varepsilon}\right).$$

Lässt man S_ε im Nenner des Subtrahenten weg, so erhält man

$$S_d = 1 - (S_\varepsilon - S_f)$$

Dieses ist wohl die erste Formel, welche für das spec. Gewicht des Weingeistes im Biere aufgestellt worden ist und zwar von Zenneck (Kunst- und Gewerbeblatt des polytechnischen Vereines in Bayern 1835 Bd. XIII. 678).

Bei den Bemerkungen zur Bestimmung des ursprünglichen Extraktgehaltes ist die Formel aufgestellt worden

$$(1 + 0,010665\,A)\,e = \varepsilon + 2,0665\,A.$$

Diese nämliche Formel kann zur Bestimmung des Alkoholgehaltes benutzt werden, wenn der Extraktgehalt der Stammwürze und der Extraktrest des Bieres bekannt sind.

$$\varepsilon + 2,0665\,A = e + 0,010665\,A\,e$$
$$2,0665\,A - 0,010665\,A\,e = e - \varepsilon$$
$$A\,(2,0665 - 0,010665\,e) = (e - \varepsilon)$$
$$A = (e - \varepsilon)\left(\frac{1}{2,0665 - 0,010665\,e}\right).$$

Die Differenz ($e - \varepsilon$) hat Balling die wirkliche Attenuation und den Bruch

$$\left(\frac{1}{2,0665 - 0,010665\,e}\right)$$

den Alkoholfaktor für die wirkliche Attenuation genannt.

Die Balling'sche Alkoholformel kann der Nahrungsmittelchemiker selten zur Alkoholberechnung anwenden, da ihm in der Regel der Extraktgehalt (e) der Stellwürze nicht bekannt ist. Die von ihm am meisten angewendeten Formeln sind demnach

$$S_d = \frac{D}{g}$$

(D = Gewicht des Destillates im Pyknometer, g = Gewicht des gleichen Volumens Wasser, S_d = spec. Gewicht des Destillates.)

$$A = \frac{D \delta}{G}$$

(A = Alkoholgehalt des Bieres in Gewichtsprozenten, δ = Alkoholgewichtsprozente zu S_d und G = Gewicht des zur Destillation verwendeten Bieres.)

$$e = \frac{\varepsilon + 2{,}0665\ A}{1 + 0{,}010665}$$

(e = Extraktprozente der Stammwürze, ε = Extraktprozente des entgeisteten und mit Wasser auf das ursprüngliche Gewicht gebrachten Rückstandes.)

$$V_1 = \frac{100\ (e - \varepsilon)}{e}$$

(V_1 = wirklicher Vergärungsgrad.)

Dr. Holzner.

Wein.

A. Methoden der Untersuchung.

Es werden bis auf Weiteres die auf der VI. Generalversammlung des Vereins analytischer Chemiker vereinbarten Untersuchungsmethoden angenommen; es soll jedoch jedem Mitgliede der freien Vereinigung Bayerischer Vertreter der angewandten Chemie unbenommen bleiben, nach den Vereinbarungen Rheinischer Chemiker 1882 in Mainz zu arbeiten, nur ist in jedem einzelnen Falle bei Anführung der Untersuchungsresultate kurz anzugeben, auf Grund welcher der beiden Vereinbarungen dieselben erhalten wurden.

I. Bestimmung des specifischen Gewichtes. Dieselbe hat mittelst Westphal scher Wage oder mittelst Pyknometer und stets bei 15° C. zu erfolgen.

II. Bestimmung des Extractes. Eine bei 15° C. abgemessene Weinmenge, jedoch nicht weniger als 10 ccm und nicht mehr als 50 ccm, wird in einer Platinschale im Dampfbade bis zur Extraktdicke eingedunstet und alsdann in einem Trockenschranke bei 100° C. bis zum konstanten Gewichtsverluste getrocknet.

Konstanter Gewichtsverlust ist eingetreten, wenn von 3 Wägungen die zweite gegenüber der ersten und die dritte gegenüber der zweiten gleiche Gewichtsminderung während gleicher Zeiträume erleiden.

Zwischen zwei Wägungen ist 15 Min. zu trocknen.

III. Mineralbestandteile. Als solche werden die unverbrennlichen Weinbestandteile in der Form bezeichnet, wie sie beim Veraschen des Extraktes erhalten werden. Zur Entfernung kohliger Bestandteile ist wiederholtes Befeuchten mit Wasser, Trocknen und Glühen anzuwenden.

IV. Säure. Die Bestimmung der Acidität findet alkalimetrisch statt nach Entfernung der Kohlensäure durch Schütteln. Aus der verbrauchten Menge alkalimetrischer Flüssigkeit ist die Säure durch Rechnung als Weinsteinsäure zu bestimmen.

V. Glycerin.

1. Die Bestimmung des Glycerin hat bei zuckerarmen (bis 0,5 %) Weinen nach folgender Methode zu geschehen:

100 ccm Wein werden nach dem Entgeisten mit Kalk oder Magnesia versetzt und zur mässigen Trockne eingedampft; man kocht den Rückstand mit 90 % Alkohol aus, filtriert ab und verdunstet den Auszug zur Trockne. Der nun verbleibende Rückstand wird, je nach der Menge, in 10—20 ccm absolutem Alkohol gelöst und darauf mit 15—30 ccm Äther versetzt. Sobald sich die Alkohol-Ätherlösung geklärt hat, giesst man sie von der an der Glaswandung haftenden Fällung ab, verdunstet sie in einem leichten Stöpselglase mit weiter Öffnung, trocknet sie bis zum konstanten Gewichtsverlust und wägt.

2. Bei zuckerreichen (mehr als 0,5 %) Weinen ist diese Methode in folgender Weise zu erweitern:

100 ccm Wein werden in einer Porzellanschale im Dampfbade bis zur Konsistenz eines dünnen Syrup eingedunstet, derselbe wird alsdann mit 100—150 ccm absolutem Alkohol (je nach der vorhandenen Zuckermenge) in einen Glaskolben gebracht, hierzu fügt man alsdann auf 1 Teil des angewandten Alkohol $1\frac{1}{2}$ Teil Äther, schüttelt gut durch und lässt so lange stehen, bis die Flüssigkeit vollkommen klar geworden ist. Die das Glycerin enthaltende klare Äther-Alkohollösung wird von dem Bodensatze abgegossen, noch einige Male mit etwas Äther-Alkohol ($1\frac{1}{2}$: 1) nachgespült. Die Lösung wird alsdann durch Destillation vom Äther-Alkohol befreit, darauf, mit Hilfe von Wasser aus dem Destillirkolben in eine Porzellanschale gebracht und darauf weiter, wie bei 1 angegeben, verfahren.

3. Bei allen Glycerin-Bestimmungen ist auf die durch Verdunstung mit den Lösungsmitteln desselben verloren gehende Glycerinmenge Rücksicht zu nehmen und zwar ist für je 100 ccm verdunstete Flüssigkeit 0,100 g zu der gewogenen Glycerinmenge zu addieren.

4. Bei zuckerreichen Weinen ist stets das erhaltene Glycerin auf Zucker zu prüfen und derselbe, falls solcher vorhanden, nach Soxhlets oder Knapps Methode zu bestimmen und von dem gewogenen Glycerin in Abzug zu bringen.

VI. Alkohol. Die Bestimmung hat nach der Destillationsmethode in Glasgefässen zu geschehen.

Die gefundenen Alkoholmengen sind in der Weise anzugeben:

In 100 ccm Wein waren bei 15° C. x g oder ccm Alkohol enthalten.

VII. Polarisation.

1. Die Entfärbnng des Weines hat in der Regel mit Bleiessig zu geschehen.

2. Zum Filtrate des mit Bleiessig gefällten Weines ist ein kleiner Überschuss von kohlensaurem Natron zu setzen. 40 ccm Weisswein werden mit 2 ccm Bleiessig, 40 ccm Rothwein und 5 ccm Bleiessig versetzt, also 40 ccm auf 42 ccm oder 45 ccm gebracht, abfiltriert und zu 21 ccm oder 22,5 ccm Filtrat, 1 ccm gesättigte Lösung von kohlensaurem Natron gethan.

3. Die Konstruktion des Apparates, sowie die angewandte Rohrlänge sind anzugeben, resp. auf 200 mm des Wildschen Polaristrobometers zu berechnen.

4. Als mit unvergorenen Stärkezuckerresten behaftet wird jede Probe betrachtet, welche nach dem Behandeln mit Bleiessig bei 220 mm Rohrlänge mehr als $0,5^0$ nach rechts dreht, sofern dieselbe nach einem Invertierungsversuch das gleiche oder nur ganz schwach verminderte Rechtsdrehungsvermögen zeigt.

5. Weine mit einem Rechtsdrehungsvermögen von $0,3^0$ oder weniger werden als nicht mit unreinem Stärkezucker gallisiert betrachtet.

6. Solche mit einem Drehungsvermögen von $0,3^0$—$0,5^0$ sind nach dem Alkoholverfahren zu behandeln.

7. Stark linksdrehende Weine müssen einem Gährungsversuch unterworfen und dann auf ihr optisches Verhalten geprüft werden.

VIII. Zucker. Die Bestimmung desselben findet nach Soxhlets oder Knapps Verfahren statt. Der Nachweis unvergorenen Rohrzuckers ist durch Inversion zu führen.

IX. Weinstein. Eine Weinsteinbestimmung als solche ist zu unterlassen.

X. Weinsteinsäure, Äpfelsäure, Bernsteinsäure.
1. Nach dem Verfahren von Schmidt und Hiepe.
2. Die Weinsteinsäure wird nach der modificierten Berthelot-Fleurieuschen Methode bestimmt.
3. Erfolgt auf Zusatz von 1 g fein gepulverter Weinsteinsäure zu 100 ccm Wein keine Ausscheidung von Weinstein, sondern bleibt die Lösung klar, so muss die Modification des Berthelot-Fleurieuschen Verfahrens zur Bestimmung der freien Weinsteinsäure angewendet werden.

XI. Farbstoffe.
1. Bei der Prüfung auf fremde Farbstoffe sind nur die Theerfarbstoffe zu berücksichtigen.
2. Hierbei ist besonders Rücksicht zu nehmen auf das spectroskopische Verhalten der Rosanilin-Farbstoffe in den mittelst Amylalkohol bewirkten Ausschüttelungen des Weines vor und nach der Übersättigung desselben mit Ammoniak.
3. Der qualitative Nachweis der Thonerde ist zur Konstatierung eines geschehenen Alaunzusatzes nicht ausreichend.

XII. Stickstoff. Die Bestimmung desselben ist nach den bekannten Methoden auszuführen.

XIII. Citronensäure. Dieselbe ist qualitativ als citronensaures Baryum nachzuweisen.

XIV. Schwefelsäure. Die Bestimmung derselben hat im Weine direkt nach dem Ansäuern mit Salzsäure zu geschehen.

XV. Chlor. Die Bestimmung des Chlor findet in dem mit Salpetersäure aufgenommenen Verkohlungsrückstande des Extraktes nach Volhards Methode statt.

XVI. Kalk, Magnesia, Phosphorsäure. Dieselben werden in der mit Soda und Salpeter geschmolzenen Weinasche bestimmt; die Phosphorsäure wird nach der Molybdän-Methode bestimmt.

XVII. Kali. Entweder in der Weinflasche als Kaliumplatinchlorid oder nach Kaysers Methode direkt in dem Weine zu bestimmen.

XVIII. Gummi. Der Nachweis eines Gummizusatzes erfolgt durch Alkoholfällung. 4 ccm Wein werden mit 10 ccm 96 prozentigen Alkohol vermischt, wodurch ein klumpiger, zäher, kleistriger Niederschlag bei mit arabischem Gummi versetzten Wein entsteht, während er bei Naturweinen zuerst nur opalisierend, später flockig wird.

B. Methoden der Beurteilung.

Abschnitt I.

§ 1. Wein im Sinn dieser Abmachungen sind folgende Produkte bei kellermässiger Behandlung:

    a) Das aus dem mit oder ohne Beerenschalen und Stielen vergorenen Safte der Weintrauben erhaltene Produkt;

    b) das aus reinen Mosten unter Zusatz von reinem Zucker, sowie Wasser oder Tresterauszügen, durch Gärung erhaltene Produkt, wenn dasselbe nicht mehr als 9 % Vol. Alkohol und nicht weniger als 0,7 % Säure, auf Weinsteinsäure berechnet, enthält; es darf in demselben nicht mehr als 0,3 % unvergorener Zucker enthalten sein;

    c) das Produkt, welches in südlichen Ländern durch Zusatz von Alkohol zu ganz oder teilweise vergorenen Traubensäften dargestellt wird. Ausgenommen hievon sind französische Weine;

    d) das Produkt, welches aus mehr oder minder eingetrockneten Weintrauben durch Gärung des ausgepressten Saftes erhalten wird.

§ 2. Die in § 1 enthaltenen Bestimmungen finden auf die als Schaumweine bezeichneten Produkte keine Anwendung.

§ 3. Kellermässige Behandlung des Weines im Sinne dieser Abmachungen umfasst folgende Operationen:

a) das Abziehen und Auffüllen;

b) das Filtrieren;

c) das Schönen der Weine mit Hausenblase, Gelatine oder Eiweiss, mit oder ohne Tannin, mit Kaolin;

d) das Schwefeln; freie schweflige Säure darf in den zum direkten Genusse bestimmten Weinen nur in Spuren vorhanden sein;

e) das Verschneiden der Weine;

f) Zusatz von Alkohol zu Weinen, welche für den Export bestimmt sind.

§ 4. Die Weine, auch wenn dieselben gegypst sind, dürfen in Summa im Liter nicht mehr Schwefelsäure enthalten, als einem Äquivalent von 2 g Kaliumsulfat ($SO^4 K^2$) entspricht.

§ 5. Als Medicinalweine im Sinne dieser Abmachungen sind die in § 1 mit Berücksichtigung des § 4 bezeichneten Produkte zu erachten, mit folgenden Einschränkungen:

a) Medicinalweine dürfen nicht mehr Schwefelsäure enthalten als einem Äquivalent von 1 g Kaliumsulfat per Liter entspricht;

b) Medicinalweine dürfen keine schweflige Säure enthalten;

c) bei Medicinalweinen ist der Gehalt an Zucker und Alkohol in Gewichtsprocenten auf den Etiquetten der Flaschen anzugeben;

d) die in den §§ a, b und c angegebenen Einschränkungen beziehen sich nur auf Weine, die vom Verkäufer ausdrücklich als für medicinische Zwecke geeignet empfohlen oder verkauft werden.

Abschnitt II.

§ 1. Ungehörig gallisierte Weine sind solche Produkte, welche aus Traubensaft, reinem Zucker und Wasser, oder einem Tresterauszuge, in der Art hergestellt worden sind, dass sie mehr Alkohol als 9 % Vol. oder weniger Säure als 0,7 %, oder sowohl weniger Säure als auch mehr Alkohol enthalten; ungehörig gallisierte Weine sind ferner solche, zu deren Herstellung unreiner Traubenzucker verwendet worden ist.

Massgebend für die Erkennung gallisierter Weine sind: Geringer Gehalt an Mineralstoffen im Allgemeinen, geringer Gehalt an Phosphorsäure und Magnesia, Rechtsdrehung des polarisierten Lichtes bei Verwendung von unreinem Traubenzucker. Beträgt die Rechtsdrehung + 0,2° oder weniger, so ist ein Polarisationsversuch nach möglichster Entfernung der Weinsteinsäure mit dem konzentriertem Produkt vorzunehmen.

§ 2. Ein Alkoholverschnitt des Weines ist als vorhanden anzunehmen, wenn auf 1 Gewichtsteil Glycerin mehr als zehn Gewichtsteile Alkohol in demselben vorhanden sind.

§ 3. Ein Zusatz von Wasser neben einem Zusatze von Alkohol ist an der Herabminderung der Mineralbestandteile zu erkennen, besonders von Magnesia, Phosphorsäure, meist auch von Kali. Auf gleiche Weise wird ein geschehener Wasserzusatz ohne gleichzeitigen Alkoholzusatz erkannt.

§ 4. Scheelisierung, d. h. Zusatz von Glycerin zum Weine, ist als vorhanden anzunehmen, wenn auf einen Gewichtsteil Glycerin im Weine weniger als 6 Gewichtsteile Alkohol kommen.

§ 5. Ein Gehalt an Rohrzucker oder Rohrzuckermelasse ist durch die Zuckerbestimmung vor und nach der Inversion zu erkennen.

B. Methoden der Beurteilung.

Bei einer Feststellung der analytischen Methoden, welche bei der Analyse des Weines in Anwendung zu bringen sind, handelte es sich im wesentlichen darum, mit Hilfe der für diesen besonderen Zweck am meisten geeigneten Methoden ein Bild von der Zusammensetzung des zur Untersuchung gelangten Produktes zu erhalten, in welchem die einzelnen anorganischen und organischen Bestandteile des letzteren als bestimmte vergleichbare Zahlengrössen erscheinen. Während in vielen anderen Fällen hiermit die Aufgabe gelöst ist, welche dem Untersuchenden gestellt wurde, wie z. B. bei der Untersuchung von Edelmetall-Legierungen, von Düngemitteln, und zahlreichen anderen Gegenständen des Handels und der Industrie, bildet das Resultat der analytischen Arbeit in der Önochemie in der Regel nur das Material für die eigentliche Aufgabe, deren Lösung verlangt wird. Das Ziehen der Schlüsse aus den erhaltenen analytischen Zahlen, das auf letztere sich stützende und gewissermassen aus ihnen entspringende Urteil hinsichtlich gewisser Herstellungs- oder Behandlungsarten des Produktes: das ist die eigentliche Aufgabe des Önochemikers bei der Untersuchung des Weines.

Da der Wein kein Naturprodukt, sondern das Produkt einer industriellen Thätigkeit ist, so muss die Art der letzteren auf die Beschaffenheit des erzielten Produktes von hervorragender Bedeutung sein. Die Industrie der Weinproduktion unterscheidet sich wesentlich von anderen sonst verwandten Industrien, wie z. B. der Spiritusindustrie, der Brauerei, der Zuckerindustrie, in welchen Industrieen wie bei der Weinproduktion ein Naturprodukt den Ausgangspunkt bildet; wenn jedoch bei der Spiritus- und Zuckerproduktion die Rohmaterialien, welche hierzu verwendet werden, sehr verschiedenen Produktionswert besitzen, so bezieht sich diese Verschiedenheit nur auf die quantitative Ausbeute, und nicht auf die qualitative Beschaffenheit des dargestellten Produktes. Anders bei der Weinproduktion. Das bei der Weinproduktion als Rohmaterial verwendete Naturprodukt ist die Weintraube, aus welcher durch mechanische Behandlung das erste Zwischenprodukt: der Most, erhalten wird. Die Zusammensetzung des in der Weintraube enthaltenen, später den Most bildenden, Saftes ist jedoch nach Jahrgang, Lage und beide beeinflussender Witterung ausserordentlich verschieden. Die ihrer Menge nach für den Weinproduktionswert wesentlichen Faktoren des Traubensaftes sind Säure und Zuckergehalt des letzteren; beide Faktoren sind ausserordentlichen Schwankungen unterworfen, so zwar, dass bald der eine bald der andere von ihnen überwiegt. Es ergibt sich hieraus, dass im Weine gewisse Bestandteile desselben innerhalb weit auseinandergehender Mengenverhältnisse vorhanden sein können.

Das aus dem Traubensaft durch Gärung erhaltene Produkt ist unmittelbar nach der Gärung nur in beschränktem Masse verwendbar. Die weitere Behandlung des gegorenen, Wein genannten, Traubensaftes erfordert eine Anzahl von Manipulationen, soll anders ein für den Handel verwendbares Produkt erzielt werden, welche Manipulationen man zweckmässig unter der Bezeichnung: kellermässige Behandlung, zusammenfasst.

Aus der vorstehenden kurzgefassten allgemeinen Betrachtung der Produktionsverhältnisse der Weinindustrie ergibt es sich, dass für den Önochemiker bei der Beurteilung des Weines zwei Punkte von massgebender Wichtigkeit sind:

1. Wann ist der Wein als das normale Produkt der Weinindustrie zu betrachten?

2. Wie erkennt man das Vorhandensein unzulässiger Produkte der Weinindustrie?

Die erste Frage ist in B. Abschnitt I, die zweite Frage in B. Abschnitt II, beantwortet. Im Nachstehenden folgt eine Zusammenstellung der Erwägungen, welche diese Fragen in der geschehenen Weise beantworten liessen.

Abschnitt I.

§ 1. a) Die auf besonders günstig gelegenen Bodenstellen der für den Weinbau im allgemeinen geeigneten Gegenden gewachsenen Weintrauben enthalten fast immer einen Saft, der Säure und Zucker in solchen Mengen und Mengenverhältnissen besitzt, wie er zur Producierung eines Weines von guter Qualität erforderlich ist. Auf weniger günstig gelegenen Bodenstellen der Weinbau treibenden Gegenden wird ein zur Erzielung eines guten Weines erforderlicher Traubensaft mit Säure und Zucker in den hiezu geeigneten Mengen von den Weinstöcken nur in der Minderzahl der Jahre, in den sogenannten guten Weinjahren, erzeugt.

Ausleseweine nennt man jene Produkte, welche in guten Lagen durch Auslesen oder Ausbeeren der süssesten Beeren aus den Trauben gewonnen werden; die Ausleseweine bilden nur einen verschwindend kleinen Teil der Weinproduktion. Die Qualität der erzielten Weinprodukte ist sowohl in den besten Lagen wie in guten Jahrgängen der weniger günstig gelegenen Gegenden eine ausserordentlich verschiedene, da für diese nicht ausschliesslich Säure und Zucker, resp. Alkohol, Bedeutung besitzen, sondern noch zahlreiche andere Schmeck- und Riechstoffe, die quantitativ in der Regel nicht bestimmbar, zum Teil sogar ihrer chemischen Natur nach noch nicht einmal gekannt sind.

§ 1. b) Es ist bereits bei der Motivierung von Abschnitt I. § 1. a betont worden, dass nur in der Minderzahl der Jahre, einige besonders günstig gelegene Bezirke ausgenommen, der Saft der Traube Säure und Zucker in solchen Mengen enthält, dass derselbe nach der Gärung einen Wein liefert, der nach allgemeinen Begriffen trinkbar und verkäuflich ist. Moste mit 1,4—1,6 und noch mehr Prozenten Säure sind in vielen Jahren keine Seltenheit, sie enthalten gleichzeitig in solchen Fällen in der Regel nicht mehr als 10 — 12 % Zucker, solche Moste geben Weine mit 1,1—1,3 % Säure und 5—6 Volumprozenten Alkohol. Derartige Weine sind nun ihres hohen Säuregehaltes wegen ungeniessbar und unverkäuflich, und nur Gewöhnung und eine sehr feste Gesundheit dürften ihren Genuss ungestraft geschehen lassen; der Regel nach müssen solche Produkte als gleichwertig mit unreifem Obste betrachtet werden und muss die Wirkung derselben auf den menschlichen Organismus auch eine ganz ähnliche sein, da in beiden Fällen es die gleichen Substanzen sind, welche die Acidität veranlassen: freie organische Säuren, besonders Äpfelsäure und Weinsteinsäure. Der geringe Gehalt an Alkohol ist ferner nicht ausreichend, um den Wein haltbar zu machen, da bekanntlich geistige Flüssigkeiten, besonders wenn noch gewisse anderweitige organische Substanzen vorhanden sind, leicht Zersetzungen unterliegen, z. B. der Umwandlung des Alkohol in Essigsäure, und zwar um so mehr je geringer ihr Alkoholgehalt ist, ein Umstand, der in der Essigfabrikation technisch verwertet wird. Aus diesen Gründen ist ein Produkt, wie es beschrieben wurde, unverwendbar, wenn anders man es den Produzenten nicht zumuten will, ein für andere Personen ungeniessbares Getränk für ihren eigenen Konsum zu verwenden und aufzubewahren, letzteres wäre übrigens nur bei ganz besonderer und forcierter Kellerbehandlung möglich. —

Es ergiebt sich aus Vorstehendem, dass schlechte Weinernten, die, wie bereits mehrfach erwähnt, in Deutschlands Weinbau treibenden Gegenden die Mehrzahl der Jahre liefert, nicht in Vergleich gebracht werden können mit schlechten Ernten an anderen Bodenfrüchten, wie Getreide, Kartoffeln, Rüben, da bei diesen in erster Linie ein Ausfall an Quantität den Begriff einer schlechten Ernte bildet, während beim Weinbau es umgekehrt in erster Linie die Qualität des erzeugten Produktes ist, welche hierfür massgebend ist. Kommt es doch häufig vor, dass die Quantität des in einem schlechten Weinjahre produzierten Mostes eine sehr grosse ist, was umgekehrt in einem eine gute Qualität liefernden Weinjahre durchaus nicht immer der Fall ist.

Es erwachsen aus diesen Verhältnissen nun zwei Konsequenzen: entweder die Traubensäfte schlechter Weinjahre sind für die Weinproduktion unverwendbar, oder es muss versucht werden, dieselben in einer sie für letztere geeignet machenden Weise zu behandeln.

Die strikte Ausführung der ersten Konsequenz würde mit Sicherheit den wirtschaftlichen Ruin vieler Tausende von Weinbauern zur notwendigen Folge haben, da die Mehrzahl der Jahre sie alsdann ohne Bodenrente sowohl als ohne Ersatz für ihre von der Weinkultur erforderten pekuniären Auslagen lassen müsste. Um überhaupt von so lange mit Reben bepflanzten Grundstücken einen verhältnismässig sichern Ertrag zu haben, würden die Weingärten ausgerodet und dafür Kartoffeln, Rüben, oder wo die Bodenverhältnisse es gestatten: Getreide, gebaut werden. Durch die dadurch bewirkte ausserordentlich grosse Entwertung des Grundes und Bodens würden die in der Regel nicht schuldenfrei auf ihren Grundstücken sitzenden Weinbauern diese ferner höchstens nur noch als Pächter bewirtschaften können und ein landwirtschaftliches Proletariat wäre die notwendige Folge, gleichviel ob die kleinen Grundstücke einzeln für sich von ihren früheren Besitzern als Pächter bewirtschaftet würden, oder aber ob eine Anzahl dieser Grundstücke zu einem grösseren Complex vereinigt würde, auf dem die früheren Besitzer als Tagelöhner arbeiten, wenn anders sie es nicht vorziehen sollten, mit dem Reste ihres Besitzes auszuwandern. Leider ist zur Zeit der in den letzten Sätzen skizzierte Zustand teilweise schon eingetreten, da seit Jahren geringwertige Weinernten Fleiss und Kapitalanlage in allen nicht besonders günstig gelegenen Gegenden ohne entsprechenden materiellen Nutzen bleiben liessen. Es sind schon jetzt die meisten der kleineren Weingutsbesitzer tief verschuldet und seit Jahren gezwungen gewesen, für Vorschüsse etc. die etwa in ihrem Besitze befindlichen besseren Lagen an die besser situierte Minderheit der Weinproduzenten zu veräussern. So ist es gekommen, dass zur Zeit in Deutschland in fast allen Weinbau treibenden Bezirken die besseren selbst in schlechten Weinjahren noch erträgliche Produkte liefernde Weinlagen sich in den Händen verhältnismässig weniger grösserer Besitzer befinden, während die grössere Hälfte des für den Weinbau geeigneten Landes, auf welchem in den meisten Jahren jedoch nicht oder kaum verwendbare Weine produziert werden, in den Händen zahlreicher Weinbauern ist, die meist vor der Alternative stehen, ihre Moste zur Essigfabrikation zu verwenden, oder aber sie zur Kunstweinfabrikation zu verwenden, event. verwenden zu lassen, wenn anders nicht aus später noch zu erörternden Gründen sich Käufer dafür finden. Treten nun gute Weinjahre ein, in welchen die letztere Kategorie von Weinbauern auf ihren Feldern Trauben erzielt hat, welche bessere Weine ergeben könnten, so sind sie in der Regel durch die vorausgegangenen schlechten Jahre in Abhängigkeiten gekommen, welche es ihnen verwehren, den Lohn für ihre Produktion in vollem Masse zu ernten, es bleibt ihnen alsdann in der Regel nichts übrig als schon die Trauben, resp. die Traubenmoste zu verkaufen, ohne freie Wahl in der Person des Käufers zu haben, oder auch ohne immer ganz unabhängig in der Normierung des Preises zu sein.

11*

Wer die Verhältnisse der Weinbau treibenden Gegenden Deutschlands z. B. der Rheinpfalz, nur einigermassen kennt, weiss, dass vorstehende Skizzierung der derzeitigen Lage der grösseren Hälfte der Weinbau treibenden Bevölkerung völlig den thatsächlichen Verhältnissen entspricht; noch unerträglicher würde die Lage dieses Teiles der Bevölkerung sein, wenn nicht durch allerdings illegitime Verhältnisse diese Lage in etwas erleichtert würde. Hierzu gehört vor Allem, dass entgegen der derzeitigen Definition des Begriffes: Wein, seitens der Behörden, schon beträchtliche Mengen Wein in den Handel und Konsum gelangen, welche aus sauren Mosten unter Zusatz von Zucker und Wasser dargestellt wurden. Da jedoch der Verkauf von auf solche Weise hergestellten Weinen zur Zeit nicht gestattet ist, so geschieht die Herstellung derselben als etwas Verbotenes in verborgenen Teilen der Keller unter allen möglichen Verheimlichungsprozeduren. Sobald das Produkt jedoch fertig ist, so ist es ein vom Handel und Konsum sehr begehrter Gegenstand geworden, da durch dasselbe das Bedürfnis des Konsums nach billigen kleinen Weinen befriedigt wird. Wie gross die Menge des zur Zeit in schlechten Weinjahren unter Zusatz von Wasser und Zucker dargestellten Weines ist, lässt sich nicht angeben, nur kann man aus den ausserordentlich grossen Zuckersendungen nach gewissen Orten der Wein produzierenden Gebiete, z. B. nach Ludwigshafen a. Rh., Neustadt i. d. Pf. u. a. Orten schliessen, dass alle Verbote durch den Zwang der Verhältnisse illusorisch gemacht werden. —

Die Verbesserung saurer Moste durch Zusatz von Zucker und Wasser vor der Gährung wurde zuerst von H. L. L. Gall i. J. 1852 vorgeschlagen und erhielt dieses Verfahren nach ihm die Bezeichnung: Gallisieren. Erwähnt zu werden verdient die Auffassung, welcher bereits im Jahre 1872 der Altmeister der Technologie: Karl Karmarsch, in seiner auf Veranlassung und mit Unterstützung Sr. Majestät des Königs von Bayern Maximilian II. herausgegebenen Geschichte der Technologie, in folgender Weise Ausdruck gegeben hat[1]): „Das Gallisieren, dieses im höchsten Grade rationelle Verfahren, von Gall i. J. 1852 angegeben, von einer unweisen Regierungsbehörde geächtet und mit Gewaltmassregeln verfolgt, hat dieser zum gerechten Trotze eine grosse Wichtigkeit erlangt, weil es das Mittel gewährt, aus schlechten Trauben auf naturgemässe Weise und ohne schädliche oder auch nur fremdartige Zuthaten einen guten Mittelwein herzustellen."

Im Allgemeinen kann man einen Most zur Erzielung eines guten, trinkbaren Weines verwenden, der bis zu 10 g Säure im Liter enthält, wobei der übliche Berechnungsmodus angenommen ist, dass die Säure eines Mostes auf massanalytischem Wege bestimmt und auf Weinsteinsäure berechnet wird. Um einen einigermassen haltbaren Wein zu erzielen, ist es

---

[1]) Geschichte der Technologie, 833.

ferner notwendig, dass der Most wenigstens 16 % Zucker enthält, was einem Alkoholgehalt von 8 % Volum entspricht. Der Wein enthält stets 2—3 pro Mille Säure weniger als der vorhanden gewesene Most enthielt, welcher Umstand im Wesentlichen durch die Weinsteinabscheiduug während und nach der Gärung veranlasst wird. Aus diesen Daten lässt sich sonach im voraus sagen, welchen Alkoholgehalt und welche Acidität ein Wein besitzen wird, der aus einem Moste von bekannter Acidität und von bekanntem Zuckergehalte dargestellt wurde. Es lässt sich demgemäss auch schon bei jedem Most bestimmen, ob seine Acidität und sein Gehalt an Zucker derartige seien, dass ein trinkbarer Wein aus ihm zu erwarten ist, ferner lässt sich festsetzen, welche Säuremenge als überschüssige, welche Zuckermenge als fehlende zu betrachten ist, d. h. wieviel Wasser und wieviel Zucker zugesetzt werden müssen, um ein trinkbares Produkt zu zu erzielen. —

Folgende Zusammenstellung einer Anzahl von Zucker- und Säurebestimmungen wird zeigen, in wieweit die Moste in manchen Jahren zur Weindarstellung geeignet sind:

	Jahrgang	Zucker %	Säure ‰
Geisenheim, Riesling	1881	—	16,0
Geisenheim, Decker ⎱	1881	21,0	14,7
ibid. Maschberg ⎰ bessere Gemarkungen	1881	21,0	12,0
ibid. Rothenberg ⎰	1881	22,3	11,7
Büdesheim, Neuberg	1881	18,3	11,1
Bingen, Mahlweg	1881	18,4	7,7
Bingen, Rochusweg	1881	18,4	8,8
Büdesheim	1881	—	9,8
Bingen, Ohligberg	1881	—	10,7
ibid.	1881	—	10,4
Bingen, Rochusweg	1881	17,1	11,9
Bingen	1881	18,7	11,1
Bingerbrück	1881	16,3	9,4
Bingen	1881	—	10,6
Grolsheim	1881	17,6	11,3
Bingen	1881	17,3	9,7
Bingerbrück	1881	—	11,4
Morgenbachthal	1881	15,4	13,4
ibid.	1881	16,8	14,1
Bingerbrück	1881	—	11,5
Bingen, Hungerborn	1881	15,8	10,3
Bingen	1881	13,4	10,7
ibid.	1881	17,3	10,6
Büdesheim, Schorlach	1881	19,2	9,7
ibid.	1881	19,6	9,6
Bingerbrück	1881	14,3	12,5
Bingerbrück, Mühe	1881	16,8	9,2
Münster bei Bingen	1881	16,0	11,2
ibid.	1881	17,8	10,0

	Jahrgang	Zucker %	Säure %₀₀
Kempten	1881	16,0	12,4
Büdesheim, Schorlach	1881	19,3	11,6
ibid. Neuberg	1881	18,4	12,5
Winzenheim	1881	18,7	8,1
Kempten	1881	15,8	10,6
Büdesheim, Schorlach	1881	16,9	9,7
Münster, Berg	1881	17,4	10,1
ibid.	1881	16,4	11,8
Münster, Kapellenberg	1881	15,7	12,5
ibid. Langenberg	1881	17,8	9,9
Bingen, Rochusberg	1881	16,2	10,5
Lorch, Bodenthal	1881	18,3	12,2
Assmannshausen	1881	16,9	12,3
Münster, Berg	1881	15,0	13,7
Münster	1881	15,3	10,8
Winzenheim	1881	16,0	11,9
Bingen, Eifel	1881	16,5	8,4
Bingen	1881	15,2	10,5
Büdesheim, Neuberg	1881	14,7	9,0
Laubenheim a. d. Nahe	1881	16,3	10,7
Münster	1881	—	10,9
Münster, Langenberg	1881	17,1	10,4
Ockenheim	1881	15,1	11,7
Dorsheim	1881	15,4	9,2
Laubenheim	1881	14,5	10,2
Büdesheim, Neuberg	1881	14,2	8,9
Laubenheim a. d. Nahe	1881	15,4	10,3
Kempten	1881	15,7	9,6
Bingen, Eifel	1881	18,8	8,7
Ockenheim	1881	16,8	9,5
Eckelsheim	1881	14,3	10,7
Appenheim	1881	14,0	12,1
Oberhilbersheim	1881	13,4	11,3
Laubenheim	1881	14,4	10,9
Dromersheim	1881	13,8	10,7
Heddesheim (bei Kreuznach)	1881	13,4	10,1
Ockenheim	1881	10,0	10,8
Oranienhäfer	1881	21,5	8,0
Hasenrecher, I. Auslese	1881	18,8	9,0
Kappelbad, I. Auslese	1881	19,0	10,0
ibid. II. Auslese	1881	18,3	11,0
Hasenrecher, II. Auslese	1881	17,5	12,0
Sieversheimer	1881	16,6	10,5
Bühl	1881	18,8	9,0
Breitenweg, I. Auslese	1881	16,2	10,0
Winzenheim, I. Auslese	1881	18,5	10,0
Schönfeld, I. Auslese	1881	16,7	11,0
Hasenrecher, III. Auslese	1881	14,4	13,0
ibid. IV. Auslese	1881	17,2	12,0
Mönchberg (Franken und Kleinberger)	1881	18,9	10,0
Mönchberg (Riesling und Traminer)	1881	20,9	11,0
Fluthgraben	1881	17,8	12,5
Brückes	1881	18,0	9,0

	Jahrgang	Zucker %	Säure %₀₀
Hungriger Wolf, I. Auslese	1881	17,8	9,0
Bosenheimer Berg, I. Auslese.	1881	19,4	9,0
Hinter dem Hofgarten, I. Auslese	1881	18,3	12,0
ibid. II. Auslese	1881	17,3	12,0
Winzenheim, II. Auslese	1881	17,2	12,0
Bretzenheim	1881	18,0	8,0
Winzenheim, III. Auslese (Gutenthal)	1881	17,5	12,0
Winzenheim	1881	15,5	15,0
Kuhberg, I. Auslese	1881	16,6	10,0
Hofgarten (oben)	1881	17,2	12,0
ibid.	1881	15,3	15,0
Breitenweg, II. Auslese	1881	17,3	12,0
ibid. III. Auslese	1881	18,0	11,0
Hargesheim, I. Auslese (auf der Kanzel) . . .	1881	18,9	11,0
Gretenpfuhl	1881	17,8	11,0
ibid.	1881	62,1	15,0
Galgenberg, I. Auslese	1881	18,8	12,0
Schönfeld, II. Auslese	1881	18,3	11,5
Schönfeld.	1881	16,3	14,5
Hargesheim, II. Auslese (Wissberg).	1881	20,1	10,0
Unterer Forst, I. Auslese	1881	18,3	11,0
ibid. II. Auslese	1881	14,8	12,0
Steinweg, I. Auslese	1881	14,4	13,0
Vogelsang	1881	14,7	13,0
Judenkirchhof	1881	15,8	12,0
Hinkelstein, I. Auslese	1881	14,7	13,0
Steinweg, II. Auslese.	1881	16,3	12,0
Steinweg	1881	13,7	15,5
Boxheim	1881	16,6	13,0
Galgenberg, II. Auslese	1881	16,1	11,0
ibid. III. Auslese	1881	15,5	12,0
Steinweg, III. Auslese (Riesling)	1881	17,8	12,0
ibid. IV. Auslese (Gemisch versch. Trauben)	1881	17,9	10,0
Hackenheim, I. Auslese	1881	17,9	11,0
Breitenweg, IV. Auslese.	1881	16,1	11,0
Winzenfeld, I. Auslese	1881	14,3	12,5
Monat, bei junger Wolf.	1881	14,2	12,0
Hasenrecher	1881	17,5	10,0
ibid.	1881	15,5	14,5
Galgenberg, IV. Auslese.	1881	16,6	11,0
Weinsheim	1881	14,5	13,0
Breitenweg, V. Auslese	1881	16,9	11,5
Schönfeld, III. Auslese	1881	17,0	11,5
ibid.	1881	14,4	14,5
Hinkelstein, II. Auslese	1881	16,9	11,0
Kuhberg, II. Auslese	1881	14,0	13,0
Winzenfeld, II. Auslese	1881	16,3	11,5
Rüdesheim, I. Auslese	1881	15,1	12,0
Galgenberg, V. Auslese	1881	16,6	12,0
Hackenheim, II. Auslese.	1881	17,6	10,0
ibid.	1881	16,9	15,0
Walsberg	1881	17,5	12,0
Heddesheim, II. Auslese.	1881	17,2	10,5

	Jahrgang	Zucker %	Säure %oo
Heddesheim, III. Auslese	1881	17,6	11,0
Huffelsheim	1881	17,8	11,0
Hungriger Wolff, II. Auslese	1881	15,2	11,0
ibid. III. Auslese	1881	16,4	10,5
ibid.	1881	15,0	14,0
Waldböckelheim, I. Auslese	1881	19,2	10,5
ibid. II. Auslese	1881	19,1	9,0
Norheim, I. Auslese (Leitrich)	1881	18,3	10,0
ibid. II. Auslese (Felsig)	1881	18,3	9,0
ibid.	1881	13,6	15,0
ibid. III. Auslese	1881	17,6	10,5
Traisen	1881	15,0	10,0
Niederhausen	1881	14,8	10,5
Hackenheim, III. Auslese (Galgenberg)	1881	17,5	10,0
Nauenberg	1881	16,3	12,0
Sponheim	1881	16,4	10,5
Hungriger Wolff, IV. Auslese	1881	16,6	10,0
ibid. V. Auslese	1881	16,6	10,0
Bosenheimer Berg, II. Auslese	1881	16,3	10,0
Rümmelsheim, I. Auslese	1881	18,0	10,5
ibid. II. Auslese	1881	17,2	11,0
ibid. III. Auslese	1881	16,3	11,0
ibid. IV. Auslese	1881	16,6	10,5
Rüdesheim, II. Auslese	1881	15,0	12,0
ibid.	1881	15,5	15,5
Hargesheim, III. Auslese (Kronenberg)	1881	15,8	11,5
ibid. IV. Auslese	1881	16,4	11,0
Rothenfels (Riesling)	1881	17,8	9,0
Wallhausen, I. Auslese	1881	15,4	11,5
Planig (Sieforsheim)	1881	14,7	13,0
Wallhausen, II. Auslese (Hinterregsgrund)	1881	16,6	9,0
Winzenheim, IV. Auslese	1881	13,9	13,0
ibid. V. Auslese	1881	14,2	12,0
ibid. VI. Auslese	1881	14,2	11,0
Heedt	1881	14,7	13,0
Sommerloch	1881	14,0	13,0
Volksheim	1881	13,6	12,0
Bretzenheim, II. Auslese (Pinsch)	1881	15,0	12,0
ibid. III. Auslese	1881	14,7	9,0
Norheim, IV. Auslese	1881	16,3	10,0
Münster a. St. (Stengfels)	1881	17,6	10,5
Langenlonsheim, I. Auslese (Borngraben)	1881	14,2	12,0
ibid. II. Auslese (Iwalbrig)	1881	16,6	10,0
ibid. III. Auslese	1881	15,3	11,5
Monzingen	1881	16,1	10,0
Winzenheim (Rosenhecke), VII. Auslese	1881	16,6	11,0
Bosenheimer Berg, III. Auslese	1881	16,1	10,0
ibid.	1881	14,1	14,0
ibid.	1881	13,0	15,0
ibid.	1881	14,3	15,0
Hinkelstein, III. Auslese	1881	14,2	13,5
Winzenheim, VIII. Auslese (Honigberg)	1881	15,0	10,5
ibid. IX. Auslese	1881	16,4	10,0
Winzenheimer Berg, I. Auslese	1881	16,1	12,0

	Jahrgang	Zucker %/₀	Säure %/₀₀
		Zucker %	Säure ‰
Winzenheimer Berg, II. Auslese	1881	14,1	11,0
Kronenberg	1881	14,2	11,5
Rosenberg (Riesling)	1881	16,9	12,5
Bretzenheim, IV. Auslese (Hof)	1881	15,2	11,0
ibid. V. Auslese (Manick)	1881	16,6	11,0
Niederhausen, II. Auslese	1881	16,3	11,5
ibid.	1881	15,3	14,0
Winzenfeld, III. Auslese	1881	14,7	12
Langenlonsheim (Eggenfeld)	1881	18,8	10,0
ibid. (Thalborn)	1881	17,5	10,0
ibid. (Strilor)	1881	17,0	10,5
Winzenheimer Berg, III. Auslese	1881	16,3	11,0
id. IV. Auslese	1881	15,9	13,0
Alsheim	1882	10—13	10—12
Dienheim	1882	12,5—15,5	14—17
Ludwigshöhe	1882	13,2—14,2	20,0
Guntersblum	1882	13,2—14,2	20,0
Waldüversheimer Farrenberg	1882	13,2—15,5	18—21
Rüdesheimer Berg	1882	11,9	17,2
id.	1882	13,1	14,2
id.	1882	10,2	19,0
id.	1882	11,5	14,5
id.	1882	10,0	18,6
id.	1882	8,9	14,2
Edenkoben	1882	11—15	10—16
Nierstein, geringere Lagen	1882	9,2—11,9	10—14
id. bessere Lagen	1882	10,5—13,2	10—16
Laubenheim	1882	10—13	10—12
Bingen	1882	10—17	9—12
Büdesheim, bessere Lagen	1882	bis 16,9	11—14
Bezirk der Nahe	1882	9,2—14,2	10—14
Untertürkheim (Würtemberg)	1882	11,0	12,0
Östrich, Österreicher Trauben	1882	14,2	12,0
ibid. Riesling	1882	13,2	16,0
Rüdesheimer Berg, bessere Lagen	1882	20,9—21,4	10—15
id. in guten Jahrgängen:		28—31	7,0
Moste von der Mittelmosel	1882	—	17—19
id. von der Nahe	1882	10,5—17,5	12—15
Assmannshausen, Domäne, Rother Spätburgunder	1882	16,6—18,3	10,5—11
id. Rother Spätburgunder, faul	1882	16,9—19,7	11,9
id. Österreicher und Traminer	1882	14,4—16,6	12,3

Fränkische Moste.

		Jahrgang	Zucker %	Säure ‰
Riesling Schalksberg, 9. Oktbr.		1877	10,34	19,5
„ Stein, 9. Oktbr.		1877	8,80	14,2
Östericher Schalksberg, 9. Oktbr.		1877	10,81	15,0
Riesling Schalksberg, 14. Oktbr.		1877	11,33	15,0
„ Stein, 14. Oktbr.	Beste Lagen von Mar-ken des kgl. Hofkellers	1877	11,90	12,5
Östericher Schalksberg, 14. Oktbr.		1877	11,90	18,7
Hörsteiner, 14. Oktbr.		1877	10,34	15,0
Riesling Schalksberg, 25. Oktbr.		1877	21,03	15,0
„ Stein, 25. Oktbr.		1877	19,89	14,5
Östericher Schalksberg, 25. Oktbr.		1877	17,00	18,7
Hammelburg, gem. Gem., 23. Oktbr.		1877	13,2	14—16

	Jahrgang	Zucker %	Säure %/oo
Astheim, gem. Gew., 31. Oktbr.	1877	13,6	14—16
Zell a. Main, gem. Gew., 4. Novbr.	1877	10,5	15—16
Wipfels, gem. Gew., 5. Novbr.	1877	10,5—13	15—16
Retstadt, gem. Gew., 6. Novbr.	1877	9—10,5	15—16
Pfülben, gem. Gew., 8. Novbr.	1877	13,5	10,4
„ Nachlese, 8. Novbr.	1877	10,5	13,3
„ Sylvaner, 8. Novbr.	1877	16,0	10,5
„ Riesling, 8. Novbr.	1877	16,0	12,5
Mühlbach bei Karlstadt	1877	13,4	14,5
do.	1877	14,0	15,0
do.	1877	13,6	15,2

Von welcher Qualität Weine sind, welche aus derartigen Mosten dargestellt werden, geht aus nachstehender Zusammenstellung von Weinuntersuchungen hervor, die von Dr. E. List in Würzburg ausgeführt wurden und sich auf Weine beziehen, die von Trauben geringer Lagen Thüngersheims, die noch vom Froste gelitten hatten, stammen und zwar vom Jahrgange 1879.

	I	II	III	IV	V	Gew. %
Alkohol	3,12	3,12	4,00	4,16	3,41	%
Extrakt	1,82	1,95	2,20	2,12	2,07	%
Mineralstoffe	0,202	0,150	0,190	0,170	0,180	%
Phosphorsäure ($P^2 O^5$)	0,032	0,026	0,028	0,029	0,028	%
Glycerin (nicht corr.).	0,239	0,220	0,245	0,235	0,241	%
Säure	1,20	1,08	1,14	0,93	1,12	%

	VI	VII	VIII	IX	X	Gew. %
Alkohol	3,77	4,00	3,41	4,03	4,31	%
Extrakt	2,28	1,82	1,95	2,15	2,33	%
Mineralstoffe	0,18	0,18	0,19	0,170	0,192	%
Phosphorsäure ($P^2 O^5$)	0,028	0,022	0,023	0,024	0,021	%
Glycerin (nicht corr.).	0,23	0,206	0,211	0,204	0,200	%
Säure	1,312	0,110	1,275	1,30	1,35	%

Die vorstehende Tabelle von Most- und Weinuntersuchungen, die sehr leicht vergrössert werden könnte, ergibt zur vollen Evidenz, dass in den letzten Jahren die grössere Hälfte der Weinernte dergestalt war, dass kein trinkbares Produkt dargestellt werden konnte, wenn nur der Traubensaft zu seiner Herstellung verwendet worden wäre. Selbst in bessern Lagen zeigten die Moste vielfach weit über 10 %/₀₀ gehenden Gehalt an Säuren. Von welcher volkswirtschaftlichen Bedeutung der Weinbau für Bayern wie für Deutschland überhaupt ist, geht aus folgenden Zahlen hervor. Im ganzen deutschen Reiche waren im Jahre 1878 mit Wein bebaut 133 845 ha, von denen auf Elsass-Lothringen 32 409, auf Bayern 23 521, auf Würtemberg 23 366, auf Baden 21 715, auf Preussen 30 017, auf Hessen 10 983 ha kommen. Im Jahre 1882 wurden in Deutschland ca. 4 Millionen Hektoliter produziert, von denen auf Bayern ca. 800 000 hl fallen, die Weinernte entsprach sonach einem Werte von ca. 200 Millionen Mark für Deutschland, von denen auf Bayern ca. 40 Millionen kamen. Diese so ausserordentlich hohe Summe würde sicher auf weniger als die Hälfte geschwunden sein, wenn nur „der vergorene Traubensaft ohne jeden Zusatz" als Wein gelten und verkauft würde. Die in Deutschland zur Zeit noch gesetzliche Bedeutung besitzende Auffassung, dass als Wein nur der vergorene Traubensaft ohne jeden Zusatz zu gelten habe, hat manche Anomalien hervorgerufen, so ist es z. B. eine allen Fachkreisen bekannte Thatsache, dass Französische Händler möglichst saure junge Weine beziehen, um mit ihrer Hilfe, sowie mit Rosinen- resp. Korinthenweinen etc. unter Zusatz von Farbe gebenden Italiänischen oder Dalmatiner Weinen, sogenannte Bordeauxweine herzustellen, die dann als solche wieder nach Deutschland zurückkehren, um hier als französische Weine getrunken zu werden.

Aus den vorhergehenden Ausführungen geht, soweit volkswirtschaftliche Fragen in Betracht kommen, wohl mit Klarheit hervor, dass ein Verbot der Darstellung gallisierter Weine überhaupt, oder, was dasselbe wäre, dass ein Verbot, gallisierte Weine als Weine schlechtweg und nicht als Kunstweine zu verkaufen und in den Konsum zu bringen, die schwerste Schädigung der Weinbau treibenden Bezirke bedeutet, und in den meisten Gegenden denselben das Fortbestehen des Weinbaues überhaupt in Frage stellen, somit die Rentabilität des Bodens und die Steuerkraft des Landes ganz erheblich vermindern müsste.

Ausser der volkswirtschaftlichen Seite ist nun noch eine andere Seite der Frage in Betracht zu ziehen: die physiologisch-chemische, oder sanitäre Bedeutung eines Zusatzes von Zucker und Wasser zu einem zu sauren Traubensafte, d. h. Moste. Eingehende Untersuchungen nach dieser Richtung hin liegen vor[1]), von denen einige typische im Folgenden angeführt sind.

Ein vom Analytiker selber gekelteter Most, aus einer Unterfränkischen Lage, Riesling, 1881er Gewächs besass folgende Zusammensetzung:

---

[1]) Repertorium der analytischen Chemie 1882 p. 1. 48. 52. 65. 81.

Extrakt . . . . 17,87 %
Mineralstoffe . . . . 0,33 -
Schwefelsäure (SO³) . . . . 0,010 -
Phosphorsäure (P² O⁵) . . . 0,031 -
Kalk (Ca O) . . . . 0,012 -
Magnesia (Mg O) . . . . . 0,012 -
Säure, auf Weinsteins. ber. . 1,365 -
Weinsteinsäure . . . . . 0,501 -
Äpfelsäure . . . . 0,720 -
Zucker . . . . 13,90 -
Kali (K² O) . . . . 0,156 -

Der aus diesem Moste dargestellte Wein enthielt nach beendeter Gärung in 100 ccm bei 15⁰ C.:

Alkohol . . . . 6,6 ccm
Extrakt . . . . 2,53 g .
Mineralstoffe . . . . 0,26 -
Schwefelsäure (SO³) . . . . 0,006 -
Phosphorsäure (P² O⁵) . . . 0,024 -
Kalk (Ca O) . . . . 0,009 -
Magnesia (Mg O) . . . . . 0,011 -
Säure, auf Weinsteins. ber. . . 1,275 -
Weinsteinsäure . . . . . . 0,343 -
Äpfelsäure . . . . 0,715 -
Bernsteinsäure . . . . . . 0,110 -
Glycerin . . . . 0,650 -
Zucker . . . . 0,210 -
Kali (K² O) . . . . 0,117 -

Der Most wurde dann gallisiert und zwar wurden zu 500 ccm Most zugesetzt 368 ccm destillirtes Wasser und 132,5 g weisser Kandiszucker.

Der nach vollendeter Gärung untersuchte Wein enthielt in 100 ccm bei 15⁰ C.:

Alkohol . . . . 12,2 ccm
Extrakt . . . . 2,11 g
Mineralstoffe . . . . 0,10 -
Schwefelsäure (SO³) . . . . 0,002 -
Phosphorsäure (P² O⁵) . . . 0,011 -
Kalk (Ca O) . . . . 0,007 -
Magnesia (Mg O) . . . . . 0,008 -
Säure, auf Weinsteins. ber. . 0,765 -
Weinsteinsäure . . . . . 0,120 -
Äpfelsäure . . . . 0,400 -
Bernsteinsäure . . . . . . 0,140 -
Glycerin . . . . 1,150 -
Zucker . . . . 0,180 -
Kali (K² O) . . . . 0,051 -

Die vorgenommene Gallisierung des Mostes ist eine übermässige gewesen, da soviel Zucker zugesetzt worden ist, dass ein für deutsche Weine sehr hoher, nur unter sehr günstigen Verhältnissen vorkommender Alkoholgehalt entstand, die Säure ist erheblich vermindert, denn es enthielten:

Most:	Wein, nicht gallisiert	Wein, gallisiert
13,65 %/$_{00}$	12,75 %/$_{00}$	7,65 %/$_{00}$

Die bei der geistigen Gärung neben Alkohol und Kohlensäure entstehenden Gärungsprodukte: Glycerin und Bernsteinsäure, entstehen aus dem zugesetzten Rohrzucker in gleicher Weise und in gleichen Mengenverhältnissen wie aus dem im Traubensafte enthaltenen Gemenge von Dextrose und Lävulose[1]). Auch sämtliche andere Weinbestandteile mit Ausnahme der Mineralstoffe sind in solchen Mengen in dem gallisierten Wein enthalten, wie sie in den nicht gallisierten Weinen besserer Jahre vorkommen. Eine erhebliche Verminderung hat der gallisierte Wein nicht gallisierten Weinen gegenüber hinsichtlich seiner Mineralstoffe erfahren, wobei jedoch zu bemerken ist, dass, wie bereits oben erwähnt wurde, im vorliegenden Falle die Gallisierung eine übermässige war, da zu viel Zucker zugesetzt und sonach der Alkohol auf eine zu grosse Höhe gebracht wurde; durch letztern Umstand wurde eine sehr erhebliche Ausscheidung von Kaliumbitartrat und gleichzeitige Herabminderung des wichtigsten Mineralbestandteiles des Weines: des Kali, bewirkt. Ein anderer gleichfalls stark herabgeminderter Mineralbestandteil des Weines, dem man, wenn auch wohl nur mit sehr zweifelhaftem Rechte, eine physiologische Bedeutung im Weine zuschreibt, ist die Phosphorsäure, ihre Minderung steht in direktem Verhältnis zum Wasserzusatz. Der Herabminderung des Kaligehaltes kann eine besondere Tragweite in physiologischer oder sanitärer Hinsicht schwerlich zugeschrieben werden, da erfahrungsgemäss mit zunehmendem Alter, wenigstens bis zu einer gewissen Grenze desselben, die Weine geeigneter werden das Wohlbefinden des Consumenten zu mehren, und werden derartige alte Weine mit Vorliebe als Genussmittel oder auch für bestimmte medizinische Zwecke bei Rekonvalescenten und Kranken verwendet, trotzdem die Weinsteinausscheidung d. h. die Kaliverminderung, bei alten Weinen, besonders mit höheren Alkoholgehalten, wie ihn gute Jahrgänge und Ausleseweine besitzen, nicht selten ebensoweit geht, wie bei dem in Rede stehenden gallisierten Weine. Die wesentliche Thatsache bleibt unter allen Umständen bestehen, dass aus einem Moste mit 13,6 %/$_{00}$ Säure anstatt eines ungeniessbaren, offenbar gesundheitsschädlichen Weines mit 12,7 %/$_{00}$ Säure ein solcher mit 7,65 %/$_{00}$ hergestellt wurde, der wohlschmeckend und in keiner Weise die Gesundheit des Kon-

---

[1]) Vergl. Repertorium der analytischen Chemie 1882. 54. Ungarische Traube, weiss, Hidegkut VII. 1 u. 2.

sumenten zu schädigen im Stande war und dabei keinen wesentlichen
Weinbestandteil, soweit er für den Wein als Genussmittel in Frage
kommt, in anomalem Verhältnisse enthielt. —

Andere Versuche haben gezeigt, dass durch eine rationelle Gallisierung
übrigens auch Weine erzielt werden können, deren Zusammensetzung bis
auf die unwesentlichen Bestandteile der nicht gallisierten Weine konform ist.

Nachstehende Versuche wurden mit einem Moste des Jahrganges 1882
vom Analytiker (R. Kayser) selber angestellt.

Der Most enthielt 10 % Zucker und 12 %₀₀ Säure, und lieferte einen
Wein, der in 100 ccm bei 15⁰ C. enthielt:

$$
\begin{array}{ll}
\text{Alkohol} & \text{4,8 cc} \\
\text{Extrakt} & \text{2,32 g} \\
\text{Mineralstoffe} & \text{0,26 -} \\
\text{Säure, auf Weinsteinsäure ber.} & \text{0,945 -} \\
\text{Weinsteinsäure} & \text{0,256 -} \\
\text{Kali } (K^2O) & \text{0,113 -} \\
\text{Kalk } (CaO) & \text{0,014 -} \\
\text{Magnesia } (MgO) & \text{0,014 -} \\
\text{Phosphorsäure } (P^2O^5) & \text{0,025 -} \\
\text{Schwefelsäure } (SO^3) & \text{0,008 -} \\
\text{Glycerin} & \text{0,520 -} \\
\text{Zucker} & \text{wenig.}
\end{array}
$$

Es ergiebt sich aus vorstehender Zusammenstellung, dass ein derartiges Produkt, trotzdem es aus reinem Traubensafte hergestellt wurde,
den Namen: Wein, nicht, oder doch kaum, verdient, und zu nichts Anderem zu verwenden ist als zur Essigdarstellung, zu welcher es sich, an
die Zusammensetzung eines Essiggutes auffallend erinnernd, seines geringen
Alkoholgehaltes wegen vortrefflich eignet; dieser geringe Alkoholgehalt ist
aber auch der Grund, wesshalb ein derartiger Wein nicht in gewöhnlicher
Weise conservirt werden kann, in welcher behandelt er sehr bald un-
beabsichtigter Weise die Umwandlung in Essig erleiden würde. Der
Gehalt an Säure ist gleichfalls ein so hoher, dass dadurch die Verwendung
als Wein fast ausgeschlossen ist. Die von 1250 l Traubenmost, der den in
Rede stehenden Wein geliefert hatte, erhaltenen Trester wurden mit 352 l
heissem Wasser überschüttet, 12 Stunden digeriert, und dann gekeltert,
wodurch 352 l Tresterauszug erhalten wurden, welche mit 71 kg Rohrzucker
versetzt und dann zu 1000 l des Traubenmostes gesetzt wurden. Der
Tresterauszug wurde für sich untersucht und enthielt derselbe in 100 ccm
bei 15⁰ C.:

$$
\begin{array}{ll}
\text{Extrakt} & \text{4,85 g} \\
\text{Mineralstoffe} & \text{0,31 -} \\
\text{Säure, auf Weinsteinsäure ber.} & \text{0,71 -} \\
\text{Weinsteinsäure} & \text{0,387 -} \\
\text{Kali } (K^2O) & \text{0,157 -}
\end{array}
$$

Kalk (Ca O) . . . . 0,069 g
Magnesia (Mg O) . . . . . 0,014 -
Phosphorsäure (P² O⁵) . . . 0,036 -
Schwefelsäure (SO³) . . . . 0,013 -
Zucker . . . . 3,22 -

Der aus dem Gemisch von Tresterauszug und Most dargestellte Wein enthielt in 100 ccm bei 15° C.:

Alkohol . . . . 7,5 cc
Extrakt . . . . 2,02 g
Mineralstoffe . . . . 0,23 -
Säure, auf Weinsteinsäure ber. 0,59 -
Weinsteinsäure . . . . . . 0,120 -
Kali (K² O) . . . . 0,097 -
Kalk (Ca O) . . . . 0,018 -
Magnesia (Mg O) . . . . . 0,012 -
Phosphorsäure (P² O⁵) . . . 0,027 -
Schwefelsäure (SO³) . . . . 0,010 -
Glycerin . . . . 0,860 -
Zucker . . . . wenig.

Der Reichtum des Tresterauszuges an mineralischen Substanzen hat in diesem Falle dem mit seiner Hilfe dargestellten Weine einen grösseren Gehalt an einigen Mineralstoffen verliehen, z. B. an Phosphorsäure, als wie ihn der aus dem Moste für sich dargestellte Wein besass. —

Da man den Zusatz von Zucker und Wasser je nach dem Zuckergehalte und der Acidität des Mostes zu regulieren in der Lage ist, so geht aus den angeführten Beispielen soviel mit Sicherheit hervor, dass man durch Zusatz von Zucker und Wasser zu einem sauren Moste an Stelle eines ungeniessbaren und für sich unverwendbaren Produktes ein solches erzielen kann, welches, wenn auch niemals von hervorragender Qualität, so doch wohlschmeckend, der Gesundheit nicht unzuträglich und sonach den Ansprüchen des Consums entsprechend ist. Das durch Zusatz von Zucker und Wasser erhaltene Produkt besitzt ferner die für Traubenwein charakteristichen Bestandteile in normalen Verhältnissen. Bei Verwendung von Tresterauszügen ist es sogar möglich, wie gezeigt wurde, auch die nicht wesentlichen Mineralbestandteile auf eine solche Höhe zu bringen, wie sie der nicht gallisierte Wein zeigt. Nicht ohne Interesse dürfte es übrigens sein, dass nach einem Berichte des Französischen Ministeriums des Ackerbaues im Jahre 1881 in Frankreich 2 Millionen Hektoliter Wein mit Hülfe von Tresterauszügen dargestellt wurden, also die Hälfte der 4 Millionen Hektoliter betragenden Gesamtproduktion Deutschlands, wo bei zu bemerken ist, dass die officiell angegebene Zahl von 2 Millionen Hektoliter in Wirklichkeit eine weit höhere sein dürfte.

Was die bei der Gallisierung statthaften Materialien Zucker und Wasser betrifft, so ist es, soll anders der Zweck dieser Operation voll

erreicht werden, notwendig, dass die Materialien von guter Qualität sind,
d. h. dass aus ihnen keine Substanzen in den Wein übergehen, die eine
anomale Zusammensetzung desselben bewirken. Wenn es auch gleichgültig
ist, ob Rohrzucker oder Traubenzucker verwendet werden, da beide bei
der geistigen Gärung die gleichen Produkte liefern, so kommt dabei doch
in Betracht, dass es sehr leicht ist, Rohrzucker von grosser Reinheit zu
erhalten, während es zur Zeit noch nicht möglich gewesen ist, Traubenzucker fabrikmässig herzustellen, der nicht grössere oder geringere, immer
jedoch nicht unbeträchtliche Mengen unvergärbarer Substanzen enthält. So
lange es daher nicht gelingt, fabrikmässig reinen Traubenzucker herzustellen,
wird derselbe für die Gallisierung nicht zu verwenden sein. Es hat allerdings nicht an Stimmen gefehlt, welche sich dafür ausgesprochen haben,
dass der Traubenzucker trotz seines Gehaltes an nicht vergärbarer
Substanz (Nichtzucker, Amylin) in gleicher Weise wie der Rohrzucker
bei der Gallisierung zu verwenden sei; dieser Auffassung gegenüber ist
jedoch anzuführen, dass die unvergärbaren Bestandteile des käuflichen
Traubenzuckers (Stärkezucker) sowohl ihrer chemischen Natur als physiologischen Natur nach nur sehr unvollständig bekannt sind, es ist ferner
unbekannt, welchen Einfluss dieselben auf die Entwickelung des Weines
während der Aufbewahrung desselben haben. Es muss sonach als gänzlich
unstatthaft erscheinen, eine Substanz, deren Wirkungswert man nicht
kennt, in den Wein gelangen zu lassen, aus dem einzigen Grunde,
weil dadurch die Gallisierung billiger und der Stärkezuckerproduktion
ausser in den Brauereien auch noch in der Weinproduktion ein Absatz-
gebiet geschaffen würde. Zu beachten ist bei einem Rohrzuckerzusatze nur
noch, dass gleiche Gewichtsteile Rohrzucker und Traubenzucker, resp. das
Gemisch von Dextrose und Lävulose, wie es im Moste vorkommt, ungleiche
Alkoholmengen liefern, was sich leicht erklärt, da bei der während der
Gärung durch die Hefe bewirkten Inversion des Rohrzuckers, d. h. der
Umwandlung desselben in Invertzucker (Dextrose + Lävulose) eine Wasseraufnahme stattfindet nach der Formel: $C^{12} H^{22} O^{11} + H^2 O = 2 C^6 H^{12} O^6$,
es sind sonach 100 Gewichtsteile Rohrzucker gleich 105 Gewichtsteilen
Invertzucker und liefern auch die gleichen Mengen an Alkohol und son-
stigen Gärungsprodukten wie letztere. —

Ergiebt sich aus vorstehenden Ausführungen sowohl die Notwendigkeit
der Gallisierung in schlechten Weinjahren, geht ferner aus ihnen hervor,
dass dieselbe in einer Weise ausgeführt werden kann, dass das enthaltene
Produkt in allen wesentlichen Teilen normale Verhältnisse zeigt, so bleibt
nur noch übrig, auf die Fesstellung der Grenzen, innerhalb welcher sich
die Gallisierung zu bewegen hat, überzugehen.

Eine Begrenzung der Gallisierung ist aus folgenden Gründen notwendig und gerechtfertigt.

In einem guten Weinjahre ist die Qualität der Moste je nach Lage
und Art der Bebauungen eine sehr verschiedene, und zwar ebenso hinsichtlich

ihrer Acidität als ihres Zuckergehaltes. Während die Acidität der Moste in günstig gelegenen Lagen auf 4—5 % herabsinkt, steigt der Zuckergehalt bis auf 22—24 %, bei Ausleseweinen oder aus edelfaulen Beeren gewonnenen Mosten wird dieses Verhältnis ein noch günstigeres, in den weniger bevorzugt gelegenen Weinbaubezirken, die an Ausdehnung die eben erwähnten guten Lagen weit übertreffen, ist selbst in guten Jahren die Acidität des Mostes eine weit stärkere, und beträgt sie alsdann durchschnittlich 8—10 g Säure im Liter, der Zuckergehalt steigt alsdann auf 16—18 %. Moste von einer solchen Zusammensetzung liefern dann Weine, welche im Consum die weiteste Verbreitung haben und eigentlich vorzugsweise dem Bedürfnis nach Wein als täglichem Genussmittel entsprechen, während die Weine aus bevorzugten Lagen schon ihres hohen Preises wegen in der Regel eine beschränktere und mehr ausnahmsweise Verwendung als Genussmittel finden können. Moste mit 8—10 %$_{00}$ Säure und 16—18 % Zucker liefern Weine mit 6—8 %$_{00}$ Säure und 8—9 Vol. % Alkohol.

Sieht man von Jahren ab, die dem Weinbau ganz besonders günstig waren, so sind sonach Weine mit 6—8 %$_{00}$ Säure und 8—9 Vol. % Alkohol als jene Produkte zu betrachten, welche durchschnittlich in guten Jahren in unseren deutschen Weinbau treibenden Gegenden produziert werden und zum Konsum gelangen und demzufolge als normale Trinkweine betrachtet werden müssen; dieselben sind vom Handel ihres ständigen Konsums wegen stets begehrt und bilden auch vorzugsweise das Material des Weinhandels, soweit es deutsche Weine betrifft. Weine mit solchen Eigenschaften können jedoch in der Mehrzahl der Jahre leider nicht produziert werden, da, wie vorhin gezeigt worden ist, die Moste meist eine weit höhere Acidität und einen weit geringeren Gehalt an Zucker besitzen, und deshalb nur kaum verwendbare Weine liefern können. Es ist also nur das Anstreben eines Ausgleiches gerechtfertigt, nach welchem es der Weinbau treibenden Bevölkerung möglich ist, auch in den schlechten Weinjahren trinkbare und deshalb stets verkäufliche Produkte herzustellen, die, was Säure und Alkohol betrifft, gleiche Zusammensetzung zeigen, wie durchschnittlich die Weine aus Mosten mittlerer Jahrgänge, welche aus in den gleichen Bezirken gewachsenen Trauben dargestellt wurden. Ungerechtfertigt wäre offenbar das Verlangen, dass es gestattet sein solle, die Moste eines schlechten Jahres durch Zusatz von Zucker und Wasser auf einen solchen Gehalt von Zucker und Säure zu bringen, wie sie selbst in guten Jahren in der gleichen Lage nicht vorhanden sind. Das Fallenlassen jeder Beschränkung müsste notwendiger Weise dahin führen, dass die sauersten Moste für die Gallisierung die gesuchtesten werden und leichter verkäuflich sein würden als die weniger sauren, es müsste ferner dahin führen, dass Weine von so hohem Alkoholgehalte und so geringer Säure hergestellt würden, wie sie nur von der Natur bevorzugte Lagen hervorzubringen im Stande sind, unter deren Namen selbstverständlich derartige Produkte dann auch in den Handel gebracht werden würden. Derartige, über das Mass des Bedürfnisses seitens des Weinproduzenten weit hinausgehende Manipulationen werden durch die Gestattung einer eingeschränkten Gallisierung verhindert, zum Vorteile des Konsumenten und nicht zum Nachteile der reellen Weinproduzenten.

Die Ausführung dieser Einschränkung bietet keinerlei Schwierigkeit für die Kontrolle, noch weniger für den Weinproduzenten. Letzterer hat nur nötig, die Acidität seines Mostes sowie den Zuckergehalt desselben zu bestimmen, Manipulationen, die sehr leicht und schnell mit für diesen Zweck genügender Genauigkeit ausgeführt werden können, mit welchen Manipulationen übrigens auch zur Zeit schon die Mehrzahl der Weinproduzenten vollkommen vertraut ist[1]). Da nun, wie bereits mehrfach erwähnt wurde, bekannt ist, welche Verminderung der Acidität der Wein seinen Mosten gegenüber erleidet, und wieviel Alkohol eine bestimmte Quantität Zucker liefert, so ist in jedem Falle mit Leichtigkeit auszurechnen, wieviel Wasser und wieviel Zucker zu einem Moste zuzusetzen sind, um innerhalb der festgesetzten statthaften Grenzen von Alkohol und Säuren zu bleiben. Bei der Kontrolle kommen selbstverständlich nach dieser Richtung hin überhaupt nur jene Weine in Betracht, die weniger Säure und mehr Alkohol enthalten, als wie sie für gallisierte Weine erlaubt sind; in solchen Fällen wird sich die Untersuchung besonders auf die Mineralbestandteile zu erstrecken haben, auf welche Fälle in einem späteren Abschnitte eingegangen werden wird. —

Eine Begrenzung des in gallisierten Weinen noch vorhandenen Zuckerrestes ist erforderlich, da bei einem grösseren Gehalte an Zucker sehr starkes Schwefeln des Weines erforderlich sein würde, um den Wein vor weiterer Gärung zu schützen. Ferner enthält ein völlig vergorener Wein kaum jemals 0,3 % Zucker, nur in Ausleseweinen und ähnlichen Produkten steigt der Zuckergehalt mehr oder weniger über diese Zahl; ein höherer Gehalt an Zucker könnte sonach nur der Absicht entspringen, den gallisierten Weinen den Charakter letzterer Weine und damit den Schein einer besseren Beschaffenheit zu geben, als sie ihn in Wirklichkeit besitzen. —

Ausser durch das Gallisieren kann auch noch durch das Chaptalisieren genannte Verfahren aus sauren Mosten ein minder saurer Wein erzielt werden.

Das Chaptalisieren bewirkt durch einen Zusatz von reinem gebrannten Kalk (gebranntem Marmor) oder reinem kohlensauren Kalk zum Weine eine teilweise Entsäuerung desselben, da der zugesetzte Kalk sich mit der im Weine vorhandenen Weinsteinsäure zu in alkoholischen Flüssigkeiten nahezu unlöslichem weinsteinsauren Kalk verbindet, wodurch mit der Weinsteinsäure auch ein Theil der Acidität des Weines entfernt wird. Der Zusatz von Kalk, resp. kohlensaurem Kalk und dementsprechend auch die

---

[1]) Mit Hülfe von Normallauge und einer Mostwage.

Herabminderung der Acidität hängt sonach ab von dem Gehalte der zu entsäuernden Weine an Weinsteinsäure, der vorher in jedem Falle genau bestimmt werden muss, da jeder Überschuss an Kalk als äpfelsaures Salz in Lösung geht und dem Weine einverleibt wird, wodurch einmal die Zusammensetzung des Weines an sich wesentlich geändert als auch ein unangenehmer stumpfer Geschmack des Weines hervorgerufen wird. Die Weinsteinsäure tritt allerdings in der Mehrzahl der Fälle, besonders in sauren Mosten, im Verhältnis zur Apfelsäure wesentlich zurück, so dass in solchen Fällen in der Regel nur eine ungenügende Entsäuerung bewirkt werden kann. Das Chaptalisieren wird sonach nur in wenigen Fällen geeignet sein, um aus einem übermässig sauren Moste einen angenehm schmeckenden, gesunden Wein herzustellen. —

§ 1. c) Gewisse Arten südlicher Weine werden immer in der Weise dargestellt, dass zu den vergorenen Traubensäften noch mehr oder minder beträchtliche Alkoholmengen zugesetzt werden (z. B. Portwein, Xeres oder Sherry, Marsala), oder aber es werden die gegorenen Traubensäfte mit eingekochtem Moste teils mit teils ohne gleichzeitigen Zusatz von Alkohol versetzt (Malaga). Diese Darstellungsweisen sind als für die betreffenden Weinarten geradezu charakteristisch zu betrachten, und sind sonach diese Darstellungsweisen derselben als die normalen zu betrachten. Der für die erwähnten Zwecke verwendete Alkohol wird zum weitaus grösseren Teile aus anderen Ländern importiert und zwar als rektifizierter Kartoffelspiritus, wie er in sehr beträchtlichen Quantitäten, besonders in einigen deutschen Seestädten für den Export nach Spanien, Italien und Frankreich dargestellt wird.

Folgende Zusammenstellung des Alkoholgehaltes einer Reihe von derartigen mit Alkohol versetzten Weinen wird ein Bild von dem Grade dieses Alkoholzusatzes geben, wenn man annimmt, dass selbst unter den günstigsten Bedingungen in südlichen Ländern durch Gärung kaum mehr als höchstens 15 % Vol. Alkohol in einem Weine erzeugt werden können, bei welchem Alkoholgehalte derselbe die Gärung selber hemmt und der noch vorhandene Zucker unzersetzt übrig bleibt.

| Art des Weines | Jahrgang | Vol. % % | | Analytiker |
		Alkoholgehalt	Zusatz von Alkohol, mindestens	
Spanische und portugiesische Weine.				
Sherry	1878	18,0	3,0	R. Kayser
Sevilla I	1878	18,5	3,5	-
do. II	1878	18,6	3,6	-
Benicarlo	1878	17,3	2,3	-

| Art des Weines | Jahrgang | Vol. %/% | | Analytiker |
		Alkohol-gehalt	Zusatz von Alkohol, mindestens	
Madeira I	1878	18,5	3,5	Niederstadt
do. II	1878	21,2	6,2	-
do. III . . . ᴜ . . .	1878	21,3	6,3	-
do. IV	1878	21,8	6,8	-
do. V	1878	20,4	5,4	-
Oporto, weiss	1878	21,8	6,8	-
Madeira	1878	18,0	3,0	A. Salomon
do.	1878	20,1	5,1	Hassell
Sherry	1878	18,5	3,1	Thudichum
do.	1878	21,6	6,6	-
do.	1878	22,3	7,3	Hassell
do.	1878	21,1	6,1	Griffin
do.	1878	21,2	6,2	Hassell
Portwein	1878	22,2	7,2	Thudichum
do.	1878	24,0	8,0	Griffin
do.	1878	15,1	nicht	Hassell
do.	1880	23,5	8,5	R. Kayser
do.	1881	22,8	7,8	-
Italiänische Weine.				
Marsala	1872	19,0	4,0	R. Kayser
do.	1873	20,2	5,0	-
do.	1874	19,4	4,4	
do.	1875	20,4	5,4	-
do.	1876	21,2	6,2	-
do.	1877	21,4	6,4	-
do.	1878	20,8	5,8	-
do.	1879	19,7	4,7	-
do.	1880	22,0	7,0	-
do.	1881	21,8	6,8	-
do.	1881	20,6	5,6	D. Joss
Afrikanische Weine.				
Capwein	1878	20,5	5,5	R. Kayser
do.	1878	18,4	3,4	-
do.	1879	19,5	4,5	-
do.	1879	19,7	4,7	-
Californische Weine . .		21,4	6,4	-
Weisswein	1878	20,5	5,4	-
do.	1878	22,4	7,4	-
do.	1878	19,8	4,8	-

Aus vorstehender Zusammenstellung geht hervor, dass gewisse Weine
südlicher Länder einen beträchtlichen Alkoholzusatz erhalten haben, der
bis ungefähr 8 % ihres Gesamtgehaltes an Alkohol betragen kann.

Der Verschnitt der Weine mit Alkohol, meist aber gleichzeitig noch
mit Wasser wird in besonders ausgedehntem Masse in Frankreich ausgeübt und zwar nicht selten in einer solchen Weise, dass nicht mehr von
Weinproduktion sondern nur von Weinfabrikation gesprochen werden muss.

Derartige Weine dienen zum grossen Teil als Exportweine, da sie hell und klar bleiben, sowie sich leicht aufbewahren lassen.

In einem auffallenden Gegensatze zu diesem in Frankreich ausgeübten Alkoholverschnitte (mit Wasser: mouillage) steht ein Rundschreiben, welches der Direktor der indirekten Steuern, den Wein-Import betreffend, an alle departementalen Ressortbeamten gerichtet hat, das auch den Handelskammern (chambres syndicales), sowie den Grossindustriellen der interessierten Geschäftszweige mitgeteilt wurde. Das Wesentliche des qual. Rundschreibens ist im Folgenden enthalten.

„Das beratende Komité der Künste und Gewerbe, beauftragt, sich über das Regime auszusprechen, welches auf die Einfuhr solcher spirituosen Getränke angewendet werden soll, die als Wein bezeichnet sind und durch ein anderes Verfahren als die Gärung der frischen Trauben hergestellt wurden, in Erwägung, dass diese Getränke fabriziert sind mittels Hinzufügung von Alkohol oder von Zucker, der sich durch die Gärung in Alkohol verwandelt, hat das Komité das Gutachten ausgesprochen, dass diese Getränke sowohl hinsichtlich des Eingangszolles, als der inneren Besteuerung dem Regime der Alkoholbesteuerung zu unterwerfen sind. Die Minister des Handels und der Finanzen haben diesem Gutachten ihre Zustimmung gegeben. Somit werden folgende Produkte bei ihrem Eingang nach Frankreich im Verhältnis zu ihrem Alkoholgehalt mit den Zöllen an der Douane und mit der inneren Alkoholsteuer belastet:

1. Die zusammengesetzten Weine (vins de composition), zu deren Fabrikation die Weintraube entweder garnicht oder nur in schwacher Proportion gedient hat;

2. die mittels getrockneter Trauben hergestellten Weine;

3. die mit Alkohol gemischten Weinträberfabrikate (les piquettes alcoolisées);

4. die Weinträberweine, welche durch Hinzuthun des Zuckers hergestellt sind; ferner überhaupt:

> alle unter dem Namen Wein eingeführten Getränke, die nicht durch die Gärung von frischen Trauben und das Infässerfüllen (l'entonnage) ohne irgend welche Zuthat des Produktes dieser Gärung erzeugt wurden.

Zu entscheiden über die Natur der ihr zugehenden Flüssigkeiten hat an der Grenze die Zollverwaltung. —"

Weinfabrikate, wie sie in den vorstehenden Abschnitten 1—4 angeführt sind, sind es jedoch, die in ausserordentlich grossen Quantitäten fabriziert werden, und zwar wesentlich für den Export in andere Länder, besonders nach Deutschland, woselbst sie als kleine Rothweine, oft unter Führung einer Bordeauxmarke (2 Millionen Hektoliter Tresterwein 1881) in den Konsum gelangen, ohne dass sie beim Überschreiten der Grenze einen andern Zoll zahlen, als wie er für Wein festgesetzt ist. Da Frankreich zur Zeit und sicher noch auf Jahre hinaus eine grössere Quantität Wein importiert als exportiert, und zwar in den letzten Jahren sehr bedeutende Quantitäten kleiner Weissweine aus Deutschland zur Herstellung seiner Weinfabrikate bezog, so ist in der zollgesetzlichen Behandlung der Weine eine offenbare Ungleichheit zum Schaden der deutschen Weinproduzenten vorhanden; da z. B. gallisierte Weine in Frankreich die Zölle für Alkohol zahlen, während die französischen Piquetteweine (d. h. Tresterweine, fast völlige Artefakte) in Deutschland nur den Weinzoll tragen. Die Bedeutung dieser Angelegenheit wird am besten durch die Angabe des französischen Ministeriums für Ackerbau selber illustriert, dass im Jahre 1881 für 192 630 000 fr. Wein in Frankreich eingeführt wurden, denen nur eine Ausfuhr von 57 000 000 fr. gegenübersteht, letztere Summe wird allerdings zum grossen Teil auf Deutschland allein kommen, da dasselbe eines der französische Weine (Rothweine) am stärksten konsumierenden Länder ist.

Diesen Umständen nach erscheint es angemessen, französische Weine, die entweder mit Alkohol, oder mit Wasser und Alkohol verschnitten worden sind, in gleicher Auffassungsart, wie sie in Frankreich gilt, als Alkoholfabrikate zu betrachten und soweit sie als Wein in den Handel kommen, sie als Kunstwein zu beurteilen, die nicht als Weine im Sinne der vorliegenden Abmachungen zu betrachten sind. Aufgabe der deutschen Zollbehörden, resp. der Zollgesetzgebung wird es sein, die erforderlichen Schritte zu thun, um die erwähnte Ungleichheit bei der Behandlung der Weinfabrikate bei ihrer Verzollung zu beseitigen, die zur Zeit vorhanden und die deutschen Interessen wesentlich zu schädigen geeignet ist.

Ähnlich wie die besprochenen Spanischen Weine wird ein Teil der seit Kurzem in den Handel kommenden Californischen Weine dargestellt, wie aus den mitgetheilten Analysen solcher hervorgeht.

§ 1. d) Es ist in manchen Weinbau treibenden Ländern üblich, die reifen Trauben noch einige Zeit am Weinstock zu belassen, wodurch ein Verlust derselben besonders an Wasser durch Verdunsten desselben herbeigeführt wird. Gleichzeitig findet eine Konzentration des Saftes statt, so dass die Trauben reicher an Saftbestandteilen besonders an Zucker werden. In einigen Ländern wird das gleiche erreicht, indem man die abgeschnittenen Trauben einige Zeit liegen lässt. In beiden Fällen wird die weitere Behandlung der Trauben und die Weindarstellung aus dem ausgepressten Safte die gleiche sein, wie sie sonst bei der Weindarstellung üblich ist. Die erzielten Weine unterscheiden sich besonders durch ihren Zuckerreichtum von den übrigen Weinen. Die erwähnte Operation ist übrigens nur in Ländern möglich, in welchen zur Zeit der Traubenreife noch eine verhältnismässig hohe Temperatur herrscht, wie z. B. in Ungarn, Griechenland. In manchen Gegenden, wie z. B. im Rheingau und in einigen Bezirken Frankreichs, lässt man zuweilen die Trauben nach völliger

Reife noch einige Zeit am Stocke, wodurch jedoch weniger eine Konzentration des Saftes als eine Vermehrung des Zuckers, allerdings nur bis zu einer gewissen Grenze, und Verminderung der Säure erzielt wird; diesen, Edelfäule genannten Zustand einer Art von Überreife der Trauben lässt man übrigens in der Regel auch nur bei gewissen Rebsorten eintreten, z. B. bei Rieslingtrauben, da derartige edelfaule Trauben besonders bouquetreiche Weine liefern.

Hierher gehören auch jene Produkte, welche dadurch erhalten werden, dass man getrocknete Weinbeeren (Rosinen) mit Wein überschüttet und längere Zeit in Berührung lässt, wodurch die löslichen Bestandteile der Rosinen, besonders Zucker, in den Wein übergehen, das erhaltene Produkt wird in der Regel nach dieser Prozedur schliesslich als Ausbruch in den Handel gebracht, er ist jedoch in Wirklichkeit nur eine Nachahmung der wirklichen Ausbruchweine, deren Darstellung bereits beschrieben worden ist.

Vielfach, besonders seitdem durch die Phylloxera-Verwüstung sich die Weinproduktion Frankreichs so erheblich vermindert hat, werden getrocknete Weinbeeren (Rosinen oder auch Korinthen) zur Weindarstellung auch in der Weise verwendet, dass dieselben mit Wasser übergossen, aufquellen gelassen und alsdann gekeltert werden; den ausgepressten Saft lässt man alsdann wie üblich vergären. Es werden für diese Zwecke ausserordentlich grosse Mengen Rosinen und Korinthen besonders aus den südlichen Teilen der Europäischen Türkei, Griechenland und Syrien, in Frankreich eingeführt. Die aus Rosinen und Korinthen dargestellten Weine finden für sich nur eine untergeordnete Verwendung, da ihnen das Charakteristische des Weines fehlt, sie werden in der Regel mit geringen herben und farbreichen Weinen, teils französischen teils auch deutschen Ursprungs verschnitten, in welchem letzteren Falle saure für sich nicht verwendbare deutsche Weissweine zur Anwendung kommen, die, wie bereits erwähnt worden ist, in den letzten Jahren vielfach nach Frankreich exportiert worden sind. Die Darstellung von Wein aus getrockneten Weinbeeren, wie sie als Rosinen oder Korinthen im Handel vorkommen, ist, falls der Wasserzusatz dem durch Verdunstung während des Trockenvorganges verloren gegangenen Wasserquantum der Weinbeeren entspricht, in keiner Weise zu beanstanden, da das aus dem Rosinenauszuge durch Gärung erhaltene Produkt in allem Wesentlichen die gleiche Zusammensetzung zeigt, wie das aus den frischen Trauben, welche zur Rosinenherstellung dienen, bereitete Produkt sie besitzt. Ein übermässiger Wasserzusatz wird in analoger Weise eine Verdünnung der löslichen Traubenbestandteile herbeiführen wie ein Wasserzusatz zu einem aus frischen Trauben bereiteten Moste oder zu einem fertigen Weine; es wird demgemäss ein solcher Rosinen-Wein, falls ein übermässiger Wasserzusatz nachzuweisen ist, als ein gewässertes Produkt zu betrachten sein.

Für den Weinkonsum kommen, wie wiederholt zu bemerken ist, Rosinenweine kaum in Betracht, da sie in erwähnter Art fast ausschliesslich als Verschnittweine verwendet werden und, ihren Eigenschaften nach, auch verwendet werden müssen.

§ 2. Als Schaumwein wird, wie bekannt, in verschiedenen Ländern besonders in Frankreich und Deutschland, ein Produkt hergestellt, welches nicht ausschliesslich aus Traubensaft hergestellt wird, sondern es erhält im Verlaufe seiner Fabrikation Zusätze von Zucker und Alkohol. Die Mengenverhältnisse der genannten Zusätze sind sehr verschieden und werden vielfach abgeändert, sie richten sich im wesentlichen nach dem Geschmacke der Konsumenten, so dass z. B. für den Export nach England ein geringer, für den nach Russland ein reichlicher Zuckerzusatz gegeben wird. In Deutschland sind die wesentlichsten Schaumweinproduktionsgebiete an der Mosel, am Rhein und in Unterfranken.

§ 3. Der vergorene Traubensaft bedarf noch mannigfacher Behandlungen, bevor er für den Konsum fertig ist, d. h. eine den Ansprüchen des Konsumenten entsprechende Beschaffenheit erhalten hat. Die verschiedenen Operationen, welche zur Erreichung des angeführten Zweckes erforderlich sind, werden als kellermässige Behandlung des Weines bezeichnet.

§ 3. a) und b). Nach vollendeter Gärung ist es erforderlich, den Wein von der abgesetzten Hefe, abgeschiedenem Weinstein und sonstigen mechanisch dem Traubensafte beigemengten Bestandteilen zu trennen, da bei längerer Berührung des Weines mit genannten Substanzen, besonders der Hefe, der Geschmack desselben ungünstig beeinflusst werden würde. Der Wein wird zu diesem Zwecke aus dem Gärfasse in ein anderes Fass übergeführt, in welchem seine weitere Klärung durch Absetzenlassen der noch vorhandenen Hefenteile sowie sich ausscheidenden Weinsteins bewirkt wird. Unter Umständen ist noch weiteres Umfüllen erforderlich, bis der Wein in das Lagerfass kommt, in welchem er bis zu seiner Reife verharrt, wobei die durch die Verdunstung durch die Poren des Fassholzes bewirkte Verminderung des Volums durch Auffüllen mit Wein von Zeit zu Zeit wieder beseitigt werden muss. Selbstverständlich ist es nicht möglich beim Vorhandensein eines Fasses eines bestimmten Weines, z. B. von einer ganz bestimmten Lage und einem bestimmten Jahrgange bei dem oft vieljährigen Lagern des Weines das Auffüllen stets mit einem Weine von gleicher Lage und gleichem Jahrgange zu bewirken, es wird sonach ein während mehrerer Jahre im Fasse aufbewahrter Wein stets nur der Hauptsache nach einem bestimmten Jahrgange, nicht einer bestimmten Lage, entsprechen und demzufolge ist, wenn man von Flaschenweinen absieht, jeder Wein, der zum Konsum gelangt, in der Regel ein Gemenge der Produkte wenigstens mehrerer Jahrgänge, wenngleich ihm auch durch eine geschickte sachkundige Auswahl der zum Auffüllen verwendeten Weinsorten der Charakter eines bestimmten Jahrganges erhalten bleiben wird.

Was die Flaschenweine anbetrifft, so bezieht sich das eben hinsicht-

lich des Auffüllens Gesagte auch auf sie, da die Weine vor der Flaschenreife in der Regel einige Jahre gelagert sein müssen, sonach bis zu derselben ebenfalls dem Auffüllen unterliegen. —

Bei Weinen, die kurze Zeit nach der Gärung in den Konsum gelangen, ist es erforderlich, ihre trübe Beschaffenheit durch Filtrieren zu
beseitigen, wozu besondere mechanische Apparate im Gebrauche sind.

§ 3. c) Es wird Seitens der Konsumenten verlangt, dass der Wein
hell und, wie man es nennt, blank sei, Eigenschaften, die nur selten durch
Absetzenlassen oder Filtrieren vollkommen erreicht werden können; um
sie dem Weine zu geben, ist in der Regel noch eine Operation notwendig,
welche man allgemein das Schönen nennt. Das Schönen bezweckt sonach
die den Wein trübe machenden fein verteilten Reste organischer Substanzen, wie Hefeteilchen, Eiweisskörper sowie andere uns nicht genauer
bekannte Substanzen zu entfernen, indem solche Stoffe zugesetzt werden,
die auf irgend eine Weise das Trübe aus dem Wein fällen und denselben
klar erscheinen lassen. (Stohmann, Muspratt Chemie 1880. Bd. VII.
p. 754 ff.) Als erste Aufgabe ist dabei zu betrachten, dem Weine nur
solche Stoffe zuzufügen, welche entweder durch Eingehen unlöslicher
chemischer Verbindungen selbst aus dem Weine wieder ausgeschieden
werden, oder welche selbst in Wein unlöslich, nur mechanisch nieder-
reissend auf die im Wein verteilten Stoffe wirken. Während von letzteren
ein Überschuss keinen Schaden herbeiführt, ist die Verwendung der ersteren
bei nicht genauer Fachkenntnis bedenklich, weil diese Stoffe, soweit sie nicht
in unlösliche Verbindungen übergehen, im Wein verbleiben, und dann leicht
mehr Schaden als Nutzen bringen, indem der Wein zwar wohl momentan geklärt erscheint, dafür aber einem um so leichteren Verderben ausgesetzt ist. Die
Schönungsmittel lassen sich sonach in zwei Gruppen bringen, von denen die
erste jene umfasst, welche sich chemisch mit der im Weine vorhandenen Gerbsäure verbinden, so: Hausenblase, Gelatine, Eiweiss, letzteres sowohl im frischen wie getrocknetem Zustande als Albumin, Blut, Milch; von diesen sind die
drei erstgenannten unter den erforderlichen Vorsichtsmassregeln unbedenklich
zu gestatten. Blut und Milch, sowie zahlreiche hierher gehörige, mehr
oder minder als Geheimmittel in den Handel gebrachte Klärungsmittel sind
zu verwerfen, weil Blut und Milch ausser den bei der Schönung wirksamen sich wieder abscheidenden eiweissartigen Körpern noch andere
Substanzen enthalten, welche in Lösung bleiben, weil ferner Körper, deren
Zusammensetzung man nicht kennt, unmöglich in rationeller Weise zugesetzt
werden können. Die zweite Gruppe der Schönungsmittel, welche mechanisch klärend auf den Wein wirken, bilden meistens gewisse Erden, welche
ihre klärende Eigenschaft einem Gehalte an Kaolin verdanken. Durch
kaolinhaltende Schönungsmittel gelangen geringe Mengen Thonerdemengen
in den Wein, welche desshalb nicht unter allen Umständen als von einem
Alaunzusatze herrührend betrachtet werden dürfen.

§ 3. d) Über das Schwefeln des Weines spricht sich Stohmann

(a. a. O.) in so objektiver und klarer Weise aus, dass es zweckmässig erscheint, das hierüber Gesagte anzuführen, soweit es für den in Rede stehenden Zweck erforderlich erscheint.

Eine leidige Gewohnheit, welche trotz vieler Abmahnungen doch unter den Weinproduzenten noch allgemein verbreitet ist, besteht darin, den Wein beim Umfüllen auf geschwefelte Fässer zu ziehen, und zwar geschieht dies bei ausgegorenem Jungwein wie bei Lagerwein. Das Schwefeln der Fässer wird so ausgeführt, dass man in das geöffnete Spundloch des Fasses entweder mit geschmolzenem Schwefel getränkte Leinwand oder Papierstreifen, die am untern Ende vorher angezündet waren, einhängt, oder einen langstieligen, eisernen, mit entzündetem Schwefel gefüllten Löffel einsenkt. Der verbrennende Schwefel konsumiert dabei den im Luftraum des Fasses enthaltenen Sauerstoff und lässt schweflige Säure an dessen Stelle treten.

Durch das Schwefeln der Fässer bezweckt man einem Krankwerden der Weine vorzubeugen und kann dies erreichen, da fast alle Krankheiten des Weines durch die Anwesenheit von lebenden Organismen hervorgerufen werden, die ihrerseits durch die schweflige Säure zum Absterben gebracht werden.

Hätte die schweflige Säure keine andere Wirkung als die der Tötung der schädlichen Organismen, so würde gegen ihre Verwendung (innerhalb gewisser Grenzen) nicht allein nichts einzuwenden, sondern sie dürfte sogar warm zu empfehlen sein. Leider ist dem nicht so. Indem die schweflige Säure die lebenden Organismen zerstört, vernichtet sie auch zugleich das Leben der Hefe oder hemmt doch ihre Entwickelung und Funktionen. Zieht man einen jungen Wein, welcher noch nicht ausgegoren ist, der also noch der Thätigkeit der Hefe bedarf, auf ein geschwefeltes Fass, so wird die Gärung unterbrochen, der Wein wird stumm gemacht, er wird nicht fertig und man erhält eine Flüssigkeit, die nicht Most nicht Wein ist, die aber dem Verderben im höchsten Grade ausgesetzt ist. Allmählich wird die schweflige Säure durch den eindringenden Sauerstoff der Luft oxydiert und in Schwefelsäure verwandelt, die jedoch, (bis zu einer gewissen Grenze wenigstens), nicht in freier Form im Weine verbleibt, sondern vorhandene Salze zersetzt und deren Säuren abscheidet. Ist, wenn diese Veränderung erfolgt ist, dann noch eine lebende Hefenzelle vorhanden, die durch grössere Resistenzfähigkeit der Vergiftung durch die schweflige Säure entgangen ist, oder war die Menge der schwefligen Säure nicht so gross, dass sie völligen Tod, sondern nur einen Ruhestand der Hefe hervorgebracht hat, so wird mit der Beseitigung der schwefligen Säure neues Leben erwachen und neue Gärung eintreten, die unter diesen Umständen lange anhält und erst nach langer Zeit zu Ende geht, der Wein arbeitet von Neuem, wird nicht reif und klärt sich äusserst langsam.

Bei älterem Weine, dessen Gärung beendet ist, der die Lagerreife aber noch durchzumachen hat, kann dieser Übelstand natürlich nicht eintreten, aber vorteilhaft ist das Schwefeln auch hier nicht. Der Wein erlangt seine Reife durch Aufnahme von Sauerstoff. So lange aber die Sauerstoff begierig aufnehmende schweflige Säure vorhanden ist, so lange werden die zu oxydierenden Substanzen des Weines mit der schwefligen Säure gewissermassen um den Sauerstoff kämpfen, so dass das Reifen des Weines eine bedeutende Verzögerung erleidet und erst eintreten kann, wenn die schweflige Säure oxydiert ist. Mit dem Eintritt dieser Oxydation hört aber die erhaltende und vor Krankheiten schützende Wirkung der schwefligen Säure auf und es müsste alsdann ein neues Umfüllen auf frisch geschwefelte Fässer vorgenommen werden, womit aber der Termin der Reife auf's Neue hinausgeschoben werden würde.

Bei den Rotweinen ruft das Schwefeln noch den weiteren Übelstand hervor, dass die schweflige Säure zerstörend auf die Farbe desselben wirkt, die natürliche Farbe desselben verblasst, bei stark geschwefelten Fässern kann die rote Farbe ganz zerstört und in Braun verwandelt werden. Nach Aussage mancher Weinproduzenten soll angeblich die rote Farbe beim Lagern wieder zum Vorschein kommen, doch ist die Richtigkeit dieser Angabe zu bezweifeln, es ist wahrscheinlicher, dass die Wiederherstellung der Farbe auf einen Zusatz von Heidelbeeren oder sonstigen Färbemitteln zurückzuführen ist.

Angezeigt ist sonach das Schwefeln der Fässer bei eingetretenen Krankheiten der Weine um dieselben dem völligen Verderben zu entziehen; für diesen Zweck giebt es in solchen Fällen kein Mittel, welches so leicht anzuwenden ist und so sicheren Erfolg unter Aufwand sehr geringer Kosten verspricht, als das Schwefeln, da durch dasselbe die pflanzlichen Organismen zum Absterben gebracht und ihre fernere Einwirkung auf den Wein verhindert wird. Soweit die Anschauungen Stohmanns. Was die Mengen der schwefligen Säuren betrifft, welche durch die Operation des Schwefelns in den Wein gelangen können, so sind dieselben ziemlich beträchtliche. Hierbei ist noch zu bemerken, dass 1 T. Schwefel, 2 T. schweflige Säure und etwas mehr als 3 T. Schwefelsäurehydrat liefen, $(S : SO^2 : SO^4H^2 = 32 : 64 : 98)$. Verwendet man auf ein Fass von 1200 l Inhalt eine Schwefelschnitte im Gewichte von 50 g, so gelangen, da die schweflige Säure fast völlig vom Weine aufgenommen wird, etwa[1]) 100 g schweflige Säure in den Wein, aus welcher allmählich 150 g Schwefelsäurehydrat entstehen. Es gelangen demnach durch diese einmalige Schwefelung 0,083 g schweflige Säure oder 0,125 g Schwefelsäurehydrat in 1 l Wein. Da nun der Wein, bevor er in den Consum gelangt, die Prozedur des Schwefelns in der Regel mehrere Male durchzumachen hat, oft auch die Schwefelung in weit stärkerem Masse, wie eben angenommen worden ist, ausgeübt wird, so ist

---

[1]) Von den entstandenen 100 g SO_2 wird wohl das wenigste gelöst, das meiste mit der entweichenden Luft fortgehen! Dr. List.

leicht ersichtlich, dass der natürliche Schwefelsäuregehalt des Weines durch
das Schwefeln in der Regel vervielfacht wird.

Es ist bereits angeführt worden, dass die in den Wein gelangende
schweflige Säure allmählich und schliesslich vollständig in Schwefelsäure
verwandelt wird, sowie dass die entstandene Schwefelsäure nicht unge-
bunden bleibt. Diejenige Base, welche im Weine überwiegend in betracht
kommt, ist das Kali. Dasselbe ist im Wein an Weinsteinsäure und an
Phosphorsäure gebunden. Ausser Kali kommen noch verhältnismässig
geringe Mengen von Magnesia und Kalk, Spuren von Eisen, oft auch von Thonerde und Mangan vor, ferner sehr geringe Mengen von als Chlornatrium vor-
handenem Natrium. Die entstehende Schwefelsäure verdrängt die übrigen
Säuren, wie Weinsteinsäure, Phosphorsäure, von ihren Basen, so dass
freie Phosphorsäure, Weinsteinsäure u. a. neben Sulfaten entstehen. Die
entstehenden Sulfate werden neutrale Salze sein, so lange die Menge der
vorhandenen Basen zu ihrer Bildung ausreicht, ist letzteres nicht mehr
der Fall, so müssen sich saure Salze, vornehmlich Kaliumbisulfat, bilden,
in denen die Schwefelsäure nur zur Hälfte ihre Acidität verloren hat.
Falls die Schwefelsäuremenge noch grösser wird, so muss sie schliesslich
als freie Schwefelsäure im Weine vorhanden bleiben. Die Vorgänge stellen
sich sonach, in Formeln ausgedrückt dar, wie folgt:

$$S + O^2 = SO^2;$$
$$SO^2 + O + H^2 O = SO^4 H^2;$$
$$SO^4 H^2 + K^2 O = SO^4 K^2 + H^2 O;$$
$$SO^4 K^2 + SO^4 H^2 = 2 SO^4 HK.$$

Da nach zahlreichen Analysen der Kaligehalt durchschnittlich[1]) etwa
die Hälfte der Weinasche ausmacht, die letztere wieder durchschnittlich
2,2 g pro Liter beträgt, so ergibt sich daraus als durchschnittlicher Gehalt
an Kali 1,1 g für ein Liter Wein. Da 100 g Schwefelsäurehydrat zur
völligen Sättigung 96 g Kali gebrauchen, so geht daraus hervor, dass auf
ein Liter Wein in der Regel nicht mehr als 1,145 g Schwefelsäure durch
das Schwefeln gelangen darf, sollen anders nicht Bisulfate oder freie
Schwefelsäure im Weine entstehen. Da durch einmaliges mässiges Schwefeln,
wie vorhin ausgeführt worden ist, unter Umständen 0,125 g Schwefelsäurehydrat in den Wein gelangen können, so ist die Eventualität nicht ausgeschlossen, dass bei übermässigem oder oft wiederholtem Schwefeln das Entstehen
von Bisulfaten oder freier Schwefelsäure im Weine verursacht wird, welche
beide, wie hinlänglich bekannt, nicht zu den physiologisch indifferenten
Körpern gehören, sondern im Gegenteil selbst in geringen Quantitäten
eine schädliche Einwirkung auf den menschlichen Organismus auszuüben
geeignet sind. In gleicher Weise ist auch die im Weine noch vorhandene
freie schweflige Säure nicht unberücksichtigt zu lassen, da nach zahl-

---

[1]) Siehe Fresenius 1883 Seite 58.

reichen Beobachtungen von Husemann und Bischoff durch den Genuss frisch geschwefelter Weine selbst bei Personen, die an den Weingenuss gewöhnt sind, Gesundheitsstörungen vorgekommen sind, die nicht selten mit unerträglichem Kopfschmerz verbunden waren.

Aus den bereits angegebenen Gründen ist ferner der Konsum von Weinen, die mehr als Spuren schwefliger Säure enthalten, als gesundheitsschädlich zu erachten und ist es erforderlich, dass die geschwefelten Weine nicht eher in den Konsum gebracht werden, als bis die schweflige Säure sich in Schwefelsäure verwandelt hat. Selbstverständlich bezieht sich der letzte Satz nur auf Weine, soweit sie dem Konsumenten zum sofortigen Genusse übermittelt werden.

Mehr als Spuren schwefliger Säure werden als vorhanden anzunehmen sein, wenn im Liter Wein mehr als 0,010 g schweflige Säure (SO^2) vorgefunden werden.

Eine Art des Schwefelns, welche in neuerer Zeit mehrfach empfohlen worden, allein trotzdem wenig in Anwendung gekommen zu sein scheint, besteht darin, dass dem Weine sogenanntes saures schwefligsaures Calcium, Calciumbisulfit, zugesetzt wird. Die allgemeinen wie besonderen Vorgänge sind die gleichen wie die bei der gewöhnlichen Art des Schwefelns auftretenden, nur dass die Hälfte der schwefligen Säure nach ihrer Oxydation zu Schwefelsäure an Calcium gebunden erscheint, sonach auf diese Weise Calciumsulfat erzeugt wird, über dessen Verhalten im Weine im folgenden die Rede sein wird. Die zweite Hälfte der schwefligen Säure erleidet die bereits vorhin erwähnten Umänderungen.

§ 3. f.) Es ist bereits in § 1. c eingehend von dem Verschneiden des Weines mit Alkohol gesprochen worden und dasselbe nur unter bestimmten Einschränkungen als zulässig erklärt worden.

In ähnlicher Weise und aus ähnlichen Gründen wie in südlichen Ländern wird auch in Deutschland derjenige Wein, der zum Export, besonders nach überseeischen Ländern bestimmt ist, mit Alkohol verschnitten, eine Operation, die unter diesen Umständen nicht umgangen werden kann, da der meist nicht hohe Alkoholgehalt der deutschen Weine nicht ausreichen würde, um in wärmeren Klimaten den Wein vor dem Verderben zu schützen; schon auf dem Schiffstransporte müssten Zersetzungserscheinungen im Weine auftreten, die ihn nach seiner Ankunft am Bestimmungsorte als nicht mehr verwendbar erscheinen lassen würden. Es ist sonach für den Weinexport durchaus erforderlich, dass den für denselben bestimmten Weinen ein Zusatz von Alkohol gegeben werden darf. —

Anhangsweise ist hier noch jene Operation zu erwähnen, die als Pasteurisieren bezeichnet zu werden pflegt. Dieses Verfahren besteht darin, dass der Wein einer höheren Temperatur ausgesetzt wird, welche genügt, um sämtliche in ihm vorhandenen Mikroorganismen zu töten, welche sonst unter Umständen die Veranlassung zum Auftreten erneuter Gärung und verschiedener Weinkrankheiten gegeben haben würden. Pasteurisierte Weine, besonders in Flaschen, sind demgemäss, sobald sie vor dem Hinzutritt neuer Keime oder Sporen von Mikroorganismen genügend geschützt sind, von grosser Haltbarkeit und eignen sich besonders für den Export in überseeische Länder.

§ 4. An das in § 3d besprochene Schwefeln schliesst sich aus mehr wie einem Grunde das Gypsen der Weine, richtiger: der Moste, an.

In vielen Gegenden, besonders in Frankreich, Spanien und Italien ist es üblich, dem Moste gewisse Quantitäten von gebranntem Gyps zuzusetzen, öfters auch werden schon die noch auf den Feldern befindlichen Trauben mit Gyps überstreut, welche Operationen selbstverständlich im wesentlichen dasselbe bezwecken und nur verschiedenen lokalen Gewohnheiten entspringen.

Nach einer Veröffentlichung von Otto A. Rhoussopoulos[1]), werden nach seinen persönlichen Erfahrungen nicht nur die weissen Weine von Xeres de la Frontera und von ganz Spanien, sondern auch die Santorin-Weine und die Weine der meisten Inseln des Archipels gegypst. Es wird in den letztgenannten Gegenden in folgender Weise vorgegangen. Man streut, um Weisswein zu machen, in die niedern, zum Austreten der Trauben gebauten Cysternen den Gyps mit vollen Händen auf eine Schicht Trauben, dann kommt eine zweite Schicht Trauben, die neuerdings mit Gyps überworfen wird und wohl noch eine dritte, mit welcher man auf gleiche Weise verfährt. Wenn nun die Trauben 12 oder 24 Stunden in Contact mit dem Gyps geblieben sind, wird die Masse in der Cysterne ausgetreten und der Most in Fässer gefüllt.

Es wird durch den Zusatz von Gyps eine schnellere Klärung und frühere Flaschenreife der Weine beabsichtigt und erzielt, ferner besitzt der gegypste Wein eine feuerigere Farbe als ein ungegypster Wein.

Die chemischen Veränderungen, welche durch das Gypsen bewirkt werden, lassen sich dahin zusammenfassen, dass der zugesetzte schwefelsaure Kalk und die vorhandene Weinsteinsäure sowie das Kali des Mostes sich in der Weise umsetzen, dass weinsteinsaurer Kalk und schwefelsaures Kali entstehen, von welchen Körpern der erstere nach vollendeter Gärung fast völlig ausgeschieden ist, während der zweite in Lösung bleibt; es ist sonach die Weinsteinsäure des Weines zum grösseren Teile entfernt, wofür eine entsprechende Menge Schwefelsäure in den Wein gelangt ist. Eine Weinsteinabscheidung und eine durch dieselbe bewirkte Verminderung des Kaligehaltes des Weines, dem Moste gegenüber, wird durch das Gypsen verhindert.

Über den speziellen chemischen Vorgang der Umsetzungserscheinungen, welche durch das Gypsen bewirkt werden, gibt es zwei von einander abweichende Ansichten.

---

[1]) Deutsche Weinzeitung 1881. 280.

Griesmayer[1]) nimmt nachstehende Umsetzungsgleichung an:

$$2 (C^4 H^5 KO^6) + SO^4 Ca \; C^4 H^4 Ca \, O^6 + SO^4 K^2 + C^4 H^6 O^6,$$

die freie Säure soll alsdann wieder auf $SO^4 K^2$ einwirken in der Art, dass $SO^4 HK + C^4 H^5 KO^6$ entstehen.

R. Kayser[2]) gibt mit Berücksichtigung des Gehaltes des Weines an Kaliumphosphat nachstehendes Umsetzungschema:

$$SO^4 Ca + C^4 H^5 KO^6 = SO^4 HK + C^4 H^4 Ca \, O^6;$$
$$SO^4 HK + PO^4 H^2 K = SO^4 K^2 + PO^4 H^3.$$

Es kann sonach Kaliumbisulfat im gegypsten Wein nur dann vorkommen, wenn anomale Weinsteinmengen vorhanden waren, so dass die übrigen Basen zur völligen Neutralisierung der halbgebundenen Schwefelsäure nicht ausreichten, übrigens eine Annahme, die nur in ausserordentlich seltenen Fällen ihre Bestätigung finden kann, da sie einen sehr starken Gypszusatz und das Vorkommen ungewöhnlich grosser Menge von Weinsteinsäure neben verhältnismässig wenig Kali voraussetzt.

Die freie Phosphorsäure bewirkt die feurige Färbung der gegypsten Rotweine, wovon man sich leicht überzeugen kann, wenn man zu einer Probe nicht gegypsten Rothweines einige Tropfen verdünnter Phosphorsäure fügt. Es wird nach Zusatz der Phosphorsäure der etwas bräunliche stumpfe Ton der Rotweinfarbe zu einem lebhaften und reinen Rot. Die Veranlassung zu der Operation des Gypsens liegt in der Absicht, den Wein hierdurch früher flaschenreif zu machen. Die Ausscheidung des weinsteinsauren Kalkes geht bei seiner ausserordentlich geringen Löslichkeit in alkoholischer Flüssigkeit sehr schnell vor sich, während die Weinsteinausscheidung bei der verhältnismässig grösseren Löslichkeit desselben eine nur langsam und allmählich vor sich gehende ist. Während der Weinsteinausscheidung bleibt der Wein trübe und schwer verkäuflich und erfordert es längere Zeit, bis der Wein die für das Füllen auf Flaschen und für den Konsum erforderliche Klarheit erhalten hat. Da nun in Frankreich das Gypsen vorzugsweise an kleineren Rotweinen vorgenommen wird, welche durch längeres Lagern eine erhebliche Preiserhöhung erleiden müssten, hat sich dort das Gypsen eingebürgert, wodurch es möglich ist, schon in kurzer Zeit billige flaschenreife Rotweine herzustellen.

In Spanien und Italien, in letzterem Lande besonders in Sizilien, werden nicht nur die Rotweine sondern auch die Weissweine gegypst und zwar findet hier meist das Bestreuen der Trauben mit Gypsmehl vor der Kelterung statt. —

In wieweit die durch das Gypsen herbeigeführten Veränderungen in der Zusammensetzung der Weine als wesentliche zu erachten sind, wird aus nachstehenden Erörterungen hervorgehen.

---

[1]) Repertorium der analyt. Chemie 1881. 1.
[2]) ibid. 1882. 65—67.

Es wird durch das Gypsen unter Umständen die vorhandene Weinsteinsäure bis auf sehr geringe Mengen, die der Löslichkeit des weinsteinsauren Kalkes in alkoholischen Flüssigkeiten, sowie dem den Grad dieser Löslichkeit beeinflussenden Alkoholgehalte derselben entsprechen, ausgeschieden. Eine annähernd vollständige Entfernung der Weinsteinsäure findet bei der Weinsteinausscheidung auch ohne geschehenes Gypsen bei Weinen statt, die nicht arm an Alkohol sind, wenn dieselben eine längere Zeit bei Kellertemperatur aufbewahrt wurden. In letzterem Falle findet die Entfernung der Weinsteinsäure in Verbindung mit Kali als Weinstein, wie aus einer Reihe von Untersuchungen derartiger Weine, sogar solcher von hervorragender Qualität, hervorgeht, soweit statt, dass dem Weine eine verhältnismässig nur sehr geringe Menge Weinsteinsäure erhalten bleibt.

Da bei gegypsten Weinen die Weinsteinsäure sich nicht wie bei nicht gegypsten Weinen der Hauptsache nach in Verbindung mit Kali abscheidet, sondern letzteres eine in Lösung bleibende Verbindung mit der vom Calciumsulfat herrührenden Schwefelsäure eingeht, ist bei gegypsten Weinen ein höherer Kaligehalt vorhanden als bei nicht gegypsten Weinen, es entspricht derselbe dem Kaligehalte des Traubensaftes, so dass also ein gegypster Wein den Kaligehalt des Mostes behält, während ein nicht gegypster Wein durch Weinsteinausscheidung einen mehr oder minder beträchtlichen Teil des Kaligehaltes des Mostes verliert.

Die Schwefelsäure des zugesetzten Calciumsulfates bleibt in dem Weine nach der Ausscheidung des weinsteinsauren Kalkes in Verbindung mit Kali unter gewöhnlichen Umständen als neutrales Sulfat: $SO_4 K_2$, es wird hierdurch die im Moste vorhandene Menge Schwefelsäure in höherem oder geringerem Grade vermehrt, wodurch bei gleichzeitig bewirkter Verhinderung der sonst in Form von Weinsteinausscheidung vor sich gehenden Kaliverminderung eine Vermehrung der Mineralsubstanz des Weines im allgemeinen bewirkt wird, so dass gegypste Weine stets grössere Aschenmengen geben als nicht gegypste Weine.

Als weitere Wirkungen des Gypsens hat man eine Konzentration des Weines durch die wasserbindende Eigenschaft des gebrannten Gypses angenommen, eine Annahme, die, wie sich aus dem angegebenen Umsetzungsschema ergibt, haltlos ist; die den Weinen zugesetzten Gypsmengen sind übrigens schon an und für sich viel zu geringe, als dass sie ein irgend in betracht zu ziehendes Wasserquantum binden könnten. Einer völlig gedankenlosen Annahme ist die sich in der Litteratur mehrfach vorfindende Angabe entsprungen, dass durch das Gypsen der Gehalt der Weine an Phosphorsäure vermindert werde, da eine Ausscheidung von Calciumphosphat bekanntlich niemals in sauren Lösungen stattfindet und jeder Wein eine nicht unbeträchtliche Menge von freier Säure enthält. Es ist im Gegenteil sogar der Nachweis geführt worden, dass durch das Gypsen der Wein einen Gehalt an freier Phosphorsäure enthält.

Die Ähnlichkeit der chemischen Vorgänge, welche sich beim Gypsen ergeben, mit jenen, welche durch das Schwefeln hervorgerufen werden, ist bereits erwähnt. Bei der Erkennung eines gegypsten Weines handelt es sich, wie aus den durch das Gypsen bewirkten chemischen Vorgängen hervorgeht, um die in dem betreffenden Weine vorhandene Mengen an Schwefelsäure und Kali.

Die in reinen Weinmosten vorkommende Schwefelsäuremenge von höchstens 0,200 g SO^3 im Liter ist weit überschritten und beträgt meist 0,80 bis 2,0 g. Es kommen jedoch oft Weine mit einem geringeren Gehalte an Schwefelsäure als 0,80 per Liter vor, die nicht die ursprünglich gegypsten Weine, sondern solche mit nicht gegypsten Weinen vermischte oder verschnittene darstellen. Ein derartiges Vermischen von stark gegypsten Weinen mit nicht gegypsten Weinen ist besonders häufig üblich geworden, seitdem man durch Aufstellung von Grenzzahlen das Gypsen bis zu einem gewissen Grade gestattet, über denselben hinaus jedoch als unerlaubt erklärt hat. Ein gegypster Wein enthält stets mehr als 0,60 g SO^3 per Liter und zeigt stets eine erhebliche Zunahme der Aschenmenge, so dass bei vollständig vergorenen Weinen mit etwa 8 bis 10 % Vol. Alkohol und 2,2—2,5 g Extrakt per 100 ccm, die Aschenmenge 0,28—0,35 g per 100 ccm beträgt, während sonst in der Regel bei derartigen Weinen 0,20—0,25 g Asche erhalten werden. Eine Aschenvermehrung lässt den vorliegenden Wein schon von vorne herein als der Gypsung verdächtig erscheinen. Die in einem aus reinem Traubenmoste dargestellten gegypsten Weine vorhandene Menge von Kali beträgt stets mindestens 0,110 g per 100 ccm, meist jedoch beträchtlich mehr.

Der Mangel an Kaliumcarbonat in der erhaltenen Asche ist nicht geeignet, einen sicheren Anhaltspunkt für den Nachweis der geschehenen Gypsung zu liefern, da sehr häufig und gerade bei alten und alkoholreichen Weinen das Extrakt nur sehr wenig Weinstein enthält, infolge dessen sich durch das Veraschen auch nur sehr wenig Kaliumcarbonat bilden kann, eine etwa entstandene geringe Menge von Kaliumcarbonat wird ausserdem durch die vorhandene Phosphorsäure zersetzt, so dass schliesslich die alkalische Reaktion der Asche durch die gebildeten gesättigten Phosphate oder aber, was sehr häufig der Fall ist, durch gebildete Alkalisulfide veranlasst werden kann. Die vielfach verbreitete Ansicht, dass nur Rotweine gegypst vorkommen, ist eine durchaus irrige, da besonders in Spanien, Portugal und Italien auch die Weissweine gegypst werden. Die südlichen gegypsten Weissweine werden, was nicht ausser Acht zu lassen ist, vielfach ihres hohen Alkoholgehaltes wegen zum Verschneiden geringer deutscher Weissweine verwendet. —

Was die vielfach angenommene sanitäre Bedenklichkeit der Verwendung gegypster Weine betrifft, so handelt es sich hierbei im wesentlichen nur darum, ob das durch das Gypsen an Stelle des Kaliumbitartrat in den Weinen entstehende Kaliumsulfat die physiologischen Wirkungen des Weines wesentlich zu verändern vermag.

Es wird zur Entscheidung dieser Frage genügend sein, die sich auf Kali bitartaricum $C^4 H^5 KO^6$ und Kali sulfuricum ($SO^4 K^2$) beziehenden Angaben von H. Nothnagel und M. J. Rossbach[1]) auszuführen.

In dem angegebenen Werke heisst es:

Kali bitartaricum. Es werden gegeben 0,5—3,0 g pro dosi (10,0 g pro die). Bei der Anwendung des Weinsteins in Pulver als Abführmittel werden 2,0—8,0 g pro dosi gegeben. Die genannten Autoren erklären dann ferner, dass, da Weinstein vor anderen salinischen Abführmitteln, von denen eine genügende Menge vorhanden sei keinen Vorteil biete, es das beste sei, denselben aus dem Arzneischatze und aus der ärztlichen Praxis ganz zu entfernen. —

Kali sulfuricum. Kleine Mengen (bis 0,5 g) einmal eingenommen haben gar keine Wirkung, auch nicht, wenn sie öfter, etwa in längeren, 5 stündigen Pausen genommen werden; stündlich dagegen genommen, tritt endlich dieselbe Abführwirkung ein, wie nach einer grossen Gabe. Grössere Mengen (15—30 g) rufen unter starker Gas- (z. T. SH^2) entwicklung, Kollern im Leibe, Abgang übelriechenden Flatus, nach mehreren Stunden stark wässerige Stühle hervor, die sich mehrmals wiederholen. Die Konzentration der Lösung ist von geringem Einflusse.

Es ist hierbei zu berücksichtigen, dass 1,00 g Schwefelsäureanhydrid (SO^3) 2,175 g Kaliumsulfat $SO^4 K^2$ entspricht.

Aus den vorstehenden Angaben geht hervor, dass die Wirkung des Kaliumsulfates in gegypsten Weinen als Laxans nur bei übermässig gegypsten Weinen und beim Konsum von grossen Quantitäten derselben eintreten kann; allerdings ist dabei zu berücksichtigen, dass auf der einen Seite die erwähnte nicht beabsichtigte Wirkung bei schwächlichen kranken Personen oder bei Kindern auch wohl schon bei kleineren Dosen eintreten kann, auf der anderen Seite wieder die Wirkung des Kaliumsulfat besonders durch Gerbstoffe paralysiert werden wird.

Jedenfalls muss es als unstatthaft betrachtet werden, wenn gegypste Weine als Weine für Kranke, Rekonvalescente oder für Kinder Verwendung finden, wovon noch in einem besonderen Abschnitte gesprochen werden wird.

Da auf der einen Seite mässig gegypste Weine, wie vorhin gezeigt wurde, keine schädliche Wirkung auf den gesunden Consumenten auszuüben geeignet sind, bei übermässig gegypstem Weine jedoch die Möglichkeit einer schädlichen Wirkung derselben nicht ausgeschlossen erscheint, so liegt eine Einschränkung des Gypsens im Interesse einer hygienischen Prophylaxe.

Zur Zeit wird usuell von den meisten Chemikern und Ärzten ein Wein nicht beanstandet, wenn er weniger als 2 g Kaliumsulfat im Liter

---

[1]) H. Nothnagel und M. J. Rossbach, Handbuch der Arzneimittellehre. 3. Aufl. pag. 35, 36 u. 38.

enthält. Es entspricht in der That diese Zahl auch allen berechtigten Forderungen, sowohl der Konsumenten als der Producenten und Händler, wesshalb sie allgemein zu acceptieren sein wird.

Eine auffallende Erscheinung ist es, dass gewisse Weine, die stets in stark gegypstem Zustande in den Handel gelangen, seit sehr geraumer Zeit mit besonderer Vorliebe von medizinischer Seite als Genussmittel für Kranke und Rekonvalescenten verwendet werden; diese Weine sind: Portwein, Marsala, Madeira und Xeres (Sherry). Von 76 Proben genannter Weine, die innerhalb der letzten 8 Jahre im Laboratorium des Bayrischen Gewerbemuseums zur Untersuchung gelangten, war auch nicht eine Probe, deren Gehalt an Schwefelsäure nicht einem Äquivalent von wesentlich mehr als 2 g Kaliumsulfat per Liter entsprochen hätte, meist betrug letzteres 3—4 g. 4 Proben Portwein, 7 Proben Madeira und 9 Proben Xeres mit einem geringeren Schwefelsäuregehalt erwiesen sich als Kunstweine, wie sie bekanntlich gerade unter den genannten Marken in sehr grosser Menge fabriziert werden.

Wollte man 2 g Kaliumsulfat per Liter als die höchste zulässige Grenze für Portwein, Madeira, Marsala und Xeres, festsetzen, so müsste sich daraus die Konsequenz ergeben, dass entweder überhaupt derartige echte Weine nicht zu uns gelangen würden, oder sie würden, bevor sie in den Konsum kämen, mit einer Quantität eines nicht gegypsten Weines verschnitten werden, welche ausreichend wäre, den Gehalt an Kaliumsulfat unter 2 g herabzudrücken, nicht selten würde diese Operation auch wohl von einem Zusatze von Wasser und Weingeist begleitet sein, in jedem Falle müsste die Originalität des echten Weines mehr oder minder verändert werden und zwar gewiss nicht zum Vorteile des Konsumenten. Es mag bei dieser Gelegenheit bemerkt werden, dass die zuletzt genannten Manipulationen zur Herabdrückung des Kaliumsulfat-Gehaltes zur Zeit bereits sehr häufig angewendet werden. Es scheint sonach sowohl im Interesse der Konsumenten als des reellen Weinhandels zu liegen, festzusetzen dass die Grenzzahl von 2 g Kaliumsulfat per Liter für Portwein, Xeres, Marsala und Madeira keine Giltigkeit besitzt, dass sonach für den Gehalt an Kaliumsulfat in den genannten Weinen keine oder wesentlich höhere Zahlen festgesetzt werden. Nach den vorliegenden Analysen dürfte ein Gehalt an Kaliumsulfat bei den genannten Weinen nur dann als unzulässig erklärt werden müssen, wenn er 4 g per Liter übersteigt. —

§ 5. Medizinalweine betreffend.

Der Wein findet bekanntlich nicht ausschliesslich nur Verwendung als Genussmittel, sondern, besonders in den letzten Jahren, ist die Verwendung von Wein von Seiten der Ärzte als Arznei- und Kräftigungsmittel eine sehr ausgedehnte geworden. Derjenige Bestandteil, der dem Weine seinen medizinischen Wert giebt, ist vorzugsweise der Alkohol, der im Weine in angenehmster Form für den Geniessenden vorhanden ist, ferner kann bei der grossen Mannigfaltigkeit der Weine jede Geschmacksrichtung ihre Berücksichtigung von Seiten des Arztes finden. Die medizinische Anwendung des Weines erstreckt sich auf drei Kreise von Konsumenten: auf schwächliche Kinder, auf Rekonvalescenten und auf Kranke, im letzteren Falle besonders bei Vorhandensein heftiger Fiebererscheinungen oder bedenklichen, die Herzthätigkeit betreffenden Symptomen. Die äussere Anwendung von Wein in der ärztlichen Praxis hat zur Zeit wohl kaum noch eine Bedeutung. In den genannten Fällen nun, in welchen der Arzt Wein verordnet hat, kommt es demselben wesentlich auf die Wirkungen des Alkohols an, den er gewissermassen in Form von Wein ordiniert. Accessorische Bedeutung können noch z. B. bei Rotweinen, die adstringierenden Bestandteile derselben, wie: Gerbstoffe, bei manchen andern Weinen, z. B. Malaga, Ruster und Tokayer Weinen, der reichliche Zuckergehalt derselben, besitzen. In allen diesen Fällen hat der Arzt jedoch nur einen ausserordentlich schwankenden Massstab für die Beurteilung der Alkoholquantität, die er dem Patienten in Form von etwa einem Glase Wein verordnet, da ihm der Gehalt des Weines an Alkohol unbekannt oder doch nur innerhalb sehr weiter Grenzen bekannt ist. Es ist klar, dass dies ein zu grossen Bedenken Veranlassung bietender Umstand ist, da der Alkohol nicht zu den schwach wirkenden Körpern gehört und es sich ausserdem noch vielfach um Kinder oder sonst schwächliche Personen handelt. Ein anderer Umstand ist noch in betracht zu ziehen, dass gerade als Sanitäts- oder medizinische Weine in der Kinderpraxis solche bevorzugt werden, die reich an Zucker sind, wie z. B. die sogenannten Tokayer. So zeigte z. B. ein im chemischen Laboratorium des Bayrischen Gewerbemuseums vor mehreren Jahren untersuchter sogenannter Tokayer, Lubowski's Sanitätswein, der übrigens in vielen Apotheken als Kinderwein verkauft und von vielen Ärzten auch als solcher verordnet wird, nachstehende Zusammensetzung, er enthielt in 100 ccm bei 15º C.

Alkohol	11,5	ccm
Extrakt	38,5	g
Mineralstoffe	0,25	-
Phosphorsäure ($P^2 O^5$) . .	0,032	-
Säure, auf Weinsteins. ber.	0,34	-
Zucker	33,9	-

Dieser Wein, der offenbar durch Extraktion von Rosinen dargestellt worden ist, kostet in den üblichen kleinen Flaschen bezogen 7,50 Mk. pr. Liter. Es bezahlt der Käufer, dem von seinem Arzte für sich oder etwa ein krankes Kind, dieser Wein verordnet ist, den Liter Alkohol mit 65 Mk. oder das Kilo Zucker mit ca. 22 Mk. Es bedarf wohl keiner weiteren Erörterung, dass diesen Summen der medizinische Wert eines solchen Weines auch nicht im entferntesten entspricht, da geheimnisvoll wirkende Bestandteile des Weines, die man wohl früher annahm, durchaus nicht vorhanden sind, und das: nullum vinum nisi Hungaricum! sich in Wirklichkeit nur auf die Rentabilität desselben für die Börsen seiner Fabrikanten bezieht. Hiezu kommt noch, dass in nur zu vielen Fällen die Käufer derartiger sogenannter Sanitätsweine Personen sind, die in beschränkten, oft dürftigen Verhältnissen leben und oft dem Notwendigsten an Nahrungsmitteln entsagen müssen, um die Mittel für die Anschaffung derartiger Weinprodukte zu erübrigen. Es dürfte den Ärzten sehr zu empfehlen sein, besonders im Interesse ihrer unbemittelten Kranken, derartige Weinprodukte von ihrer Ordination oder Empfehlung auszuschliessen und dafür einen beliebigen billigen Wein zu verordnen, dem je nach Bedürfnis zerstossener Rohrzucker zugesetzt werden kann, der dieselbe physiologische Wirkung besitzt wie der in den Süssweinen enthaltene Trauben- oder Invertzucker. Der pecuniäre Unterschied ergiebt sich sehr leicht, wenn man annimmt, dass ein deutscher Weisswein von mittlerer Qualität, der für 1,50 Mk. pr. Liter leicht erhältlich, mit soviel Zucker versetzt wird, dass er dem Zuckergehalt des erwähnten Tokayer's gleichkommt. Da derartige Weine durchschnittlich 8—9 % V. Alkohol besitzen, so kostet alsdann der Liter Alkohol in dieser Form 15 Mk. und das Kilo Zucker circa 50 Pfennig. Die so ersparte sehr beträchtliche Summe wird sehr zweckmässig für anderweitige Nahrungsmittel Verwendung finden. Personen, deren Mittel es ihnen gestatten, Geld für eingebildete Vorzüge eines Weines auszugeben, oder die in dieser Beziehung besondere Liebhabereien oder Vorurteile haben, können selbstverständlich in ihren Neigungen nicht gehindert werden; es ist jedoch wiederholt zu betonen, dass der weitaus grössere Teil der Konsumenten derartiger Sanitätsweine dem wenig oder nicht bemittelten Teile der Bevölkerung angehört.

Es ist bei Besprechung der gegypsten Weine bereits des Weiteren ausgeführt worden, dass auf den gesunden Konsumenten ein Gehalt von bis zu 2 g Kaliumsulfat p. L. keinerlei schädliche Einwirkung ausüben wird, anders jedoch ist es, wenn derartige Weine von Kranken oder Rekonvalescenten genossen werden. Wenngleich sichere Beobachtungen schädlicher Wirkungen gegypster Weine auch in derartigen Fällen in der Litteratur nicht verzeichnet sind, so ist dennoch aus prophylaktischen und allgemeinen Gründen die Verwendung gegypster Weine als Medicinalweine ihres vermehrten Gehaltes an Kaliumsulfat wegen als nicht statthaft zu betrachten. Mit Berücksichtigung der durch das Schwefeln in den Wein gelangenden Schwefelsäure ist jedoch eine solche Menge derselben in Weinen, die medizinischen Zwecken dienen sollen, statthaft, welche das Äquivalent von 1 g Kaliumsulfat pr. Liter nicht überschreitet.

Aus dem bei Besprechung der Operation des Schwefelns von Wein Gesagten geht bereits zur Genüge hervor, dass die Gründe, welche dort für das Unstatthafte eines mehr als spurweisen Vorhandenseins der schwefligen Säure in Weinen, die für Gesunde bestimmt sind, sprechen, in verstärktem Masse Geltung gewinnen müssen, wenn es sich um Weine handelt, die für medizinische Zwecke Verwendung finden sollen; man geht sicherlich nicht

zu weit, wenn man bei derartigen Verwendungen die Anwesenheit einer
so intensiv und specifisch wirkenden Substanz, wie es die schweflige
Säure ist, ausschliesst.

Es ist bereits anfangs der sich auf die Medizinalweine beziehenden
Ausführungen darauf hingewiesen worden, dass der dieselben ihres Alkoholgehaltes wegen ordinierende Arzt in der Regel in völliger Unsicherheit ist hinsichtlich der Grösse desselben, also mithin nicht weiss, welche Dosis dieser
energisch wirkenden Substanz er in einem gegebenen Falle eigentlich
ordiniert, ein Umstand, der nicht anders beurteilt werden muss, als wenn es
sich um irgend ein anderes Arzneimittel handelte. Es ist daran zu erinnern,
dass man gerade der Unmöglichkeit einer sicheren Dosierung wegen eine grosse
Anzahl Arzneikörper vegetabilischen Ursprungs, wie Kräuter, Blätter, Früchte,
aus ihnen dargestellte Extrakte und Tinkturen, nur deswegen antiquiert
hat, weil bei ihrer Ordination kein klarer Überblick möglich war über den
in der ordinierten Dosis enthaltenen eigentlich wirksamen Bestandteil der
Drogue oder des Präparates, da der Gehalt der letzteren an dieser ihre
Wirksamkeit erst bedingenden Substanz (Alkaloid, Glykosid etc.) ein
ebenso schwankender und vom Abstammungsort, von der Aufbewahrungs-
art der betreffenden Drogue oder von der Herstellungsart des betreffenden
Präparates in ganz analoger Weise abhängig war wie der Alkoholgehalt
der Weine von den angegebenen Faktoren. Es stellt sich sonach auch in
gleicher Weise wie bei den genannten Arzneimittelarten die Notwendigkeit
heraus, dass der Arzt in die Lage gesetzt werde, zu wissen nicht nur was,
sondern auch wieviel er seinem Patienten verordnet. Soll sonach der
Alkohol in Form von Wein, als der angenehmsten, gegeben werden, so
muss auf der Flasche, wie sie aus der Weinhandlung oder Apotheke bezogen
wird — es handelt sich hier bekanntlich fast nur um in Flaschen gekaufte Weine
— der Alkoholgehalt verzeichnet stehen. Diese sich nur auf für medizinische
Zwecke verkaufte und verwendete Weine beziehende Bestimmung ist eine
für den Verkäufer der Weine ausserordentlich leicht durchführbare. Er
hat weiter nichts zu thun, als den Alkoholgehalt des Weines, so lange
letzterer noch sich im Fasse befindet vor dem Füllen in Flaschen zu bestimmen. Die Apparate dazu, z. B. Salleronapparate, sind schon jetzt in
grösseren Weingeschäften vorhanden und mit sehr geringen Kosten anzu-
schaffen. Nach dem Abfüllen des Weines auf Flaschen ist dann einfach
auf den für dieselben bestimmten Etiquetten der Alkoholgehalt in Volum-
und Gewichtsprozenten anzugeben; die Mühe, die hierdurch dem Verkäufer
verursacht wird, ist ersichtlich eine so geringe, dass sie weder an und für
sich, noch dem grossen Vorteile gegenüber in betracht kommen kann, den
der den Wein verordnende Arzt für seine Ordination aus der sichern
Kenntnis des Alkoholgehaltes desselben gewinnt.

Es ist vielleicht nicht überflüssig, noch ausdrücklich anzuführen, dass durch die in den §§ 1—3 enthaltenen Bestimmungen ausgeschlossen sind: jede Färbung des Weines durch Teerfarbstoffe oder durch von Vegetabilien herrührende Farbstoffe, jeder Zusatz von Fruchtäther und Bouquetstoffen, jeder Zusatz von Tannin, jeder Zusatz einer Säure. Hinsichtlich der Farbstoffe ist dem Produzenten in den ausserordentlich stark gefärbten sehr billigen Italiener und Dalmatiner Weinen das Material reichlich gegeben, um schwach gefärbtem Wein stärkere Farbe zu geben, ohne zu andern Substanzen, wie Heidelbeeren, Malven und dergl. greifen zu brauchen. Da sonach der Produzent nicht im mindesten genötigt ist, zu den letztgenannten Körpern greifen zu müssen, das konsumierende Publikum durchaus nicht weder den Wunsch noch die Absicht hat neben den Weinbestandteilen noch solche der Heidelbeeren, Malven etc. zu geniessen, so erscheint der Ausschluss derartiger Färbesubstanzen als völlig gerechtfertigt. In noch höherem Grade und noch ersichtlicher tragen Zusätze von Bouquetstoffen, Säuren etc. das Gepräge der beabsichtigten Täuschung des Konsumenten.

Diese Auffassung entspricht auch vollständig den zur Zeit in Frankreich herrschenden gesetzlichen Bestimmungen, nach welchen als Verfälschungen des Weines, und deshalb strafbar, folgende Operationen betrachtet werden:

Umwandlung von Weisswein in Rotwein durch Farbstoffe; — Zusatz eines fremden Farbkörpers zu Wein überhaupt; Zusatz von Fuchsin als Farbstoff wird gleichzeitig als gesundheitsschädlich betrachtet. (Urteil des Appellhofes zu Rouen vom 31. Dezember 1879, bez. die Artikel 1131 und 1133 des C. c.)

Abschnitt II.

Nachdem in Abschnitt I festgestellt worden ist, was im Sinne dieser Abmachungen als Wein anzusehen sein soll, welche Behandlungsweisen als zulässig und welche als unzulässig zu erklären sein sollen, ist es erforderlich, auch darüber Abmachungen zu treffen, auf welche Weise seitens der Weinproduzenten und Weinhändler geschehene Zuwiderhandlungen als solche erkannt werden können und nachzuweisen sind.

Gleich von vornherein muss hier erklärt werden, dass eine Aufstellung von sogenannten Grenzzahlen, d. h. von Zahlen, welche den Gehalt an den einzelnen Weinbestandteilen der Weine innerhalb gewisser Grenzen angeben, nur in sehr vereinzelten Fällen, wie etwa bei geschwefelten und gegypsten Weinen, statthaft sein kann. In fast allen übrigen Fällen jedoch würde die Aufstellung derartiger Grenzzahlen neben der Ausartung dieses Zweiges der Önochemie zu einer geistlosen, mechanischen Schablonenarbeit, im wesentlichen nur dazu dienen, den Weinfälschern die Regeln an die Hand zu geben, nach denen sie zu arbeiten hätten, um Normalweine zu produzieren; dass derartige Regeln von den betreffenden Weinfabrikanten mit grosser Geschicklichkeit benuzt werden würden, daran wird Niemand zweifeln, der weiss, mit welcher Sorgfalt und Aufmerksamkeit von ihrer Seite die Fortschritte der Önochemie verfolgt werden.

Eine sachgemässe önochemische Beurteilung der Weine ist nur möglich bei eingehender Berücksichtigung aller in Frage stehenden Verhältnisse, es ist z. B. zu berücksichtigen: angeblicher Jahrgang und Produktionsart, ob in Flaschen oder Fässern aufbewahrt, ja sogar der Verkaufspreis kann in Verbindung mit andern Daten ein wichtiger Faktor bei der Beurteilung eines Weines werden. Nach diesen allgemeinen Punkten kommen erst die Ergebnisse der analytischen resp. auch optischen Untersuchung; es ist in betracht zu ziehen, ob das Verhältnis der einzelnen gefundenen analytischen Zahlen ein solches ist, wie es naturgemäss ein vergorener Most besitzen muss, es ist aus dem Wein letzterer im unvergorenen Zustande zurückzukonstruieren u. s. w. Es wird schon aus diesen wenigen Andeutungen hervorgehen, dass eine grosse Summe von Kenntnissen und Erfahrungen, im Speciellen: önochemischer Art, hierfür erforderlich ist, die nie aus einem Lehrbuche allein gewonnen werden kann, sondern stets das Ergebnis eingehender Spezialstudien sowie eigener praktischer Arbeiten auf diesem Gebiete sein wird.

Es mus für den vorliegenden Zweck genügen, in allgemeinen Zügen die Punkte anzudeuten, auf welche die Aufmerksamkeit des Beurteilenden besonders zu richten ist. In einzelnen Fällen ist es möglich mehr bestimmte Anhaltspunkte zu geben, wie sich aus dem Nachstehenden ergeben wird.

§ 1. Ungehörig gallisierte Weine betreffend.

Nach Abschnitt I. § 1 b kommen als ungehörig gallisierte Weine nur solche in betracht, welche:

1. mehr Alkohol als 9 % Vol. enthalten, oder

2. weniger Säure als 7 g pro Mille enthalten, auf Weinsteinsäure berechnet, oder

3. welche mehr Alkohol als 9 % Vol. und gleichzeitig weniger Säure als 7 % $_{00}$ enthalten.

Weine, die nicht einem dieser Fälle entsprechen, können überhaupt nicht ungehörig gallisierte sein.

Es liegt im Wesen der Gallisierung, ebenfalls der Petiotisierung, dass eine Anzahl Mostbestandteile durch den Wasserzusatz eine mehr oder mindere Herabsetzung in ihren Mengenverhältnissen in einem gallisierten, resp. petiotisierten Weine erlitten haben muss. Diese Herabsetzung wird eine geringere oder grössere sein müssen, je nach dem Verhältnis des Mostes zum zugesetzten Wasser. Die im Weine verbleibenden wesentlichen Gärungsprodukte: Alkohol, Glycerin, können keine Andeutung geben, da beide im bestimmten Verhältnisse zu dem vorhanden gewesenen vergorenen

Zucker stehen und allein nicht ersehen lassen, ob der Zucker ein im Traubensafte vorhandener oder ein zugesetzter gewesen ist. Es sind sonach besonders die mineralischen Bestandteile des Weinmostes, die berücksichtigt werden müssen, vornehmlich Phosphorsäure und Magnesia, dann auch Kali.

Häufig wird zur Gallisierung unreiner Zucker, besonders sogenannter Traubenzucker, der fabrikmässig im grossen Massstabe ans Stärkemehl gewonnen wird, verwendet und scheint es zur Zeit noch nicht möglich gewesen zu sein, derartigen Traubenzucker ohne starke Verunreinigungen herzustellen. Als Verunreinigungen eines Zuckers sind, falls es sich um önochemische Fragen handelt, alle Bestandteile desselben zu erachten, welche nicht bei der alkoholischen Gärung die normalen Gärungsprodukte liefern. Die Verunreinigung des Stärkezuckers wird nun nach allen Beobachtungen bewirkt durch einen Körper, der dextrinartige Natur besitzt und durch Hefe nicht oder nur schwierig in Alkohol, Kohlensäure etc. zerlegt wird und scheinbar unverändert in den vergorenen Flüssigkeiten zurückbleibt. Der erwähnte Körper ist ferner unlöslich in Alkohol und dreht die Ebene des polarisierten Lichtstrahls stark rechts.

Ein Wein, der mit unreinem Stärkezucker gallisiert worden ist, ist zu erkennen:

1. an der bereits vorhin erwähnten Verminderung der Mineralbestandteile;

2. der Extraktgehalt ist, wenigstens in der Regel, ein verhältnismässig hoher;

3. Reine vergorene Weine, die ohne Stärkezucker hergestellt worden sind, sind fast immer optisch inaktiv, oder sie zeigen eine sehr geringe Ablenkung nach links, selten nach rechts; alle Weine mit Rechtsdrehung sind nicht unverdächtig, jedoch ist es erforderlich, falls diese Drehung nur gering, etwa $+ 0,2^{\circ}$ beträgt, eingehender die Ursache dieser Rechtsdrehung zu erforschen. Es ist alsdann in üblicher Weise die Konzentration des Weines bei möglichster Entfernung der Weinsteinsäure, die bekanntlich meist als rechts drehende Weinsteinsäure im Weine vorkommt, selten als optisch inaktive Traubensäure, vorzunehmen, bleibt die Rechtsdrehung bestehen, so ist unreiner Traubenzucker zugesetzt worden, dessen unvergorene Bestandteile dieselbe bewirken. Ist die Rechtsdrehung keine starke, so ist zu berücksichtigen, dass derartige mit Stärkezucker gallisierte Weine sehr oft mit andern nicht mit Stärkezucker gallisierten Weinen verschnitten werden, wodurch natürlicherweise auch der Gehalt des Produktes an unvergärbarer rechts drehender Substanz herabgemindert wird.

Folgende Beispiele mögen einen Überblick über die Zusammensetzung gallisierter Weine geben, ohne etwa als Normen gelten zu sollen.

Franken. Rieslingtraube 1881. Wein und Gallisierung vom Analytiker selber ausgeführt. (R. Kayser)	a. Most	b. Nicht gallisierter Wein	c. Mit Stärkezucker gallisierter Wein	d. Nach 14 Monaten untersucht	
		Nach vollendeter Gärung			
Alkohol	—	6,6	9,1	9,2	ccm
Extrakt	17,87	2,53	5,91	5,72	g
Mineralstoffe (Asche) .	0,33	0,26	0,17	0,14	-
Schwefelsäure (SO^3) . .	0,010	0,006	0,010	0,010	-
Phosphorsäure (P^2O^5) .	0,031	0,024	0,011	0,011	-
Kalk (Ca O)	0,012	0,009	0,018	0,010	-
Magnesia (Mg O) . . .	0,012	0,011	0,005	0,005	-
Säure, auf $C^4H^6O^6$ ber.	1,365	1,275	0,802	0,754	-
Weinsteinsäure . . .	0,501	0,343	0,140	0,096	-
Äpfelsäure	0,720	0,715	0,388	0,370	-
Bernsteinsäure. . . .	—	0,110	0,114	—	-
Glycerin (corrig.). . .	—	0,720	0,100	1,114	-
Zucker	13,90	0,21	0,34	0,18	-
Kali (K^2O)	0,156	0,117	0,081	0,070	-
Essigsäure	—	Spur	Spur	0,014	-
Optisches Verhalten S.V.	—	$+-0^0$	$+8,4^0$	$+8,5^0$	-

Neubauer fand in einem mit Stärkezucker gallisierten Weine:

$$\begin{aligned}
\text{Alkohol} &\quad . \quad . \quad . \quad 6,66 \ \% \ (\text{Gew.})\\
\text{Säure} &\quad . \quad . \quad . \quad . \quad 0,50 \ \%\\
\text{Zucker} &\quad . \quad . \quad . \quad 0,895 \%\\
\text{Drehung d. P.} &\quad . \quad . \quad +6,4^0
\end{aligned}$$

In noch anderen mit Stärkezucker gallisierten Weinen fand Neubauer $0,8^0$ bis $2,5^0$ Rechtsdrehung.

Von einigen Autoren wird, angenommen, dass die unvergärbaren Bestandteile des käuflichen Stärkezuckers nicht eigentlich unvergärbare, sondern nur langsam vergärbare seien, diese Ansicht wird durch nachstehende Versuche, welche im chemischen Laboratorium des Bayerischen Gewerbemuseum (R. Kayser) angestellt wurden, widerlegt.

220 g käuflicher Stärkezucker wurden in einem Liter destillierten Wasser gelöst, hierzu 2 g gefälltes Calciumphosphat, 4 g Weinsteinsäure, 2 g Chlorammonium, 2 g Kaliumsulfat und 10 g ausgewaschene Bierhefe gesetzt. Nach vollendeter Gärung im November 1881 wurde eine Probe entnommen und untersucht, sie enthielt in 100 ccm:

$$\begin{aligned}
\text{Alkohol} &\quad . \quad . \quad . \quad . \quad 6,8 \quad \text{ccm}\\
\text{Extrakt} &\quad . \quad . \quad . \quad . \quad 7,98 \quad \text{g}\\
\text{Mineralstoffe} &\quad . \quad . \quad 0,36 \quad -\\
\text{Zucker} &\quad . \quad . \quad . \quad . \quad 2,404 \quad -\\
\text{Polarisation S. V.} &\quad +15^0.
\end{aligned}$$

Zu dem gleichen Gärungsversuche wurden noch 20 g Bierhefe gesetzt, worauf von neuem die Gärung begann. Die vergorene Flüssigkeit wurde im Januar 1883 untersucht und enthielt in 100 ccm:

$$
\begin{array}{ll}
\text{Alkohol} & 7{,}7 \ \text{ccm} \\
\text{Extrakt} & 5{,}3 \ \text{g} \\
\text{Mineralstoffe} & 0{,}29 \ \text{-} \\
\text{Zucker} & 0{,}15 \ \text{-} \\
\text{Polarisation} & +10{,}4^{\circ}
\end{array}
$$

Von neuem wurden dann 20 g Bierhefe zugesetzt und die Flüssigkeit im August 1883 untersucht, sie enthielt in 100 ccm:

$$
\begin{array}{ll}
\text{Alkohol} & 7{,}4 \ \text{ccm} \\
\text{Extrakt} & 5{,}1 \ \text{g} \\
\text{Mineralstoffe} & 0{,}29 \ \text{-} \\
\text{Zucker} & 0{,}07 \ \text{-} \\
\text{Polarisation} & +10{,}2^{\circ}.
\end{array}
$$

Es geht aus vorstehenden Versuchen hervor, dass selbst unter den günstigsten Bedingungen bei mehrfach erneutem Hefenzusatz innerhalb nahezu zweier Jahre der verunreinigende rechtsdrehende Bestandteil des Stärkezuckers keine wahrnehmbare Verminderung erlitten hat.

Falls zur Gallisierung Brunnenwasser, welches Nitrate oder Nitrite enthielt, verwendet worden war, so kann die Constatierung der Anwesenheit derselben im Weine von Wichtigkeit sein.

§ 2. Alkoholverschnitt betreffend.

Durch zahlreiche Versuche und Untersuchungen ist der Nachweis geführt worden, dass die Relation der beiden Gärungsprodukte: Alkohol und Glycerin, nur innerhalb gewisser Grenzen schwankt. Durch eingehende Untersuchungen (vergl. R. Kayser, Die Bestimmungsmethoden von Extrakt und Glycerin im Wein. Repertorium der analytischen Chemie 1882. 113 ff.) ist der Nachweis geführt worden, dass die nach den zur Zeit üblichen Bestimmungsmethoden für Weine bestimmten Glycerinmengen in der Regel in erheblichem Masse zu niedrige sein mussten, da die durch das nach diesen Methoden erforderliche Verdunsten grösserer glycerinhaltiger Flüssigkeitsmengen entstehenden Glycerinverluste keine Berücksichtigung gefunden haben. Auf der VI. Generalversammlung des Vereins analytischer Chemiker, welche im Juni 1883 in Berlin stattfand, wurde auf die erwähnte Fehlerquelle der Glycerinbestimmung in den Vereinbarungen bezüglich der Methoden der Weinuntersuchung Rücksicht genommen und zwar wurde angenommen, dass der gewogenen Glycerinmenge noch für je 100 ccm verdunstete Flüssigkeit je 0,1 g Glycerin hinzugerechnet werden solle, weil man 0,1 g als das Mindeste ansah, was an Glycerin durch Verdunsten von 100 ccm Flüssigkeit in Verlust geht. Gleichzeitig wurde auch in den erwähnten Vereinbarungen auf einen etwaigen Zuckergehalt des gewogenen Glycerins aufmerksam gemacht. Da fast alle seither ausgeführten Glycerinbestimmungen ohne Berücksichtigung des durch das

Eindunsten der Flüssigkeiten notwendig entstehenden Glycerinverlustes ausgeführt wurden, so sind die erhaltenen und angegebenen Glycerinmengen auch fast alle geringer, als sie in Wirklichkeit im untersuchten Weine vorhanden waren, wenn nicht als Glycerin gleichzeitig mitgewogener Zucker diese Fehlerquelle kompensiert hat, wie es bei der Untersuchung zuckerreicher Weine allem Anschein nach öfters vorgekommen ist. (R. Fresenius und E. Borgmann, Vorl. Zeitschrift für analytische Chemie 1883. 46 ff.; R. Kayser, Repertorium der analytischen Chemie 1882. 1 ff.; E. Borgmann, Zeitschrift für analyt. Chemie 1883. 58—59.)

Durch neuere Forschungen ist übrigens ermittelt worden, dass der Grad des durch Verdunstung entstehenden Glycerinverlustes auch noch von anderen Faktoren abhängig ist, so z. B. von dem Material des Verdunstungsgefässes, von dessen Form und noch anderen Umständen.

Aus allen Untersuchungen, soweit sie sich auf zweifellos reine Weine oder Gärungsprodukte beziehen, geht hervor, dass auf 1 Gewichtsteil des im Weine vorhandenen Glycerins nie mehr als 10 Gewichtsteile Alkohol vorhanden sind, wenn nicht letzterer nach der Gärung als solcher zugesetzt worden ist. Enthält sonach ein Wein mehr Alkohol als der angegebenen Relation entspricht, so hat Alkoholzusatz zum Wein stattgefunden. Falls gleichzeitig Alkohol und Wasser zugesetzt worden sind, so lässt sich letzterer Zusatz durch die Herabminderung der Mineralsubstanzen in gleicher Weise wie bei der Gallisierung konstatieren.

§ 3. Wasserzusatz betreffend.

Ein geschehener Wasserzusatz lässt sich in gleicher Weise an der Herabminderung der Mineralsubstanzen wie die Gallisierung erkennen.

§ 4. Glycerinzusatz (Scheelisierung) betreffend. In Abschnitt II § 2 ist bereits ausgeführt worden, dass neben 1 Gewichtsteil Glycerin nicht mehr als 10 Gewichtsteile Alkohol bei der alkoholischen Gärung entstehen. Es ergibt sich hieraus schon die Glycerinmenge, welche mindestens in einem reinen Wein vorhanden sein muss. Es ist zweckmässig um jede Irrung zu vermeiden, den Maximalgehalt an Glycerin, der in einem Weine durch Gärung entstanden ist, soweit hinaufzurücken, dass eine Überschreitung der angegebenen Zahl mit Sicherheit als durch Scheenlisierung veranlasst bezeichnet werden kann; letzteres ist der Fall, wenn man annimmt, dass es noch denkbar sei, dass bei der alkoholischen Gärung neben 6 Gewichtsteilen Alkohol 1 Gewichtsteil Glycerin nicht korrigiert entstehen könne.

§ 5. Rohrzucker oder Rohrzuckermelasse betreffend.

Nicht selten sind Süssweine, besonders sogenannte Sanitätsweine, mit Hülfe von Rohrzuckermelasse hergestellte Kunstprodukte. Die Anwesenheit von Rohrzucker kann in ihnen einfach und sicher durch Bestimmung des Zuckergehaltes vor und nach der Inversion unter Einhaltung der bekannten von Soxhlet angegebenen Bedingungen nachgewiesen werden.

Dr. R. Kayser. Dr. E. List.

Die Beschlüsse der Kommission von Sachverständigen, welche auf Veranlassung des Reichsamtes des Innern im April 1884 Beratung über die Aufstellung einheitlicher Methoden für die Analyse des Weines pflogen, haben selbstverständlich für die Sachverständigen im deutschen Reiche die entsprechende Berücksichtigung zu finden und folgen deshalb in ihrem Wortlaute.

Vorbemerkung.

Da infolge unrichtiger Behandlung beim Erheben, Aufbewahren und Einsenden der Weine behufs Untersuchung durch den Sachverständigen leicht eine Zersetzung oder Verwechselung derselben eintreten kann, so erachtet die Kommission den Erlass einer Instruktion folgender Art für empfehlenswert.

Instruktion über das Erheben, Aufbewahren und Einsenden von Wein behufs Untersuchung durch den Sachverständigen.

1. Von jeder Probe ist mindestens 1 Flasche ($^3/_4$ Liter), möglichst vollgefüllt, zu erheben.

2. Die zu verwendenden Flaschen und Korke müssen durchaus rein sein; am geeignetsten sind neue Flaschen und Korke. Krüge oder undurchsichtige Flaschen, in welchen das Vorhandensein von Unreinigkeiten nicht erkannt werden kann, sind nicht zu verwenden.

3. Jede Flasche ist mit einem anzuklebenden (nicht anzubindenden) Zettel zu versehen, auf welchem der Betreff und die Ordnungszahl des beizulegenden Verzeichnisses der Proben angegeben sind.

4. Die Proben sind, um jeder Veränderung derselben, welche unter Umständen in kurzer Zeit eintreten kann, vorzubeugen, so bald als möglich in das chemische Laboratorium zu schicken. Werden sie aus besonderen Gründen einige Zeit an einem anderen Orte aufbewahrt, so sind die Flaschen in einen Keller zu bringen und stets liegend aufzubewahren.

5. Werden Weine in einem Geschäfte entnommen, in welchem eine Verfälschung stattgefunden haben soll, so ist auch eine Flasche von demjenigen Wasser zu erheben, welches muthmasslich zum Verfälschen der Weine verwendet worden ist.

6. Es ist in vielen Fällen notwendig, dass zugleich mit dem Wein auch die Akten der Voruntersuchung dem Chemiker eingesandt werden.

A. Analytische Methoden.

Specifisches Gewicht. Bei der Bestimmung desselben ist das Pyknometer oder eine mittelst des Pyknometers kontrolierte Westphalsche Wage[1]) anzuwenden. Temperatur 15^0 C.

Weingeist. Der Weingeistgehalt wird in 50—100 ccm Wein durch die Destillationsmethode bestimmt. Die Weingeistmengen sind in der Weise anzugeben, dass gesagt wird: in 100 ccm Wein bei 15^0 C. sind n g Weingeist enthalten. Zur Berechnung dienen die Tabellen von Baumhauer oder von Hehner.

(Auch die Mengen aller sonstigen Weinbestandteile werden in der Weise angegeben, dass gesagt wird: In 100 ccm Wein bei 15^0 C. sind n g enthalten.)

Extrakt. Zur Bestimmung desselben werden 50 ccm Wein, bei 15^0 C. gemessen, in Platinschalen (von 85 mm Durchmesser, 20 mm Höhe und 75 ccm Inhalt, Gewicht ca. 20 g) im Wasserbade eingedampft und der Rückstand $2^1/_2$ Stunden im Wassertrockenschranke erhitzt. Von zuckerreichen Weinen (d. h. Weinen, welche über 0,5 g Zucker in 100 ccm enthalten) ist eine geringere Menge nach entsprechender Verdünnung zu nehmen, so dass 1,0 bis höchstens 1,5 g Extrakt zur Wägung gelangen.

Glycerin. 100 ccm Wein (Süssweine, siehe unten) werden durch Verdampfen auf dem Wasserbade in einer geräumigen, nicht flachen Porzellanschale bis auf ca. 10 ccm gebracht, etwas Quarzsand und Kalkmilch bis zur stark alkalischen Reaktion zugesetzt und bis fast zur Trockne eingedampft. Den Rückstand behandelt man unter stetem Zerreiben mit 50 ccm Weingeist von 96 Vol. $^0/_0$, kocht ihn damit unter Umrühren auf dem Wasserbade auf, giesst die Lösung durch ein Filter ab und erschöpft das Unlösliche durch Behandeln mit kleinen Mengen desselben erhitzten Weingeistes, wozu in der Regel 50 bis 150 ccm ausreichen, so dass das Gesamtfiltrat 100—200 ccm beträgt. Den weingeistigen Auszug verdunstet man im Wasserbade bis zur zähflüssigen Konsistenz. (Das Abdestillieren der Hauptmenge des Weingeistes ist nicht ausgeschlossen.) Der Rückstand wird mit 10 ccm absolutem Weingeist aufgenommen, in einem verschliessbaren Gefäss (allmählig R. K.) mit 15 ccm Äther vermischt bis zur Klärung stehen gelassen und die klar abgegossene event. filtrierte Flüssigkeit in einem leichten, mit Glasstopfen verschliessbaren Wägegläschen vorsichtig eingedampft, bis der Rückstand nicht mehr leicht fliesst, worauf man noch eine Stunde im Wassertrockenschranke trocknet. Nach dem Erkalten wird gewogen.

---

[1]) Jede Westphalsche Wage kann übrigens mit sich selber auf die Richtigkeit ihrer Angaben geprüft werden. R. Kayser.

Bei **Süssweinen** (über 5 g Zucker in 100 ccm Wein) setzt man zu 50 ccm in einem geräumigen Kolben etwas Sand und eine hinreichende Menge pulverig-gelöschten Kalkes und erwärmt unter Umschütteln auf dem Wasserbade. Nach dem Erkalten werden 100 ccm Weingeist von 96 Vol.% zugefügt, der sich bildende Niederschlag absetzen gelassen, letzterer von der Flüssigkeit durch Filtration getrennt und mit Weingeist von derselben Stärke nachgewaschen. Den Weingeist des Filtrates verdampft man und behandelt den Rückstand nach dem oben beschriebenen Verfahren.

Freie Säuren (Gesamtmenge der sauer reagierenden Bestandteile des Weines). Diese sind mit einer entsprechend verdünnten **Normallauge** (mindestens $1/3$ Normallauge) in 10—20 ccm Wein zu bestimmen. Bei Anwendung von $1/10$ Normallauge sind mindestens 10 ccm Wein, bei $1/3$ Normallauge 20 ccm zu verwenden. Es ist die Tüpfelmethode mit empfindlichem Reagenspapier zur Feststellung des Neutralisationspunktes zu empfehlen. Erheblichere Mengen von Kohlensäure im Wein sind vorher durch Schütteln zu entfernen.

Die „freien Säuren" sind als Weinsteinsäure ($C_4H_6O_6$) zu berechnen und anzugeben.

Flüchtige Säuren. Dieselben sind durch Destillation im Wasserdampfstrom und **nicht indirekt** zu bestimmen und als Essigsäure ($C_2H_4O_2$) anzugeben.

Die Menge der „**nichtflüchtigen Säuren**" findet man, indem man die der Essigsäure äquivalente Menge Weinsteinsäure von dem für die „freien Säuren" gefundenen, als Weinsteinsäure berechneten Wert abzieht.

Weinstein und freie Weinsteinsäure. a) **qualitative Prüfung auf freie Weinsteinsäure:** Man versetzt zur Prüfung eines Weines auf freie Weinsteinsäure 20—30 ccm Wein mit gefälltem und dann feingeriebenem Weinstein, schüttelt wiederholt, filtriert nach einer Stunde ab, setzt zur klaren Lösung 2—3 Tropfen einer 20%igen Lösung von Kaliumacetat und lässt die Flüssigkeit 12 Stunden stehen. Das **Schütteln und Stehenlassen muss bei möglichst gleichbleibender Temperatur stattfinden.** Bildet sich während dieser Zeit ein irgend erheblicher Niederschlag, so ist freie Weinsteinsäure zugegen und unter Umständen die quantitative Bestimmung dieser und des Weinsteins nötig.

b) **Quantitative Bestimmung des Weinsteins und der freien Weinsteinsäure:** In zwei verschliessbaren Gefässen werden je 20 ccm Wein mit 200 ccm Äther-Alkohol (gleiche Volumina) gemischt, nachdem der einen Probe 2 Tropfen einer 20%igen Lösung von Kaliumacetat (entsprechend etwa $0_{,2}$ g Weinsteinsäure) zugesetzt worden waren. Die Mischungen werden stark geschüttelt und dann 16—18 Stunden bei niedriger Temperatur (zwischen 0—10° C.) stehen gelassen, die Niederschläge abfiltriert, mit Äther-Alkohol ausgewaschen und titriert. Es ist zweckmässig, die Ausscheidung durch Zusatz von Quarzsand zu fördern. (Die Lösung von Kaliumacetat muss neutral oder sauer sein. Der Zusatz einer zu grossen Menge von Kaliumacetat kann verursachen, dass sich weniger Weinstein abscheidet.)

Der Sicherheit wegen ist zu prüfen, ob nicht in dem Filtrat von der Gesamtweinsteinsäure - Bestimmung durch Zusatz weiterer 2 Tropfen Kaliumacetats von Neuem ein Niederschlag entsteht.

In besonderen Fällen empfiehlt es sich zur Kontrolle die folgende von Nessler und Barth angegebene Methode anzuwenden:

„50 ccm Wein werden zur Konsistenz eines dünnen Syrups eingedampft (zweckmässig unter Zusatz von Quarzsand), der Rückstand in einen Kolben gebracht, mit jeweils geringen Mengen Weingeist von 96 Vol. % und nötigenfalls mit Hilfe eines Platinspatels sorgfältig Alles aus der Schale in den Kolben nachgespült und unter Umschütteln weiter Weingeist hinzugefügt, bis die gesamte zugesetzte Weingeistmenge 100 ccm beträgt. Man lässt verkorkt etwa 4 Stunden an einem kalten Ort stehen, filtriert dann ab, spült den Niederschlag und wäscht das Filter mit Weingeist von 96 Vol. % aus; das Filter gibt man in den Kolben mit dem zum Teil flockigklebrigen, zum Teil krystallinischen Niederschlag zurück, versetzt mit etwa 30 ccm warmen Wassers, titriert nach dem Erkalten die wässrige Lösung des Weingeistniederschlages und berechnet die Acidität als Weinstein. Das Resultat fällt etwas zu hoch aus, wenn zähklumpige sich ausscheidende Pektinkörper mechanisch geringe Mengen gelöster freier Säure einschliessen.

Im weingeistigen Filtrat wird der Alkohol verdampft, 0,5 ccm, einer 20prozentigen, mit Essigsäure bis zur deutlich sauren Reaktion angesäuerten Lösung von Kaliumacetat zugesetzt und dadurch in wässriger Flüssigkeit die Weinsteinbildung aus der im Weine vorhandenen freien Weinsteinsäure erleichtert. Das Ganze wird nun wie der erste Eindampfrückstand unter Verwendung von (Quarzsand und) Weingeist von 96 Vol. % zum Nachspülen sorgfältig in einen Kolben gebracht, die Weingeistmenge zu 100 ccm ergänzt, gut umgeschüttelt, verkorkt etwa 4 Stunden kalt stehen gelassen, abfiltriert, ausgewaschen, der Niederschlag in warmem Wasser gelöst, titriert und für 1 Äquivalent Alkali, 2 Äquivalente Weinsteinsäure in Rechnung gebracht.

Diese Methode zur Bestimmung der freien Weinsteinsäure hat vor der ersteren den Vorzug, dass sie frei von allen Mängeln einer Differenzbestimmung ist.“

Die Gegenwart erheblicher Mengen von Sulfaten beeinträchtigt den Wert der Methoden.

Äpfelsäure, Bernsteinsäure, Citronensäure. Methoden zur Trennung und quantitativen Bestimmung der Äpfelsäure, Bernsteinsäure und Citronensäure können zur Zeit nicht empfohlen werden.

Salicylsäure. Zum Nachweise derselben sind 100 ccm Wein wiederholt mit Chloroform auszuschütteln, das Chloroform ist zu verdunsten und die wässrige Lösung des Verdampfungsrückstandes mit stark verdünnter

Eisenchloridlösung zu prüfen. Zum Zweck der annähernd quantitativen Bestimmung genügt es, den beim Verdunsten des Chloroforms verbleibenden Rückstand, der nochmals aus Chloroform umzukrystallisieren ist, zu wägen.

Gerbstoff. Falls eine quantitative Bestimmung des Gerbstoffes (event. des Gerb- und Farbstoffes) erforderlich erscheint, ist die Neubauersche Chamäleonmethode anzuwenden.

In der Regel genügt folgende Art der Beurteilung des Gerbstoffgehaltes: In 10 ccm Wein werden, wenn nötig, mit titrierter Alkaliflüssigkeit die freien Säuren bis auf 0,5 g in 100 ccm abgestumpft. Sodann fügt man 1 ccm einer 40prozentigen Natriumacetat- und zuletzt tropfenweise und unter Vermeidung eines Überschusses 10prozentige Eisenchloridlösung hinzu. 1 Tropfen der Eisenchloridlösung genügt zur Ausfällung von je 0,05 % Gerbstoff. (Junge Weine werden durch wiederholtes energisches Schütteln von der absorbierten Kohlensäure befreit.)

Farbstoffe. Rotweine sind stets auf Teerfarbstoffe zu prüfen. Schlüsse auf die Anwesenheit anderer fremder Farbstoffe aus der Farbe von Niederschlägen und anderen Farbenreaktionen sind nur ausnahmsweise als sicher zu betrachten.

Zur Ermittelung der Teerfarbstoffe ist das Ausschütteln von 100 ccm Wein mit Äther vor und nach dem Übersättigen mit Ammoniak zu empfehlen. Die ätherischen Ausschüttelungen sind getrennt zu prüfen.

Zucker. Der Zucker ist nach Zusatz von Natriumcarbonat nach der Fehlingschen Methode unter Benutzung getrennter Lösungen und bei zuckerreichen Weinen (d. h. Weinen, die über 0,5 g Zucker in 100 ccm enthalten) unter Berücksichtigung der von Soxhlet bez. Allihn angegebenen Modifikationen zu bestimmen und als Traubenzucker zu berechnen. Stark gefärbte Weine sind bei niederem Zuckergehalt mit gereinigter Tierkohle, bei hohem Zuckergehalt mit Bleiessig zu entfärben und dann mit Natriumcarbonat zu versetzen.

Deutet die Polarisation auf Vorhandensein von Rohrzucker hin (vergl. unter: Polarisation), so ist der Zucker nach der Inversion der Lösung (Erhitzen mit Salzsäure) in der angeführten Weise nochmals zu bestimmen. Aus der Differenz ist der Rohrzucker zu berechnen.

Polarisation.

1. Bei Weissweinen: 60 ccm Wein werden in einem Maasscylinder mit 3 ccm Bleiessig versetzt und der Niederschlag abfiltriert. Zu 30 ccm des Filtrates setzt man 1,5 ccm einer gesättigten Lösung von Natriumcarbonat, filtriert nochmals und polarisiert das Filtrat. Man erhält hierdurch eine Verdünnung von 10 : 11, die Berücksichtigung finden muss.

2. Bei Rotweinen: 60 ccm Wein werden mit 6 ccm Bleiessig versetzt und zu 30 ccm des Filtrates 3 ccm der gesättigten Natriumcarbonatlösung gegeben, nochmals filtriert und polarisiert. Man erhält hierdurch eine Verdünnung von 5 : 6.

14

Die obigen Verhältnisse (bei Weiss- und Rotweinen) sind so gewählt, dass das letzte Filtrat ausreicht, um die 220 mm lange Röhre des Wildschen Polaristrobometers, deren Capacität ca. 28 ccm beträgt, zu füllen.

An Stelle des Bleiessigs können auch möglichst kleine Mengen von gereinigter Tierkohle verwendet werden. In diesem Falle ist ein Zusatz von Natriumcarbonat nicht erforderlich, auch wird das Volumen des Weines nicht verändert.

Beobachtet man bei der Polarisation einer Schicht des unverdünnten Weines von 220 mm Länge eine stärkere Rechtsdrehung als 0,3° Wild, so wird folgendes Verfahren notwendig:

210 ccm des Weines werden in einer Porzellanschale unter Zusatz von einigen Tropfen einer 20 prozentigen Kaliumacetatlösung auf dem Wasserbade zum dünnen Syrup eingedampft. Zu dem Rückstande setzt man unter beständigem Umrühren nach und nach 200 ccm Weingeist von 90 Vol. %. Die weingeistige Lösung wird, wenn vollständig geklärt, in einen Kolben abgegossen oder filtriert und der Weingeist bis auf ungefähr 5 ccm abdestilliert oder abgedampft.

Den Rückstand versetzt man mit etwa 15 ccm Wasser und etwas in Wasser aufgeschwemmter Tierkohle, filtriert in einen kleinen graduierten Cylinder und wäscht so lange mit Wasser nach, bis das Filtrat 30 ccm beträgt.

Zeigt dasselbe bei der Polarisation jetzt eine Drehung von mehr als + 0,5° Wild, so enthält der Wein die unvergärbaren Stoffe des käuflichen Kartoffelzuckers (Amylin).

Wurde bei der Prüfung auf Zucker mit Fehlingscher Lösung mehr als 0,3 g Zucker in 100 ccm gefunden, so kann die ursprünglich durch Amylin hervorgebrachte Rechtsdrehung durch den linksdrehenden Zucker vermindert worden sein; obige Alkoholfällung ist in diesem Fall auch dann vorzunehmen, wenn die Rechtsdrehung geringer ist als 0,3° Wild. Der Zucker ist aber vorher durch Zusatz reiner Hefe zum Vergären zu bringen.

Bei sehr erheblichem Gehalt an (Fehlingsche Lösung) reduzierendem Zucker und verhältnismässig geringer Linksdrehung kann die Verminderung der Linksdrehung durch Rohrzucker oder Dextrine oder durch Amylin hervorgerufen sein. Zum Nachweis des ersteren wird der Wein durch Erhitzen mit Salzsäure (auf 50 ccm Wein 5 ccm verdünnte Salzsäure vom specifischen Gewichte 1,10) invertiert und nochmals polarisiert. Hat die Linksdrehung zugenommen, so ist das Vorhandensein von Rohrzucker nachgewiesen. Die Anwesenheit der Dextrine findet man, wie bei Abschnitt: „Gummi" angegeben. Bei Gegenwart von Rohrzucker ist dem Weine möglichst reine, ausgewaschene Hefe zuzusetzen und nach beendeter Gärung zu polarisieren. Die Schlussfolgerungen sind dann dieselben, wie bei zuckerarmen Weinen.

Zur Polarisation sind nur grosse, genaue Apparate zu benutzen.

Die Drehung ist nach Landolt (Zeitschr. f. analyt. Chemie 7. 9) auf Wildsche Grade umzurechnen:

$$1^{\,0}\ \text{Wild} \quad\ \ = 4{,}6043 \quad\ ^0\ \text{Soleil},$$
$$1^{\,0}\ \text{Soleil} \quad = 0{,}217189^{\,0}\ \text{Wild},$$
$$1^{\,0}\ \text{Wild} \quad\ \ = 2{,}89005 \quad ^0\ \text{Ventzke},$$
$$1^{\,0}\ \text{Ventzke} = 0{,}346015^{\,0}\ \text{Wild}.$$

Gummi (arabisches). Zur Ermittelung eines etwaigen Zusatzes von Gummi versetzt man 4 ccm Wein mit 10 ccm Weingeist von 96 Vol. %. Bei Anwesenheit von Gummi wird die Mischung milchig trübe und klärt sich erst nach vielen Stunden. Der entstehende Niederschlag haftet zum Teil an den Wandungen des Glases und bildet feste Klümpchen. In echtem Weine entstehen nach kurzer Zeit Flocken, welche sich bald absetzen und ziemlich locker bleiben. Zur näheren Prüfung empfiehlt es sich, den Wein zur Syrupdicke einzudampfen, mit Weingeist von obiger Stärke auszuziehen, und den unlöslichen Teil in Wasser zu lösen. Man versetzt diese Lösung mit etwas Salzsäure (vom specifischen Gewicht 1,10), erhitzt unter Druck zwei Stunden lang und bestimmt dann den Reduktionswert mit Fehlingscher Lösung unter Berechnung auf Dextrose. Bei echten Weinen erhält man auf diese Weise keine irgend erhebliche Reduktion. (Dextrine würden auf dieselbe Weise zu ermitteln sein.)

Mannit. Da man in einigen Fällen das Vorkommen von Mannit im Weine beobachtet hat, so ist beim Auftreten von spiessförmigen Krystallen im Extrakt und Glycerin auf Mannit Rücksicht zu nehmen.

Stickstoff. Bei der Bestimmung des Stickstoffes ist die Natronkalk-Methode anzuwenden.

Mineralstoffe. Zur Bestimmung derselben werden 50 ccm Wein angewandt. Findet eine unvollständige Verbrennung statt, so wird die Kohle mit etwas Wasser ausgelaugt und für sich verbrannt. Die Lösung dampft man in der gleichen Schale ein und glüht die Gesamtmenge der Asche schwach.

Chlorbestimmung. Der Wein wird mit Natriumcarbonat übersättigt, eingedampft, der Rückstand schwach geglüht und mit Wasser erschöpft. In dieser Lösung ist das Chlor titrimetrisch nach Volhard oder auch gewichtsanalytisch zu bestimmen.

Weine, deren Asche durch einfaches Glühen nicht weiss wird, enthalten in der Regel erhebliche Mengen von Chlor (Kochsalz).

Schwefelsäure. Diese ist im Wein direkt mit Bariumchlorid zu bestimmen. Die quantitative Bestimmung der Schwefelsäure ist nur dann auszuführen, wenn die qualitative Prüfung auf ein Vorhandensein anormaler Mengen derselben schliessen lässt. (Bei schleimigen oder stark trüben Weinen ist die vorherige Klärung mit spanischer Erde zu empfehlen.)

Kommt es in einem besonderen Falle darauf an zu untersuchen, ob

14*

freie Schwefelsäure oder Kaliumbisulfat vorhanden, so muss der Beweis geliefert werden, dass mehr Schwefelsäure zugegen ist, als sämmtliche Basen zur Bildung neutraler Salze erfordern.

Phosphorsäure. Bei Weinen mit nicht deutlich alkalisch reagierender Asche ist die Bestimmung in der Weise auszuführen, dass der Wein mit Natriumkarbonat und Kaliumnitrat eingedampft, der Rückstand schwach geglüht und mit verdünnter Salpetersäure aufgenommen wird; alsdann ist die Molybdänmethode anzuwenden. Reagiert die Asche erheblich alkalisch, so kann die salpetersaure Lösung derselben unmittelbar zur Phosphorsäurebestimmung verwendet werden.

Die übrigen Mineralstoffe des Weines (auch ev. Thonerde) sind in der Asche bez. dem Verkohlungsrückstande nach bekannten Methoden zu bestimmen.

Schweflige Säure. Es werden 100 ccm Wein im Kohlensäurestrome nach Zusatz von Phosphorsäure abdestilliert. Zur Aufnahme des Destillates werden 5 ccm Normal-Jodlösung vorgelegt. Nachdem das erste Drittel abdestilliert ist, wird das Destillat, welches noch Überschuss von freiem Jod enthalten muss, mit Salzsäure angesäuert, erwärmt und mit Bariumchlorid versetzt.

Verschnitt von Traubenwein mit Obstwein. Der chemische Nachweis des Verschnittes von Traubenwein mit Obstwein ist nach den bis jetzt vorliegenden Erfahrungen nur ausnahmsweise mit Sicherheit zu führen. Namentlich sind alle auf einzelne Reaktionen sich stützenden Methoden, Obstwein vom Traubenwein zu unterscheiden, trüglich; auch kann nicht immer aus der Abwesenheit von Weinsteinsäure oder aus der Anwesenheit geringer Mengen derselben mit Gewissheit geschlossen werden, dass ein Wein kein Traubenwein sei.

Bei der Darstellung von Kunstwein, beziehungsweise als Zusatz zu Most oder Wein werden erfahrungsgemäss neben Wasser zuweilen folgende Substanzen verwendet:

  Weingeist (direkt oder in Form gespriteter Weine),
  Rohrzucker, Stärkezucker und zuckerreiche Stoffe (Honig),
  Glycerin,
  Weinstein, Weinsteinsäure, andere Pflanzensäuren und solche enthaltende Stoffe,
  Salicylsäure,
  Mineralstoffe,
  arabisches Gummi,
  Gerbsäure und gerbstoffhaltige Materialien (z. B. Kino, Katechu),
  fremde Farbstoffe,
  Ätherarten und Aromata.

Die Bestimmung, bezw. der Nachweis der meisten dieser Substanzen ist oben bereits angegeben worden, mit Ausnahme der Aromata und

Ätherarten, für welche Methoden vorläufig noch nicht empfohlen werden können.

Speciell sind hier noch folgende Substanzen zu erwähnen, welche zur Vermehrung des Zuckers, Extraktes und der freien Säuren Verwendung finden:

Dörrobst,
Tamarinden,
Johannisbrod,
Datteln,
Feigen.

B. Anhaltspunkte für die Beurteilung der Weine.

I. a) Prüfungen und Bestimmungen, welche zum Zweck der Beurteilung des Weines in der Regel auszuführen sind:

Extrakt,
Weingeist,
Glycerin,
Zucker,
Freie Säuren überhaupt,
freie Weinsteinsäure, qualitativ,
Schwefelsäure,
Gesamtmenge der Mineralbestandteile,
Polarisation,
Gummi,
bei Rotweinen fremde Farbstoffe.

b) Prüfungen und Bestimmungen, welche ausserdem unter besonderen Verhältnissen auszuführen sind:

Specifisches Gewicht,
Flüchtige Säuren,
Weinstein und freie Weinsteinsäure, quantitativ,
Bernsteinsäure, Äpfelsäure, Citronensäure,
Salicylsäure,
Schweflige Säure,
Gerbstoff,
Mannit,
Einzelne Mineralbestandteile,
Stickstoff.

Die Kommission hält es für wünschenswert bei der Mitteilung der in der Regel auszuführenden Bestimmungen obige (sub a angeführte) Reihenfolge beizubehalten.

II. Die Kommission kann es nicht als ihre Aufgabe betrachten, eine Anleitung zur Beurteilung der Weine zu geben, glaubt aber auf Grund ihrer Erfahrungen auf folgende Punkte aufmerksam machen zu sollen.

Weine, welche lediglich aus reinem Traubensafte bereitet sind, enthalten nur in seltenen Fällen Extraktmengen, welche unter 1,5 g in 100 ccm liegen. Kommen somit extraktärmere Weine vor, so sind sie zu beanstanden, falls nicht nachgewiesen werden kann, dass Naturweine derselben Lage und desselben Jahrganges mit so niederen Extraktmengen vorkommen.

Nach Abzug der „nichtflüchtigen Säuren" beträgt der Extraktrest bei Naturweinen nach den bis jetzt vorliegenden Erfahrungen mindestens 1,1 g in 100 ccm, nach Abzug der „freien Säuren" mindestens 1,0 g. Weine, welche geringere Extraktreste zeigen, sind zu beanstanden, falls nicht nachgewiesen werden kann, dass Naturweine derselben Lage und desselben Jahrganges so geringe Extraktreste enthalten.

Ein Wein, der erheblich mehr als 10% der Extraktmenge an Mineralstoffen ergibt, muss entsprechend mehr Extrakt enthalten, wie sonst als Minimalgehalt angenommen wird. Bei Naturweinen kommt sehr häufig ein annäherndes Verhältnis von 1 Gewichtsteil Mineralstoffe auf 10 Gewichtsteile Extrakt vor. Ein erhebliches Abweichen von diesem Verhältnis berechtigt aber noch nicht zur Annahme, dass der Wein gefälscht sei.

Die Menge der freien Weinsteinsäure beträgt nach den bisherigen Erfahrungen in Naturweinen nicht mehr als $\frac{1}{6}$ der gesamten „nichtflüchtigen Säuren".

Das Verhältnis zwischen Weingeist und Glycerin kann bei Naturweinen schwanken zwischen 100 Gewichtsteilen Weingeist zu 7 Gewichtsteilen Glycerin und 100 Gewichtsteilen Weingeist zu 14 Gewichtsteilen Glycerin. Bei Weinen, welche ein anderes Glycerinverhältnis zeigen, ist auf Zusatz von Weingeist, beziehungsweise Glycerin, zu schliessen.

Da bei der Kellerbehandlung zuweilen kleine Mengen von Weingeist (höchstens 1 Vol. %) in den Wein gelangen können, so ist bei der Beurteilung der Weine hierauf Rücksicht zu nehmen.

Bei Beurteilung von Süssweinen sind diese Verhältnisse nicht immer massgebend.

Für die einzelnen Mineralstoffe sind allgemein gültige Grenzwerte nicht anzunehmen. Die Annahme, dass bessere Weinsorten stets mehr Phosphorsäure enthalten sollen als geringere, ist unbegründet.

Weine, welche weniger als 0,14 g Mineralstoffe in 100 ccm enthalten, sind zu beanstanden, wenn nicht nachgewiesen werden kann, dass Naturweine derselben Lage und desselben Jahrganges, die gleicher Behandlung unterworfen waren, mit so geringen Mengen von Mineralstoffen vorkommen.

Weine, welche mehr als 0,05% Kochsalz in 100 ccm enthalten, sind zu beanstanden.

Weine, welche mehr als 0,092 g Schwefelsäure (SO_3), entsprechend

0,20 g Kaliumsulfat (K$_2$SO$_4$) in 100 ccm enthalten, sind als solche zu bezeichnen, welche durch Verwendung von Gyps oder auf andere Weise zu reich an Schwefelsäure geworden sind.

Durch verschiedene Einflüsse können Weine schleimig (zäh, weich), schwarz, braun, trübe oder bitter werden; sie können auch sonst Farbe, Geschmack und Geruch wesentlich ändern; auch kann der Farbstoff der Rotweine sich in fester Form abscheiden, ohne dass alle diese Erscheinungen an und für sich berechtigen, die Weine deshalb als unecht zu bezeichnen.

Wenn in einem Weine während des Sommers eine starke Gärung auftritt, so gestattet dies noch nicht die Annahme, dass ein Zusatz von Zucker oder zuckerreichen Substanzen, z. B. Honig u. a. stattgefunden habe, denn die erste Gärung kann durch verschiedene Umstände verhindert oder dem Wein kann nachträglich ein zuckerreicher Wein beigemischt worden sein.

An diese Beschlüsse reihen sich Erwägungen zur gesetzlichen Regelung der Weinfrage, welche von derselben Kommission festgestellt wurden, deren Mitteilung an dieser Stelle ebenfalls im genauen Wortlaute zu geschehen hat.

1. Um eine möglichst gleichmässige Beurteilung der Frage in betreff der Weinverbesserung anzubahnen, sehen sich die hier anwesenden Chemiker veranlasst, vom technischen Standpunkte aus zu erklären, dass sie die Verwendung reinen Zuckers auch dann nicht als Fälschung im Sinne des Nahrungsmittelgesetzes betrachten, wenn das Getränk unter der Bezeichnung „Wein" verkauft wird, vorausgesetzt, dass die unmittelbar oder nach vorherigem Ausziehen von Trestern verwendete Menge Wasser das doppelte Gewicht des zugesetzten Zuckers nicht übersteigt.

Die Bezeichnung solcher Getränke als Naturweine ist auszuschliessen.

Begründung.

Durch den Zusatz obiger Lösung von Zucker erhalten die Weine von zu saurem Most nicht den Schein von etwas besserem, sondern sie werden thatsächlich besser und wohl in den meisten Fällen für die Gesundheit des Konsumenten zuträglicher.

Bei der im Vergleich zu anderen Weinländern nördlichen Lage Deutschlands kommt es hier häufiger als in anderen Ländern vor, dass die Trauben in einzelnen Jahren zu reich an Säure und zu arm an Zucker werden, als dass sie ohne weiteren Zusatz zur Erzeugung guter Weine verwendet werden könnten. Wird ein richtiges Verbessern erschwert oder unmöglich gemacht, so wird die Konsumtion des Weines vermindert, und die geringen Weine können oft lange Zeit nicht oder nur zu sehr billigen Preisen verkauft werden.

Findet ein Zusatz obiger Zuckerlösung in mässiger Menge bei dem Most statt, so lässt sich dies in weitaus den meisten Fällen im Wein

chemisch nicht nachweisen. Verstösst der Verkauf solcher verbesserter
Getränke als Wein gegen gesetzliche Bestimmungen, so werden ehrliche
Leute das Weinverbessern vermeiden, sie können aber dann in den meisten
Fällen mit anderen Produzenten und Händlern nicht konkurrieren.

Die Gefahr liegt also sehr nahe, dass durch die Erschwerung des
richtigen Verbesserns zu saurer Moste der Weinhandel in die Hände un-
redlicher Leute gedrängt wird.

Vor allem ist es aber sowohl für die Weinproduktion, als für den
ehrlichen Weinhandel von grösstem Nachteil, wenn in den verschiedenen
Bundesstaaten Deutschlands eine verschiedene Auffassung in Beziehung auf
die rechtliche Behandlung der Frage über Weinverbesserung stattfindet,
wie es thatsächlich der Fall ist.

Jene Weinproduzenten, welche im Besitz besserer Rebfelder sind und
daher häufiger gute Weine erzeugen als andere, werden durch die allgemeine Annahme unserer Auffassung in keiner Weise bseinträchtigt, denn
es steht ihnen frei, ihre Weine unter der Bezeichnung „Naturweine“ in
den Handel zu bringen; sie sind dann ebenso vor unreeller Konkurrenz
geschützt, als sie es bis jetzt waren.

2. Das Ausspülen der Fässer und Flaschen mit reinem Sprit und ein
Verkaufen von Weinen mit geringen Zusätzen von reinem Sprit, wie
solche in der Kellerbehandlung zuweilen notwendig sind, ist zu gestatten.

Bei deutschen Weinen dürfte der höchste zulässige Betrag des Zusatzes von Weingeist auf 1 Vol. % (1 l Weingeist auf 1 hl Wein) zu nor-
mieren sein.

In Beziehung auf Weine südlicher Länder enthalten wir uns der Bestimmung einer Maximalgrenze.

3. Prof. Dr. Hilger teilte der Kommission in betreff „Medicinalweine“ die Beschlüsse der freien Vereinigung bayerischer Vertreter der
angewandten Chemie mit:

    a) Medicinalweine dürfen nicht mehr Schwefelsäure enthalten, als einem
       Äquivalent von 1 g Kaliumsulfat per Liter entspricht;

    b) Medicinalweine dürfen keine schweflige Säure enthalten;

    c) bei Medicinalweinen ist der Gehalt an Zucker und Weingeist in
       Gewichtsprozenten auf den Etiquetten der Flaschen anzugeben.

Die Kommission nimmt davon Kenntnis, erachtet es auch für wünschenswert, dass diese Frage einheitlich geregelt werde, hält sich aber
nicht für kompetent, bestimmte Vorschläge zu machen.

Da die Methoden zur Bestimmung der Weinbestandteile wenigstens
zum Teil sicher noch vervollkommnet werden können, erscheint es zweckmässig, darauf bezügliche kommissarische Beratungen von Zeit zu Zeit,
etwa in Zwischräumen von 2—3 Jahren, zu wiederholen.

Butter und Schmalz.

Butter ist das aus Kuhmilch mittelst mechanischer Operationen gewonnene Fett, welches teils ungesalzen, teils gesalzen zum menschlichen Genusse bestimmt ist.

Im geschmolzenen, entwässerten Zustande führt die Butter auch die Bezeichnungen: Butterschmalz, Schmalz, Rindschmalz, Schmalz- und Schmelzbutter u. a.

I. Methode der Untersuchung.

Die chemische Analyse hat sich unter Umständen zu erstrecken auf:
a) Bestimmung des Wasser- und Fettgehaltes.
b) Prüfung auf mineralische Beimengungen.
c) Prüfung auf Beimengung fremder Fette.
ad a)

1. Wasser: 10 g Butter werden in einem Glasgefässe 6 Stunden lang unter öfterem Umschwenken bei 100° C. getrocknet.

2. Fett: 5 g Butter werden in einer Porzellanschale geschmolzen und mit 20 g Gyps gemischt, dann 6 Stunden lang bei ca. 100° C. getrocknet und das nach dem Erkalten erhaltene trockene Pulver mit absolutem Äther im Extraktionsapparate bis zur Erschöpfung extrahiert:

ad b) Mineralische Beimengungen (Kochsalz) i. e. Asche: 10 g Butter werden im Porzellantiegel abgewogen und unter öfter wiederholtem Umschwenken 6 Stunden bei 100° C. getrocknet. Die geschmolzene Trockensubstanz wird im Trockenschrank durch ein Filter filtriert, Tiegel und Filter wiederholt mit Äther nachgewaschen, das Filter samt Inhalt in den Tiegel zurückgegeben und hierauf der nahezu entfettete und wiedergetrocknete Rückstand mit Filter verascht.

Beträgt der Gehalt an Asche über 0,5 %, so ist eine nähere Prüfung auf mineralische Beimengungen — in erster Linie auf Kochsalz — erforderlich.

Die Prüfung auf Kochsalz geschieht mit für diese Zwecke genügender Genauigkeit durch Titrieren des filtrierten und auf ein bestimmtes Volumen (100 ccm) gebrachten wässerigen Auszuges der Asche.

ad c) Fremde Fette: 5 g des geschmolzenen vom Bodensatz abgegossenen und klar filtrierten Butterfettes werden in einem Kölbchen von 300—350 ccm Rauminhalt mit 10 ccm einer Auflösung von reinem Ätzkali in 70prozentigem Alkohol (20 g Kalihydrat zu 100 ccm Alkohol) versetzt und zur Verseifung auf das kochende Wasserbad gebracht. Ist klare Lösung des Fettes erfolgt, so verjagt man den Alkohol unter öfterem Einblasen von Luft. Nachdem die Seife in 100 ccm Wasser (pipettiert) gelöst worden, zersetzt man die Lösung mit 40 ccm verdünnter (1 : 10) Schwefelsäure und destilliert unter Zugabe von Bimssteinstückchen genau 110 ccm ab. Davon werden 100 ccm abfiltriert und mit $^1/_{10}$ Norm. Natronlauge titriert, wobei Rosolsäure oder Phenolphtaleïn als Indikatoren dienen. Die Anzahl der verbrauchten ccm wird der Gesamtmenge des Destillates entsprechend um ein Zehntel vermehrt.

II. Normen der Beurteilung.

I. Butter von guter Beschaffenheit soll nicht über 15 % Nichtfett enthalten; solche mit mehr als 20 % ist nicht mehr marktfähig.

II. Für 5 g reines Butterfett sind als unterste Grenze im Verbrauche an Alkali nach Reichert-Meissl 26 ccm $^1/_{10}$ Norm. Natronlauge anzunehmen. Für verbranntes, überhitztes Schmalz gilt diese Grenze nicht.

III. Die Menge des zugesetzten Fettes kann in genauen Zahlen nicht angegeben werden.

IV. Die Natur des Fälschungsmaterials lässt sich nur in seltenen Fällen erkennen.

III. Administrative Bemerkungen.

1. Die Entnahme der Probe hat von Seite des visitierenden Beamten an verschiedenen Stellen des verdächtigen Vorrathes zu erfolgen und zwar: von der Oberfläche, vom Boden und aus der Mitte.

II. Die Aufbewahrung muss in Porzellan- oder gut glasierten Steingutgefässen geschehen.

Schweinefett.

Hier kann eine Bestimmung des Wassergehaltes erforderlich werden; dieselbe erfolgt wie bei der Butter.

Motive.

Die Methoden der Wasser-, Fett- und Asche-Bestimmung sind an der kgl. landwirtsch. Centr.-Vers. Station zu München unter Soxhlet's Leitung ausgearbeitet worden und können nach den Erfahrungen der Referenten durchaus empfohlen werden. Zur Erzielung einer für den Wassergehalt brauchbaren Durchschnittszahl sind von einer Butterprobe mindestens vier Portionen anzusetzen.

Die zur Erkennung fremder Fette acceptierte Destillationsmethode verdient auf Grund der von Reichert[1]), Legler[2]), Meissl[3]), Medicus und Scherer[4]), Hanssen[5]), Birnbaum[6]), Sendtner[7]) u. A. veröffentlichten Erfahrungen hinsichtlich ihrer Genauigkeit vor den Methoden von Hehner und Koettsdorfer entschieden den Vorzug. Bezüglich der Methode des Ersteren haben schon Bell[8]), dann Fleischmann und Vieth[9]) die Notwendigkeit dargethan, dass für reines Butterfett noch 89,8 % unlösliche Fettsäuren angenommen werden müssen, und die Untersuchungen von Kretzschmar[10]) u. A. bestätigen dies. Die Folge dieses

---

[1]) Fresenius, Zeitschr. f. anal. Chemie 18; 68.

[2]) Legler: „Beiträge zur Beurteilung des Wertes der neueren Butterprüfungsmethoden" im 8. u. 9. Jahresber. d. chem. Centralstelle f. öffentl. Gesundheitspflege zu Dresden; herausgegeb. von Hofrat Dr. H. Fleck; S. 59.

[3]) Dingler's polyt. Journ. 1879; 229.

[4]) Fresenius 19; 161.

[5]) „Studien über den Nachweis fremder Fette im Butterfette", Inaug.-Diss. Erlangen 1882.

[6]) Die Prüfung der Nahrungsmittel etc. im Grossherzogtum Baden, geschildert vom Hofrat Prof. Dr. K. Birnbaum; Karlsruhe bei C. Braun 1883; 51—63.

[7]) I. und II. Jahresbericht der Untersuchungsstation des hygien. Institutes zu München, herausgeg. von Dr. E. Egger; S. 18.

[8]) J. Bell, Journal of the Royal Agricultural Society of England 1877.

[9]) Fresenius 17; 287.

[10]) Ber. d. deutsch. chem. Gesellschaft 1877; 2091.

Zugeständnisses ist, dass „ein Gemisch aus gleichen Teilen Butterfett und fremdem Fett sich der Entdeckung durch die Hehnersche Prüfungsmethode entziehen könnte[1].“ Das thatsächlich Richtige dieser Ansicht beweisen die von Reichardt im Archiv der Pharmacie (IX. Band) veröffentlichten Analysen selbst präparierter Mischungen. Ferner aber bietet die richtige Ausführung dieser Methode grosse Schwierigkeiten, denn wie bekannt „ist die Trennung der löslichen Fettsäuren von den unlöslichen durch Auswaschen der letzteren auf dem Filter eine Operation, welche die grösste Aufmerksamkeit erfordert und welche zu einer Quelle sehr ins Gewicht fallender Fehler werden kann[2].“ Heintz[3] fand die Hehnersche Methode in den Fällen, wo grössere Mengen Laurinsäure im Butterfette vorhanden sind, nicht anwendbar. Den durchschnittlichen Fehler der Methode berechnen Fleischmann und Vieth zu 28,7 %.

Dass auch die von Koettsdorfer[4] erdachte, in ihrer Ausführung sehr bequeme Butterprüfungsmethode ähnlichen Fehlern ausgesetzt ist, beweisen Leglers Analysen (a. a. O. S. 66), wonach es recht gut möglich ist, einer Butter, welche zur Verseifung einen, der von Koettsdorfer aufgestellten Maximalzahl (221,5 mg Kali) naheliegenden Wert beansprucht, 30, 40, ja 50 % Fett zuzusetzen, ohne dass die Analyse dies erkennen liesse. Ferner ist hier des unliebsamen Umstandes, der raschen Veränderung des Titers der alkoholischen Kalilösung, zu gedenken.

Für die Wahl der Reichertschen Methode in der Modifikation von Meissl war die Erfahrung bestimmend, dass hiebei der Titrierungsfehler wesentlich verringert wird. Auch empfiehlt sie sich in dieser Form durch die Bequemlichkeit ihrer Ausführung.

Meissl schlug auf Grund seiner Beobachtungen 26 ccm $\frac{1}{10}$ Normal-Alkali als unterste Grenze für reines Butterfett — als solches gelangt sowohl Butter wie Schmalz hier zur Untersuchung — vor. Dafür, dass ein geringerer Verbrauch (26—24 ccm) eine Fälschung mit Bestimmtheit nicht in jedem Falle annehmen lasse, sprechen die Veröffentlichungen von Munier[5] und von Sendtner[6]. Für Schmalz namentlich, das aus mehreren Stallungen gewonnen und gemischt worden, hat Meissls Grenzwert von 26 ccm unbedingt zu gelten — für Butter aber, die häufig aus einer einzelnen stammt, sind 26—24 ccm noch zulässig. Neuere Beobachtungen haben ferner dargethan, dass durch Überhitzen des Schmalzes beim Auslassen ein geringer Verlust an flüchtigen Säuren eintreten

---

[1] Fleischmann und Vieth a. a. O.
[2] Fleischmann und Vieth a. a. O.
[3] Fresenius 17; 160.
[4] Fresenius 18; 199 u. 431.
[5] ebenda 21; 394.
[6] Archiv für Hygiene I, 137.

kann[1]), daher bei Beurteilung der Reinheit eines verbrannten Schmalzes, das sich schon durch Farbe und Geschmack als solches genügend kennzeichnet, Vorsicht anzurathen ist und auch hier eher 24 ccm zu wählen sind.

Der durchschnittliche Fehler, welcher bei Annahme von 26 ccm gemacht werden könnte, berechnet sich nach Meissl zu 11 % und bei Annahme von 24 ccm nach Sendtner zu 15 %. Bei soweit gesteckten Fehlergrenzen ist klar, dass eine quantitative Berechnung des Fälschungsmaterials unter Benutzung der Formel $B = a(n - b)$ nahezu wertlos ist; dieselbe kann nur da ihre Berechtigung haben, wo es sich um Analysen selbst präparierter Mischungen handelt[2]) oder wo auch das Fälschungsmaterial zur Untersuchung gezogen wird. Es wurde daher unter die Beurteilungsnormen noch besonders aufgenommen: „Die Menge des zugesetzten Fettes kann in genauen Zahlen nicht angegeben werden."

Im Betreffe der Darstellung der alkoholischen Kalilauge sei noch erwähnt, dass man dieselbe durch Auflösen von 20 g aus Alkohol wiederholt umkrystallisierten Ätzkali's in 100 ccm Alkohol von 70° Tr. darstellt, wobei es zweckmässig ist, das Ätzkali zuerst in circa 30 ccm dieses Alkoholes zu lösen und allmählich den Rest des Alkoholes zuzusetzen.

––––––––

Bei der Prüfung des Butterfettes auf Beimengung fremder Fette sei noch auf die specif. Gewichtsbestimmung bei 100° C. hingewiesen, welche zuerst von Königs (Correspondenzblatt anal. Chem. I. Jahrg. 1878. 3), dann Ambühl empfohlen wurde. Die Ausführung geschieht zweckmässig nach O. Dietzsch[3]) in einem Reagenscylinder von 14 cm Höhe und 2,5 cm Weite, welcher an einem Gummiringe in einem entsprechend grossen Blechcylinder hängt. Zur spec. Gewichtsbestimmung dienen Aräometer von 10 cm Länge mit der Marke 0,866.

Filtriertes reines Butterfett zeigt kein geringeres spec. Gewicht als 0,866 (schwankt zwischen 0,866 –0,868 nach Ambühl und Dietzsch). Diese Angaben finden ihre Bestätigung durch zahlreiche Versuche, welche in dem Laboratorium für angewandte Chemie der Universität Erlangen vor mehreren Jahren bei circa 20 Butterproben gemacht wurden. Es wurden Schwankungen 0,866—0,8685 beobachtet. Neuestens macht Wolkenhaar (Repert. f. anal. Chem. 1885; 236) darauf aufmerksam, dass die bislang für diesen Zweck käuflichen Aräometer nicht brauchbar seien,

––––––––

[1]) Hanssen a. a. O. und Sendtner im III. u. IV. Jahresber. d. U. St. d. hygien. Inst. zu München 1885; 13.

[2]) Vergl. Legler a. a. O. S. 71.

[3]) Repert. analyt. Chemie 1884. 359.

wogegen die Westphal'sche Wage mit Thermometer für 80—100° C. und entsprechenden Gewichtshacken besonders eingerichtet, für reines Butterfett 0,901—0,904 und für Talg 0,893—0,894 spec. Gewicht anzeige. Jedenfalls sind die Beobachtungen über den Werth auch der letzteren Art einer spec. Gewichtsbestimmung noch zu wenig zahlreich, um daraus Schlüsse ziehen zu können.

Die färbenden Substanzen, welche dem Butterfette zugesetzt werden können, sollen sein Orleans (oder Orantia, Lösung des Orleansfarbstoffes in Wasser unter Zusatz von Soda, Carottine, mit Öl angeriebener Orleans), Curcuma, Saffran, Möhrensaft, Ringelblumensaft, Dinitrokresolcalcium oder Dinitronaphtolcalcium. In Wirklichkeit dürften nur Orleans, auch Möhrensaft, und Dinitrokresol vorkommen. Über die Gegenwart solcher Färbungsmittel, welche dem einen der unterzeichneten Referenten (Hilger) nur je einmal in Form von Orleans und in Form von Dinitrokresolcalcium vorgekommen sind, erhält man sofort Gewissheit, wenn 5 bis 10 g Butterfett mit 60—70 % Alkohol bei mässiger Wärme unter kräftigem Schütteln behandelt werden. Die Farbstoffe gehen in Lösung und können dann leicht nachgewiesen werden. (Orleans durch conc. Schwefelsäure an der Blaufärbung, Dinitrokresolcalcium durch Salzsäure, welche das Dinitrokresol abscheidet.) Diese Behandlung der Fette mit verdünntem Alkohol kann auch zur Orientierung über gröbere Fälschungen mit Stärkmehl, Mineralsalzen etc. beitragen. —

Bei der Prüfung des Butterfettes auf Salicylsäure kommen die Löslichkeitsverhältnisse der Salicylsäure in Äther, Petroläther, Chloroform, sowie die Zersetzbarkeit der Salicylate durch Säuren in Betracht.

Die Anwendung des Mikroskopes bei der Prüfung der Fette bedarf noch der weiteren Ausbildung, bevor dasselbe allgemein verwendbar wird. —

Tritt die Notwendigkeit einer Schmelzpunktbestimmung an den Chemiker heran, dann wird dieselbe wohl am besten in der Weise ausgeführt, dass man von dem geschmolzenen und filtrierten Fette in ein Capillarröhrchen 1—2 cm je nach der Länge des Quecksilberbehälters am Thermometer einsaugt, das Ende des Capillarrohres zuschmilzt und dasselbe so an einem Thermometer mit langgezogenem Quecksilbergefässe befestigt, dass die Substanz in gleicher Höhe mit letzterem sich befindet. Erst wenn die Substanz im Röhrchen vollständig erstarrt ist, bringt man das Thermometer in ein circa 3 cm im Durchmesser weites Reagensglas, in welchem sich die zur Erwärmung dienende Flüssigkeit (Glycerin) befindet. Der Moment, da das Fettsäulchen vollkommen klar und durchsichtig geworden ist, ist als Schmelzpunkt festzuhalten.

Reines Butterfett schmilzt, auf diese Weise geprüft, zwischen 34 und 37° C.

R. Sendtner. A. Hilger.

Gebrauchsgegenstände.

Die in betracht kommenden Gebrauchsgegenstände teilt das Gesetz vom 14. Mai 1879 in drei Gruppen ein:

I. Petroleum.

II. Farben und alle diejenigen Gebrauchsgegenstände, welche infolge ihrer Herstellungsweise durch Auftragen von Farben und Färben in der Faser der Gesundheit nachteilig werden können.

    a) Farben und Farbstoffe;

    b) Sämtliche Bekleidungsgegenstände, auch Papierwäsche und Futterleder;

    c) Bunte Papiere nebst allen Gegenständen, welche aus oder mit ihnen angefertigt werden, wie Lampenschirme, Visitenkarten, Emballagen, Blumen etc., Tapeten und Rouleaux.

    d) Kinderspielwaaren, künstliche Christbäume, Blumentopfgitter, bemalte Gummigegenstände etc.

III. Gebrauchsgegenstände, bei deren Herstellung Blei und Zink oder deren Verbindungen Verwendung finden.

    a) Töpfergeschirre,

    b) Metallgeschirre (Zinngeschirr, Geräte aus Britanniametall),

    c) Emballagen (Folien),

    d) Gummiwaaren, welche mit Nahrungsmitteln in Berührung kommen.

I. Petroleum.

Die Beschaffenheit desselben ist bereits durch eine kaiserliche Verordnung vorgeschrieben.

II. Farben und alle diejenigen Gebrauchsgegenstände, welche infolge ihrer Herstellungsweise durch Auftragen von Farben und Färben in der Faser der Gesundheit nachteilig werden können.

    a) Farben und Farbstoffe.

        Unbedingt zulässig sind jene Farben und Farbstoffe, welche frei sind von Antimon, Arsen, Blei, Baryum, Cadmium, Kobalt,

Nickel, Kupfer, Quecksilber, Uran, Zinn, Gummigutti und Pikrinsäure, sowie diejenigen Farben und Farbstoffe, welche aus Farbhölzern ohne oder mit Hülfe von Theerfarben hergestellt werden, soweit sie frei von den oben erwähnten Stoffen sind.

Von den oben angeführten Stoffen sind folgende Verbindungen ebenfalls unbedingt zulässig: Baryumsulfat, als Schwerspath oder Blanc fix, Chromoxyd;

Kobaltsilicat, als arsenfreie Smalte;

Kobaltoxyd-Zinkoxyd, als Rinmann's Grün;

Thonerde-Kobaltoxydul, als Thénard's Blau;

Kobaltoxydul-Zinnoxyd, als Cöruleum;

Quecksilbersulfid, als Zinnober;

Zinnsulfid, als Musivgold;

Zinnoxyd, in Farblacken, sowie als Mordant.

Kupfer, Zinn, sowie die Legierungen von Kupfer und Zink, als Bronze- oder Brokat-Farben, sowie als Rauschgold und Rauschsilber.

Ferner ist zulässig die Verwendung der Pikrinsäure zum Färben in der Faser.

Die Farben und Farbstoffe dürfen von den ausgeschlossenen giftigen Stoffen in anderen Verbindungen als den vorgesehenen solche Mengen enthalten, dass durch dieselben eine Schädigung der Gesundheit nicht zu befürchten steht. — Diese zulässigen Mengen sind für 100 g bei 100° C. getrockneter Farben oder Farbstoffe:

Antimon, Arsen, Blei, Kupfer, Chrom, zusammen oder von jedem 0,2 g; Baryum, Kobalt, Nickel, Uran, Zinn, Zink, zusammen oder von jedem 1,0 g.

b) Bekleidungsgegenstände.

Gespinnste, Gewebe, Papierwäsche, Futterleder. Die zum Färben und Drucken angewandten Mineralfarben müssen den unter a) gestellten Anforderungen genügen. 100 qcm von Bekleidungsgegenständen dürfen enthalten entweder:

Antimon 0,002 g oder Arsen 0,002 g,

jedoch nur in Wasser unlöslicher Form.

c) Bunte Papiere, Tapeten, Rouleaux, künstliche Blumen.

Für diese Gegenstände sind die unter a) bezeichneten Farben als zulässige zu erachten, ferner auch jene grünen aus Ultramarin, Pariserblau oder Chromoxyd mit Baryumsulfat und Zinkchromat gemischten Farben, insofern sie im bei 100° C. getrockneten Zustande nicht mehr als 12% Zinkchromat enthalten; ferner Farblacke mit einem Gehalte bis zu 3% Baryumcarbonat, gleichfalls bezogen auf bei 100° C. getrocknete Farbe, jedoch nur soweit solche Buntpapiere nicht als Umhüllungsmittel für Nahrungs- und Genussmittel bestimmt sind oder dienen.

d) **Kinderspielwaaren, künstliche Christbäume, Blumen-topfgitter, bemalte Gummigegenstände.**

Für diese Gegenstände sind nur die unter a) angeführten Farben als zulässig zu erachten. Zur Untersuchung kratze man von der Farbe herunter.

Ferner sind als zulässig zu erachten:

Als Wasser- oder Leimfarben mit Überzug von Paraffin, Ceresin, Wachs und ähnlichen Stoffen, diejenigen Farben, deren Gehalt an Zinkoxyd oder Schwefelzink 10% nicht übersteigt.

Als Öl- oder Lackfarben: Bleichromate, sowohl für sich als in Mischung mit Bleisulfat; Zinkoxyd als Zinkweiss; Schwefelzink-Baryumsulfat als Lithopone; alle diejenigen zusammengesetzten Grüne, welche Chromate des Blei, Baryum oder Zink enthalten.

Als Firniss: Bleioxyd, wenn es an Fett- oder Harzsäuren gebunden, in fetten Ölen gelöst enthalten ist.

Im Wachsguss: Bleicarbonat oder Bleiweiss, wenn es nicht mehr als 1% der Komposition beträgt.

Unter Öl- oder Lackfarben sind diejenigen Farben, welche mit einem trocknenden Öle oder Firnisse, sowie mit Lösungen von Harzen in ätherischen Ölen oder Weingeist verrieben werden, zu verstehen.

Wachsguss ist eine durch Zusammenschmelzen erhaltene Komposition von Wachs mit Wallrath oder Paraffin, oder mit beiden zusammen.

Motive.

Bei der Aufstellung der Methoden zur Beurteilung von Farben und mit solchen versehenen Gebrauchsgegenständen, ging man von dem Gesichtspunkte aus, einerseits die Gesundheit des Publikums zu schützen, andererseits aber auch die Interessen der Industrie zu wahren, soweit dies ohne Gefährdung für Gesundheit und Leben ausführbar war.

Es mussten deshalb alle diejenigen Farben zur Herstellung von Gebrauchsgegenständen ausgeschlossen werden, welche aus Metallen oder Stoffen in solchen Verbindungen bestehen, wodurch Vergiftungserscheinungen veranlasst werden können und durften nur diejenigen Farbsubstanzen unbedingt zugelassen werden, welche entweder als solche nicht giftig sind, oder aber infolge ihrer schweren Angreifbarkeit oder Unlöslichkeit jede Gefahr einer Gesundheitsschädigung ausschliessen.

Wir werden in dem Nachstehenden zunächst die technischen Gründe besprechen, welche uns veranlassten, geringe Mengen der im allgemeinen ausgeschlossenen Metalle und ihrer Verbindungen als Verunreinigung der Farben zuzulassen, und hierbei nur da, wo es absolut notwendig erscheint, die physiologischen Wirkungen desselben mit in betracht ziehen.

Letztere sollen dann in dem zweiten Teil unserer Motivierung etwas eingehender, aber doch in möglichster Kürze abgehandelt werden.

Diejenigen aber, welche sich genauer informieren wollen, verweisen wir auf die toxikologischen Handbücher und die betreffende Literatur.

Da es vielleicht manchem auffallend erscheinen könnte, dass wir die in Frankreich z. B. unbedingt gestattete Verwendung von Zinkweiss und Lithopone als Wasserfarbe nicht befürworteten, so geben wir zunächst hierfür die Gründe an, welche uns dazu bewogen haben.

Es sind dies folgende:

1. Findet sich in Husemann's Arzneimittellehre pag. 1113 eine Beobachtung dieses Forschers, wonach schon 0,2—0,4 g Zinkoxyd (Zinkweiss) Aufstossen, Übelkeit und Erbrechen hervorrufen können.

Da aber bei unbedingtem Zulassen von Zinkverbindungen, auch Zinkweiss als Wasser- oder Leimfarbe zum Bemalen von Spielwaren verwendet werden darf, und da nach den von Prior angestellten, unten aufgeführten Versuchen 100 Quadratcentimeter Spielwaren bis zu 1 Gramm Farbe erfordern, schien es geboten, die Zinkverbindungen auszuschliessen.

2. Bewog aber noch der Umstand zum Ausschliessen der Zinkfarben, weil dieselben von der Fabrikation her durch nachlässiges Auswaschen beliebig grosse Mengen Zinksulfat, Chlorzink u. s. w., wenn auch nur als basische Salze enthalten können, Salze, welche wegen ihrer schon in geringen Dosen brechenerregenden und ätzenden Wirkung auf den Organismus ausgezeichnet sind (nach Toulmouche tritt selten nach 0,12, inconstant nach 0,24, constant nach 0,4—0,8 g $Zn\,SO_4$ Erbrechen ein. Husemann's Arzneimittellehre p. 474).

3. Besitzen wir für die Buntpapier-, Tapeten-, Blumen- und Spielwaarenfabrikation, in sofern es sich um Wasser- und Leimfarben handelt, sowie für die Fabrikation der Papierwäsche, in dem gefällten Barymsulfat (Blanc fixe) eine weisse Farbe, welche allen Anforderungen entspricht; es ist somit ein Bedürfnis zur Verwendung von Zinkweiss und Lithopone für diese Zwecke nicht vorhanden.

Eine Ausnahme bilden lediglich diejenigen Theerfarben, welche Zink als konstituierenden Bestandteil enthalten, wie Methylgrün, Malachitgrün u. dgl. Diese Farben besitzen aber eine ausserordentlich grosse Färbekraft, so dass zum Färben von 100 qcm Stoff etc. nur Spuren davon erforderlich sind.

Auch zu den schönen (leider nicht luft- und lichtechten!) grünen Lackfarben, welche durch Auffällen von Methyl- oder Malachitgrün auf Schwerspath, Thon u. s. w. hergestellt werden und in der Buntpapierfabrikation so vielfache Anwendung finden, sind nur sehr geringe Mengen dieser Zink enthaltenden Teerfarbstoffe (5—8 %) notwendig. Ein derartiger Farblack enthält höchstens 1 % Zink, da z. B. in Methylgrün ($C_{19}\,H_{12}\,N_3\,(CH_3)_5\,.\,CH_3\,Cl\,.\,HCl\,.\,Zn\,Cl_2$) nur 11,2 % Zink enthalten sind.

Auch die Giftigkeit der reinen Teerfarbstoffe ist, mit Ausnahme der Pikrinsäure durchaus noch nicht erwiesen, da viele der beobachteten Vergiftungserscheinungen sich fast stets auf einen Gehalt von metallischen Giften, namentlich Arsen oder organischen Giften, welche der Fabrikation entstammten, wie Anilin, Carbolsäure u. s. w. zurückführen liessen. (Vergleiche Handbuch der Intoxikationen von Böhm, Naunyn und Böck pag. 220 u. f.)

Es scheint daher vollständig ungerechtfertigt, bevor hierüber weitere Untersuchungen, welche im hygienischen Institut in München demnächst ausgeführt werden, vorliegen, die Theerfarben zu verdächtigen, selbst wenn die Constitution derselben, wie dies bei einigen Nitro-Farbstoffen der Fall ist, auf analoge Wirkungen, wie sie die Pikrinsäure besitzt, schliessen lässt.

Die Verwendung der Pikrinsäure zum Färben von Gespinnsten und Geweben kann unbedingt gestattet werden, da die dazu erforderlichen

15*

Mengen sehr gering sind und die Haftung des Farbstoffes auf der Faser eine sehr intensive ist.

Die Bronce- und Brocatfarben sind geschlagene und schliesslich feingeriebene Metalllegierungen, aus Kupfer und Zink bestehend.

Die Färbung derselben wird fast stets durch sogenanntes Anlaufen erzeugt und nur in seltenen Fällen werden hierzu Farbsubstanzen verwendet.

Weniger bei der Fabrikation dieser Farben, als zur Herstellung von Blattmetall finden auch Legierungen von Kupfer und Zinn Anwendung. Diese Farben verhalten sich in toxikologischer Beziehung somit wie die regulinischen Metalle, Kupfer, Zink und Zinn, welchen bekanntlich eine toxikologische Bedeutung so gut wie gar nicht zukommt, indem Intoxikationen nicht beobachtet zu sein scheinen.

Hierfür sprechen auch die wichtigen, höchst interessanten Mitteilungen vom Obermedizinalrath Dr. J. v. Kerschensteiner, welcher in einer kleinen Brochure „die Fürther Industrie in ihrem Einflusse auf die Gesundheit der Arbeiter" den in Fürth so zahlreich vorhandenen Bronce- und und Brocatfabriken seine ganz besondere Aufmerksamkeit gewidmet hat. Kerschensteiner beschreibt die Fabrikation sehr ausführlich, bespricht den Einfluss, welchen die mit Metallstaub erfüllten Räume auf die Gesundheit der Arbeiter ausüben, erwähnt aber hierbei nicht einen einzigen Fall von Intoxikation.

Für die unbedingte, weil gefahrlose Zulässigkeit der in Rede stehenden Farben spricht auch noch der Umstand, dass dieselben in sehr geringen Mengen auf die zu färbende Fläche aufgetragen werden.

Nach gefälligen Mitteilungen der Gold- und Silberpapierfabrik von Ernst Scholl, Inhaber Emil Brandt dahier an E. Prior wogen 4 Päckchen Blattmetall à 500 Blatt von je 144 qcm Grösse 44, 39, 42 und 41 g; zusammen 166 g. Davon gehen ab für die Papiereinlagen 7 g, es bleiben demnach für die 4 Päckchen netto 159 g oder rund 40 g per Päckchen à 500 Blatt. Ein Blatt, womit 144 qcm Papier hergestellt werden, wiegt 0,08 g, 100 qcm Metallpapier enthalten daher 0,55 g Metall, eine durchaus unschädliche Menge.

Nach unseren im Laboratorium gemachten Erfahrungen genügt auch dieselbe Menge geriebenen Metalls zum Färben einer Fläche von 100 qcm.

Es ist jedem Chemiker bekannt, dass es absolut in der Technik unmöglich ist, ohne die Herstellungskosten ganz enorm zu steigern, chemisch reine Roh- und Hülfsstoffe anzuwenden. Viele Rohmaterialien enthalten Arsen, Blei, Kupfer, Zink u. s. w., welche bei der Verarbeitung derselben zu Hülfsstoffen und Halbfabrikaten in dieselben übergehen. Es soll hier nur daran erinnert werden, dass die englische Schwefelsäure des Handels Arsen und Blei enthält; diese werden wenigstens teilweise in den daraus fabrizierten Produkten enthalten sein. Ausserdem weiss jeder mit der Technik vertraute Chemiker, wie schwierig es ist, einen Niederschlag

im Grossen so auszuwaschen, dass dadurch auch die geringsten Mengen der
in der Flüssigkeit enthaltenen gelösten Salze aus demselben entfernt werden.
Ja, manche Niederschläge halten einen Teil davon hartnäckig zurück, der
überhaupt nicht zu entfernen ist. Um diesen technischen Gesichtspunkten
Rechnung zu tragen und auch die hygienischen Interessen zu wahren, war
es erforderlich, Grenzzahlen aufzustellen. Diese Zahlen konnten bei der
gewählten Fassung, wobei die Eigentümlichkeiten der einzelnen Industriezweige Berücksichtigung finden, sehr niedrig gewählt werden, ohne dass
hierdurch die Industrie im Geringsten benachteiligt wäre.

Die Unschädlichkeit dieser zulässigen Mengen ergibt sich, wenn man
dieselben auf 1 g Farbe berechnet. Damit können nämlich, wie unten
noch angeführt wird, 100 qcm Holz in Wasser- oder Leimfarbe und ca.
600 qcm Papier gefärbt werden.

Es dürfen somit enthalten 1 g Farbe oder 100 qcm bemaltes Holz
oder 600 qcm Papier, Tapete etc. als Verunreinigung:

Baryumchlorid .	0,0151 g
Bleicarbonat . .	0,0025 -
Bleisulfat . . .	0,0029 -
Bleiacetat . . .	0,0029 -
Zinksulfat . . .	0,0247 -
Zinkchlorid . .	0,0209 -
Kaliumbichromat	0,0056 -
Zinnchlorür . .	0,0160 -
Kupfersulfat . .	0,0045 -
Arsenige Säure .	0,0026 -
Brechweinstein .	0,0051 -

Bei den Vereinbarungen wurde von der berechtigten Annahme ausgegan-
gen, dass auf ein Kind höchstens die Farbe von 100 qcm Spielzeug oder 100 qcm
Papier, Tapete u. s. w. zur Einwirkung gelangen könne. Auch dies wird in
praxi niemals oder höchst selten eintreten, da es viel mühsamer ist, die Farbe
von Spielwaren und Papier etc. vollständig herunter zu nehmen, als gewöhnlich angenommen wird und das Kind daher auf ein oberflächliches
Ablecken beschränkt ist. Die oben aufgeführten Maximalmengen, welche
auf ein Mal zur Wirkung gelangen können, sind so gering, dass eine
acute Vergiftungserscheinung nach den bisherigen Erfahrungen nicht zu erwarten ist. (Vergl. Arzneimittellehre von Husemann, Toxikologie von
Husemann, Handbuch der Intoxicationen von Böhm, Naunyn und
Böck.) Bei den Bekleidungsgegenständen hielt man es für nötig, die auf
die Anwendung von Mineralfarben bezügliche Bemerkung beizusetzen, um
dem Färben resp. dem Bedrucken von Gespinnsten und Geweben mit
giftigen Farben z. B. Bleichromat vorzubeugen.

Man kann ohne der Färberei oder Druckerei, soweit es sich um Bekleidungsgegenstände handelt, irgend einen Schaden zu verursachen, obige

entschieden bedenkliche Farbsubstanzen ausschliessen, da die Farbenindustrie hierfür reichlich Ersatz bietet.

Es genügt vollkommen bei diesen Gegenständen eine Grenzzahl für den Gehalt an Arsen und Antimon anzugeben, da die übrigen Metalle, wenn solche zugegen, nur in sehr geringen Mengen und in unlöslichen Verbindungen mit dem Farbstoff, zu dessen Befestigung, (Mordant) sie dienen, vorhanden sind. Die Grenzen für einen Arsen- und Antimongehalt festzustellen, ist aber sehr wichtig, da in neuerer Zeit Arsen- und Antimonverbindungen als Mordant und zur Schönung bei vielen Teerfarbstoffen Verwendung haben.

Welche erhebliche Mengen davon auf die Faser gelangen, beweist die jüngst publicierte Arbeit von C. Bischoff (Repert. der analyt. Chemie III No. 20). In den von Bischoff untersuchten Garnen betrug der Antimongehalt 0,11—0,31 %; derselbe gibt also zu wohlberechtigten Bedenken Veranlassung, da Antimonverbindungen auf der Haut Ausschläge erzeugen. Einen ähnlichen Fall beobachtete auch Kayser; (Repert. f. anal. Chem. III No. 8 pag. 121). Hier wurde die Untersuchung des antimonhaltigen Gewebes, in Folge der eingetretenen starken Ekzeme ausgeführt. 100 qcm enthielten 0,085 g Antimon.

Da den Arsenverbindungen, abgesehen von ihrer ohnehin hohen Giftigkeit ähnliche Wirkungen zukommen, müssen auch diese ausgeschlossen werden. Wir sind uns zwar vollständig bewusst, dass durch diesen Ausschluss des Brechweinsteins und der Arsenverbindungen als Mordants, die Verwendung derjenigen Teerfarbstoffe, welche ohne dieselben nicht auf der Faser befestigt werden können, eine gewisse Beschränkung erfahren wird, allein wo es sich wie hier, um entschiedene Gefahren für Leben und Gesundheit handelt, müssen die Interessen der Industrie gegen die berechtigten Forderungen der öffentlichen Gesundheitspflege zurücktreten.

Oben wurde angeführt, dass 600 qcm Papier mit 1 g Farbe gefärbt werden können. Diese Angabe rechneten wir aus den von Herrn Commerzienrath Alois Dessauer Besitzer der Buntpapierfabrik in Aschaffenburg bereitwilligst an E. Prior mitgeteilten Fabrikationsergebnissen, welche in nebenstehender Tabelle zusammengestellt sind.

Die auf 100 qcm enthaltenen schädlichen Substanzen betragen also nur den sechsten Teil der oben für 100 qcm Spielwaaren angegebenen Mengen.

Auf einen qm Tapete sind somit gestattet 0,04 g arsenige Säure; in einem Zimmer von 8 m Länge, 3 m Höhe und 4 m Breite ist, wenn man Fenster und Thüren unberücksichtigt lässt, bei 72 qm Wandfläche ein Maximalgehalt von 2,88 g arseniger Säure gestattet, eine Menge, welche in Berücksichtigung des grösseren Raumes keine Gefahren in sich birgt. Für die Fabrikation von Buntpapieren und Tapeten werden, wie schon oben erwähnt, jetzt eine sehr grosse Zahl schöner Lackfarben mit Hülfe von Teerfarben hergestellt, wobei die als Blanc fixe dienende Unterlage direkt

Farbsorte	Art der Farbe	Gewicht an trockener Farbe			Gewicht des als Bindemittel verwendeten Leims			Gewicht an reinem Farbstoff (Farbe minus Leim)	
		in der Bogengrösse 51 × 61,5 cm		in 1 Quadratmeter	per 500 Bogen	per 1 Bogen	per 1 Quadratmeter	per 1 Quadratmeter	per 100 Quadratcentimeter
		per 500 Bogen, Kilo	per 1 Bogen, Gramm	Gramm	51 × 61,5 cm Kilogramm	51 × 61,5 cm Gramm	meter Gramm	Gramm	Gramm
Anilinrot	en pâte	1,5	3	9,5	0,25	0,5	1,5	8,0	0,0800
Anilinviolett	-	1,5	3	9,5	0,25	0,5	1,5	8,0	0,0800
Persischrot	-	1,75	3,5	11	0,5	1	3	8,0	0,0800
Dunkelrot	-	1,5	3	9,5	0,33	0,75	2	7,5	0,0750
Weiss	-	7,5	15	47,75	0,75	1,5	4,5	43,25	0,4325
Hellgelb	-	2	4	12,75	0,5	1	3	9,75	0,0975
Dunkelgelb, rötlich	trocken	4,5	9	28,5	0,5	1	3	25,5	0,2550
Orange (Kaisergelb)	en pâte	1,5	3	9,5	0,33	0,75	2	7,5	0,0750
Ultramarinblau	trocken	4,5	9	28,5	0,5	1	3	25,5	0,2550
Stahlblau	en pâte	2	4	12,75	0,33	0,75	2	10,75	0,1075
Seidengrün	-	2,5	5	16	0,33	0,75	2	14,0	0,1400
Giftfrei Grün	-	3	6	19	0,5	1	3	16,0	0,1600
Grau	trocken	3	6	19	0,5	1	3	16,0	0,1600
Schwarz	-	3	6	19	0,5	1	3	16,0	0,1600

Es ergibt sich aus vorstehender Tabelle die Mittelzahl für die Menge Farbe, womit 100 qcm Papier bestrichen werden, 0,168 g. Dieselbe Mittelzahl ist auch für Tapeten und Rouleaux massgebend.

mit dem Farbstoff durch Zusammenbringen desselben mit Chlorbaryum und Schwefelsäure gefällt wird. Später wird zur vollständigen oder teilweisen Neutralisation Natriumcarbonat zugesetzt. War nun Chlorbaryum im Überfluss vorhanden, wie dies oft unvermeidlich ist, so wird Baryumcarbonat mitgefällt, wodurch die Farbe den in a) gemachten Ansprüchen nicht mehr genügt. Die Bildung von Baryumcarbonat ist nicht immer zu vermeiden, selbst wenn Natriumsulfat zugesetzt wird, (wodurch das Baryumcarbonat in Sulfat verwandelt werden soll) weil durch das gebildete Natriumcarbonat die Flüssigkeit alkalisch wird.

Wer nun weiss, wie sehr es bei der Herstellung dieser Farben auf den richtigen Punkt der Neutralität, der saueren oder alkalischen Reaktion ankommt, und den Grossbetrieb kennt, sieht ein, dass eine derartige Manipulation unausführbar ist.

Aus diesem Grunde wurden für die den Zwecken der Tapeten-, Buntpapier- und Blumenfabrikation dienenden Farben ein Gehalt von 3 % Baryumcarbonat für zulässig erklärt. Man kann dies um so eher gestatten, da die in 100 qcm Papier enthaltene Menge Baryumcarbonat (bei 3 %) nur 0,0075 g beträgt.

Ausserdem glaubte man die schönen, als Ersatz für das giftige Schweinfurtergrün, dienenden gemischten Grüne, welche unter den Namen Victoriagrün, Zinkgrün u. dergl. in den Handel kommen, nicht ganz ausschliessen zu dürfen.

Diese Victoriagrüne haben folgende Zusammensetzung:

	I	II	III
Cr_2O_3	13,33 %	8 %	5,71 %
$Zn\,Cr\,O_4$	20,00 -	12 -	8,56 -
$Ba\,SO_4$	66,67 -	80 -	85,73 -

Der Gehalt an $Zn\,Cr\,O_4$ von I mit 20 % ist etwas hoch, dagegen glaubte man ein Grün mit 12 % $Zn\,Cr\,O_4$ gestatten zu dürfen, da 100 qcm Papier, Tapete etc. nur 0,02 g $Zn\,Cr\,O_4$ enthalten.

Diese Grüne sind deshalb in der Industrie nicht zu entbehren, da alle mit Hülfe von Teerfarben hergestellten grünen Farben sehr schnell durch Luft und Licht gebleicht, resp. gelb werden, wodurch deren Verwendung in der Tapeten- und Rouleauxfabrikation ausgeschlossen ist.

Es könnte hier der Einwand gemacht werden, das reine Chromoxyd oder Guignets-Grün für sich oder in Mischung mit Schwerspath zu verwenden; allein dieses Grün ist ohne Zusatz oft zu dunkel und mit Spath gemischt, wird die Farbe trüb und stumpf. Durch den Zusatz von Zinkchromat in obigen Verhältnissen dagegen wird sie feurig grün.

Solange wir keine anderen Luft- und Lichtbeständigen, absolut giftfreien Grüne besitzen, müssen zu den erwähnten

Zwecken diese Grüne zugelassen werden, soll nicht ein sehr bedeutender Industriezweig erheblich Schaden erleiden.

Die Verwendung dieser, Baryumcarbonat und Zinkchromat in diesen Prozentsätzen enthaltenden Farben soll aber lediglich nur für Tapeten, Blumen und solche Buntpapiere, welche nicht zur Umhüllung und Verpackung von Nahrungs- und Genussmitteln dienen, statthaft sein, wodurch jedwede Gefährdung ausgeschlossen ist. Um zu erfahren, wieviel Farbe zum Bemalen der Kinderspielwaren erforderlich ist: liess Prior in der hiesigen Holzspielwarenfabrik von Ch. Hacker, Brettchen von 20 cm im Quadrat anfertigen und dieselben nach dem Grundieren mit Kreide vollkommen austrocknen, und das Gewicht derselben bis auf 0,01 g bestimmen. Darauf wurden die Brettchen mit den verschiedensten Leimfarben bestrichen, getrocknet und wieder gewogen. Als Mittel von 12 Versuchen fand er, dass 100 qcm Fläche um 1,46 g zugenommen hatten und stellte durch Analysen der Farben, womit die Anstriche gemacht worden waren fest, dass davon 0,709 g Farbe, der Rest Leim war.

Die Mengen der Farben, von der Deckkraft derselben abhängig, schwankten von 0,277 g bis 0,907 g für 100 qcm. Bei Ausrechnung der schädlichen Substanzmengen haben wir die höchste Zahl mit rund 1 g für 100 qcm angenommen. Bei den Spielwaren mussten, aus bereits erörterten Gründen, die Zinkfarben unter die Öl- und Lackfarben aufgenommen werden, ferner schien es der Vollständigkeit halber erforderlich, die gemischten Grüne als Öl- und Lackfarben ebenfalls gesondert aufzuführen.

Diese Farben werden derartig von dem Öl, Lack oder Firniss umhüllt, dass sie selbst von verdünnten Säuren gar nicht oder nur kaum angegriffen werden.

Nach einer Beobachtung von Kayser werden zu Puppenköpfen aus Papiermaché Zinkoxyd haltige weisse Farben angewandt und ist das Zinkoxyd nicht zu ersetzen; mindestens muss die Farbe 8 % ZnO enthalten.

Da derartige Puppenköpfe mit Paraffin etc. überzogen werden, kann auch diese Ausnahme gestattet werden.

Ebenso verhält es sich mit den aus Wachsguss hergestellten Puppenköpfen; bei diesen lässt sich das übliche Prozent Bleiweiss durch keine andere Substanz ersetzen. Allein auch dies konnte man erlauben, weil diese Kompositionen unter den hier in Betracht kommenden Umständen, selbst an Säuren keine Spur Blei abgeben.

In dem vorhergehenden Teil unserer Motivierung waren wir bemüht, die Gründe darzulegen, welche die freie V. d. b. V. d. a. Chemie veranlasst haben, geringe Mengen der als constituierende Bestandteile von Farben ausgeschlossenen Substanzen, als Verunreinigung innerhalb gewisser Grenzen zuzulassen. Auch haben wir uns über die Mengen der Farben, welche zum Färben und Bemalen von Gebrauchsgegenständen Verwendung erleiden, auf Grund unserer Erfahrungen und gesammelten Mitteilungen aus der Industrie auf das Ausführlichste verbreitet.

Es erübrigt uns nun noch die Unschädlichkeit der zulässig erachteten Mengen dieser Substanzen in Kürze klar zu legen, in sofern dies nicht schon im vorgehenden Teil geschehen ist; und werden wir uns hiebei lediglich auf die in den ungünstigsten Fällen thatsächlich zur Einwirkung gelangenden Substanzmengen beschränken, d. h. die physiologischen Wirkungen der auf oder in 100 qcm der Gebrauchsgegenstände und 1 g Farbe befindlichen Quanten giftiger Stoffe besprechen.

Da in dem vorhergehenden Teil bereits die Wirkungen der hier in Betracht kommenden Teerfarbstoffe, Zinkverbindungen, regulinischen Metalle und Legierungen abgehandelt worden sind, bleiben zur Besprechung nur die Verbindungen der nicht erwähnten Metalle übrig.

Nach den getroffenen Vereinbarungen dürfen 100 g bei 100° C. getrockneter Farbe beispielsweise, auf bekannte Verbindungen umgerechnet, als Verunreinigung enthalten:

$$
\begin{array}{lr}
\text{Brechweinstein . .} & 0{,}51 \text{ g} \\
\text{Arsenige Säure. .} & 0{,}26 \text{ -} \\
\text{Bleisulfat . . . .} & 0{,}29 \text{ -} \\
\text{Bleiacetat . . . .} & 0{,}29 \text{ -} \\
\text{Bleicarbonat . . .} & 0{,}25 \text{ -} \\
\text{Baryumchlorid . .} & 1{,}51 \text{ -} \\
\text{Cadmiumsulfat . .} & 2{,}16 \text{ -} \\
\text{Kaliumbichromat .} & 0{,}56 \text{ -} \\
\text{Zinnchlorür . . .} & 1{,}60 \text{ -} \\
\text{Kupfersulfat . . .} & 0{,}45 \text{ -} \\
\text{Kobaltsulfat . . .} & 2{,}63 \text{ -} \\
\text{Nickelsulfat . . .} & 2{,}63 \text{ -} \\
\text{Uranacetat . . .} & 2{,}47 \text{ -}
\end{array}
$$

Bei Tapeten und Buntpapieren, insofern letztere nicht zur Umhüllung und Verpackung von Nahrungs- und Genussmitteln dienen, dürfen Farben mit 12 % Zinkchromat und 3 % Baryumcarbonat ebenfalls Verwendung finden.

Hierbei ist zu bemerken, dass die Farben niemals zwei oder mehrere der giftigen Stoffe in der aufgeführten Menge enthalten dürfen, sondern dass, wenn mehrere schädliche Stoffe zugegen sind, deren Menge zusammen nur soviel betragen kann, als wenn nur eine der Substanzen vorhanden wäre. Aus dieser für die erlaubten schädlichen Substanzmengen mitgeteilten Zusammenstellung ersieht man auf den ersten Blick, dass 100 g Farbe allerdings giftig wirken können; allein man darf nie vergessen, dass die Farben als solche, keine Gebrauchsgegenstände sind, dass nur diejenige Farbmenge, welche zum Färben und Bemalen der Gebrauchsgegenstände dient, zu einem, und zwar, wie bewiesen, sehr geringen Teil eines Gebrauchsgegenstandes wird. Und nur auf diesem kleinen Bruchteil der Gebrauchsgegenstände kommt es eigentlich an.

Die fr. V. d. br. V. d. a. Chemie ging von der gewiss berechtigten Annahme aus, dass höchstens 100 qcm Papier oder Spielwaren oder 1 g Farbe von einem Kinde abgeleckt wird, die in diesen Farbmengen vorhandenen Stoffe müssten entweder als solche unschädlich sein oder dürfen nur in solchen geringen Mengen darin vorkommen, dass sie niemals eine acute Vergiftungserscheinung veranlassen können.

Aus dem technischen Teil der Motive geht hervor, dass zum Bemalen von 100 qcm Spielwaaren höchstens 1 g Farbe erforderlich ist, dass man aber mit 1 g Farbe ca. 600 qcm Papier bestreichen kann. Sind demnach die in 1 g Farbe = 100 qcm Spielwaaren enthaltenen Giftmengen unschädlich, so sind die viel gefürchteten Buntpapiere dies erst recht, weil dieselben in 100 qcm nur ca. 0,16 g Farbe enthalten. Es genügt aus diesem Grunde die Unschädlichkeit der in 1 g Farbe für zulässig erachteten Verbindungen darzuthun. — —

Die Antimonverbindungen haben eigentlich nur Bedeutung für die Textilindustrie, wo sie, wie im technischen Teil bereits nachgewiesen, zur Befestigung gewisser Teerfarben auf der Faser verwendet werden. Die Vereinbarungen gestatten in 100 qcm Stoff 0,002 g Antimon, aber nur in Wasser nicht löslicher Form. Durch diese Beschränkung verliert die gestattete Menge aber jede Gefährlichkeit, da zu einer Wirkung das Antimon löslich sein muss. Ausserdem ist die vereinbarte zulässige Menge so gering, dass für die Folge Antimonverbindungen kaum zur Befestigung der Farben mehr verwendbar sind, sondern höchstens noch zur Schönung dienen können.

Dagegen haben Antimonverbindungen zur Zeit für die Fabrikation der Farben, welche zum Bemalen von Spielwaaren oder zum Färben und Bedrucken von Papieren und Tapeten dienen, gar keine Bedeutung; auch schon deshalb nicht, weil Antimon und seine Verbindungen in den zur Farbenfabrikation dienenden Roh- und Hülfsstoffen als Verunreinigung nicht oder nur sehr selten angetroffen werden.

Aber selbst wenn Antimonpräparate verwendet werden wollten, so ist deren Anwendung durch die Vereinbarung so beschränkt und die in den Gebrauchsgegenständen enthaltene zulässige Quantität derselben so gering, dass jede acute Vergiftung ausgeschlossen ist. Aus dem technischen Teil ist zu ersehen, dass in 100 qcm Buntpapier höchstens eine Antimonmenge gleich 0,0008 g Brechweinstein enthalten sein dürfen. Für den gesunden erwachsenen Menschen wird als letale oder lebensgefährliche Dosis 0,6 bis 1 g Brechweinstein angegeben, unter begünstigenden Umständen ist der Tod schon nach 0,12, bei Kindern, ebenfalls unter recht günstigen Verhältnissen schon nach 0,045 g eingetreten.

Die vereinbarten zulässigen Mengen betragen davon etwa den zehnten Teil und sind deshalb absolut gefahrlos.

Eine weit grössere Bedeutung in der Farbentechnik kommt dem Arsen und seinen Verbindungen zu; trotzdem die Verwendung sämtlicher Farben, zu deren Herstellung Arsen dient, in welchen somit Arsen als konstituierender Bestandteil vorkommt; nicht mehr gestattet ist, so gehört doch das Arsen bekanntlich zu den verbreitetsten Elementen. Geringe Mengen Arsen finden sich fast überall. Auch in den zur Herstellung der Farben benötigten Rohstoffen.

Deshalb und aus dem Grunde, weil Arsenverbindungen sehr giftig sind, muss denselben ganz besonders Rechnung getragen werden. Die fr. V. d. b. V. steht aber entschieden auf dem Standpunkt, dass hier nicht allzu ängstlich vorgegangen werden darf und warnt ganz besonders vor einem Nachahmen der rigorosen Behandlung der Gebrauchsgegenstände, wie solche in einigen Ländern z. B. in Schweden gehandhabt wird. Man darf nicht vergessen, dass seitdem man die Verwendung der mit Arsen hergestellten Farben zu Gebrauchsgegenständen gänzlich verboten hat, Fälle von akuten oder auch chronischen Vergiftungen, wie solche früher hauptsächlich durch Tapeten, Kleider, Blumen, Lampenschirme und dgl. mehr, welche mit Arsenfarben gefärbt und bemalt waren, vorkamen, fast ganz verschwunden sind.

In den bekannt gewordenen und verbürgten Fällen wurde die Vergiftung durch Abstäuben von Tapeten und Zimmeranstrichen, Kleidern und Blumen hervorgerufen, und enthielt der untersuchte Staub stets mehrere Prozente arsenige Säure. Die von Fleck bewiesene Bildung von Arsenwasserstoff aus feuchtem Kleister und arseniger Säure ist recht interessant, besitzt aber entschieden nicht die Bedeutung, welche derselben vielfach beigelegt wird. Man muss nicht glauben, dass, wenn in einem Zimmer auf der Wand einige Gramm Arsen als Verunreinigung hängen, stets Arsenwasserstoff entweicht, welcher gefahrbringende chronische Vergiftungen veranlasse. Man untersuche nur einmal eine Anzahl namentlich der billigeren Tapeten, in den meisten wird Arsen als Verunreinigung nachweisbar sein, aber schwerlich wird es gelingen, bei Personen, welche in den mit diesen Tapeten beklebten Räumen wohnen, eine chronische Arsenvergiftung zu konstatieren. Und so lange dies nicht der Fall ist, müssen alle dahin ausgesprochenen Befürchtungen, als Vermutungen gelten, für welche erst noch der Beweis zu erbringen ist.

Hierdurch wird aber unsere Ansicht befestigt, dass die geringen nicht zu vermeidenden Arsenmengen, als Verunreinigung, innerhalb gewisser Grenzen, vollkommen gefahrlos sind und gegen Missbrauch in der Textilindustrie schützt die für 100 qcm Stoff festgesetzte Maximalmenge von 2 mg in unlöslicher Form.

Die Vereinbarungen gestatten in 1 g Farbe 0,0026 g arsenige Säure, in 100 qcm Tapete, Papier etc., demnach 0,00043 g. —

Christison gibt als kleinste Dosis letalis der gepulverten arsenigen Säure 30 gran = 1,8 g, der Arsenlösung 2—4 gran = 0,0124—0,248 g an.

Zahlreiche Fälle beweisen aber, dass schon geringere Mengen 0,007 g = $^1/_8$ gran Vergiftungserscheinungen hervorrufen können.

Die vereinbarte Grenzzahl erreicht aber noch lange nicht 0,007 g, weshalb dieselbe sehr wohl zu gestatten ist.

Nachdem soeben der Beweis geführt wurde, dass der Antimon- und Arsengehalt einer Farbe 0,2 % betragen kann, ohne für die hier in betracht kommenden Zwecke gesundheitsgefährlich zu werden, so dürfte es kaum noch notwendig sein, die Unschädlichkeit von ebenso viel Kupfer, Blei und Chrom darzuthun. Sind doch von den ersten beiden Metallen relativ ganz erhebliche Quantitäten zu einer Intoxikation erforderlich und auch von den chromsauren Verbindungen sind nach den jetzigen Beobachtungen, bei den geringen hier in betracht kommenden Mengen, Schädigungen nicht zu erwarten. Die zu Öl- und Lackanstrich gestatteten Blei- und Zinkchromate sind nicht bedenklich, weil dieselben infolge der Öl- und Lackumhüllung selbst durch verdünnte Säuren nicht oder höchstens nur spurenweise angegriffen werden. Der für Tapeten und Buntpapiere gestattete Gehalt von 12 % Zinkchromat gibt ebenfalls zu Bedenken keine Veranlassung, wenn man erwägt, dass mit 1 g Farbe etwa 100 qcm hergestellt werden können; und dass die mit solchen Farben bestrichenen Papiere nicht zur Umhüllung und Verpackung von Nahrungsmitteln verwendet werden dürfen. Das unbedingt zugelassene Chromoxyd ist in Alkalien und Säuren ganz unlöslich, seine Anwendung konnte deshalb anstandslos genehmigt werden.

Von den bis zu 1 % zugelassenen Metallen Baryum, Cadmium, Kobalt, Nickel, Uran, Zinn und Zink haben nur Baryum, Zinn und Zink wirklich Bedeutung.

Wenn auch die anderen Metalle mit aufgeführt wurden, so geschah dies mehr der Vollständigkeit halber und weil einige unlösliche und deshalb unschädliche Kobalthaltige Farben, nämlich Coeruleum, Rinmann's Grün und Thenard's Blau für unbedingt zulässig erachtet worden sind.

Die einzige bedeutungsvolle Cadmiumverbindung in der Farbentechnik ist das Cadmiumgelb, welches aber seines hohen Preises wegen und weil eine grosse Reihe ebenso schöne billigere gelbe Farben bekannt sind, nur noch in der Kunstmalerei Verwendung findet.

Im allgemeinen verhalten sich die Cadmiumverbindungen in physiologischer Hinsicht wie die entsprechenden bereits abgehandelten Zinkverbindungen, die Wirkungen sollen nur intensiver sein. Wir können deshalb auf das darüber Gesagte verweisen.

Die physiologischen Wirkungen der Kobalt-, Nickel- und Uran-Verbindungen sind noch wenig studiert; auch besitzen letztere nur für die Keramik Bedeutung, weshalb wir uns hier nicht weiter mit denselben zu beschäftigen haben. Die bis jetzt beobachteten schädlichen Wirkungen von Kobalt- und Nickelpräparaten lassen sich z. T. wenigstens auf einen

Gehalt derselben an fremden Metallen, namentlich Arsen zurückführen; jedenfalls schützt die angenommene Grenzzahl vor etwaigen Schädigungen.

Was nun die noch nicht abgehandelten Baryum- und Zinnverbindungen betrifft, so sind sie beide, wie im 1. Theil der Motive auseinandergesetzt wurde, für die Farbentechnik unentbehrlich.

Die Baryumverbindungen spielen in den meisten, für Buntpapiere und Tapeten verwendeten Farblacken die Rolle des Farbenträgers, ebenso die Zinnverbindungen, namentlich das Zinnoxyd.

Ausserdem sind in der Textilindustrie die Zinnverbindungen als Beizen und zum Schönen vieler Farben nicht zu ersetzen, auch hier werden Zinnlacke auf der Faser erzeugt. Von den Baryumverbindungen konnte das Baryumsulfat, als in Säuren und Alkalien unlöslich unbedingt zugelassen werden; dagegen mussten die anderen Verbindungen dieses Metalles ihrer giftigen Wirkung wegen, eine erhebliche Einschränkung erleiden. Bei den sehr selten vorgekommenen Intoxikationen durch Baryumverbindungen fehlen genaue Angaben über die Dosis letalis. Wir finden angegeben für Erwachsene ein Drachme Carbonat und $\frac{1}{2}$ Unze Chlorid. Auf der andern Seite finden wir eine Beobachtung Ferguson's, wonach bei Erwachsenen während einiger Tage fortgesetzten Gebrauchs von nur 3 gran = 0,18 g Barymcarbonat, bedenkliche Erscheinungen aufgetreten sein sollen.

Die von der fr. V. d. b. V. d. a. Chemie zugelassene Menge bis zu 1 % Baryum in den Farben, wonach 1 g Farbe nur 0,01 g Baryum enthält, erscheint selbst nach diesen scrupulösen Mittheilungen ganz unbedenklich.

Auch die für Tapeten und Buntpapiere mit der bekannten Einschränkung zugelassenen 3 % Baryumcarbonat lassen nach den bisherigen Beobachtungen Intoxikationen nicht erwarten.

Von Zinnverbindungen konnten das als Musivgold bekannte Zinnsulfid, sowie das Zinnoxyd, in Farblacken unbedingt, ihrer schweren Angreifbarkeit wegen durch eine so verdünnte Säure, wie sie die Magensäure darstellt, gestattet werden. Dies um so mehr, daselbst, wenn sämtliches in 100 qcm enthaltene Zinnoxyd als Chlorid zur Einwirkung gelangen sollte, eine Gesundheitsgefährdung nicht eintreten würde.

Nach den vorliegenden Beobachtungen kommen den löslichen Zinnverbindungen irritierende Wirkungen zu, welche schon durch 10—20 gran = 0,6—1,2 g Zinnchlorid in heftigem Maasse herbeigeführt werden können. Von den in unserm Fall in betracht kommenden Mengen von 0,01 g, welche 1 g Farbstoff enthalten dürfen, ist gewiss nichts Benachteiligendes zu erwarten.

Schliesslich sei noch darauf hingewiesen, dass nur in sehr seltenen Fällen 1 g Farbe, wie dies bei den vorstehenden Auseinandersetzungen angenommen wurde, zur Wirkung gelangen, da es viel schwieriger ist, die mit Bindemittel auf den Gebrauchsgegenständen befestigten Farben zu entfernen, als wohl im Allgemeinen angenommen wird.

Des weiteren sei auch hier noch darauf aufmerksam gemacht, dass ein Kind bei dem grossen Färbevermögen der Farbsubstanzen, sich mit sehr geringen Mengen Gesicht und Hände so einschmieren kann, dass es erscheint, als wenn dies von Pfunden herrühre, während es in Wahrheit nur einige Centigramme Farbe sind.

Wir sind deshalb der festen Meinung und glauben in Vorstehendem bewiesen zu haben, dass durch die getroffenen Vereinbarungen die Inteessen der Hygiene mit denjenigen der Industrie sich für die Folge in bestem Einklang befinden werden.

E. Prior. R. Kayser.

Trinkwasser.

Durch das Entgegenkommen des Herrn Geheimraths Professor Dr. Koch ist es möglich geworden, die Untersuchungsmethode der Wässer auf Mikroorganismen aufzunehmen, deren Bearbeitung Herr Dr. Becker, früher im Kaiserl. Gesundheitsamte beschäftigt, in liebenswürdigster Weise übernommen hat. Wir stellen dieselbe den festgestellten Vereinbarungen betreffs der chemischen Untersuchung des Wassers voran.

Die Koch'sche Untersuchungsmethode zum Nachweis von Mikroorganismen im Wasser.

Von

Dr. Becker.

Die Untersuchung des Wassers auf den Gehalt an niederen Organismen war bisher eine sehr unvollkommene, da sich dieselbe nur allein auf die direkte mikroskopische Durchmusterung des Wassers beschränkte. Dass bei dieser Methode sehr leicht Irrthümer und Täuschungen vorkamen, ja dass sehr oft Wesen von solcher Feinheit und Kleinheit, wie es die Bakterien sind, dem prüfendem Auge entgehen konnten, ist ohne weiteres klar und es fand diese Unsicherheit auch ihren Ausdruck in den verhältnismässig unbedeutenden Resultaten, die damit erzielt wurden. Auf der andern Seite trat aber das Bedürfnis nach einer sicheren Untersuchungsmethode in dieser Richtung immer deutlicher hervor, je mehr man die Bedeutung der niederen Organismen erkannte. Wie nun überhaupt auf dem Gebiet der Bakterienforschung, so hat auch hier der Vorgang des Geheimen Regierungsrathes Dr. Koch bahnbrechend gewirkt. Die Einführung des „festen Nährbodens", ganz speciell der „Nährgelatine" zur Kultivierung von Spaltpilzen war es, durch die auch der bakterioskopischen Wasseruntersuchung eine sichere Grundlage geschaffen wurde. Durch sie ist es möglich geworden, einen Ausweis über die Quantität und Qualität der im Wasser enthaltenen Mikroben zu liefern. Und in der That ist es für die allgemeine Gesundheitspflege von der allergrössten Wichtigkeit, genau bestimmen zu können, ob ein Wasser übermässig mit Zersetzungskörpern verunreinigt ist oder nicht. Denn dass ein stark bakterienhaltiges Wasser nicht geeignet für den Genuss erscheinen muss, wird wohl allgemein zugegeben werden, gleichviel ob die darin gefundenen Mikroorganismen als schädlich oder unschädlich bezeichnet werden, gleichviel ob der chemische Befund dem an Mikroorganismen entspricht. Natürlich wird auch diese Methode fortwährend Verbesserungen erfahren und es dürfen bei der Neuheit der Methode die Anforderungen an ihre Leistung nicht übermässig hoch gestellt werden.

Die Ausführung der bakterioskopischen Wasseruntersuchung erfordert die strenge Befolgung aller für die Bakterienuntersuchung im allgemeinen geltenden Regeln. Bei einer Schilderung der Methode muss deshalb auf das kleinste Detail eingegangen werden, soll dieselbe eine geeignete Anleitung zur Untersuchung bieten.

Die Untersuchung des Wassers auf Mikroorganismen zerfällt in zwei Hauptabschnitte:

I. die direkte mikroskopische Prüfung des Wassers

II. die Kultivierung der im Wasser befindlichen Keime in geeignetem Nährboden.

I.

Vor der eingehenden Besprechung der mikroskopischen Untersuchung erscheint es unerlässlich, der Vorsichtsmassregeln Erwähnung zu thun, die bei der Entnahme von Wasserproben zum gedachten Zweck beobachtet werden müssen. Da, wie bekannt, alle der atmosphärischen Luft ausgesetzten Gegenstände den unzählig vorhandenen Keimen als Haftstelle dienen, so würden die Ergebnisse einer Wasseruntersuchung, zu der keimhaltige Gegenstände verwandt worden sind, niemals sicher sein, da zu dem Gehalt des Wassers noch der der Gebrauchsgegenstände kommen würde. Deshalb dürfen nur solche Gefässe und Apparate in Anwendung kommen, die vorher keimfrei gemacht worden sind. Zu diesem Zwecke werden die zur Wasseraufnahme bestimmten Erlenmeyerschen Kölbchen und Pipetten eine Stunde lang einer Temperatur von 150 bis 180° C. im Sterilisationsapparat für heisse Luft ausgesetzt. Dabei sind die Kölbchen bereits mit einem Wattepfropf verschlossen und dürfen bis zu ihrer Benutzung nicht wieder geöffnet werden, was natürlich erst nach dem vollständigen Abkühlen erfolgen kann. Sollen dieselben mit dem betreffenden Wasser gefüllt werden, so wird der Wattepfropf, der als Luftfilter dient, nur so lange als zur Füllung unbedingt nötig geöffnet und während dieser Zeit am besten zwischen die Finger gepresst so zwar, dass die dem Innern des Kölbchens zugekehrten Flächen nicht mit keimhaltigen Gegenständen, als Tischen, Kleidern etc. in Berührung kommen.

Je nach der Art der Entnahmestelle, ob Wasserleitungsrohr, Wasserfläche, fliessendes Wasser, wird sich die Entnahme selbst verschieden gestalten. Bei einem Wasserleitungsrohr ist es geraten, vorerst den Wasserstrahl einige Minuten freilaufen zu lassen und dann erst mit geringem Druck 30—50 ccm in das Kölbchen direkt einfliessen zu lassen, wenn möglich ohne die äusseren Ränder desselben zu bespülen. Aus einer Wasserfläche wird sich die Entnahme am besten mittelst vorher sterilisierter Glaspipette bewerkstelligen lassen, natürlich unter abermaliger Vermeidung von Verunreinigungen. Bemerkt sei hiermit, dass es an und für sich gleichgültig sein wird, wenn die sterilen Flächen des Wattepfropfes leicht bespült werden beim Transport, nicht aber, wenn der Wattepfropf so durchtränkt wird, dass dadurch auch die an den äusseren Flächen haftenden Teile von dem Wasser berührt werden.

Die eigentliche bakterioskopische Prüfung muss sehr bald nach der Entnahme vorgenommen werden, will man nicht Ergebnisse erzielen, die der Wirklichkeit nicht entsprechen, als höchster Termin muss ein halber Tag gelten.

Die direkte mikroskopische Untersuchung der Wasserproben kann verschieden ausgeführt werden, am zweckmässigsten erscheint es, die beiden nachstehenden Methoden anzuwenden, die Prüfung des frischen Wassers und des nach 1 Mal 24 Stunden gebildeten Rückstandes im hohlen Objektträger und als eingetrockneter, gefärbter Tropfen.

Von dem frischen Wasser wird mit vorher in der Hitze desinficierter Pipette ein wenig Wasser entnommen und als kleiner Tropfen auf ein gut gereinigtes Deckgläschen gebracht. Die Ränder des letzteren bestreicht man, um ein besseres Haften auf dem Objektträger zu erzielen, mit ganz wenig Vaselin. Darauf wird das Deckgläschen so über die Höhlung eines hohlgeschliffenen Objektträgers gebracht, dass der Tropfen frei in dieselbe hineinhängt. In derselben Weise verfährt man mit dem nach kürzerer Zeit (24 Stunden) bei ruhigem Stehen gebildeten Bodensatz. Die im Wasser suspendierten Flocken u. s. w. fasst man am besten mit einem vorher geglühten Platindraht und untersucht sie im Tropfen im hohlen Objektträger.

Neben der Prüfung des Wassers im gewöhnlichen Zustand ist es zur genaueren Bestimmung des Gehaltes an niederen Organismen notwendig eine solche eines eingetrockneten und gefärbten Tropfens vorzunehmen. Man lässt zu diesem Zweck den auf die oben beschriebene Weise auf ein Deckgläschen gebrachten Tropfen des frischen Wassers oder Rückstandes unter Glasglocke — zum Schutz vor Luftbewegung — eintrocknen. Darauf wird das Deckgläschen mit einer Pincette gefasst, drei Mal durch die Flamme eines Bunsenbrenners oder eine Spiritusflamme gezogen, mit wässriger Methylenblau- oder Fuchsinlösung übergossen und kurze Zeit der Einwirkung der Farbe ausgesetzt. Die Farblösung ist am besten so herzustellen, dass eine gesättigte alkoholische Lösung der genannten Farbstoffe durch Zusatz von destilliertem Wasser so lange verdünnt wird, bis dieselbe ungefähr in einem 3 cm dicken Glas gerade noch durchsichtig erscheint; die verdünnte Farblösung ist öfter zu erneuern und vor dem Gebrauch zu filtrieren. Nach genügender Einwirkung der Farbe wird das Deckgläschen unter geringem Druck mit destilliertem Wasser abgespült und entweder direkt im Wasser oder nach gehörigem Trocknen in Cedernholzöl oder Canadabalsam auf dem Objektträger zur mikroskopischen Untersuchung fertig gestellt.

Zur mikroskopischen Untersuchung ist ein Instrument erforderlich, das den jetzigen Anforderungen entspricht d. h. es sind notwendig neben Abbe'schem Condensier- und Blendapparat zwei Okulare (schwaches und starkes) und zwei Objektive (schwaches und $^1/_{12}$ homogene Ölimmersion). Bei der Ausführung der Untersuchung dient als Regel, die ungefärbten Präparate mit, die gefärbten ohne Blende zu untersuchen, im letzteren Falle bedarf man der Blende um die Sporenhaltigkeit zu bestimmen. Auch ist es rätlich, die Präparate zuerst mit schwacher und dann erst mit starker Vergrösserung zu durchmustern.

Der Zweck einer direkten mikroskopischen Prüfung ist, dem Untersucher ein vorläufiges Bild zu geben, welche Arten von Organismen pflanzlicher und tierischer Natur im Tropfen Wasser enthalten sind. Es wird hierbei hauptsächlich darauf ankommen, den Gehalt des Wassers an solchen Organismen zu bestimmen, die geeignet sind, dasselbe in seinen Eigenschaften zu verändern, als Algen und Bakterien. Hier möge ganz besonders aufmerksam gemacht sein auf das häufige Vorkommen von Crenothrix in Leitungswässern. Um die Organismen charakterisieren zu können, wird es sich der Untersucher angelegen sein lassen müssen, die Eigenschaften derselben, als Form, Beweglichkeit, Farbe, Conturen, Sporenhaltigkeit u. s. w. möglichst genau festzustellen. Ein Vergleich der im Wasser gefundenen Mikroorganismen mit solchen, die als gesundheitsschädlich bekannt sind, wird natürlich nicht fehlen dürfen, jedoch ist wohl zu warnen vor vorzeitigen nur auf die mikroskopische Untersuchung basierten Schlüssen.

II.

Die eben geschilderte direkte mikroskopische Untersuchung allein kann, wie oben erwähnt, nicht für die Beurteilung des Gehaltes eines Wassers an niederen Organismen genügen, es müssen vielmehr Methoden in Anwendung gebracht werden, durch die sichere Schlüsse auf die Quantität und Qualität derselben ermöglicht werden. Dies wird in der schönsten Weise erzielt durch die auch für diesen Zweck von Koch angewandte Nährgelatine, durch deren Durchsichtigkeit und Starrheit die Möglichkeit gegeben ist, die Keime in der Form von entwickelten Kolonieen unseren Sinnen direkt wahrnehmbar zu machen.

16*

Die Bereitung der „Fleischinfusgelatine" ist in kurzen Worten folgende: 1 kg gehacktes rohes Rindfleisch wird in einem reinen Glaskolben mit 2 l Wasser vermischt und dann über Nacht auf Eis stehen gelassen. Darauf wird unter Zuhülfenahme einer Fleischpresse das Wasser ausgepresst und demselben 200 g einer gewöhnlichen käuflichen Gelatine, 20 g Pepton und 10 g Kochsalz zugesetzt. Bei mässiger Wärme wird nach kurzem Stehen die Masse zur Lösung gebracht und möglichst genau mit kohlensaurem Natron neutralisiert und nachdem der Kolben mit einem Wattepfropfen versehen dem Eiswasserdampfsterilisationsapparat übergeben. In demselben wird die Masse zwei Tage hinter einander je $\frac{1}{2}$ Stunde erhitzt, dabei fallen bestimmte Stoffe aus und schwimmen in der Masse. Diese letzteren werden durch Filtrieren im Heisswassertrichter abgeschieden, während man das deshalb gelbliche Filtrat in sterilisierte, mit Wattepfropf versehene Reagensgläschen in einer Menge von 10 ccm auffängt. In den Glasröhrchen wird die Nährgelatine nochmals und zwar drei Tage nacheinander je $\frac{1}{4}$ Stunde im Dampfsterilisationsapparat behandelt. Darauf lässt man dieselbe erstarren und kann sie längere Zeit bei Watteverschluss unverändert aufbewahren.

Die so zubereitete 10 % Nährgelatine wird benutzt als Nährboden für die im Wasser befindlichen, entwickelungsfähigen Keime und zwar lässt man dieselbe im Reagensglas durch Anwendung von warmem Wasser (ca. 30° C.) flüssig werden. Von dem zu untersuchenden Wasser wird dann mit sterilisierter Pipette eine bestimmte Menge entnommen und der flüssigen Gelatine zugesetzt, mit welcher dasselbe nach wieder erfolgtem Aufsetzen des Pfropfens innig vermischt wird durch langsames Wenden des Glases, wobei die Masse ohne Schaden die innern sterilen Flächen des Wattepfropfens berühren darf. Was die Masse des zuzusetzenden Wassers betrifft, so muss sich dieselbe ganz nach der durch einen Vorversuch im Reagensgläschen zu bestimmenden Menge von suspendierten Keimen richten. Es ist der allgemeinen Übersichtlichkeit wegen rätlich, als das gewöhnliche Mass 1 ccm anzunehmen, auf welches Quantum auch bei etwaiger notwendiger Verdünnung die Anzahl der Keime zu berechnen ist. Bei sehr stark keimhaltigem Wasser wird es besser sein, das zu untersuchende Wasser mit sterilisiertem Wasser d. i. Wasser, das 1 Stunde in mit Watte verschlossenem Glaskolben im Heisswasserdampfsterilisationsapparat gewesen ist, um das 10—1000 fach zu verdünnen und von dem verdünnten einige Tropfen bis 1 ccm zuzusetzen.

Nach gehörigem Mischen im Reagensglas ist die weitere Behandlung eine zweifache, entweder im Reagensglas oder auf Glasplatten. Bei der ersteren, die sich am besten für Vorversuche, die über die ungefähre Keimhaltigkeit Aufschluss geben sollen, eignet, wird die Gelatine mit dem ihr beigemischten Wasser im Reagensglas belassen und in einem mit kaltem Wasser oder Eis gefüllten Gefässe rasch zum Erstarren gebracht, worauf sie bei gewöhnlicher Temperatur stehen bleibt, bis eine deutliche Entwickelung der aus den einzelnen Keimen hervorgegangenen Kolonien eingetreten ist, was ungefähr nach 1—3 Mal 24 Stunden erfolgt. Bei nur einigermassen grosser Anzahl von Kolonien ist es schwer, im Reagensgläschen die Menge derselben genau nach Zahl und Art zu bestimmen, es dient diese Methode vielmehr, wie schon erwähnt, mehr zur Orientierung.

Es kam aber darauf an, eine Methode zu besitzen, die es ermöglicht, genaue Zählung der Kolonien und direkte mikroskopische Untersuchung derselben vornehmen zu können, ja auch erforderlichen Falls aus den einzelnen Kolonien Reinkulturen weiter züchten zu können. Diesen Anforderungen entspricht nun in vollem Masse die Anwendung von Glasplatten.

Man benutzt dazu gewöhnliche viereckige Glasplatten, die in einem Blechkasten aufbewahrt in der Trockenhitze sterilisiert worden sind. Zum Gebrauch wird die einzelne Platte auf einen vollständig horizontal eingestellten Nivellirständer gebracht, unter dessen oberster Glasscheibe eine Schaale mit Eiswasser sich befindet, so dass die Scheibe, auf der die Glasplatte liegt, von dem Eiswasser bespült wird. Auf die so abgekühlte Glasplatte wird die verflüssigte, mit dem zu untersuchenden Wasser vermengte Gelatine aufgegossen und mit einem vorher in der Hitze desinficierten Glasstab auf der Fläche ausgebreitet, so zwar, dass dieselbe nicht die leicht durch Anfassen verunreinigten Ränder der Platte erreicht. Das Auffallen von Keimen aus der Luft während des Erstarrens verhindert man durch das Aufsetzen einer gewöhnlichen Glasplatte. Nach dem Erstarren bringt man die Glasplatte in eine zur feuchten Kammer durch Einlegen von angefeuchtetem Fliesspapier hergestellte, mit einem Glasbänkchen versehene, gewöhnliche Glasschale, die man auch im Notfall durch zwei mit den hohlen Flächen gegen einander gekehrte Teller ersetzen kann. So bleibt die Platte bei gewöhnlicher Temperatur ruhig liegen, bis sich nach 1—3 Tagen die Kolonien deutlich entwickelt haben.

Ist dies eingetreten, dann wird man, um ein Urteil über die Keimhaltigkeit des Wassers zu gewinnen, eine direkte Zählung der entwickelten Kolonien vornehmen müssen. Zur Erleichterung der Ausführung dient ein zu diesem Zweck construierter kleiner Apparat, der aus einer Holzplatte besteht, auf deren mattschwarzer Fläche die mit der Gelatine versehene Glasplatte aufgelegt wird. In Entfernung von 2—3 cm über dieser Fläche ist eine mit Quadratcentimeter-Einteilung versehene Glasplatte angebracht, so dass die darunter liegende Gelatineschicht in Quadrate eingeteilt wird. Man kann dadurch die Anzahl der Keime in jedem Quadrat bestimmen, was bei grossen Massen derselben die Zählung bedeutend erleichtert.

Die im Wasser enthaltenen Keime haben sich in der Gelatine getrennt an bestimmten Stellen abgelagert und sind daselbst zu Einzelkolonien ausgewachsen, die jede für sich wieder eine Reinkultur bildet. Aus der Anzahl der entwickelten Kolonien ist ein Schluss auf die Zahl der im Wasser vorhanden gewesenen Keime ermöglicht. Und mit demselben Recht, wie ein Wasser, das hohen Gehalt an Zersetzungsprodukten aufweist, als zum mindesten nicht geeignet für den Genuss bezeichnet wird, wird man auch ein Wasser mit grossen Mengen von Zersetzungserregern als unzuträglich erachten müssen. Es gibt aber diese Methode ausserdem noch ein Mittel an die Hand, die Filtrationstechnik zu kontrollieren und zwar wird sich die Wirksamkeit der Filter zeigen in der Differenz der Anzahl der Keime des nicht filtrierten und des filtrierten Wassers.

Es genügt aber nicht allein die Quantität der Mikroorganismen zu bestimmen, sondern man muss auch die Qualität der einzelnen entwickelten Kolonie prüfen. Da die direkte mikroskopische Untersuchung der Einzelkolonie auf der Platte möglich ist, so wird es sich zuerst darum handeln, bei schwacher Vergrösserung die Eigenschaften einer jeden zu bestimmen und dieselben zu vergleichen mit den als bekannt vorauszusetzenden Formen von pathogenen Mikroorganismen. Die letzte Entscheidung über die die Kolonien zusammensetzenden Bakterien muss die Untersuchung mittelst gefärbten Deckgläschenpräparates bringen im Anschluss an die Untersuchung der in einem kleinen Tropfen Wasser auf dem Deckgläschen gebrachten, mit einem vorher geglühten Platindraht entnommenen Spur einer Kolonie im hohlen Objektträger. Die Herstellung des Deckelgläschen-Präparates geschieht, was die Färbung betrifft, genau wie oben beschrieben, nachdem aus einer Kolonie (eventuell unter dem Mikroskop) mit dem Platindraht eine geringe Menge gefasst und in einem kleinen Tropfen Wasser auf dem Deckgläschen ausgebreitet worden ist; den Tropfen lässt man dann eintrocknen und verfährt wie oben beschrieben. Zu diesen Untersuchungen benützt man am besten die Immersion, um über die genaueren Eigenschaften Aufschluss zu bekommen.

In den verschiedenen Wässern werden natürlich den Verhältnissen entsprechend die verschiedensten Arten von Bakterien sich vorfinden. Im allgemeinen ist zu achten bei der mikroskopischen Betrachtung auf die Farbe, Art des Wachstums, Verflüssigung der Gelatine, Gasbildung u. s. w., bei der schwachen Vergrösserung auf die Lichtbrechung, Beweglichkeit in den Kolonien u. s. w. im ungefärbten Präparate, im hohlen Objektträger bei Anwendung der Immension auf die Beweglichkeit, der Form derselben, auf die Kontouren des einzelnen u. s. w. und endlich im gefärbten Präparat auf die Formen und Porenhaltigkeit der einzelnen Bakterien.

Über pathogene Eigenschaften der gefundenen Formen würde schliesslich das Tierexperiment Aufschluss geben müssen.

Nachtrag.

Die zur gesamten bakterioskopischen Wasseruntersuchung nötigen Gegenstände sind in vorschriftsmässiger Ausführung zu haben bei Dr.

Münke, Berlin NW., Louisenstr. 58, Dr. Rohrbeck, NW., Friedrichstr. 100 u. s. w. und sind ungefähr die folgenden:

Sterilisationsapparat für heisse Luft,

Spirituslampe (nach Fuchs) oder Bunsenbrenner,

Anzahl Erlenmeyerscher Kölbchen mit Wattepfropfen versehen,

5—10 ccm Pipetten, 1 ccm Pipetten, Spitzgläser, Glasstäbe,

Deckgläschen, hohlgeschliffene und gewöhnliche Objektträger,

Glasplatten mit zugehöriger Kapsel,

Nivellirständer mit Zubehör,

Glasschale mit Glasbänkchen,

Eine mit Quadratcentimeter-Einteilung versehene Glasplatte über mattschwarzer Unterlage,

Platinnadeln,

Alle zur Herstellung der Fleischinfusgelatine notwendigen Apparate, wie solche in den Katalogen der genannten Firmen zusammengestellt sind.

Farbstoffe: Methylenblau oder Fuchsin.

Für diese Untersuchungen sind zu empfehlen als geeignete Instrumente die Mikroskope von Zeiss in Jena, Seibert in Wetzlar, Leitz in Giessen u. A. m.

Vereinbarungen für die chemische Untersuchung von Trinkwasser.

Bei der Untersuchung eines Trinkwassers sind in erster Linie nötig:

1. Kenntnis der geologischen, hydrographischen Beschaffenheit des Ortes, von welchem das zu prüfende Wasser stammt;
2. Kenntnis der Beschaffenheit (Bestandteile) eines oder mehrerer nahegelegener Trinkwässer, am besten eines Wassers, das ferne von bewohnten Räumen liegt, von keiner Seite hinsichtlich der Beschaffenheit beeinflusst werden kann;
3. Prüfung und Feststellung des physikalischen Verhaltens (Farbe, Geschmack, Temperatur, Bodensätze). Nur klares Wasser darf zur chemischen Untersuchung benutzt werden.

Chemische Untersuchung.

Bei der Probeentnahme der Trinkwässer sind mindestens zwei Liter in gut gereinigten Gefässen von Glas mit neuen, noch nicht benutzten Korken verschlossen, zu füllen. Bei eingehender Prüfung, spec. Feststellung der Bestandteile, wie Bestimmung der Schwefelsäure, Magnesiamengen etc. sind bis sechs Liter nötig.

I. Die Bestimmungen des Abdampfrückstandes.

Eine abgemessene Menge Wasser (200—500 ccm) wird auf dem Wasserbade in Gefässen von Glas oder Platin (auch Nickel) verdampft und bei 100° C. bis zum konstanten Gewichte getrocknet.

II. Chlor, resp. Kochsalz.

Bei Bestimmung des Chlor, resp. des Kochsalzes wird die Mohrsche Methode bei Anwendung von 200 ccm Wasser benützt; die Resultate sind auf Chlor und Kochsalz zu berechnen.

III. Salpetersäure.

Zur Bestimmung der Salpetersäure genügt in den meisten Fällen die Indigomethode.

Ausführung der Indigomethode.

1. Darstellung der Indigolösung.

Reines Indigotin wird mit der 20—30 fachen Menge chemisch reiner konzentrierter Schwefelsäure in einer Reibschale innig zerrieben, das Gemenge einen Tag lang bei gewöhnlicher Zimmertemperatur stehen gelassen, dann ohne zu filtrieren in Wasser gegossen, auf 1 g Indigo beiläufig $1\frac{1}{2}$ l Wasser; dabei scheidet sich das unveränderte Indigotin als auch die Indigomonosulfosäure unlöslich ab — durch Absetzenlassen und Filtrieren erhält man eine Lösung der Indigodischwefelsäure, welche noch so weit verdünnt werden muss, dass 5 ccm derselben 5 ccm einer Kaliumnitratlösung (0,0962 g KNO_3 pro Liter), die mit 5 ccm chemisch reiner konzentrierter Schwefelsäure versetzt sind, eben dauernd blaugrün färben.

5 ccm Indigo entsprechen unter diesen Bedingungen genau 60 mg NO_3H im Liter.

2. Ausführung der Titration.

Die Titration wird am besten in kleinen Glaskölbchen von 25—30 ccm Inhalt in der Weise vorgenommen, dass man zu 5 ccm konzentrierter reiner SO_4H_2 und 5 ccm des zu untersuchenden Wassers im raschen, doch noch tropfenweisen Strahl die Indigolösung aus einer Gay-Lussac Bürette unter stetem Umrühren zufliessen lässt. Es ist Sorge zu tragen, dass ein momentaner Überschuss der Indigolösung vermieden wird, weil sonst zu niedrige Resultate erhalten werden.

Zum Abmessen des zu untersuchenden Wassers bedient man sich zweckmässig Büretten von 5 ccm, für die Schwefelsäure empfiehlt sich eine Bürette, deren offene Ausflussöffnung nicht zu weit und deren oberes Ende durch Kautschuk und Quetschhahn leicht zu verschliessen und zu öffnen ist, wodurch das Ausfliessen und Abmessen der SO_4H_2 leicht bewerkstelligt werden kann.

Bei salpetersäurereichen Wässern ist das Ende der Reaktion weniger gut zu erkennen als bei salpetersäurearmen, im anderen Falle färbt sich

Salpetersäurebestimmung im Trinkwasser.

Verbrauchte C.^{cm} Indigolösung.

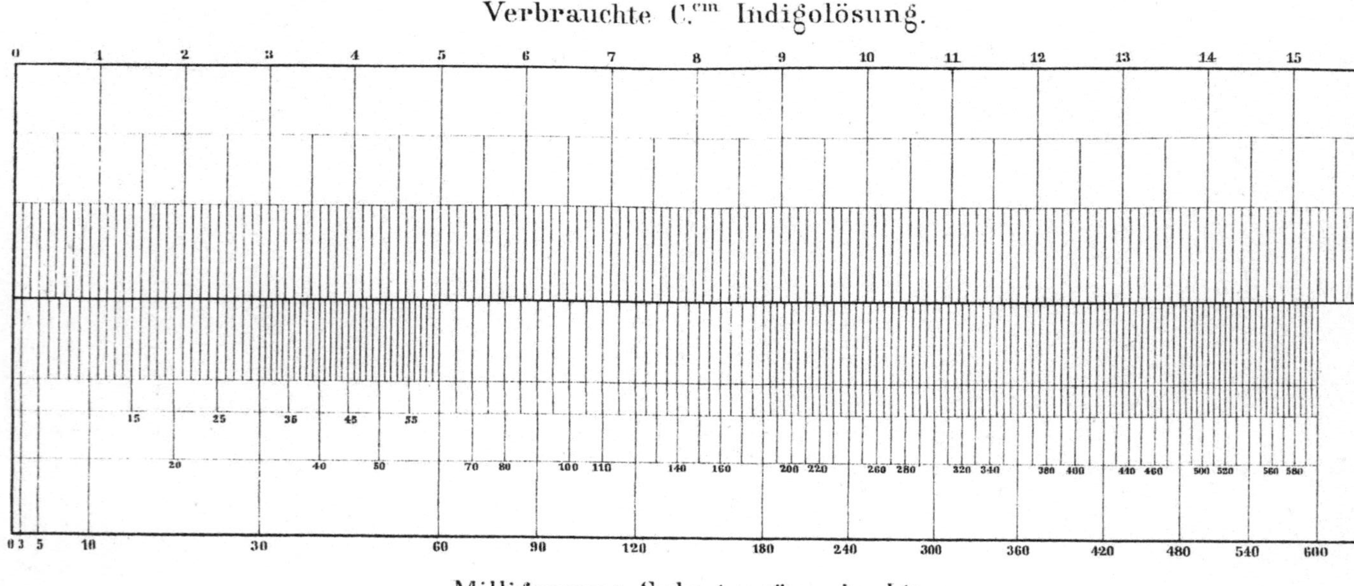

Milligramme Salpetersäure im Liter.

Verlagsbuchhandlung v. Julius Springer, Berlin N

Lith. Inst. v. Fr. Wiessner, Berlin.

die Flüssigkeit stark gelb, der Übergang in Grün ist manchmal nicht sehr deutlich und rasch — es verschwindet die grüne Farbe, die Flüssigkeit wird wieder gelb — daher ist darauf zu achten, dass die grüne Farbe einige Zeit stehen bleibt; auch findet in solchen Fällen durch die grössere Menge zugefügter Indigolösung eine ziemliche Temperaturerniedrigung statt — daher es zweckmässig ist, das Ende der Reaktion durch Erwärmen zu unterstützen. Das gilt aber nur für sehr Salpetersäure reiche Wässer.

Es mag dann als praktisch erscheinen, das zu untersuchende Wasser zu verdünnen. Der beste Verdünnungsgrad ist derjenige, welcher die Probe auf eine wenigstens annähernd der Salpeter - Titerlösung gleiche Konzentration bringt, und dieser Verdünnungsgrad lässt sich aus der nebenstehenden, von Dr. J. Mayrhofer bearbeiteten graphischen Darstellung leicht ersehen. Auf derselben, welche zum Verständnisse kaum eine Erklärung nötig haben dürfte, sind die oberen Teile der ccm Indigolösung in $^1/_{10}$ eingeteilt aufgetragen; der untere Teil lässt an den entsprechenden Teilstrichen direkt die der verbrauchten Indigolösung entsprechenden Mengen Salpetersäure in mg per Liter ablesen.

Bei sehr salpetersäurearmem Wasser, von dessen Vorhandensein man sich durch einen einzigen Versuch sofort überzeugt hat, darf man die Indigolösung nur sehr langsam zufliessen lassen. Es ist nötig, die Fehler, welche bei den einzelnen Titrationen durch nicht genaues Einhalten der Versuchsbedingungen entstehen können, durch öftere Wiederholung der Bestimmung zu beseitigen. Die Arbeit ist bei selbst 10 maliger Wiederholung eine so rasche, dass dieser Umstand gewiss nicht bei Beurteilung der Brauchbarkeit dieser Methode ins Gewicht fällt.

Es wird nicht überflüssig sein, hier zu betonen, dass die Genauigkeit der Resultate von der Gewandtheit des Experimentators abhängig ist, und diese anfänglich wohl Jedem unbequem scheinende Methode bei einiger Übung an Sicherheit der Resultate bedeutend gewinnt.

Die Genauigkeit, welche mit dieser kleinen Veränderung der Methode erreicht ist, könnte selbstverständlich noch dadurch erhöht werden, dass die der graphischen Darstellung zu Grunde gelegten Intervalle von je 60 mg Salpetersäure verkleinert und deren Indigowerte durch neue Versuche festgestellt würden.

Handelt es sich um genaue Feststellung und Kontrollierung des Salpetersäuregehaltes, so ist die Methode von Schulze zu benützen. (Tiemann-Kubel, Anleitung zur Trinkwasseruntersuchung.)

IV. Ammoniak.

Dasselbe ist colorimetrisch nach Franklands Methode zu bestimmen. Bei Ausführung dieser Methode muss mit grösster Vorsicht verfahren werden. Insbesondere ist bei der Probe-Entnahme stets eine grössere Menge Wasser (circa 100 l) vorher auszupumpen, da das in der Pumpenröhre stehende Wasser sehr oft ammoniakreich ist, während das betreffende Brunnenwasser selbst frei von Ammoniak ist.

Die Glasgefässe, welche bei der Ammoniakbestimmung verwendet werden, sind stets mit ammoniakfreiem Wasser auszuspülen, und insbesondere eine Verunreinigung durch Ammoniakgehalt der Luft zu verhüten.

V. Organische Substanzen, Bestimmung der Oxydirbarkeit.

Dieselben werden mittelst Kaliumpermanganat in schwefelsaurer Lösung bei 10 Minuten langem Kochen nach Kubel bestimmt und das Resultat in Milligramm Sauerstoff (auch wohl in g Kaliumpermanganat) aufgeführt, welche zur Oxydation der organischen Stoffe in 1 l Wasser nötig waren.

(Dieser Bestimmung kann die Ermittelung des Glührückstandes (bei Anwendung von kohlensaurem Ammoniak) beigefügt werden.)

VI. Salpetrige Säure.

Der Nachweis der salpetrigen Säure geschieht in 100 ccm Wasser (auch 500 ccm) durch Zusatz von Jodzinkstärkelösung oder noch besser einem Körnchen Jodkalium nebst frisch bereitetem Stärkekleister und nachherigem Ansäuern mit verdünnter Essigsäure.

VII. Kalk und Schwefelsäure.

Kalk und Schwefelsäure werden zumeist gewichtsanalytisch bestimmt. Die Kalkbestimmung geschieht auch zweckmässig durch Titrierung der zur Fällung des Kalkes nötigen Menge Oxalsäure mittelst Kaliumpermanganat nach Mohr.

Die Bestimmung der Magnesia ist in den meisten Fällen nicht nötig.

Die Härtebestimmungen mittelst Seifenlösung können nur zur Orientierung dienen.

Sämtliche Bestandteile sind auf Milligramme per Liter zu berechnen, gleichzeitig auch, auf 100,000 Teile berechnet, anzugeben.

Die Aufstellung von Grenzzahlen für die Zulässiget eines Wassers als Trinkwasser, ist nur mit Berücksichtigung der lokalen Verhältnisse statthaft.

Durch die Untersuchung des Wassers ist festzustellen, in welchem Masse verunreinigende Zuflüsse stattgefunden haben, sowie von welcher Art dieselben sind. Zur Beseitigung konstatierter Verunreinigungen ist es notwendig, die Quellen derselben auf Grund örtlicher Besichtigung aufzufinden und zu prüfen, um Vorschläge zu ihrer eventuellen Beseitigung machen zu können.

Anmerkung. Bei trüben Wässern, event. auch bei Untersuchungen von Flusswässern etc., ist es oft wichtig, die Menge der suspendierten Teile kennen zu lernen. Dies wird erreicht durch Bestimmung des Abdampfrückstandes des ursprünglichen und filtrierten Wassers.

Motive.

Bei der Aufstellung von Vereinbarungen über die chemische Untersuchung des Trinkwassers war der Grundgedanke, vor Allem anzustreben, dass bei der chemischen Untersuchung nach einheitlichen Methoden gearbeitet wird, ein Bedürfnis, das jeder Sachverständige anerkennen muss. Diese Methoden der Untersuchung, welche in obiger Zusammenstellung festgestellt sind, werden den Bedürfnissen entsprechen, wenn auch eine jede derselben, mit wenigen Ausnahmen, dem Kritiker einen oder den anderen Anhaltspunkt, sei es inbetreff der Beurteilung des Resultates, sei es inbetreff der Ausführung, zur Kontroverse bieten kann. Dennoch dürfte sich jeder erfahrene Sachverständige mit Rücksicht auf die vorliegenden Erfahrungen dem Vorgeschlagenen anschliessen können, da es sich hier vor allem darum handelt, dass die Resultate von Wasseruntersuchungen, auch von verschiedenen Forschern ausgeführt, vergleichbar und diskussionsfähig werden.

Die Frage der Beurteilung der Güte eines Trinkwassers ist vorläufig von der freien Vereinigung nur vom **chemischen Standpunkte** aus in Angriff genommen worden. Die Frage bezüglich der Ausführung und auch des Wertes der mikroskopischen Untersuchung der Wässer, welche trotz der Vervollkommnung der Methoden noch nicht als spruchreif angesehen werden kann, ist deshalb nur in der ausführlichen Erörterung der Koch'schen Untersuchungsmethode vorläufig berücksichtigt worden, ohne dass hiedurch irgendwelche Stellung zu dieser Frage von Seiten der freien Vereinigung hiemit ausgedrückt werden soll.

Ebensowenig ist die Beurteilung der Wässer für technische Zwecke zunächst in Betracht gezogen worden, welcher Gegenstand später seine Erledigung finden wird.

Wird ein Wasser zur Prüfung auf Brauchbarkeit als Trinkwasser vorgelegt, so ist unstreitig die erste Frage „**welche geologische, sowie welche hydrographische Verhältnisse besitzt jener Ort, von welchem das Wasser stammt**"?

Reichardt hat zuerst auf die selbstverständliche Verschiedenheit der

Wässer, den verschiedenen geologischen Formationen entstammend, hinge-
wiesen und uns verschiedenes analytisches Material zur Verfügung gestellt.
Trotzdem ist diese Frage, deren Bedeutung und Tragweite doch ausser
Zweifel steht und hier wohl kaum nochmals der näheren Erörterung bedarf, noch nicht in gewünschter Weise zur weiteren Entwicklung gelangt.
Zahlreiche, ja unzählige Wasseranalysen von Städten, Dörfern u. s. w. liegen
uns vor. Dieselben geben uns die chemische Zusammensetzung (oft mit
Anwendung sehr zweifelhafter Methoden erhalten), geben uns leider aber
vielfach nicht die geringste Andeutung über die Gesteins- und Schichtungs-
verhältnisse der Gegend, des Bodens, dem diese Wässer entstammen, den
Wasserlauf, die Grundwasserverhältnisse, ebensowenig über die Beschaffenheit der fliessenden Wässer jener Gegenden, denen diese untersuchten
Trinkwässer angehören.

Es kann daher nicht genug auf die Bedeutung des hydrographischen
Studiums, nicht bloss einer Stadt, eines Dorfes, eines beschränkten Terri-
toriums, sondern auch einer ganzen Landschaft, eines ganzen Flussgebietes
hingewiesen werden.

Liegen beispielsweise Erfahrungen über die Zusammensetzung einiger
Wässer aus dem Keupergebiete vor, so wird sich der Sachverständige einen
groben Verstoss zu Schulden kommen lassen, wenn er ein beliebiges anderes
Wasser, das demselben ebenfalls aus dem Keupergebiet zur Untersuchung
vorgelegt wird, direkt mit dem vorhandenen Materiale vergleichen würde,
da nämlich gerade in dieser Formation die Zusammensetzung der Quell-
Trinkwässer, auch Flusswässer sehr grossen Schwankungen unterworfen
ist, die besonders bezüglich des Gehaltes an Kochsalz oft eigentümlich in
den Vordergrund treten und dadurch zu sehr bedenklichen Schlüssen bei
der Beurteilung führen können. Analog liegen die Verhältnisse bei der
Muschelkalkformation und anderer Sedimentärbildungen. Es bedarf ferner
auch kaum des Hinweises auf die Bedeutung des Studiums der hydrographischen Verhältnisse der Länder für die chemische Geologie.

Gelangen Trinkwasser aus einer Stadt, überhaupt einem von Menschen
bewohnten Orte, von welchem keinerlei Erfahrungen über die Beschaffenheit
irgend welchen Trinkwassers vorliegen, zur Untersuchung, so wird es, abgesehen von der im Vorstehenden angeregten Frage, inbetreff der geologischen
Verhältnisse und der Hydrographie, unumgänglich nötig sein, in Besitz
von weiteren Wasserproben desselben Ortes (Trinkwasser, Grundwasser) zu
kommen und zwar solchen, welche, möglichst fern von organischen Zersetzungsherden sich befindend, wenig von der Umgebung beeinflusst sind.
Nur durch die vergleichende Untersuchung solcher Wasserproben ist ein
sicheres Urteil über die Brauchbarkeit als Trinkwasser möglich. Bei dieser
Gelegenheit darf auch der vergleichenden qualitativen Prüfung der Trink
wässer gedacht werden, welche, bei den einzelnen Proben auf die in Betracht kommenden Bestandteile mit je gleichgrossen Wassermengen durchgeführt, vielfach zur Orientierung wesentlich beiträgt, ohne dass hierbei

nicht verschwiegen werden soll, wie verwerflich die ausschliessliche qualitative Prüfung bei Mangel an Erfahrung und oberflächlicher Arbeit werden kann.

Die physikalische Beschaffenheit eines Wassers, als Trinkwasser benutzt, d. h. Klarheit, Farbe, Geschmack, Temperatur wird bei der Beurteilung der Brauchbarkeit eines Trinkwassers stets eine Rolle spielen. Ein gutes Trinkwasser soll geruchlos, klar, farblos sein und eine erfrischende Temperatur haben, welche während der verschiedenen Jahreszeiten keine allzu grosse Schwankungen erfahre. — Möge jedoch der Sachverständige nicht allzu grossen Wert auf das Vorhandensein oder Nichtvorhandensein der erwähnten physikalischen Verhältnisse legen und dieselben nicht als erste Bedingung obenan stellen. Man denke daran, dass der Wohlgeschmack eines Wassers auch durch vermehrten Gehalt an Kochsalz, Nitraten, ebenso durch freie Kohlensäure, wie durch hohen Gehalt an in der freien Kohlensäure gelösten Carbonaten von Calcium, Magnesium, Eisenoxydul veranlasst sein kann, ferner dass die Temperaturdifferenzen im Sommer und Winter unvermeidlich sein können, auch die beim Stehen oft wahrzunehmenden Trübungen von gelösten nicht zu beanstandenden Bestandteilen der Wässer, wie Calciumcarbonat, Magnesiumcarbonat herrühren können u. dergl. mehr.

Endlich steht die hohe Bedeutung der genauen Besichtigung der Brunnen, Quellenfassung, des Brunnenschachtes, der Leitung etc. an Ort und Stelle ausser Zweifel, weshalb auch in Fällen, wo solches schwer zu erreichen ist, nie davon Abstand genommen werden sollte.

Die Aufgabe der chemischen Untersuchung eines Trinkwassers zum Zwecke der Beurteilung seiner Güte und Brauchbarkeit vom hygienischen Standpunkt ist es einerseits, durch qualitative und quantitative Arbeiten festzustellen, ob dem Wasser Bestandteile beigemengt sind, die direkt dem Organismus Nachteile bringen können, wie Blei, Kupfer (durch Leitungen, Reservoirs oder auch Zufälle irgend welcher Art veranlasst), oder Bestandteile, von Gasleitungen herrührend, wie Cyan-Sulfocyanammonium, Teerbestandteile, Phenol etc., nicht minder ob Abfälle und Abwässer aus chemischen Fabriken, überhaupt technischen Werkstätten einen oder den anderen Bestandteil in grösseren Mengen einem Fluss-, Grund- oder Brunnenwasser zugeführt haben, andererseits zu ermitteln (wohl der am häufigsten vorkommende Fall), ob nicht ein Trinkwasser jene Bestandteile in vermehrtem Maasse enthält, welche als die Produkte der fauligen Zersetzung organischer Stoffe zu betrachten sind, und in Folge dessen einen Zusammenhang mit einem Zersetzungsherde organischer Stoffe, also auch mehr oder weniger Seuchenherde vermuten lassen.

Endlich kann es sich auch darum handeln, eine vollständige quantitative Analyse eines Trinkwassers vorzunehmen, eine Arbeit, welche nach allgemein feststehenden quantitativen Methoden zur Durchführung gelangt.

Die freie Vereinigung hat bei der Feststellung der oben mitgeteilten Vereinbarungen keine Rücksicht auf den Nachweis von mineralischen Giften, in Form von Blei und Kupfer oder weiteren durch Gasleitungen oder andere oben erwähnte Quellen veranlassten Beimengungen genommen, sondern in erster Linie die Frage zu behandeln versucht, „welche chemische Arbeiten werden bei der Beurteilung der Güte eines Trinkwassers vom hygienischen Standpunkte notwendig und welche Methoden sind hierbei zu verwenden"?

Ueberall dort, wo eine faulige Zersetzung stattfindet, werden wir Ammoniak, salpetrige Säure, Schwefelwasserstoff auftreten sehen, gleichzeitig wird an jenem Orte eine Vermehrung der Salpetersäure stattfinden und ebenso wird vielfach auch eine Vermehrung der Kohlensäure bei Abnahme des Sauerstoffes wahrzunehmen sein. Sammeln sich die Abwässer des menschlichen Haushaltes, vor Allem die Secrete und Excrete des tierischen Organismus im Boden oder an einem anderen Orte, der mit dem Grundwasser in Berührung treten kann, so gesellen sich noch zu den erwähnten Fäulnisprodukten: Phosphate, Chlor resp. Chloride, Kochsalz und Schwefelsäure d. h. Sulfate, in untergeordnetem Maasse: Kalk und Magnesiasalze.

Die Berührung, sowie das Hindurchtreten von Wässern, welche mit den erwähnten Bestandteilen, vor allem Nitraten, Phosphaten, Sulfaten, Ammoniumsalzen, Chloriden, reichlich versehen sind, durch poröse Bodenschichten, besonders solchen, die reich an Thon, Hydrosilikaten, sowie Hydraten der Sesquioxyde des Aluminiums und Eisens sind, veranlasst Absorptionserscheinungen, welche besonders für Ammoniaksalze, Phosphate, Sulfate, auch bis zu einer gewissen Grenze für Chloride Geltung haben, wodurch begreiflicherweise Thatsachen hervortreten, welche für die Beurteilung des Wertes der Trinkwässer von hoher Bedeutung sind. So kann in einem Brunnenwasser, zu welchem Abwässer von fauligen Zersetzungsherden Zutritt haben, durch die absorbierende Wirkung des Bodens veranlasst, Ammoniak vollkommen fehlen, ebenso Phosphorsäure, während salpetrige — Salpetersäure, auch Chloride reichlich vorhanden sind. Diese Absorptionsverhältnisse der Bodenarten haben daher unter Umständen eingehende Berücksichtigung zu finden.

Mit Berücksichtigung dieser Thatsachen muss auch die Aufmerksamkeit bei der chemischen Untersuchung dahin gerichtet sein, ein allenfallsiges Vorhandensein oder eine Vermehrung der erwähnten Produkte organischer Zersetzungsheerde festzustellen und es wird daher in den meisten Fällen genügen, bei der chemischen Untersuchung eines Trinkwassers bei oben erwähnter Fragestellung Chlor, Schwefelsäure, Salpetersäure, Kalk, sowie die Gesamtmenge der gelösten fixen Bestandteile „den Abdampfrückstand" quantitativ zu bestimmen, sowie den Nachweis zu führen, ob salpetrige Säure oder Ammoniak in reichlicher Menge vorhanden sind, was meistens schon durch den qualitativen Nachweis erreicht werden kann.

Ebenso notwendig bleibt stets die quantitative Bestimmung der **organischen Substanzen**, oder besser gesagt, die Feststellung der Mengen von Kaliumpermanganat resp. Sauerstoff, welche zur Oxydation der gelösten organischen Stoffe notwendig sind. Nur in selteneren Fällen wird es auch nötig werden, Magnesia und die Alkalien quantitativ zu bestimmen.

Bestimmung des Abdampfrückstandes: Sehen wir uns in der Litteratur der Wasseranalysen um, so finden wir den Abdampfungsrückstand eines Wassers bei 180⁰, bei 150⁰, bei 110⁰, bei 100⁰ getrocknet und bestimmt. Die Vereinbarungen haben die Temperatur von 100⁰ festgestellt, wie solches auch von anderer Seite vorgeschlagen ist und wohl mit vollem Rechte. Wer Erfahrung auf dem Gebiete der Wasseranalyse besitzt, speziell Wässer reich an Nitriten und Nitraten neben organischer Substanz untersucht hat, wird beobachtet haben, dass schon bei 120⁰ C. die Entwicklung salpetriger Säure und Untersalpetersäure bei gleichzeitiger Schwärzung der Masse eintritt, die sich mit Temperaturzunahme steigert. Was wird aus den Ammoniumverbindungen bei Temperaturen von 100 bis 180⁰, welche Veränderungen erleiden Calciumsulfat, Nitrite u. A. bei Temperaturen von 180⁰, wenn solche längere Zeit einwirken? Werden von ein und demselben Wasser drei und mehr Abdampfrückstandbestimmungen bei 180⁰ C. ausgeführt, so werden nur bei sehr salzarmen, ammoniakfreien, überhaupt reinen Wässern übereinstimmende Resultate erzielt werden, im anderen Falle werden kaum brauchbare Resultate zu erhalten sein. Wird der Abdampfrückstand bei 100⁰ C. getrocknet, so kann je nach der Zeitdauer der Einwirkung dieser Temperatur wohl eine Ammonverflüchtigung in geringer Menge, eine geringe Veränderung der gelösten organischen Stoffe, auch mancher anorganischer Bestandteile des Wassers eintreten, niemals werden aber tief eingreifende Veränderungen stattfinden können, welche das Resultat bedeutend alterieren können. — Inbetreff der bei der Bestimmung des Abdampfrückstandes zu verwendenden Mengen von Wasser möge noch erwähnt sein, dass mindestens 500 ccm Wasser zur Anwendung kommen sollen (200 ccm nur bei Mangel an Material).

Die Feststellung der Menge des sog. Glührückstandes, auf den wohl Wert zu legen ist, wenn es sich darum handelt, nachzusehen, ob ein Wasser reich an organischen Stoffen ist, indem beim allmählichen Erhitzen des Abdampfrückstandes Bräunung event. Schwärzung in geringerem oder höherem Grade eintritt, wurde aus Gründen, die wohl kaum der Erörterung bedürfen, unberücksichtigt gelassen.

Bestimmung der Chloride: Bei der Bestimmung des **Chlors** werden mindestens 200 ccm zur Anwendung kommen, falls der Chlorgehalt des zu prüfenden Wassers nach dem Resultate der qualitativen Probe nicht zu bedeutend ist. Die **Mohr**'sche Methode wird bei der Chlorbestimmung in den Trinkwässern stets zuverlässige Resultate liefern, weshalb kein Grund vorhanden ist, die Volhard'sche volumetrische Methode, deren Zuverlässigkeit anerkannt ist, hier in den Vordergrund zu stellen, oder gar die gewichtsanalytische Bestimmung.

Bestimmung der Salpetersäure: Es kann hier nicht der Ort sein, die verschiedenen Methoden der Bestimmung der Salpetersäure einer kritischen Prüfung zu unterziehen, welche bereits schon von anderen Forschern erfolgt ist und auch noch in nächster Zeit nach Erfahrungen, welche in dieser Richtung in meinem Laboratorium gemacht wurden, an einem anderen Orte geschehen wird, sondern es handelt sich darum, die Berechtigung der Anwendung der Indigomethode bei der Trinkwasseranalyse vor allem zu motivieren. Thatsache ist es, dass wohl kein Sachverständiger bei der Beurteilung eines Trinkwassers sich ängstlich an Grenzzahlen halten, die früher eine Rolle spielten, ebensowenig auf Grund eines etwas vermehrten Salpetersäuregehalts ein Wasser als der Gesundheit schädlich bezeichnen wird. Würden daher bei der Salpetersäurebestimmung auch pro Liter einige Milligramme oder auch Centigramme Salpetersäure zu viel gefunden, so wird ein solches Resultat bei der Beurteilung eines Trinkwassers kaum einen Einfluss ausüben. Eine Bestimmungsmethode bei Trinkwasseruntersuchungen, welche rasch zum Ziele führt, zur Orientierung genügend zuverlässige Resultate liefert, ist daher unbedingt ein Bedürfnis. In der That besitzen wir nun in der Marx-Tromsdorff'schen Indigomethode eine solche, welche zur Orientierung über den Salpetersäurgehalt eines Trinkwassers geeignet ist. Soll dieselbe aber wirklich ihren wahren Wert darstellen, so ist die Ausführung mit der grössten Sorgfalt und auch gleichzeitig grössten Schnelligkeit zu erledigen. Die freie Vereinigung hat diese Methode zu genanntem Zwecke aufgenommen in der Hoffnung, dass die Sachverständigen bei ihren Arbeiten neue Beweise deren Brauchbarkeit beibringen, welche jeder Unparteiische, nach zuvorigem Vertrautmachen mit der Ausführung derselben, anerkennen wird. Die zahlreichen Erfahrungen, welche in dieser Richtung in meinem Laboratorium schon seit Jahren über diese Methode gemacht, auch schon auf meine Veranlassung von Dr. E. Hoffmann (Archiv der Pharmacie, 1876) mitgeteilt wurden, zu denen sich die durch Dr. Mayrhofer gemachten Beobachtungen gesellen, ebenso die in letzter Zeit von Herrn Greitherr in meinem Laboratorium ausgeführten vergleichenden Untersuchungen, über welche ausführlicher noch berichtet werden wird, beweisen die Brauchbarkeit der Indigomethode für den erwähnten Zweck. Von Interesse dürfte es jedoch sein, hier eine Reihe von Zahlen mitzuteilen, welche bei Wässern mittelst der Schulze'schen und Indigomethode erhalten wurden und beweisen, dass die beobachteten Differenzen der Resultate wahrlich für den genannten Zweck nicht in Betracht kommen. Es sind hierbei salpetersäurearme und salpetersäurereiche Wässer gewählt worden.

Im Liter:

		Schulze's Methode	Indigomethode
Probe	1.	0,108	0,119
-	2.	0,153	0,165
-	3.	0,194	0,221
-	4.	0,316	0,372
-	5.	0,045	0,051
-	6.	0,095	0,104
-	7.	0,081	0,091
-	8.	0,045	0,048
-	9.	0,351	0,370
-	10.	0,212	0,223
-	11.	0,256	0,302
-	12.	0,399	0,417
-	13.	0,0017	0,002.

Über die Ausführung der Methode selbst dürfte wohl kaum hier weiteres zu erwähnen sein.

Inbetreff der Salpetersäurebestimmung, als Kontrolle der Indigomethode oder, wenn es sich um eingehendere Prüfung der Trinkwässer handelt, wurde der Schulze'schen Methode in ihrer Ausführung nach Kubel-Tiemann der Vorzug eingeräumt, wenn auch nicht in Abrede gestellt werden kann, dass die Methoden der Salpetersäurebestimmung, auf Überführung der letzteren in Ammoniak beruhend, ebenfalls zuverlässige Zahlen liefern. Die Schulze'sche Methode bleibt jedoch unstreitig, wenn der zweckentsprechende Apparat vorliegt, die nötige Übung vorhanden ist und vor allem das Ablesen des Volumens von Stickoxyd nicht zu schnell nach dem Versuche (erst nach vollständiger Abkühlung) erfolgt ist, diejenige, welche zuverlässig ist und verhältnismässig rasch zum Ziele führt.

In hohem Grade beachtenswert bleibt auch der Vorschlag von C. Böhmer (Zeitschr. f. analytische Chemie. 1883, 1884), das Stickoxyd mittelst einer Salpetersäure enthaltenden Chromsäurelösung zu absorbieren, welche Methode einer eingehenden Prüfung in meinem Laboratorium unterzogen wurde, und durch diese Arbeiten eine Verbesserung erfuhr, worüber an einem anderen Orte ausführlich berichtet werden wird. Auch bleibe hier nicht unerwähnt, dass neutrales Eisenchlorür zur quantitativen Bestimmung von salpetriger Säure neben Salpetersäure bei Wasseruntersuchungen mit Erfolg Verwendung findet und zwar gegründet auf die Thatsache, dass Nitrite sich mit neutralem Eisenchlorür beim Erwärmen umsetzen zunächst in Ferronitrit, das durch weiteres Eisenchlorür, Ferrihydroxyd, freie Salzsäure und Stickoxyd liefert, während die Nitrate mittelst Eisenchlorür nur bei Gegenwart überschüssiger Salzsäure die Reduktion zu Stickoxyd erfahren. Die nach diesem Principe durchgeführte Methode wird ebenfalls, wie die späteren Mitteilungen beweisen werden, bei der Wasseruntersuchung eine Rolle zu spielen haben.

17

Bestimmung von Ammoniak: Die Ammoniakbestimmung in Trinkwässern, wenn solche überhaupt nötig erscheint, soll colorimetrisch nach Frankland bestimmt werden. Auch mit dem Bewusstsein, dass alle colorimetrischen Methoden ihre grossen Schattenseiten haben, hat die freie Vereinigung im Interesse der Raschheit der Ausführung, da es sich auch hier nur um eine Orientierung handelt, die Frankland'sche Methode aufgenommen, wegen deren Ausführung wohl hier nur auf Kubel-Tiemann's Trinkwasseruntersuchung verwiesen werden soll. Handelt es sich um genaue Bestimmung von den Ammoniakmengen, so werden bekannte Bestimmungsmethoden zum Ziele führen, bei denen aber mindestens 1 l des untersuchenden Wassers zur Verwendung gelangt.

Bestimmung der organischen Substanz: Die Bestimmung der organischen Substanzen, d. h. die Bestimmung der Orxydierbarkeit mittelst Kaliumpermanganat bleibt stets eine Arbeit, deren Bedeutung kein zu grosser Wert beigelegt werden darf. Eine annähernde Feststellung der in einem Trinkwasser gelösten organischen Stoffe (herrührend von fauligen Zersetzungsherden oder anderen Quellen) bleibt immer wünschenswert und, wenn wir alle bis jetzt gemachten Vorschläge insgesamt in ihrem Werte würdigen, müssen wir unbedingt der Oxydationsmethode mittelst Kaliumpermanganat den Vorzug einräumen, da dieselbe vor allem schnell durchgeführt ist und auch bei Befolgung der Vorsichtsmassregeln vor allem genauem Einhalten der Zeitdauer beim Kochen, 10 Minuten, vergleichbare Werte liefert. Aus diesem Grunde soll hier der Fehlerquellen, der mannigfaltig störenden Einflüsse (Vorhandensein von Ferrosalzen, Nitriten, freier Übermangansäure etc. etc.) nicht gedacht werden, die jeder Sachverständige zur Genüge kennt, sondern nur betont werden, wie notwendig es ist, dass nach einheitlicher Methode gearbeitet wird und vor allem nicht willkürlich in der Zeitdauer des Kochens vorgegangen wird. Kann auch nicht mit Bestimmtheit gesagt werden, ob ein 10 Minuten langes Kochen wirklich das entsprechende ist (es werden 5 Minuten, 30 Minuten u. s. w. empfohlen), so dürfte doch die Thatsache hier wohl in Betracht kommen, dass die bis jetzt gemachten Erfahrungen bei der Ausführung der Methode mit 10 Minuten langem Kochen zu Gunsten dieser Zeitdauer sprechen. Die Concentration der Säure, der Kaliumpermanganatlösung werde genau nach Kubel-Tiemann gewählt.

(Siehe auch: Stapleton, Chem. News. 46. 284. — Reuben-Haines, ebendas. 229. — Fidy, Zeitschr. f. anal. Chem. 19. 492. — Leroy, W. Chem. News. 47. 195. — W. Bachmeyer, Zeitschr. anal. Chem. 23. 353. — A. R. Leeds, ebendas. 17. — G. W. Wigner u. R. H. Harland, The Analyst. 6. 39).

Dass die bei der Kaliumpermanganatmethode erhaltenen Resultate nur in verbrauchter Menge Kaliumpermanganat resp. in Milligramm Sauerstoff pro Liter Wasser, anzugeben, nicht auf organische Substanz zu berechnen sind, bedarf wohl keiner weiteren Begründung.

Die weiteren Reagentien, welche zur Bestimmung der organischen Substanzen vorgeschlagen worden sind, die Fleck'sche Lösung, Tannin etc. werden dem Sachverständigen nach erfolgter Anwendung und vergleichender Prüfung bald in ihrem wahren Werte erscheinen.

Nachweis der salpetrigen Säure: Der qualitative Nachweis der salpetrigen Säure wird nach der gegebenen Vorschrift zum sicheren Ziele führen, wenn mit verdünnter Essigsäure (ungefähr 1,04 spec. Gewicht) und nur in der Kälte gearbeitet wird. Vorheriges Kochen des Wassers oder zuvorige Konzentration und nachheriges Verdünnen mit Wasser sind zu unterlassen, da hiedurch Reduktionen von Nitraten zu Nitriten, durch organische Substanzen veranlasst, eintreten können, ebenso möge die vielfach anstatt Essigsäure in Anwendung gezogene verdünnte Schwefelsäure (1 : 10) in ihrem Resultate mit Vorsicht gedeutet werden.

Giebt ein Wasser mittelst Essigsäure auch bei längerem Stehen keine Reaktion auf salpetrige Säure, dagegen nach späterem Zusatze von verdünnter Schwefelsäure Bläuung, so darf diese Reaktion nicht mit Bestimmtheit auf vorhandene Spuren von salpetriger Säure gedeutet werden, da erfahrungsgemäss auch bei Gegenwart von viel Salpetersäure und organischer Substanz oder viel Salpetersäure und viel Chloriden durch Reduktion der Salpetersäure zu salpetriger Säure die Bläuung veranlasst sein kann. Immerhin kann die Anwendung von Schwefelsäure, neben der Essigsäure bei der Prüfung auf salpetriger Säure unter Umständen diagnostischen Wert haben.

Die Methoden der Kalk- und Schwefelsäurebestimmung sollten stets die gewichtsanalytischen sein, wenngleich die Mohr'sche volumetrische Kalkbestimmung Anwendung finden kann. Dasselbe gilt für die Magnesiabestimmung.

Die Härtebestimmungen bei Trinkwasseruntersuchungen mittelst Seifenlösungen von bestimmtem Gehalt können nur untergeordneten Wert haben, weshalb dieses Thema, das mehr in das Gebiet der technischen Wasseranalyse gehört, nicht weiter hier besprochen werden soll.

Es bleibt noch übrig, einzelner analytischer Methoden zu gedenken, welche hie und da zur Verwendung gelangen, um die durch die Untersuchung bereits gewonnenen Resultate zu ergänzen. Hierher gehören:

a) Prüfung auf Schwefelwasserstoff. Dieselbe kann in $^1/_2$—1 l Wasser mittelst alkoholischer Bleilösung geschehen oder auch nur durch Schütteln von 2—3 l Wasser in einer geräumigen Flasche, um den Geruch wahrzunehmen.

b) Prüfung auf Phosphorsäure. Dieselbe ist in 500 ccm Wasser vorzunehmen, das in einer Porzellanschale zur Trockne verdampft wird. Der erhaltene Rückstand, schwach geglüht, wird in Salpetersäure gelöst und mit Ammonmolybdat geprüft. Man berücksichtige stets, dass organische Substanzen, reichlich im Wasser vorhanden oft, mit molybdäns. Ammon erwärmt, gelbe Färbung veranlassen, ohne dass Phosphorsäure vorhanden ist.

c) Der Nachweis freier Kohlensäure. Derselbe kann mittelst v. Pettenkofer's Rosolsäurelösung geschehen, von welcher $\frac{1}{2}$ CO. auf 50 ccm Wasser zugesetzt wird. Entstehende Gelbfärbung oder Farblosigkeit beweist freie Kohlensäure, Rotfärbung lässt nur doppeltkohlensaure Salze erkennen (Rosolsäurelösung: 1 Teil Rosolsäure in 500 ccm 80% Alkohol gelöst, wird mit Aetzbaryt neutralisiert bis zur beginnenden Rotfärbung).

Der Nachweis von Blei, Kupfer, Zink geschieht in grösseren Mengen Wasser, 1—5 l, die unter Umständen zur Trockne verdampft werden können, um den Trockenrückstand mit Säuren aufzunehmen und eingehender nach bekannten Methoden zu prüfen.

Bei der Mitteilung der Resultate von Wasseruntersuchungen haben wir bisher lange Zeit die Berechnung der Bestandteile auf 100,000 Teile gesehen, dann später auf einen Liter. Die letztere ist unstreitig die richtigste und wird auch allgemein befolgt. Wenn dennoch die Vereinigung die beiden Darstellungen empfohlen hat, so ist dies vor allem, inbetreff der Berechnung auf 100,000 Teile, im Interesse des Laien, des grossen Publikums geschehen, da hierdurch eine bessere Übersicht geboten ist, abgesehen davon, dass auch die Schwankungen der Bestandteile bei wiederholten Untersuchungen ein und desselben Wassers mehr in die Augen fallen.

Die Bedeutung der Bestimmung des freien Sauerstoffes bei Trinkwasseruntersuchungen ist nach den bis jetzt gemachten Erfahrungen noch nicht spruchfrei.

Die Beurteilung der Zulässigkeit eines Trinkwassers aus den Resultaten der chemischen Untersuchung ist von Fall zu Fall festzustellen, darf nie auf Grund allgemeingiltiger Grenzzahlen geschehen. Letztere können nur für lokale Verhältnisse aufgestellt werden und auch hier nur mit Vorsicht bei steter Berücksichtigung der Grundwasser-, der geologischen Verhältnisse des betreffenden Ortes, sowie der Hydrographie der ganzen Landschaft. Nur für die Oxydierbarkeit eines Wassers mittelst Kaliumpermanganat dürfte die Grenze „1 g Kaliumpermanganat pro 100,000 Wasser" in der That einigen Wert behalten (vorausgesetzt, dass die Wässer nicht zu reich an Nitriten, Ferrocarbonat sind), indem bei Überschreitung von 1 g pro 100,000 in den meisten Fällen sich Zuflüsse von organischen Zersetzungsherden (Jauche etc.) ergeben, in solchen Fällen der Gehalt an Chloriden, Sulfaten, Nitraten vermehrt sein wird, auch Ammon und Nitrite vorliegen.

Der diagnostische Wert der Vermehrung der Chloride vor allem, der Sulfate, des Abdampfrückstandes für das Vorhandensein von infiltrierten Jauchen und analogen Zersetzungsflüssigkeiten steht ausser Zweifel, besonders wenn der qualitative Nachweis von Ammon und salpetriger Säure geführt ist und sich noch Phosphorsäure nachweisen lässt. Letztere möge jedoch in ihrer Bedeutung nicht überschätzt werden, auch möge man sich stets daran erinnern, dass die Phosphorsäure so leicht von thonigem Boden absorbiert wird. Der Sachverständige möge ferner bei oft sehr starker Oxydierbarkeit eines Wassers bei normalem Gehalt an Chloriden, Sulfaten stets eingedenk sein, dass sehr oft durch andere Zersetzungsherde (Verwesung von Holzteilen der Pumpbrunnen, zufälligen Beimengungen, Abwässer von Fabriken etc.) der Gehalt an organischer Substanz vermehrt sein kann, ohne dass Bestandteile tierischer Sekrete und Exkrete in das Wasser gelangt sind. Endlich sei daran erinnert, dass ein bedeutend vermehrter Gehalt an Nitraten durchaus nicht direkt den Schluss zulässt, (wie solches leider oft geschieht), dass das vorliegende Wasser als Trinkwasser unbrauchbar ist, da schädliche Infiltrationen stattgefunden haben. Es können Trinkwässer einen hohen Gehalt an Nitraten zeigen, dagegen frei von Ammon, Nitriten, geringe Mengen organischer Substanz enthalten, und dabei einen hohen Abdampfrückstand zeigen, ohne dass dieselben im Zusammenhange mit einem fauligen Zersetzungsherde tierischer Stoffe stehen. Die Beschaffenheit des Bodens, hier grosse Porosität, früher stattgehabte Imprägnation mit tierischen Resten werden solche Erscheinungen erklären. Vermehrter Gehalt an Chloriden allein bei sonst normalen Verhältnissen, wird seine Erklärung vielfach in den geologischen Verhältnissen finden.

Wenn von mir im Vorstehendem versucht wurde, einzelne Fälle bezüglich der Beurteilung der Zulässigkeit der Trinkwässer herauszugreifen, so geschah es nur, um die Bedeutung und die Berechtigung des von der Vereinigung aufgestellten Satzes inbetreff der Grenzzahlen vor Augen zu führen und zur grössten Gründlichkeit und Vorsicht bei Beurteilung der Resultate von Trinkwasseruntersuchungen zu mahnen.

A. Hilger.

Thee, Kaffee, Cacao.

I. Thee.

Die Untersuchung der Theesorten ist

a) eine botanische, event. mikroskopische.

5—10 g Theeblätter werden mit lauwarmem Wasser aufgeweicht, die Blätter auf einer Glasplatte zum Zwecke der näheren Prüfung ausgebreitet. Bei dem Aufweichen der Theeblätter kommen auch die absichtlichen Färbungsmittel, sowie fremden mineralischen Beimengungen zum Vorschein.

b) eine chemische, welche sich erstreckt auf:

α) Bestimmung der Feuchtigkeit (6—10 %) (Trocknen bei 100° C.)

β) Bestimmung der Asche. (Anwendung von 6 g Thee.) Die Aschenmenge nicht unter 3 % und nicht über 7 %. Die Asche bestehe aus 2,5—4 % wasserlöslichen Bestandteilen und enthalte nicht mehr als 1 % in Säuren unlösliches Material.

γ) Bestimmung des Theïngehaltes. 10—20 g Thee werden durch wiederholte Behandlung mit siedendem Wasser vollkommen extrahiert und der erhaltene Auszug nach erfolgter Konzentration bis auf die Hälfte mit bas. Bleiacetat bei Vermeidung von grossem Überschuss ausgefällt. Nach Filtration vom Bleiniederschlage, der gut mit heissem Wasser auszuwaschen ist, beseitigt man das überschüssige Blei durch Schwefelwasserstoff und verdampft das vom Bleisulfid getrennte Filtrat unter Zusatz von Magnesia und grobkörnigem Marmor oder Magnesia und Sand zur Trockne. Der so erhaltene Verdampfungsrückstand wird mit Chloroform vollkommen extrahiert (am besten im Soxhlet'schen Apparate) und der Chloroformauszug zur Trockne gebracht, der direkt als Theïn gewogen werden kann. Ist derselbe noch stark gefärbt, so ist ein Umkrystallisieren desselben aus Wasser von Erfolg.

Bei der Bestimmung der Asche und des Theïns ist bei 100° C. getrockneter Thee zu verwenden.

Für die botanische und mikroskopische Untersuchung sind nötig 30 g; bei weiterer Prüfung, insbesondere der chemischen Untersuchung 100 g.

II. Kaffee.

A. Ungebrannter ganzer Kaffee. Derselbe wird hie und da gefärbt und zwar mit Berlinerblau und Chromgelb, Indigo und Curcuma, auch mit Ammon zum Zwecke der Veränderung der Kaffeegerbsäure (Viridinsäure) besprengt.

Beim Schütteln der Kaffeebohnen mit Wasser sind Farbstoffzusätze der erwähnten Art, sowie andere grobe Zusätze zu erkennen.

B. Gemahlener gebrannter Kaffee. Verfälschungen:

1. Kaffeesatz (schon einmal benützter Kaffee). 2. Surrogate (Cichorien, Feigen, gebrannte Bohnen und gebranntes Getreide etc.). 3. Mineralische Zusätze.

a) **Methoden der Untersuchung,** mit bei 100° C. getrocknetem Materiale ausgeführt.

1. Bestimmung der in Wasser löslichen Stoffe: Nach C. Krauch geschieht dieser Nachweis durch 6stündiges Digerieren von 30 g Kaffee mit $\frac{1}{2}$ l Wasser im Wasserbade, Sammeln des Niederschlages auf einem gewogenen Filter und Auswaschen, bis das Filtrat 1 l beträgt. Der Rückstand wird gewogen und aus demselben die Menge der löslichen Teile berechnet.

2. Bestimmung des fertig gebildeten Zuckers: Der bei der Bestimmung der im Wasser löslichen Stoffe erhaltene wässerige Auszug wird verdampft mit 90 % Alkohol allmählich aufgenommen, wieder verdunstet, und nun wieder mit Wasser aufgenommen. In dieser Lösung wird der Zucker gewichtsanalytisch nach Allihn oder titrimetrisch nach Soxhlet bestimmt.

3. Bestimmung des sich durch Behandlung mit Säuren bildenden Zuckers. Die Bestimmung geschieht wie folgt: 3 g Kaffee werden mit 100 ccm Wasser 4 Stunden bei 3 Atmosphären in Druckflaschen oder geeigneten Apparaten behandelt, die Lösung heiss durch ein Asbestfilter filtriert, heiss ausgewaschen. Das Filtrat, auf 200 ccm gebracht, wird mit 20 ccm rauchender Salzsäure 3 Stunden in offenem Gefäss im Wasserbade digeriert, nach dem Erkalten mit Natronlauge versetzt bis zur schwachalkalischen Reaktion, auf 250 oder 500 ccm gebracht und hierin der Zucker wie oben bestimmt.

4. Bestimmung des Fettes.

5. Bestimmung der Asche. 5 g Substanz sind zu veraschen.

Die höchste Grenze der Asche wird bei reinem Kaffee mit 3,5 % erreicht.

b) **Methoden der Beurteilung.**

Zu beanstanden, als mit Surrogaten verfälscht, ist gebrannter Kaffee, welcher enthält:

> mehr als 25 % wasserlösliche Stoffe,
>
> - - 0,5 % fertig gebildeten, Fehling'sche Lösung reducierenden Zucker,
>
> - - 25 % durch Säuren gebildeten Zucker.

Orientierungsprobe.

Reiner Kaffee, auf Wasser geworfen, schwimmt obenauf, Surrogate sinken unter und färben das Wasser schnell braun.

Bei der Vornahme der mikroskopischen Prüfungen sind stets vergleichende Untersuchungen auszuführen.

III. Cacao.

Cacao kommt meistens als entöltes Pulver (aber nie vollkommen fettfrei, sondern bis zu 25 % Fett enthaltend) in den Handel.

Zur Erkennung der Echtheit einer Cacaosorte dienen neben der mikroskopischen Untersuchung, der Nachweis von Theobromin nach Wolfram.

Verfälschungen geschehen durch Zusatz: 1. fremder Fette, 2. Getreidemehl, Eichelmehl sowie anderer Stärkesorten und Mehle, 3. von Cacaoschalen in grösserer Menge, 4. mineralischer Substanzen.

Methoden der Untersuchung.

1. Bestimmung des Fettgehaltes. Prüfung des mit Äther extrahierten Fettes auf seinen Schmelzpunkt.

   Reines Cacaofett schmilzt bei 29—32°.

2. Bestimmung der Stärke: Dieselbe geschieht wie bei Kaffee (a, 2) angegeben. 100 Teile Zucker = 93,7 Teile Stärke.

3. Bestimmung der Rohfaser nach der Weender Methode. 3,5 g Substanz, zuerst $\frac{1}{2}$ Stunde mit 200 ccm 1,25 %iger Schwefelsäure, dann zweimal mit Wasser, hierauf mit 200 ccm 1,25 %iger Kalilauge und wieder zweimal mit Wasser ausgekocht, dann auf einem gewogenen Filter mit Wasser, Alkohol und Äther ausgewaschen, getrocknet und gewogen, dann verascht und die Asche in Abzug gebracht.

   Cacaobohnen enthalten 3—4 %, Cacaoschalen 14—15 % Holzfaser.

4. Bestimmung der Aschenmenge.

   Reine Cacaomasse enthält höchstens 5 % Asche (meistens 3—4 %).

Motive.

Die Beurteilung der Güte, Reinheit der im Handel vorkommenden grünen und schwarzen Theesorten, des rohen, sowie gebrannten und gemahlenen Kaffee's, der Cacaosorten bietet dem Sachverständigen mancherlei Schwierigkeiten, vorwiegend durch den Mangel an Erfahrung hinsichtlich der wirklich beobachteten Verfälschung, der normalen Beschaffenheit dieser Materialien, sowie auch der Untersuchungsmethoden veranlasst. Wir haben hier ein noch sehr vernachlässigtes Gebiet der Nahrungsmittelchemie vor uns, weshalb auch das in den Vereinbarungen zunächst Festgestellte nicht absolut massgebend sein kann, nur als das Resultat unserer jetzigen Erfahrungen zu betrachten ist. Vergessen wir es nicht, dass gerade hier, sowie auch bei den Gewürzen, noch viel zu wenig die Beschaffenheit der reinen Waren studiert wurde und analytische Methoden, wie Stärkebestimmungen, Bestimmungen von Cellulose etc. noch auf sehr schwachen Füssen stehen. Mögen diese nicht zu leugnenden Thatsachen von unseren Sachverständigen gewürdigt und durch eingehende Untersuchungen beseitigt werden.

Thee.

Auf Grund meiner eigenen Erfahrungen auf diesem Gebiete dürfte in Nachstehendem ein kritischer Beitrag zur Prüfung der Theesorten geliefert sein. — Die Verfälschungen der Theesorten bedürfen noch eingehenden Studiums und genauer Präcisierung. Wir hören von 20—30 verschiedenen Blättern, Weiden-, Schlehen-, Hollunderblättern etc., von den verschiedensten mineralischen Färbungs- und sonstigen Belastungsmitteln, vermissen aber Thatsachen, dass wirklich die zahlreichen Verfälschungen vorgekommen sind. (Unsere Litteratur ist leider zu sehr gewohnt, herkömmlich das einmal Geschriebene ohne Kritik wieder aufzunehmen und fortzuführen.)

Färbungsmittel bei grünen Theesorten, wie beim Kaffee, bestehend in Mischungen von blauen und grünen Farben (Berlinerblau, Chromgelb,

Indigo und Curcuma) sind in der That schon vorgekommen, ebenso Belastungs-, Gewichtsvermehrungsmaterialien wie Talk, Speckstein. Inbetreff der fremden Blätterzusätze geht meine Erfahrung dahin, dass von mir in einem einzigen Falle Beimengungen von Weidenblättern konstatiert wurden, die geringen Theesorten meistens aus schon benützten Blättern, parfümiert, aus reichlich Blattstielen, Blättern verschiedenen Alters, in verschiedenen Stadien der Entwicklung entnommen, bestanden. Die botanisch-mikroskopische Untersuchung ist daher auch eine vortreffliche Orientierungsprobe, ja! reicht in den meisten Fällen zur Charakteristik einer Theesorte aus. Die aufgeweichten, am besten auf einer Glasplatte ausgebreiteten Blätter werden mit Hilfe einer Loupe und auch mikroskopisch untersucht. Das länglich lanzettliche, oder auch verkehrt eiförmige zugespitzte, ausgewachsene Theeblatt zeigt verschiedene Länge bis 12 cm, ist lederartig, glänzend. Die kaum zur Entfaltung gelangten Blätter sind immer mit feinen Seidenhaaren versehen. Das Blatt besitzt eine Hauptrippe mit 5—7 Nebenrippen, zeigt vor allem in seiner Struktur neben charakteristischem Pallisadenparenchym, Parenchym mit Krystalldrüsen von oxalsaurem Kalke, die sehr charakteristischen Steinzellen, welche in grosser Menge in der Nähe der Gefässbündel das ganze Blatt durchsetzen und die eigentümlichsten Verästelungen zeigen, stark verdickt sind. Diese Steinzellen zeigt nur das Blatt von Camellia, der verwandten Gattung, dagegen keines der als Verfälschung bis jetzt aufgeführten Blätter.

Mit Rücksicht auf den Nachweis der Färbungsmittel, sowie der sonstigen groben Zusätze sei auf die allgemein hier zu benutzenden analytischen Methoden hingewiesen und nur daran erinnert, dass sich hier für die Erkennung von Berlinerblau, Curcuma, Chromgelb die Anwendung der kaustischen Alkalien, sowie der Salpetersäure empfiehlt, Chloroform für Indigoerkennung beachtenswert bleibt.

Bei den chemischen Untersuchungsmethoden bleibt die Feststellung der Aschenmenge, sowie der in Wasser löslichen Teile, sowie des in Säuren unlöslichen Teiles der Asche zweifellos von Wert. Die zahlreichen Aschenanalysen von Bell, deren Resultate vielfach von mir bestätigt wurden, beweisen die Berechtigung der aufgestellten Grenzzahlen, denen noch hier beigefügt werden möge, dass der Eisenoxydgehalt der Asche der Theeblätter nie bis jetzt über 2 % gegangen ist.

Von den zahlreichen in der Litteratur vorhandenen Bestimmungsmethoden des Theïns hat nach meinen jetzigen Erfahrungen die in die Vereinbarungen aufgenommene die besten Resultate geliefert. Wenngleich langwierig, hat dieselbe den Vorteil, dass das Verdampfen des Chloroformauszuges bei genauer Arbeit ein Theïn, fast frei von Farbstoff, liefert, das direkt gewogen werden kann und selten noch eines weiteren Umkrystallisierens bedarf. Die früher von mir angewendete Methode der Extraktion der Blätter mit Alkohol etc. (siehe Handbuch der Hygieine: I. 278), welche bezüglich der Quantitäten des Theïns mit der obigen Methode übereinstimmt, hat wohl den Vorteil schnellerer Erzielung des Resultates, liefert aber ein Theïn, das stets nochmals aus Wasser umkrystallisiert werden muss, wodurch stets kleine Verluste entstehen.

Die Bedeutung der Gerbstoffbestimmung mittelst der unvollkommnen Methoden bei der Beurteilung der Reinheit der Theesorten kann vorläufig nicht anerkannt werden, ebensowenig der Wert der Feststellung des spec. Gewichtes der wässrigen Theeblätterextrakte (wie solches auch bei Prüfung der gebrannten, gemahlenen Kaffeesorten vorgeschlagen wurde) für die Beurteilung der Ware.

Kaffee.

Bei den Kaffeesorten des Handels sind merkwürdigerweise die künstlichen Färbungen noch nicht in den Hintergrund getreten, neben den in den Vereinbarungen erwähnten tauchen immer wieder neue auf, so unter anderem das Schütteln der Bohnen mit Eisenfeile, das Abbrühen derselben mit heissem Wasser und behandeln mit Ocker u. a. Auch muss der allerdings abenteuerlich klingenden künstlichen Herstellung aus Thon und Färbungsmitteln gedacht werden, die mir speciell zweimal begegnete. Bei dem Nachweis derartiger Manipulationen und Verfälschungen werden von Fall zu Fall die feststehenden analytischen Methoden zur Verwendung kommen, die hier keiner weiteren Erwähnung bedürfen.

Die Frage der Beurteilung der Güte der gemahlenen, gebrannten Kaffeesorten, des Nachweises der sicheren Erkennung der unzähligen Kaffeesurrogate kann augenblicklich noch nicht als vollkommen spruchreif betrachtet werden, weshalb ich als Referent auf Grund meiner und meiner sachverständigen Kollegen Erfahrung Anhaltspunkte der freien Vereinigung vorzulegen bestrebt war, dazu bestimmt, das bis jetzt gewonnene, zuverlässige Material entsprechend zu verwerten. Auch hier kann nicht genug der Wert der mikroskopischen Untersuchung mit steter Berücksichtigung zuverlässiger Vergleichsobjekte betont werden.

Die scharf charakterisierte mikroskopische Beschaffenheit des Sameneiweisses der Kaffeepflanze wird stets die reine Ware erkennen lassen, die sich zunächst, um hier nur an das Wesentliche zu erinnern, darin besteht, dass die äusserst dünne Samenhaut langgestreckte, faserähnliche Steinzellen (Sklerenchym) aufzuweisen hat, mit Spaltentüpfel versehen, die quer zur Längsachse stehen, dass ferner die inneren Zellen des Eiweisskörpers polyedrisch sind und eigentümliche knotige Verdickungen zeigen.

Die einfache Orientierungsprobe, eine empirische, einfache Arbeit, das Aufwerfen der gemahlenen, gebrannten Kaffeesorten auf Wasser möge niemals in ihrem Werte unterschätzt werden, denn ich hatte vielfach Gelegenheit, mich von deren Brauchbarkeit zu überzeugen. Die Methoden der aufgenommenen chemischen Untersuchung finden ihre Berechtigung in folgenden Thatsachen:

1. Eine grosse Zahl der im Handel vorkommenden Surrogate des Kaffee's enthält mehr durch Wasser extrahierbare Substanzen, als der gebrannte, gemahlene Kaffee. Letzterer enthält durchschnittlich 20—30% an wässrigem Extrakt, Cichorienkaffee 70%, Feigenkaffe 50—70%, Getreidekaffee stets über 30%.

2. Der gebrannte Kaffee enthält höchstens 2% Zucker (Fehling's Lösung reducierend), die Surrogate 3—50% (Cichorienkaffee bis 20%).

3. Der bei Einwirkung von Säuren auf die Waren sich bildende Zucker beträgt beim Kaffee bis 26%, während bei den Surrogaten, die häufig im Handel vorkommen, die erzeugten Zuckermengen bis fast 80% ausmachen können.

4. Der hohe Fettgehalt des Kaffees, 15—16%, gegenüber 1—3% bei den gangbaren Surrogaten.

5. Der Gehalt an Mineralbestandteilen beträgt bei den Kaffeesorten zwischen 4 und 5% (seltener über 5%), bei Cichorienkaffee 5%, den übrigen Surrogaten 3—4%. Besonders eigentümlich ist der geringe Gehalt der Kaffeeasche an Kieselsäure selten mehr als 0,5%, gegenüber einem bedeutenderen Gehalt an Kieselsäure bei dem Getreide-, Feigenkaffee, Cichorienkaffee u. a.

(Schon extrahierter Kaffee enthält höchstens 2% Asche, Saccokaffee 5—7%.)

Die freie Vereinigung hat sich zunächst dem C. Krauch'schen Vorschlage der Extraktbestimmungen angeschlossen mit dem Bewusstsein, dass diese Methode noch der Ausbildung fähig, vor allem der weiteren Prüfung bedarf. Ebenso ist die Bestimmungsmethode des durch Einwirkung von Säuren gebildeten Zuckers auf Grund bis jetzt gewonnener brauchbarer Zahlen nicht als unfehlbar zu bezeichnen, da jeder Sachverständige zur Genüge weiss, welche Fehlerquellen und Schattenseiten die Stärkebestimmungsmethoden besitzen. Bei dieser Methode, die hier in Vorschlag gebracht wird, ist die direkte Einwirkung der Säure auf die Gewebselemente, speciell Cellulose, möglichst vermieden. Es mögen hier erwähnt sein, dass bei sechs mit einer Kaffeesorte ausgeführten Proben nach dieser Methode Differenzen im gefundenen Zuckergehalte von 0,2—0,4 beobachtet wurden. — Die Bestimmung des Fettgehaltes geschieht im Soxhlet'schen Apparate.

Die Bestimmung des Coffeïns in den gebrannten, gemahlenen Kaffeesorten, auf welche von anderer Seite grosser Wert gelegt wird, wurde zunächst nicht berücksichtigt, da die Arbeit selbst vor allem eine sehr langwierige ist und die bis jetzt in Vorschlag gebrachten Methoden noch sehr der kritischen Prüfung bedürfen.

Cacao.

Unter Cacao oder Cacaomasse verstehen wir allgemein die von Keimen und möglichst von Schalen befreiten, durch Rösten, Zerkleinern und Zusammenschmelzen befreiten Cacaosamen. Die freie Vereinigung hat sich zunächst nur mit der Cacaomasse, nicht mit den Cacaofabrikaten, Chokoladen etc. beschäftigt und versucht, hier die zur Beurteilung der Reinheit nötigen Untersuchungen zu präcisieren. Zunächst ist auch hier der Bedeutung der mikroskopischen Untersuchung zu gedenken, welche Charakteristisches hinsichtlich der histologischen Beschaffenheit der Samen feststellt. Die äussere Samenschale, schwierig zu erkennen, besteht aus sehr dünnwandigem Parenchym, Gefässbündeln und Kubischen, sehr stark verdickten Steinzellen. Die innere Samenhaut besonders besitzt charakteristische Gewebselemente in den eigentümlichen, keulenförmigen, schlauchähnlichen Drüsenkörpern (Mitscherlich's Körper), aus zahlreichen kleineren Zellen mit vielfach braunem harzigen Inhalte bestehend. Die Keimlappen bestehen aus polyedrischen, die kleinen Stärkekörner einschliessenden Zellen, welche teilweise den violetten Farbstoff einschliessen.

Zur Charakterisierung einer käuflichen Cacaomasse als solche oder bei der Prüfung eines Cacaofabrikates auf wirklich beigemengte Cacaosamen leistet auch die Dragendorff'sche Prüfung auf Theobromin gute Dienste, welche darin besteht, dass nach der Entfettung mit Petroleumäther oder Äther der Rückstand mit Schwefelsäure enthaltendem Wasser digeriert, und das erhaltene Filtrat mit Amylalkohol ausgeschüttelt wird. Der Amylalkoholauszug wird rasch verdampft zur Trockne und mit dem Rückstande die Probe auf Theobromin mittelst Chlorwasser und Ammon versucht.

Von chemischen Arbeiten ist vor Allem die Extraktion des Fettes aus der Cacaomasse von Wichtigkeit, um festzustellen, dass kein fremdes Fett beigemengt ist. Der Schmelzpunkt (bestimmt im Capillarrohre) dürfte zwischen 28—32° schwankend, bezeichnet werden, nicht mit 21 oder 27°, wie solches noch immer hie und da angenommen wird. Daran reiht sich die Prüfung auf fremde Stärkebeimengungen, wobei das Mikroskop vor allem wieder eine Rolle spielt, die quantitative Bestimmung der Stärke ergänzend zur Seite steht, wenngleich ich, auf Grund der sehr widersprechenden Erfahrungen, es nicht wage, eine Grenze für den normalen Stärkegehalt der Cacaosamen festzustellen. Die Rohfaserbestimmungen tragen besonders dazu bei, allzugrosse Beimengungen von Cacaoschalen zu entdecken, welch letztere, was wohl berücksichtigt werden möge, bei der Herstellung der Cacaosorten des Handels niemals ganz beseitigt werden können. Der Aschengehalt der reinen Cacao schwankt zwischen 3 und 5 % (Cacaoschalen können bis 12 % enthalten). Die Asche der

reinen Cacao ist kieselsäurearm, sehr reich an Alkaliphosphat, während
bei den Cacaoschalen ein viel grösserer Kieselsäuregehalt (bis 6 %) beobachtet wurde. Die quantitative Bestimmung von Theobromin, das durchschnittlich in einer Menge von 1—1,5 % vorliegt, wird selten in Erwägung
zu ziehen sein. Gelangt dieselbe zur Ausführung, so kann nur die Methode von Wolfram (Jahresber. der kgl. Centralstelle für öffentliche Gesundheitspflege in Dresden 1878) inbetracht kommen.

A. Hilger.

Gewürze.

Bei der Prüfung der Gewürze auf Reinheit bleibt die mikroskopische Untersuchung in erster Linie massgebend, wobei selbstverständlich wieder die vergleichenden Untersuchungen in zweifelhaften Fällen mit reiner Ware niemals zu versäumen sind.

Die chemischen Arbeiten bei der Untersuchung der Gewürze beschränken sich in den meisten Fällen nur auf Feststellung des Gehaltes an Asche, event. näherer Untersuchung der Aschenbestandteile. Bei der Aschenbestimmung sind 1—2 g Substanz zu verwenden.

Höchste, zulässige Grenze des
Aschengehaltes

Pfeffer
1. schwarzer . 6,5 %
2. weisser . . 3,5 %
Piment . . . . 5 %
Paprika . . . . 7 %
Gewürznelken . 5,5 %
Zimmt . . . . 6 %
Muskatblüte . . 2 %
Safran . . . . 6 %.

Pfeffer: Bei der Untersuchung der Pfeffersorten wird neben der mikroskopischen Untersuchung und der Feststellung des Aschengehaltes auch die Bestimmung des Wassergehaltes von Wert sein, der bei weissem wie schwarzem Pfeffer zwischen 12 und 15 % schwankt. (Die Wasserbestimmung wird mit 3 Stunden über Schwefelsäure getrocknetem, nicht zu grobem Pulver, bei 100° C. durchgeführt.) Die Bestimmung des alkoholischen Extraktes kann nur in speciellen Fällen von Bedeutung, niemals massgebend sein. Wird dieselbe ausgeführt, so ist dieselbe nur nach der in den Motiven gegebenen Methode zu erledigen. Endlich kann die eingehendere Prüfung der Asche, speciell Feststellung des in Wasser löslichen und unlöslichen Teiles, der Phosphorsäuremenge, auch der Alkalien in zweifelhaften Fällen Aufschluss geben, sowie auch die Piperinbestimmung hier Erwähnung finden.

Safran: Bei der chemischen Prüfung der pulverisierten Safransorten ist die vorübergehend blaue Färbung mittelst konzentrierter Schwefelsäure zuverlässig, vor allem aber hier bei dieser so sehr der Verfälschung unterworfenen Ware daran zu denken, dass die künstliche Färbung von schlechten alten Sorten, sowie von seines Farbstoffes beraubtem Safran mit Teerfarbstoffen, Zusätze von Saflor, Ringelblumen, anderen Farbhölzern, ja sogar Metalloxyden vorkommen und daher die grösste Umsicht bei der Untersuchung notwendig ist.

Für die mikroskopische Prüfung sind mindestens 20 g der Gewürze nötig, für notwendig werdende eingehendere Untersuchung 50—100 g.

Motive.

Bei der Aufstellung von Vereinbarungen auf dem Gebiete der Gewürze musste die freie Vereinigung bestrebt sein, nur dort Bestimmtes festzustellen, wo die bis jetzt gewonnenen Erfahrungen solches zulassen. Auf dem Gebiete der Gewürze fehlt leider die kritische Arbeit und manche Gebiete sind für uns noch vollkommen unaufgeschlossen, welche beklagenswerten Thatsachen nur durch gemeinsame Arbeit, vor allem durch eingehende Studien der einzelnen Gebiete in Form von monographischer Arbeit erledigt und beseitigt werden können. Kein Gebiet der Nahrungsmittelchemie bedarf grösserer Vorsicht und Erfahrung als die Prüfung der gemahlenen Gewürze auf Reinheit, welch' letztere noch vieles zu wünschen übrig lässt, indem die fremden Zusätze in der raffiniertesten Weise gewählt werden und dem Sachverständigen reichliche Abwechslung bieten. Die Motivierung dieses umfangreichen Gebietes kann sich daher nur auf die Pfeffersorten, Piment, Nelken, Paprika, Muskatblüte, Safran, Zimmt zunächst beschränken, auf Grund eigener kritischer Arbeit und wird nur das thatsächlich Feststehende berühren, selbstverständlich die Verfälschungsfrage in ihren Einzelnheiten, unserem Zwecke zunächst fernliegend, nicht berühren.

Die mikroskopische Untersuchung, unstreitig die . wertvollste Arbeit des Sachverständigen, darf sich niemals mit Beobachtung einer einzigen Probe begnügen, sondern muss zahlreiche Proben, aus verschiedenen Teilen des vorliegenden Materiales entnommen, in Betracht ziehen. Schlämmarbeiten zur Sichtung des feineren von dem gröberen, sowie des schwereren von dem leichteren vorliegenden Materiale, sind oft von grossem Werte, nicht minder Herstellung zahlreicher Schnitte aus den gröberen und feineren Teilen, die zu diesem Zwecke in Paraffin zweckmässig eingebettet werden. Der Sachverständige wird bei der mikroskopischen Beobachtung stets der Thatsache eingedenk sein, dass bei der Herstellung der gemahlenen Gewürze eine absolut reinliche Arbeit unmöglich ist, und die Beobachtung vereinzelter fremder Gewebselemente, oder fremder Stärkekörner nicht ohne weiteres als absichtliche Verfälschung erklärt wird. Zur mikroskopischen Charakteristik dienen folgende Mitteilungen:

18

1. **Pfeffer.** Der gemahlene schwarze Pfeffer zeigt unter dem Mikroskope vor allem die charakteristischen zahlreichen, vielkantigen, zu zwei und mehr vereinigten Zellhaufen des Endospermes, ebenso Reste der Spiralgefässe, sowie die starkverdickten gelbgefärbten Steinzellen der Oberhaut der Frucht, ferner zahlreiche Stärkekörner, klein, unregelmässig, getüpfelt bei starker Vergrösserung erscheinend, vereinzelnd oder Reihen bildend, endlich auch krystallinische Bildungen, besonders bei älteren, länger gelagerten oder piperinreichen Sorten und zwar in Form von Krystallbüscheln oder vereinzelten Stäbchen, die stets auf Zusatz von Weingeist verschwinden. Ausserdem werden die polyedrischen, oft Öl führenden Parenchymzellen neben kleineren, dickwandigen, langgestreckten, vielfach in einander geschobenen Steinzellen der Innenhaut der Frucht sichtbar sein. — Bei dem weissen Pfeffer fehlen oder sind nur vereinzelt zu beobachten die Bestandteile des Pericarpiums, sowie der Epidermis, auch die Steinzellen.

2. **Piment.** Das Pimentpulver bietet folgende charakteristische Bilder bei der mikroskopischen Beobachtung dar: Das Zellengewebe der Fruchtschale besitzt Haare, Spaltöffnungen und schliesst Ölzellen ein, das polyedrische Gewebe des violetten Keimes zeigt mit Eisenchlorid Blaufärbung, zahlreiche, dickwandige Steinzellen, oft von der Form einer Feige, mit eigentümlicher Verzweigung der Porenkanäle, die einer spinnenartigen Zeichnung gleichen, sind aus der Fruchtschale vorhanden, ebenso Spiralgefässfragmente, endlich kleine runde, oder an der einen Seite abgeplattete Stärkekörner, einzeln oder zu zwei. Krystalle von Calciumoxalat treten vereinzelt auf.

3. **Paprika.** Das Paprikapulver des Handels, das meistens von den kleinfrüchtigen Capsicumarten stammt, zeigt unter dem Mikroskope als charakteristisch das eigentümlich gebildete, gelbe, dickwandige Zellgewebe der Fruchthaut, neben den dickwandigen, polypenähnlich verzweigten Steinzellen der Samenhaut und farblosen Parenchymzellen, die Stärkekörner und den spindelförmigen roten Farbstoff einschliessen, ausserdem Spiralgefässe.

4. **Gewürznelken.** Die Gewürznelken enthalten in keinem Gewebsteile Stärke. Charakteristisch sind bei dem mikroskopischen Bilde das aus kleinen Zellen bestehende Gewebe mit den grossen Ölzellen, die gefüllt dunkel erscheinen, neben Gefässbündel, aus feinen Spiralgefässen bestehend, sowie neben den langgestreckten, an beiden Enden sich zuspitzenden Bastfasern. Ausserdem zeigt das Parenchym Drüsen von Calciumoxalat, und dreieckige Pollenkörner sind hie und da sichtbar. — Die Nelkenstiele sind an den treppenförmigen Spiralgefässen, sowie keuligen, gestreckten Steinzellen mit Porenkanälen leicht zu erkennen.

5. **Muskatblüte.** Die gepulverte Muskatblüte zeigt als charakteristische Gewebselemente das Vorhandensein von langgestreckten Epidermiszellen, Parenchymgewebe, mit grossen blauen Ölzellen, durchsetzt von

Gefässen, und mit einem körnigen Inhalte versehen, der sich mit Jod tief rotbraun färbt.

6. **Safran.** Charakteristisch sind bei dem Safranpulver das senkrecht, langgestreckte Parenchymzellgewebe, von Spiralgefässbündeln durchsetzt, dessen Zellen den roten Farbstoff, auch Aleuron und Öltröpfchen einschliessen. Die Zellen der Epidermis, mehr quadratisch, zeigen keine Streifung. — Die Ringelblumen (Calendula officinalis) lassen sich an den längsgestreiften Epidermiszellen leicht erkennen, deren Farbstoff mit Kalilauge grün wird, ausserdem sind an der Basis der Zungenblüten farblose Haarbildungen vorhanden. — Bei den Safflorblüten (Carthanus tinctorius) bleiben leicht erkennbar durch das Mikroskop die dreiseitigen, dreiparigen Pollenkörner, welche selten dem Pulver fehlen, neben den rechteckigen Epidermiszellen, die porös verdickt sind. Der Safflor enthält einen mit Wasser extrahierbaren gelben und mit heissem Alkohol in Lösung gehenden roten Farbstoff.

7. **Zimmt.** Von den Zimmtsorten des Handels kommen in Betracht der Ceylonzimmt, chinesische Zimmt (Kanel, Zimmtkassie), Malabarzimmt (Holzkassie). Bei dem Ceylonzimmt treten bei der mikroskopischen Untersuchung isolierte, langgestreckte Bastfasern auf, ausserdem Steinzellen mit Porenkanälen, vielfach verzweigt, ferner Parenchymzellen mit Stärkekörnern, Raphiden von Calciumoxalat und Schleim in besonderen Schläuchen. Die zahlreichen, vereinzelten Stärkekörner sind klein, ohne Tüpfel, vereinzelt oder zu zwei, drei und mehr vereinigt. Korkgewebe fehlt.

Bei der Zimmtkassia ist im grossen und ganzen derselbe mikroskopische Befund, nur sind vielfach die Bastfasern breiter entwickelt mit Bastparenchym verbunden, es treten Steinzellen mit einfachen Poren auf, ebenso Parenchym mit Stärke, Calciumoxalat, dessen Krystalle prismatisch breiter entwickelt sind. Die Stärkekörner sind getüpfelt, im übrigen in der Form und Lagerung übereinstimmend mit dem Ceylonzimmt. Der Malabarzimmt, der mit dem Ceylonzimmt vielfach hinsichtlich der mikroskopischen Befunde übereinstimmt, zeigt einige Merkmale, die sich zur Unterscheidung geeignet zeigen, wie die Bastfasern, die stets mit Bastparenchym verwachsen sind, ferner die Steinzellen, reihenförmig an einander gelagert. Korkgewebe ist wegen der unvollkommenen Schälung der Rinde vielfach vorhanden. Die Stärkekörner sind meist etwas kleiner, nicht getüpfelt.

Eingehende Studien über die chemischen Untersuchungsmethoden des Pfeffers, speziell der Extraktbestimmung, der Bestimmung des Wassergehaltes, Aschenbestandteile, des Piperins, des Stickstoffgehaltes, des durch Säuren entstehenden Zuckers etc., welche in meinem Laboratorium durch Herrn Dr. Röttger zur Ausführung gelangten, berechtigen zu nachstehenden kritischen Bemerkungen. Der Wassergehalt der Pfeffersorten des

Handels, der schwarzen, wie weissen ist ziemlich konstant. Derselbe schwankt, wie bereits erwähnt, zwischen 12 und 15 %. — Die Beschaffenheit der Aschen ist eine schwankende, hinsichtlich der Mengen der einzelnen Bestandteile. Besonders beachtenswert bleibt der hohe Kaligehalt des schwarzen Pfeffers (27—32%) gegenüber dem weissen (5 und 7%), der hohe Mangangehalt (bis 0,89%, $Mn_2 O_3$), der hohe Chlorgehalt der Asche des schwarzen Pfeffers (5—8%) gegenüber dem weissen. Der Phosphorsäuregehalt ist grossen Schwankungen unterworfen.

Bezüglich des Wertes der sog. Extraktbestimmungen darf ausgesprochen werden, dass die direkte Extraktbestimmung (durch Verdampfen des alkoholischen Auszuges) absolut zu verwerfen ist, nur die indirekte Bestimmung zulässig sein kann, welche, wie oben erwähnt, nie massgebend für die Beurteilung sein kann. Gelangt dieselbe zur Anwendung, so muss folgende Methode befolgt werden:

„Das zu verwendende Pfefferpulver ist vor dem Abwägen 3 Stunden über Schwefelsäure in den Exsiccator zu stellen. Die Extraktion mittelst 90% Alkohol geschieht im Soxhlet'schen Apparate, indem das Pfefferpulver in eine Papierhülse mit aufgelegtem entfetteten Wattepfropf gebracht wird. Die Extraktion, die 38—40 Stunden in Anspruch nimmt, ist erst dann als beendet anzusehen, wenn ein zweiter Extraktionskolben nach dem Verdunsten des Alkoholes keine Gewichtszunahme mehr zeigt. Nach vollendeter Extraktion wird das Pfefferpulver in einem Wägegläschen bei 100° eine Stunde getrocknet und drei Stunden über Schwefelsäure im Exsiccator stehen gelassen.“

(Diese Extraktionsarbeit dürfte bei notwendig werdenden Extraktbestimmungen der Gewürze überhaupt zu berücksichtigen sein.)

Die Bestimmung des Piperins, dessen Menge in den Pfeffersorten nicht unter 3 % herabsinkt, geschieht nach den gemachten Erfahrungen nach der Methode von Cazeneuve & Coillol (Journ. de Pharm. et de Chim. 4. Ser. 25. 421. J. König, die menschl. Nahrungsmittel. I. 148).

Der Stickstoffgehalt der Pfefferfrucht, auf lufttrockene Substanz berechnet, stellt sich auf 1,59—2 %, ist demnach geringen Schwankungen unterworfen. Der Lenz'sche Vorschlag (Zeitschr. f. anal. Chem. 1884. 501), den Wert des Pfeffers, resp. dessen Reinheit aus den durch Inversion der vorhandenen Stärke gebildeten Zuckermengen zu ermitteln, kann berücksichtigt werden, ohne allzugrossen Wert darauf zu legen. Unsere Arbeiten, die an einem anderen Orte ausführlich veröffentlicht werden, haben bei 14 Pfeffersorten Schwankungen in den gebildeten Zuckermengen nach Lenz ergeben von 41—71 % (auf aschenfreie Trockensubstanz berechnet).

Die Extraktbestimmungen mittelst Aether, Alkohol, Wasser, die bei vielen Gewürzen schon als wertvoll bezeichnet worden sind, ebenso die Erfahrungen hinsichtlich des spec. Gewichts der wässrigen Auszüge, nicht minder die Mitteilungen über den ätherischen Ölgehalt von Nelken, Zimmt etc., oder auch über die Beschaffenheit der Asche berechtigen vorläufig noch nicht, allgemein zuverlässige Methoden der Untersuchung noch Beurteilung festzustellen. Eine Anzahl Litteraturangaben in dieser Richtung dürften hier am Platze sein:

Safransurrogat: G. Heppe. Chemikerzeitung 1882. 1170. Safranpulver mit Zinnsalz und Teerfarbstoff. R. Kayser. Repert. d. analyt. Chemie S. 122. 1883. — Ebendas. S. 228. — E. Schmidt. Thonerdehaltiger Safran: Arch. Pharm. 1883. 676. J. Bill, Pharm. Z. f. Russl. 21. 815. Zeitschr. analyt. Chem. 1883. 463. Petroleumäther löst den echten Safranfarbstoff nicht, dagegen Dinitrokresolkalium. — Jules Joffre, Reaktionen auf Farbstoffe. Monit. scientif. (3) 12. 595. Zeitschr. f. analyt. Chem. 1883. 610. — Über die Bestandteile des Safrans. R. Kayser, Berl. Ber. 1884.

A. Hilger.

Mehl. Brot.

I. Methoden der Untersuchung.

Bei der Untersuchung der Mehlsorten (Roggen- und Weizenmehl) kommen inbetracht:

A. Die mikroskopische Untersuchung.

Bei der mikroskopischen Untersuchung, bei welcher die Bedeutung der vergleichenden Untersuchung mit reinen Mehlproben nicht genug betont werden kann, ist besonders zu achten auf:

Das Vorhandensein und die Beschaffenheit der beigemengten Teile des Samenkornes (Kleienbestandteile), speciell die Form und Beschaffenheit der Barthaare, der Querzellenschicht, die Form der Stärkekörner. Beim Weizen ist der Durchmesser des Lumens der Barthaare kleiner als die Dicke der Wand, beim Roggen tritt der umgekehrte Fall ein. Die Querzellenschicht beim Weizen enthält längere Zellen als beim Roggen. Die Stärkekörner des Roggens sind im allgemeinen grösser, zeigen hie und da im Innern sternförmige Risse. Das Mehl von ausgewachsenem Getreide zeigt stets schon aufgelockerte Stärkekörner mit konzentrirter Schichtung, d. h. zahlreiche Risse, sogar Spalten.

Bei der Erkennung von sehr geringen Mengen von Weizenmehl im Roggenmehle, oder umgekehrt, eine in vielen Fällen unmöglich mit Sicherheit zu erledigende Aufgabe, ist der Vorschlag von Wittmack empfehlenswert, welcher darin besteht, ein Gramm Mehl mit 50 g Wasser bis 62⁰ C. zu erwärmen und hierauf mikroskopisch festzustellen, ob zahlreiche Stärkekörner nicht zerplatzt, nicht verkleistert sind, wie sich die Barthaare verhalten und ob porös verdickte Querzellen (Weizenmehl) in der Kleie vorhanden sind. Roggenstärkekörner verkleistern fast sämmtlich bei dieser Temperatur, Weizenstärkekörner nicht. Die Barthaare treten zum grossen Teile bei diesem Versuche an die Oberfläche. Schwefelsaures Anilin färbt die Barthaare stark gelb.

Von den verschiedenen Methoden zur Beseitigung der Stärke zum Zwecke der schärferen Charakteristik der Kleienbestandteile des Mehles bei der mikroskopischen Untersuchung ist der 1—2stündigen Digestion des Mehles mit 5—6 % Salzsäure bei Siedhitze der Vorzug zu geben. — Der Steenbusch'sche Vorschlag (Berl. Ber. 14. 2449) der Verzuckerung der Stärke mit Malzauszug verlangt bei der Ausführung Vorsicht, weil aus dem Gerstenmalze leicht die Barthaare der Gerste sich beimengen können.

B. Die chemische Untersuchung.

1. Bestimmung des Wassergehaltes (der Feuchtigkeit) bei 100° C.

2. Bestimmung der Asche. Hierbei ist bei 100° getrocknete Substanz zu verwenden.

Als Orientierungsproben sind zu empfehlen:

1. Für die Beimengung von Mineralbestandteilen die sog. Chloroformprobe. 2—4 g Mehl werden im Reagensglase oder Cylinder mit 30—40 ccm Chloroform geschüttelt, 40—50 Tropfen Wasser zugesetzt und einige Zeit stehen gelassen. Die fein gepulverten mineralischen Beimengungen fallen zu Boden.

2. Für die Erkennung der Mehle der Unkräuter (Raden, Wicken, Wachtelweizen etc.) die Vogel'sche Probe. 2 g Mehl werden mit 10 ccm eines 70 % Alkoholes, dem 5 % Salzsäure zugesetzt sind, einige Zeit stehen gelassen. (Am besten bei 40 bis 50° C.) Die bei Gegenwart gewisser Unkräuter auftretenden Färbungen der Flüssigkeit (rot, grün etc.) mögen jedoch nicht ohne weiteres als massgebend betrachtet werden.

Der Nachweis des Mutterkornes im Mehle geschieht nach E. Hoffmann: 10 g Mehl werden mit 20 g Äther und 10 Tropfen verdünnter Schwefelsäure (1:5) 5—6 Stunden stehen gelassen, hierauf filtriert und mit Äther bis zu 20 ccm wieder nachgewaschen. Diese 20 ccm Filtrat versetzt man mit 10—15 Tropfen einer kalt gesättigten wässrigen Lösung von doppelt kohlensaurem Natron und schüttelt stark um. Diese letztere Lösung färbt sich bei Gegenwart von Mutterkorn violett. Diese Probe lässt mit Sicherheit 0,01 % Mutterkorn erkennen.

II. **Methoden der Beurteilung.**

1. Der Wassergehalt der Mehlsorten darf nicht mehr als 18 % betragen.

2. Roggenmehl darf nicht mehr als 2,5 % Asche liefern, Weizenmehl nicht mehr als 2 %.

3. Ein höherer Gehalt eines Mehles an Sand als 0,2 % ist unzulässig.

4. Die Mehlsorten seien frei von Schimmelpilzen, Bakterien, überhaupt Pilzmycelien, enthalten keine aufgequollenen, mit Rissen oder gar mit Höhlungen versehene Stärkekörner.

Bei der Untersuchung der Brotsorten sind die oben festgestellten Gesichtspunkte massgebend. Die Prüfung auf Alaun oder Kupfer muss unter Umständen in Erwägung gezogen werden.

Von einer guten Brotsorte haben wir zu verlangen, dass die Oberfläche glänzend ist, keine Risse zeigt, allmählich in die Krume übergeht, dass keine sog. Wasserstreifen vorhanden sind, die Krume ein feinporiges, gleichmässiges Gefüge hat. (Bei Kartoffelmehlzusatz ist die Krume feucht, auch bei längerem Liegen).

Zur Untersuchung einer Mehlsorte sind 500 g nötig.

Motive.

Die Bedeutung der mikroskopischen Arbeit bei der Untersuchung der Roggenmehl- und Weizenmehlsorten des Handels steht ausser jedem Zweifel, nicht bloss bei der Feststellung der Mehlsorten hinsichtlich ihres Ursprunges, deren Reinheit, sondern auch bei der Erkennung und dem Nachweise der verschiedenen Unkräuter und zufälligen Beimengungen, denen die Mehlsorten ausgesetzt sein können, wohin gehören:

Kornrade (Agrostemma Githago), Taumellolch (Lolium temulentum), Roggentruspe (Bromes secalinus), Ackerstein (Lithospermum arvense), Feld-Rittersporn (Delphinium Consolida), Ackerwinde (Convolvulus arvensis), die sog. Wicken (Samen von Vicia, Lathyrus und anderer Leguminosen), Ackerwachtelweizen (Melampyrum arvense), Ackerklappertopf (Rhinanthus hirsutus). Ergänzend zur Seite stehen chemische Arbeiten in beschränktem Masse unter denen Bestimmungen des Wassergehaltes, des Gehaltes der Asche, an fertig gebildetem Zucker u. a.

Die Thatsache, dass auf diesem Gebiete eine Anzahl Monographieen und Werke vorliegen, welche in erschöpfender und zugleich kritischer Weise die Prüfung der Mehlsorten behandeln, veranlasst mich, den oben erwähnten Vereinbarungen nur Weniges beizufügen. Vor allem seien nachstehende Arbeiten erwähnt:

Anleitung zur Erkennung organischer und anorganischer Beimengungen im Roggen- und Weizenmehle von Dr. L. Wittmack. Leipzig. M. Schäfer.

Die Stärke- und Mahlprodukte. Fr. v. Höhnel, Kassel-Berlin 1882.

Die gegenwärtig am häufigsten vorkommenden Verfälschungen und Verunreinigungen des Mehles. A. Vogl. Wien 1886.

Die Mehlfabrikation von F. Kick. 1878.

Das Brotbacken. K. Birnbaum. Braunschweig 1878.

Nahrungs- und Genussmittel aus dem Pflanzenreiche. A. Vogl. 1872.

Die Nahrungs- und Genussmittel des Pflanzenreiches von F. F. Hanauseck. Kassel 1884.

Inbetreff der mikroskopischen Prüfung sei hier speziell noch auf die

Erkennung des Mutterkornes hingewiesen, welche auf mikroskopischem Wege dadurch sehr gesichert wird, dass die betr. Mehlprobe nach dem Steenbusch'schen Verfahren behandelt wird, wobei in den erhaltenen Rückständen das charakteristische, feinmaschige, unregelmässige Hyphengewebe des Mutterkornes leicht zu erkennen ist, dessen Cellulose mit Jod und konzentrierter Schwefelsäure nur gelb bis braun wird, mit Kalilauge eine tiefgelbe bis braune Färbung zeigt.

Bei der Bestimmung der Asche der Mehlsorten werden Porzellangefässe den Platingefässen vorgezogen, das Erhitzen geschehe ganz allmählich bei kleiner Flamme, erst nach vollkommener Verkohlung werde die Hitze gesteigert. Auf diese Weise ist der Einäscherungsprozess in der kürzesten Zeit erledigt. Dass die hergestellte Asche zur sicheren Konstatierung der fremden Mineralzusätze bei Mehl und Brot dient, bedarf hier nur der kurzen Erwähnung.

Der chemische Nachweis des Mutterkornes im Mehl und Brot kann mit Sicherheit, wenn es sich um geringe Mengen handelt, nur allein nach E. Hoffmann nachgewiesen werden, welche Methode noch Resultat liefert, wenn das Mikroskop im Stiche lässt. Diese oben bereits erwähnte Methode, welche in meinem Laboratorium zuerst angewendet und in letzter Zeit im Vergleich mit allen bis jetzt vorgeschlagenen Nachweisungsmethoden verglichen wurde, übertrifft an Empfindlichkeit und Sicherheit, auch Einfachheit die übrigen, auch spectralanalytischen Methoden, welch letztere an Empfindlichkeit nachstehen. Dies der Grund, warum dieselbe allein in die Vereinbarungen aufgenommen wurde.

Die Zweckmässigkeit der aufgenommenen Orientierungsproben, die schon längere Zeit bekannt sind, wird kein Sachverständiger, der Erfahrung besitzt, in Abrede stellen, nur muss hier, was bereits geschehen ist, auf die Vorsicht bei der Beurteilung der Vogl'schen Reaktion nochmals hingewiesen werden. Entsteht bei Einwirkung des salzsäurehaltigen Alkoholes eine braungelbe oder rote bis violette Färbung, so kann die Beimengung von Mutterkorn, Wicken oder Raden, Leguminosenmehl angenommen werden, ebenso bei Grünfärbung die Gegenwart von Melampyrum arvense, dessen Samenmehl auch Brot violett (blau) färbt, eine Färbung, die, wie es scheint, Rhinanthin enthaltende Samen veranlassen können. Doch auch hierüber fehlt die absolute Sicherheit.

Die unzuverlässigen, ja vielfach vollkommen unbrauchbaren Kleberbestimmungsmethoden, welche bis jetzt bekannt geworden sind, konnten keine Veranlassung geben, die Kleberbestimmung bei der Untersuchung der Mehlsorten zu berücksichtigen.

Die Bedeutung eingehender chemischer Untersuchung in zweifelhaften Fällen der Mehlprüfung möge nie unterschätzt werden, wobei es notwendig erscheint, neben der Wasser- und Aschenbestimmung, die Mengen des

Gesamtstickstoffes, des Fettes, der Proteïnstoffe (aus dem Stickstoff berechnet), sowie der Kohlenhydrate zu bestimmen und zwar nach allgemein üblichen Methoden. Nachstehende Übersicht dürfte den Wert solcher Arbeiten klar legen:

	Wasser %	Fett %	Proteïnstoffe %	Asche %	Kohlehydrate %
Weizenmehl . .	10—16	0,4—2	8—13	0,3—1,5	68—74
Roggenmehl . .	11—15	1,5—2,5	8—13	0,9—2,0	68—86
Gerstenmehl . .	14—16	0,7—2,3	8—14	0,4—0,7	87—88
Hafermehl . . .	10—13	5 —7	12—19	1 —2	70—74
Buchweizenmehl .	12—15	0,9—3,5	8—10	0,8—2	70—77
Maismehl . . .	10—12	4	1—8	0,86	70
Leguminosenmehle	14—17	0,8—2	22—27	2 —3,5	55—60.

Ferner sei daran erinnert, dass die Asche des Gerstenmehles 2—4% Kieselsäure enthält, die wässrigen Auszüge des Hülsenfruchtmehles meist sauer reagieren, während die wässrigen Auszüge der Cerealienmehle meist schwach alkalisch reagieren.

Die Frage der Backfähigkeit des Mehles, womit der Nachweis von Mehl, von ausgewachsenem Getreide herrührend, innig zusammenhängt, wurde bis jetzt noch nicht in Beratung gezogen, da diese Frage noch nicht spruchreif erscheint, wenngleich von verschiedenen Forschern, zuletzt von Halenke und Möslinger (siehe unser Korrespondenzblatt No. 1) beachtenswerte Beiträge geliefert worden sind.

Zuletzt folgen einige beachtenswerte Litteraturangaben über Kleberbestimmung, sowie die Veränderungen des Mehles beim Lagern:

Dankwordt, Zeitschr. f. analyt. Chemie 1871. 366. — Balland, Compts. rend. 97. 496 (1883), sowie ebendaselbst 97. 346.

A. Hilger.